# 基于BIM的Revit
## 与广联达工程算量计价交互

**主编** 卫涛 刘依莲 高洁

**参编** 曹浩 黄殷婷 陈星任 邓嘉莹 马天麟

机械工业出版社
China Machine Press

图书在版编目（CIP）数据

基于BIM的Revit与广联达工程算量计价交互 / 卫涛，刘依莲，高洁主编. —北京：机械工业出版社，2017.9

ISBN 978-7-111-57907-6

Ⅰ．基… Ⅱ．①卫… ②刘… ③高… Ⅲ．①建筑设计－计算机辅助设计－应用软件 ②建筑工程－工程造价－应用软件 Ⅳ．①TU201.4 ②TU723.32-39

中国版本图书馆CIP数据核字（2017）第217776号

本书以一栋已经完工且交付使用的六层住宅楼为例，介绍了在基于BIM技术条件下使用Revit软件建模，以及使用Revit软件与广联达软件交互算量和计价的全过程。本书内容通俗易懂，讲解深入浅出，完全按照工程算量和计价的高要求来介绍整个流程，可以让读者深刻理解所学习知识，从而更好地进行建模、算量和计价的实际操作。另外，作者为本书专门录制了16小时高品质同步配套教学视频，以帮助读者更加高效地学习。

本书共分为9章，按照算量与计价的要求，详细介绍了从基础、基础梁、框架柱、框架梁、屋面板的结构专业建模，到外墙、内墙、地面、楼面、屋顶、风道、散水、檐口、地漏、楼梯、门、窗、栏杆、坡道、雨蓬的建筑专业建模的全过程。书中对如何做算量的一整套实际工作流程也做了详细介绍，即先将Revit模型导入广联达（导入过程中需要做一些设置），然后在广联达中对模型进行调整，再采用工程量清单与定额两种常用方法对工程进行分步和分项做算量，最后使用计价软件发布电子招标文件。

本书内容详实，实例丰富，讲解细腻，集理论和实务于一体，有较强的针对性、实用性和通用性，特别适合建筑类院校的土木工程、建筑学、工程管理、工程造价、建筑管理和建筑安装等专业作为教学用书，也适合相关自学人员和培训学员阅读。对于房地产开发、建筑施工、工程造价和监理等相关从业人员，本书也是一本不可多得的参考书。

# 基于 BIM 的 Revit 与广联达工程算量计价交互

出版发行：机械工业出版社（北京市西城区百万庄大街22号　邮政编码：100037）

责任编辑：欧振旭　李华君　　　　　　　　责任校对：姚志娟

印　　刷：中国电影出版社印刷厂　　　　　版　　次：2017年9月第1版第1次印刷

开　　本：185mm×260mm　1/16　　　　　印　　张：30.5

书　　号：ISBN 978-7-111-57907-6　　　　定　　价：99.00元

凡购本书，如有缺页、倒页、脱页，由本社发行部调换

客服热线：（010）88379426　88361066　　　投稿热线：（010）88379604

购书热线：（010）68326294　88379649　68995259　　读者信箱：hzit@hzbook.com

本书法律顾问：北京大成律师事务所　韩光/邹晓东

# 前言

我国从计划经济体制向市场经济体制的变革中,工程造价管理也大致经历了三个阶段:计划经济体制时期,统一进行定额计价,由政府确定价格;计划经济向市场经济转型时期,量、价分离,在一定范围内引入市场价格;尚不完善的市场经济时期,工程量清单计价与定额计价并存,市场确定价格。工程造价行业的信息化过程同样见证了从手工绘图计算工程造价阶段,到 20 世纪 90 年代的计算机二维辅助计算阶段,再到 21 世纪初的计算机三维建模计算阶段,现如今又逐渐步入了以 BIM 为核心技术的工程造价管理阶段。

正如互联网大潮正在颠覆、改变着传统产业和人们的衣食住行一样,BIM 作为当前的新技术,也正在改变着建筑业。BIM 技术的应用和推广,必将对建筑业的可持续健康发展起到至关重要的作用,同时还将极大提升项目精益化管理水平,从而减少浪费,节约成本,促进工程效率的整体提升。BIM 在建筑行业的应用已是大势所趋。而工程造价管理行业如何去理解 BIM、BIM 对工程造价管理有什么样的价值,以及 BIM 在工程造价行业中的应用如何,这些问题都将在本书中找到答案。

BIM 涵盖了建筑项目的整个生命周期,其模型承载了从设计开始到施工、竣工、交付、运维结束等各类型的信息。工程造价也依托其模型,开展全过程的价格管理。BIM 模型中拥有建筑物的几何尺寸、功能特征和时间阶段等信息,这些都是工程造价管理中的必备因素,因此 BIM 对工程造价带来了极大的提升。

2002 年,工程软件巨头美国 Autodesk(欧特克)公司收购了一款三维可视化软件——Revit。为了与 Graphisoft(图软)公司的 ArchiCAD 及 Bentley(奔特力)公司的 Microstation 竞争,Autodesk 公司于 2003 年为 Revit 推出了 BIM(Building Information Modeling,建筑信息化模型)理念,从而奠定了其在三维可视化建筑软件中的地位。从 Revit 2013 开始,该软件将 Architecture(建筑)、Structure(结构)和 MEP(设备)合为一体,全部集成在一个软件之中;从 Revit 2015 开始,该软件不再支持 32 位的 Windows 平台,只能运行在稳定性更高的 64 位 Windows 操作系统上。

广联达科技股份有限公司(简称广联达)成立于 1998 年 8 月 13 日。成立十多年以来,广联达公司一直以"科技报国,积极推动基本建设领域的 IT 应用发展"为己任,信守"真诚、务实、创新、服务"的企业精神,持续为中国基本建设领域提供最有价值的信息产品与专业服务,推动行业内企业管理的进步,提高企业的核心竞争力。在发展的历程中,广联达公司逐步确立了"引领全球建设领域信息化服务产业的发展,为推动社会的进步与繁荣做出杰出贡献"的企业使命,紧紧围绕工程项目管理的核心业务,走专业化、服务化和国际化的发展战略。

在 Revit 中，绘图与建模有多种方法，本书重点介绍了为算量而建模的步骤与流程，其目的性和任务性明确，最终就是要计算工程量。根据建筑构件自身的特点，有些构件在 Revit 中直接算量，有些构件在广联达软件中算量，有些构件分别在两个软件中交互算量，最后对整体工程进行计价计算，体现了 BIM 技术的效率高和数据准等优势。

在中国建筑协会每年举办的全国高等院校"广联达杯"软件算量大赛中，大赛组委会就是运用 BIM 技术，具体采用 Revit 建筑模型进行算量。Revit 主要是在设计、施工阶段建模，而广联达软件需要把模型导入之后再做算量。但广联达软件的模型不如 Revit 精细，所以二者需要交互使用，以满足市场多元化的需求。

## 本书特色

- 提供了长达 16 小时的高清同步配套多媒体教学视频，以提高读者的学习效率；
- 详解建筑专业与结构专业在算量时的分工与协作；
- 详解 Revit 在算量时建族的主导思路；
- 详解 Revit 在算量时建模的方法；
- 详解使用 Revit 软件直接做算量的方法；
- 用实例讲解广联达软件与 Revit 之间交互算量的流程；
- 用实例讲解使用广联达软件进行算量与计价的过程；
- 提供了专门的技术交流 QQ 群 157244643 和 48469816 进行售后服务，以解答读者学习中的疑惑。

## 本书内容介绍

第 1 章 BIM 概述，包含的内容有 BIM 的工作方式及建筑业中多专业之间的协同；Revit 的功能与绘图特点说明；在 BIM 技术推广下广联达软件的发展。

第 2 章地下部分结构设计，包含的内容有阶梯式独立基础建族并将族精确插入到项目文件中；基础梁的参数设定与准确绘制。

第 3 章地上部分结构设计，包含的内容有地上主体结构的框架柱、框架梁和结构楼板的设置与绘制；将绘制好的结构构件向上复制。

第 4 章建筑主体设计，包含的内容有以算量为主的建模方式下，建筑的内墙和外墙的设置，特别是墙体材质的置；使用建筑板制作建筑专业的地面、楼面和屋面；制作风道、散水、檐口和地漏。

第 5 章建筑细部绘制，包含的内容有门族、窗族和洞口族的制作与插入，特别是在算量要求下如何简化模型，从而为导入广联达后做铺垫；栏杆、坡道和雨篷这三类线性细部构件的制作。

第 6 章 Revit 中的算量与导入广联达，包含的内容有使用"明细表/数量"功能以数量为目的进行工程量计算；使用"材质提取"功能以建筑材料的面积或体积为目的进行工程量计算；将 Revit 模型导入到广联达中进行进一步的交互式算量。

第 7 章广联达的调整，介绍了模型导入到广联达之后还需要做一些设置，包括主体构件的调整、装修构件的调整和其他构件的调整。

第 8 章广联达的算量，介绍了如何使用"工程量清单"和"定额"两种常用的方法对分部和分项的工程进行算量。

第 9 章广联达的计价，介绍了编制工程控制价的常用方法，以及如何生成和发布电子招标文件。

附录 A 介绍了 Revit 常用快捷键的用法。

附录 B 提供了本书案例的建筑设计图纸，共 15 张。

附录 C 提供了本书案例的结构设计图纸，共 8 张。

附录 D 提供了广联达与 Revit 构件命名对照表。

## 本书配套资源

为了方便读者高效学习，作者特意为读者提供了以下配套学习资源：
- 16 小时同步配套教学视频；
- 本书教学课件（教学 PPT）；
- 本书案例的图纸文件；
- 本书案例的 Revit 项目文件和族文件；
- 本书涉及的广联达相关文件；
- 建筑与结构专业的 SketchUp 模型（方便读者以三维角度来了解此栋建筑）。

这些配套资源需要读者自行下载。请登录机械工业出版社华章公司的网站 www.hzbook.com，然后搜索到本书页面，按照页面上的说明进行下载。

## 本书读者对象

- 从事建筑、结构、给排水、暖通和电气设计的人员；
- 从事 BIM 装修设计的人员；
- Revit 二次开发人员；
- 建筑学、土木工程、工程管理、工程造价和城乡规划等专业的学生；
- 房地产开发人员；
- 建筑施工人员；
- 工程造价从业人员；
- 监理工程师；
- 会计师事务所工作人员；
- 需要一本案头必备查询手册的人员。

## 本书作者

本书由卫涛、刘依莲和高洁主笔编写，其他参与编写的人员有曹浩、黄殷婷、陈星任、邓嘉莹、马天麟等,在此表示感谢!

本书的编写承蒙武汉华夏理工学院和文华学院领导的支持与关怀!也要感谢学院的各位同事在编写本书时付出的辛勤劳动!还要感谢出版社的编辑在本书的出版过程中所给予的帮助!

虽然我们对书中所述内容都尽量核实,并进行了多次文字校对,但因时间所限,书中可能还存在疏漏和不足之处,恳请读者批评指正。联系我们,请发电子邮件到 hzbook2017@163.com。

卫涛

于武汉光谷

# 目 录

# 第 1 章　BIM 概述

互联网和信息技术正在改变建筑业的未来。近年来，建筑信息化模型（Building Information Modeling，BIM）技术在国内外建筑行业中得到了广泛关注和应用。推广和应用建筑信息化模型已成为推进我国建筑业成长的重点工作之一。

由住建部（中华人民共和国住房和城乡建设部）编制的建筑业"十三五"规划明确提出了要推进 BIM 协同工作等技术应用，普及可视化、参数化、三维模型设计，以提高设计水平，降低工程投资，减少项目成本，实现从设计、采购、建造、投产到运行的全过程集成应用。

## 1.1　BIM 介绍

BIM 技术集成了建筑工程项目中各种相关信息的工程数据模型，可以为设计、预算、施工提供相互协调、内部统一、快速运算的信息。通俗地讲，BIM 是通过计算机建立三维模型，并在模型中设定工程人员需要的所有信息，这些信息根据模型自动生成，并与模型实时关联。

### 1.1.1　高效的工作方式

建筑信息化模型技术是基于三维建筑模型的信息集成和管理技术的结合。该技术由应用单位使用 BIM 建模软件构建信息化模型，其包含建筑所有构件、设备等几何和非几何信息及它们之间的关系，其模型信息随建设阶段不断优化和增长。建设、设计、施工、算量、运营和咨询等单位进行设计、施工、算量，实现项目协同管理，使用一系列应用软件，利用统一建筑信息化模型，节约成本，减少错误，提高质量和效率。工程竣工后，再实施建筑运维管理，利用三维建筑模型，可以很大程度地提高运维效率。BIM 技术不仅适用于复杂和规模庞大的工程，而且也适用于一般工程；既适用于房屋建筑工程，也适用于桥梁、城市轨道交通、市政基础设施和综合管廊等其他工程。

建筑信息化模型是 BIM 应用的基础。有效的模型交换和共享，能够实现 BIM 应用价值效率的最大化。在 BIM 应用处于建筑项目全生命期过程中，建筑项目参与方可建立模型交换与共享机制，以保证模型数据能够在不同主体和不同阶段进行有效传递。在对建筑信息模型及其应用有关的利益分配上，建设单位将模型从设计向施工及运营传递，以合同的方式进行明确与约定。

部分 BIM 技术的基本应用不仅可以在某一单一阶段实施，并且也可在其他阶段或全生命期实施。考虑到 BIM 技术应用的延续性和复用性，进行以下说明：

- 建筑、结构专业面积明细表统计及模型构建，不仅在初步方案设计阶段有应用，在施工图设计阶段均有应用。由于流程基本相同，所以只在初步设计阶段对上述应用进行描述，其他阶段不再重复描述。

- 机电专业模型在初步设计阶段有相应的局部应用，但主要在施工图设计阶段完成。由于流程基本类似，因此在施工设计的其他阶段不再重复描述。

- 竖向净空优化、冲突检测及三维管线综合，不仅在施工图设计阶段应用，在施工准备和施工实施阶段均有应用。在流程基本相同的情况下，在施工图设计阶段对以上应用进行一系列描述，其他阶段不再重复描述。

- 工程量统计不仅在准备阶段有所运用，在初步设计阶段、施工实施阶段、应用施工图阶段和施工阶段均有应用，不同阶段采用不同的计量、计价依据，并体现不同的成本控制与造价管理目标。

现如今我国已经有很多建设项目采用 BIM 技术了，有些项目的招标就要求使用 BIM 技术。有些经济发达、建筑技术成熟的省份，已经制订了详细的时间表来推动 BIM 技术的应用。下面就是一栋使用 BIM 技术营建的住宅楼，图 1.1 是建筑专业 BIM 模型，图 1.2 是结构专业 BIM 模型，图 1.3 是建筑工程竣工之后的实拍照片。

图 1.1　建筑专业 BIM 模型　　　　　　图 1.2　结构专业 BIM 模型

图 1.3　实拍照片

## 1.1.2　多专业的协同模式

建筑和结构专业模型构建主要是利用 BIM 软件，目的是为了建立三维几何实体模型，进一步细化建筑、结构专业在方案设计阶段的三维模型，为施工图设计提供设计模型和依据，以达到完善建筑结构设计方案的目标。

施工图设计阶段 BIM 应用的复杂过程是对各专业模型的构建并进行优化设计。各专业信息模型既包括建筑、结构、给排水，也包括暖通、电气等专业。在此基础上完成对施工图设计的多次优化，根据专业设计、施工等知识框架系统，进行冲突检测、三维管线综合、竖向净空优化等基本应用。对某些会影响净高要求的侧重部位进行具体分析，优化机电系统空间走向排布和净空高度。

各专业模型构建必须在初步设计模型的基础上，进一步深化初步设计模型，让其满足施工图设计阶段模型深度；使得项目在高效状态下进行三维模型设计，并使其在各专业协同工作中的沟通、讨论、决策起到重要作用，不仅有利于对建筑空间进行合理性优化，也为后续深化设计、冲突检测及三维管线综合等提供模型工作依据。下面是 BIM 中多专业协同的具体要求。

- 数据的收集，以保证数据的准确性。
- 对于施工作业模型的构件，加入构件项目特征与构件参数化信息及其他相关描述信息，完善建筑信息模型中的成本信息。
- 获取施工作业模型中的工程量信息可利用 BIM 软件，在建筑工程招、投标时将得到的工程量信息作为编制工程量清单与招标控制价格的依据，也可作为施工图预算的依据。同时，应满足合同约定的计量、计价规范要求，以从模型中获取的工程量信息为依据。
- 建设单位要实现动态成本的监控与管理，可利用施工作业模型，实现目标成本与结算工作前置。施工单位根据优化的动态模型实时获取成本信息，动态、合理地配置施工过程中所需的资源。

一个建筑工程的完工，往往需要建筑、结构、给排水、暖通、电气 5 大专业的协同作业，水、暖、电 3 个专业在设计院中一般统称为"设备"专业。而在 Revit 中集成了建筑工程的所有专业，即建筑、结构、机械（有的叫"机电"）专业，其中机械专业就相当于设计院中的设备专业。如图 1.4 所示为某轻轨站的各专业合成检查。

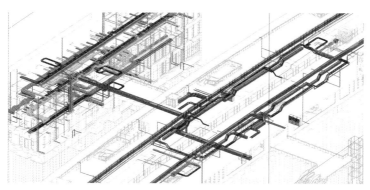

图 1.4　各专业合成检查

# 1.2  Autodesk 公司的 BIM 软件 Revit 介绍

Autodesk（欧特克）、Graphisoft（图软）、Bentley（奔特力）是全球三大 BIM 软件公司，尤其以 Autodesk 的 Revit 软件在 BIM 界运用最广泛。各类新技术的兴起催化了建筑项目的现代化转型，推动内容规划、工程设计、工程建造及项目管理等一系列环节发生变革性转变，极大地提高了各规模公司的投资回报率。BIM 正是这类技术代表之一，其既能在节能型房屋设计等小型项目上小试牛刀，又可以在城建规划等大型项目上大展拳脚。

## 1.2.1  族的介绍

族（Family）是参数信息的载体，同时又是组成项目的构件之一。族对图元进行分组时，要根据参数（属性）集的共用、使用上的相同性和图形表示的相似度来分组。一个族中属性的设置（其名称与含义）是相同的，但不同图元的部分或全部属性可能有不同的值。

制约我国 BIM 软件发展的一大瓶颈是 Revit 族，因为 BIM 软件自带的族不符合我国的国情，大都是以欧美建筑特点而制作的。而制作族是 Revit 建模中占用时间较长的一个环节，有繁琐、工程量大等特点。Revit 中的所有图元都是基于族的。"族"在 Revit 的使用过程中是一个功能强大的概念，有助于设计人员更轻松地管理数据和进行修改。每个族根据族创建者的设计能够在其内定义多种类型，每种类型各不相同，具有不同的尺寸、形状、材质设置或其他参数变量。使用 Revit 的一个优点是在创建自己的构件族时，不必学习复杂的编程语言，便能够使用族编辑器，整个族创建过程中根据用户的需要在族中加入各种参数，如尺寸、材质、可见性和数量等，在预定义的样板中执行即可。

族是 Revit 中一个必要的功能，可以帮助设计人员更方便地管理和修改所搭建的模型，不像 3ds Max 或 SketchUp 模型没有任何附加的关于项目的智能数据，仅仅是一个建筑表现。了解每个建筑元件的表现，对于想要用模型说明几何形体的人来说，是十分必要的，如在设置尺寸、形状、类型和其他的参数变量时，Revit 的每个族文件内都含有很多的参数和信息，有利于设计人员更方便地进行项目的修改。

族类型在 Revit 族中起到了画龙点睛的作用。当绘制好一个族文件，没有任何的参数、尺寸时，起不到什么作用，只能是一个观赏的样子。因此必须要在族类型里添加相应参数，才能让其成为一个包括很多参数的"数据库"。

例如，在一个项目里面可能会出现很多个不同洞口尺寸的门，如果没有加任何参数的话，只能往项目里一个个地载入各式各样的门，这样既占内存又不好管理。所以族类型里面的尺寸标注起到了很大的作用，每加上一个标注时就给其套上一个公式，当所有的公式都成为一个有关联的公式群时，就掌握了尺寸标注的奥妙，设计人员所绘制的族文件就可以做到牵一发而动全身了，每当改一个数值时，其他的参数就会根据所编的公式进行等比例缩放。

在进行项目设计时，如果事先拥有大量的族文件，使用 Revit 将对设计工作的进程和效益有很大的帮助。设计人员可以直接导入相应的族文件即可应用于项目中，不必另外花时间去制作族文件，大大提升了工作效率。

另外，使用 Revit 族文件时可以让设计人员更专注于发挥自身的优点。例如，室内设计人员在进行设计的时候，只需直接导入 Revit 族中丰富的室内家具族库，而不需要把大量的精力花费到家具的三维建模中，从而专注于设计本身。又例如，建筑设计人员不必自行重新建模，只需要简单地修改参数，就可以轻松地导入植物族库、车辆族库等来润色场景。

如图 1.5 所示为一个常用的双开窗的族文件，其中设置了"门窗玻璃材质""门窗框材质""窗台""高度""宽度"等多项参数，只需要输入相应的数值，就可以生成与设计意图相符的窗了。

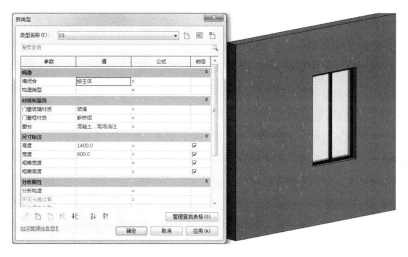

图 1.5　双开窗族

如图 1.6 所示为一个常用的木板门的族文件，其中设置了"门板材质""门板厚""高度""宽度"等多项参数，只需要输入相应的数值，就可以生成与设计意图相符的门了。

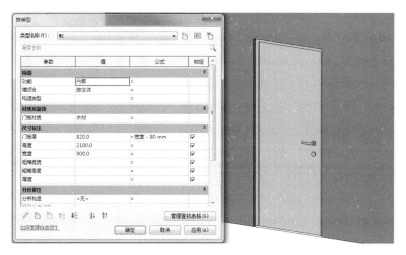

图 1.6　木板门族

如图 1.7 所示为一个凸窗的族，其中设置了"门窗玻璃材质""门窗框材质""窗台""高度""宽度""默认窗台高度""有无百叶（默认）"等多项参数，只需要输入相应的数值，就可以生成与设计意图相符的凸窗了。

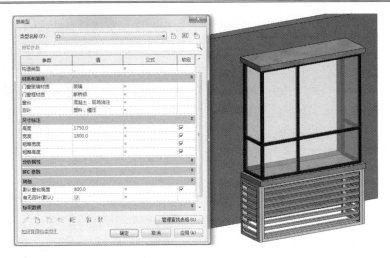

图 1.7　凸窗族

如图 1.8 所示为一个杯口式基础的族，其中设置了"B""H1""H2""垫层厚""长度""宽度"等多项参数，只需要输入相应的数值，就可以生成与设计意图相符的杯口式基础了。

图 1.8　杯口式基础

## 1.2.2　Revit 设计绘图的特点

在使用 Revit 进行设计时，打破了传统二维设计的平面、立面、剖面各自为阵、互不协作的模式。Revit 以三维设计作为基础，直接采用设计人员熟悉的建筑、结构构件，如墙、门、窗、楼梯、楼板、基础等为对象，快捷创建出 BIM 模型。Revit 的基本特点有如下 3 个。

（1）可视化。Revit 是 Revise Immediately 的合成词，意为"所见即所得"。BIM 技术要求软件制作的模型可以直观地表达出来，方便设计、施工、算量等人员全方位地观察与推敲。不管采用什么样的建模方法，模型都必须要求一定的可视精度。如图 1.9 和图 1.10 所示的模型是按照 BIM 技术要求，使用 Revit 制作的某地铁站模型。

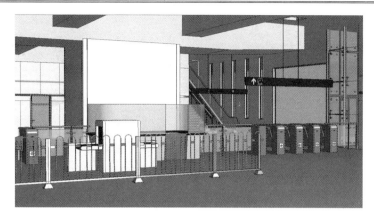

图 1.9　某地铁站模型 1

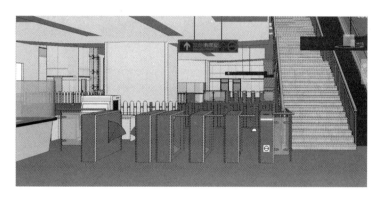

图 1.10　某地铁站模型 2

（2）参数化。与其说 Revit 的模型是绘制出来的，不如说是设计人员输入参数后自动生成的。不论是设计人员自己定义的族，还是 Revit 软件系统自带的族，都有大量的参数。设计人员根据自己的设计意图，输入相应的参数后，可以得到参数化的模型。

Revit 自带了一些参数化的构件，有建筑构件、结构构件、设备构件，如窗、门、栏杆、承台、喷头等，如图 1.11 至图 1.15 所示。

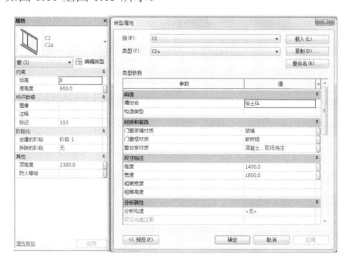

图 1.11　参数化的窗

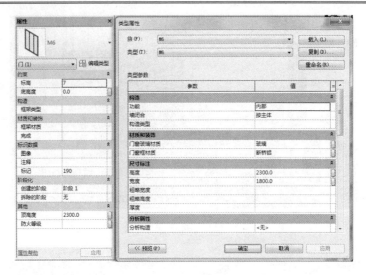

图 1.12　参数化的门

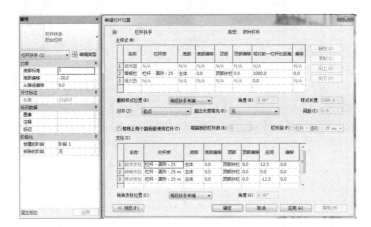

图 1.13　参数化的栏杆

图 1.14　参数化的承台基础

图 1.15　参数化的喷头

（3）出图化。利用 BIM 技术，使用 Revit 对建筑模型设计、检查、协调、优化之后，就可以帮助用户输出平面图纸了。可以直接输出 PDF 格式，进行打印；也可以输出 DWG 格式，使用 AutoCAD、天正建筑等二维软件进行修饰。如图 1.16 所示为某地铁站的平面图。Revit 的立面、剖面图是自动生成的，想在哪个位置生成就可以在哪里生成，想生成多少剖面图就可以生成多少剖面图，如图 1.17 所示为某地铁站的剖面图。

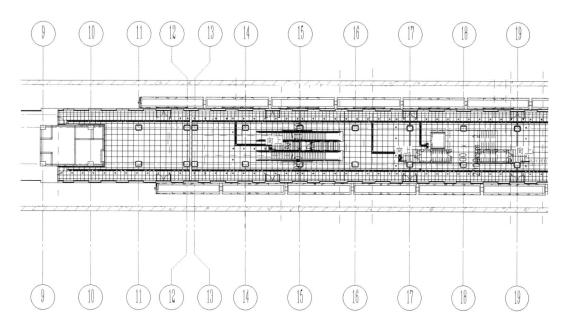

图 1.16　某地铁站平面图

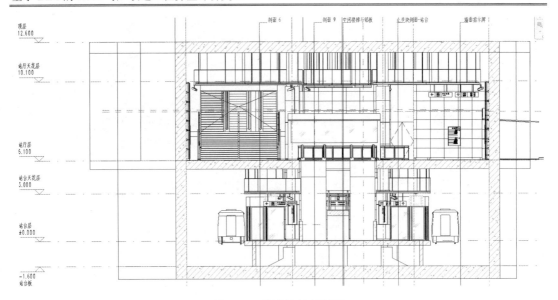

图 1.17　某地铁站剖面图

# 1.3　工程量、造价与 BIM

按照传统的造价工作模式来看：识图→算量→套项→调整材料价和调整取费→完成造价，其中很多环节需要大量的人工来解决造价中遇到的复杂问题，在调研、设计、招标、施工阶段需要重复计算不同阶段的造价，这样在整个过程中就会有很多重复工作。

在后期设计中的变更修改阶段，每一次修改都需要重新核对一下图纸的改变程度，这样的工作模式势必会增加很多额外的成本，在传统的单机、单专业的工作方式下，很多设计修改不会被造价人员发现，因此肯定会在实际的清单中有很多误差。而基于 BIM 的造价只要模型建立得足够精细就可以得到十分精准的造价信息，可以在不同阶段计算不同阶段的造价清单。

## 1.3.1　成本核算的困难与解决方法

随着城市建设的快速发展和工程项目的日益扩大，工程建筑将会有更多的资金投入到各个项目中，建筑成本的合理核算对工程项目起到越来越大的作用。但是传统的核算方法有较大的局限，导致成本核算有很大的挑战性，主要表现在以下几点。

- 数据量大。每一个施工阶段都涉及大量材料、机械、工种、消耗和各种财务费用，数据量十分巨大，每一种人工、材料、机械和资金消耗都需要统计清楚。因此在工作量如此巨大的情况下，实行短周期（月、季）成本在当前管理手段下，就变成了一种奢望。随着进度进展，应付进度工作已自顾不暇，过程成本分析、优化管理就只能搁在一边。
- 涉及的部门和岗位多。当前情况下需要预算、材料、仓库、施工、财务等多部门、多岗位协同分析，汇总提供数据，进行实际成本核算后才能汇总出完整的某时点的实际成本，而这一工作往往需要一个或几个部门同时展开，否则就难以做出整个工程的成本汇总。

- 对应分解困难。一种材料、人工、机械，甚至一笔款项往往用于多个成本项目中，核算的难度非常高，要求核算人员具有超高水平的拆分分解专业技术水平。
- 消耗量和资金支付情况复杂。在材料上，有时会先预付款未进货，有时会进了库未付款，有时出了库未用，用了又未出库；人工方面，预付了工价未干活，有的先干活未付工价，干了活未确定工价；机械周转、材料租赁也有类似情况。有的项目甚至未签约先干，未专业分包，事后再谈判确定费用。成本项目和数据归集在没有一个强大的平台支撑情况下，不漏项做好 3 个方面的（时间、空间、工序）应对很困难，情况非常复杂。

BIM 技术在处理实际成本核算中有着巨大的优势。基于 BIM 建立的工程 5D（3D 实体 +1D 时间+1D 造价）关系数据库，可以建立与成本相关数据的时间、空间、工序的维度关系，数据粒度处理能力达到了构件级，使实际成本数据高效处理分析成为可能，如图 1.18 所示。

图 1.18    5D 的 BIM 技术

建立基于 BIM 的 5D 实际成本的数据库后，汇总分析水平大大提升，速度加快，降低了短周期成本的分析难度，减少了核算人员的工作量，效率提高了且精确度增大。因成本数据是动态维护的，成本核算的准确性将比传统方法人为提高。消耗量方面虽然仍有误差存在，但已能满足分析需求。为了消除累积误差，可通过总量统计的方法，成本数据的准确度会随进度进展越来越高。另外通过实际成本 BIM 模型，监督各条成本线来实时盘点，以提供实际数据，能很容易地检查出哪些项目还没有实际的成本数据。如图 1.19 所示的建筑工程就采用了 BIM 5D 技术，实时统计各类成本，为项目管理者提供数据支持。

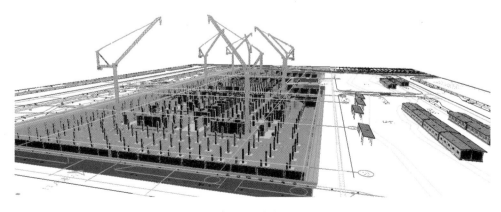

图 1.19    采用 5D 技术的建筑工程

## 1.3.2 广联达软件与 BIM

以 BIM 模型为依据，可以实时地计算出造价清单，按照 BIM 建筑模型的各个构件自动挂接上对应的清单和定额，达到一处修改，即可实时计量。如果模型有变更修改，也可以在造价中有所体现。这样不但提高了清单精确度计算，而且还提高了算量工作效率，并且在 BIM 模型中，通过批量修改、多工程链接、可视化操作等一系列手段，可以灵活地完成设计人员的工作任务。BIM 以全新的协同工作方式代替传统的单机工作模式，在 BIM 的模型中不但可以算量还可以出施工图，进行施工模拟、设备维护和工程运维管理等工作。

所以从行业的角度来看，造价工作者应该有一个 BIM 的宏观概念，不应该局限于本专业的范围，一定要时刻建立一个模型化、协同化的思维模式。即首先了解 BIM 在整个建筑生命周期都能做什么（如图 1.20 所示），其次是掌握造价行业的新软件、新技术。

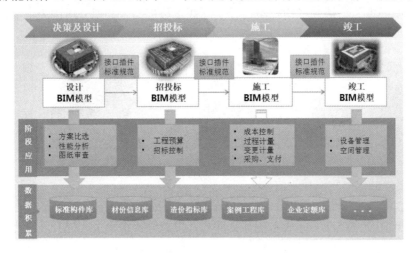

图 1.20　BIM 在整个项目周期的应用

广联达与 Autodesk 克公司在 2014 年 9 月份达成了战略合作，在市场、研发、销售等方面相互合作，促进 BIM 技术在中国施工市场的应用。如图 1.21 所示为 BIM 建模与广联达软件的关联。

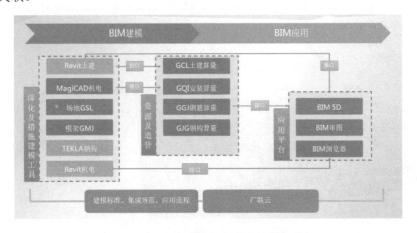

图 1.21　BIM 建模与广联达软件关联

## 1.3.3　广联达软件介绍

广联达系列软件一方面通过 BIM 技术为核心的三维算量平台处理工程模型数据，可以适应钢筋、土建、装饰和安装等众多专业，提供了从建模、算量再到变更、对量的多业务环节的专业功能模块；另一方面其通过"云数据+端"技术为核心的造价管理平台，处理工程造价数据，功能模块覆盖概算、招标、投标、进度支付、结算、审核等多个业务环节，帮助用户实现全过程造价管理，如图 1.22 所示。

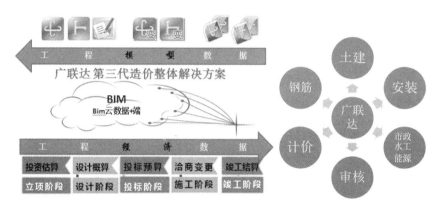

图 1.22　广联达系列软件介绍

目前建筑设计输出的图纸大多数是采用二维设计，提供建筑的平面、立面、剖面图纸，对建筑物进行表达。而建模算量则是将建筑的平面、立面、剖面图纸相结合，建立建筑的空间模型。模型的建立可以准确地表达各类构件之间的空间位置关系；图形算量软件则按计算规则计算各类构件的工程量；构件之间的扣减关系则根据模型由程序进行处理，从而准确计算出各类构件的工程量。为方便工程量的调用，将工程量以代码的方式提供，套用清单与定额时可以直接套用，如图 1.23 所示。

使用图形算量软件进行工程量计算，已经从手工计算的大量书写与计算转化为建立建筑模型。无论用手工算量还是软件算量，都有一个基本的要求，那就是知道算什么、如何算。知道算什么，是做好算量工作的第一步，也就是业务关，无论是手工算还是软件算，只是采用了不同的手段而已。

软件算量的重点有 3 个：一是如何快速地按照图纸的要求建立建筑模型；二是将算出来的工程量与工程量清单和定额进行关联；三是掌握特殊构件的处理及灵活应用。

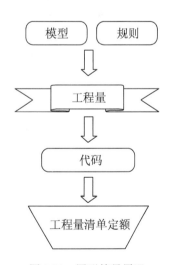

图 1.23　图形算量原理

# 第 2 章　地下部分结构设计

本章主要介绍位于地坪之下的结构构件的设计，如柱下的阶梯式基础和基础梁等。由于此项目结构专业没有一层平面，所以在完成了基础与基础梁之后，施工方回填土，建筑专业用细石混凝土等材料制作地面、标高，直到建筑一层标高暨就是"正负零"。

## 2.1　独立基础

建筑物上部结构采用框架结构或单层排架结构承重时，基础常采用圆柱形和多边形等形式的独立式基础，这类基础称为独立式基础，也称单独基础。独立基础分为阶形基础、坡形基础、杯形基础 3 种。该项目的结构柱是现浇的，独立基础与柱子是整浇在一起的。

### 2.1.1　制作阶梯式基础族

独立基础的截面由若干个阶梯组成，这样的独立基础称为"阶梯式基础"。阶梯形独基支模工作量虽然较大，但对混凝土塌落度控制要求不高，混凝土浇筑质量更有保证，所以在独立基础中阶梯式应用范围更大。本项目采用二阶式的阶梯基础。

（1）新建 JC1 族样板。单击"打开"按钮，在弹出的"新族-选择样板文件"对话框中，选择"公制结构基础.rft"族样板，然后单击"打开"按钮，如图 2.1 所示。打开之后，Revit 的屏幕界面如图 2.2 所示。

图 2.1　新建族样板

（2）绘制纵向参照平面。由项目文件可知，按 RP 快捷键，在"偏移量"栏中输入"500"，沿着纵向的已有参照平面，从上向下绘制一条新的参照平面，如图 2.3 所示。

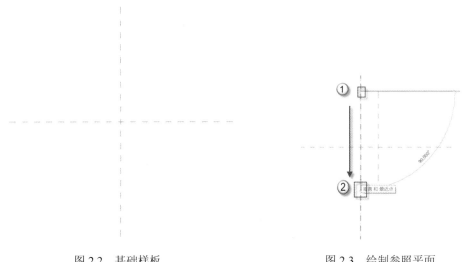

图 2.2　基础样板　　　　　　　　　　　　　图 2.3　绘制参照平面

（3）镜像参照平面。选择刚绘制的参照平面，按 MM 快捷键，选择默认纵向的参照平面，对其进行镜像，完成后如图 2.4 所示。

（4）绘制横向参照平面。按 RP 快捷键，在"偏移量"栏中输入"500"，沿着纵向的已有参照平面，从上至下绘制一条新的参照平面，使用同样的方法镜像，绘制出如图 2.5 所示的另外两条参照平面。然后使用 DI 快捷键，对其进行标注。

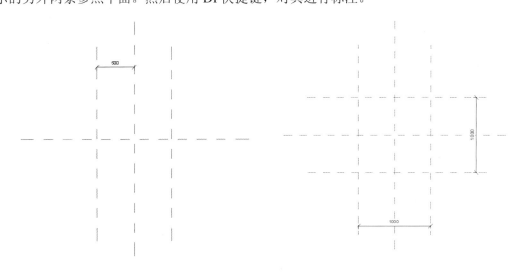

图 2.4　镜像参照平面　　　　　　　　　　图 2.5　绘制另外两条参照平面

（5）等分参照平面。使用 DI 快捷键，继续对两条参照平面进行标注，如图 2.6 所示，并且单击 EQ 按钮。完成后，如图 2.7 所示。横向参照平面用同样的方法处理。

🔔注意：在 Revit 建族的过程中，EQ 是等分的意思。此处使用 EQ，可以让两条参照平面在后面的操作中以中轴线为中点，沿两侧平分展开。

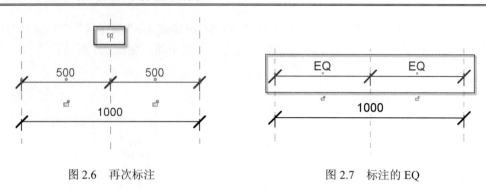

图 2.6　再次标注　　　　　　　　　　图 2.7　标注的 EQ

（6）创建族类型。选择横向的标注"1000"，在"标签"栏中选择"添加参数"，在弹出的"参数属性"对话框的"名称"文本框中输入 B，单击"确定"按钮完成操作，如图 2.8 和图 2.9 所示。使用同样的方法，对另一个纵向 1000 的标注进行"L"的关联。完成后，选择"创建"｜"族类型"命令，在弹出的"族类型"对话框中，可以观察到 B、L 选项，如图 2.10 所示。

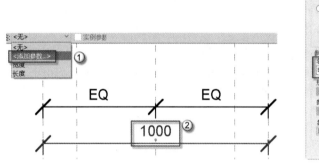

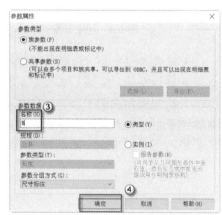

图 2.8　选择添加参数　　　　　　　　图 2.9　命名族参数

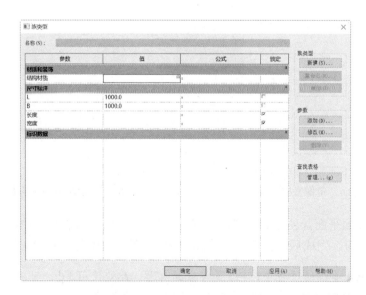

图 2.10　"族类型"对话框

**注意：** 在 Revit 中建族时，这一步操作非常关键，原因是这样操作之后，就将标注与族参数关联起来了。当族插入到项目文件之后，只需要输入参数单位，图形即可以随之变换。也就是由"固定"族变成为了"可变"族。

（7）绘制内圈参照平面。按 RP 快捷键，在"偏移量"栏中输入"350"，分别沿屏幕水平中心线、垂直中心线各绘制一条带偏移的参照平面，如图 2.11 所示。

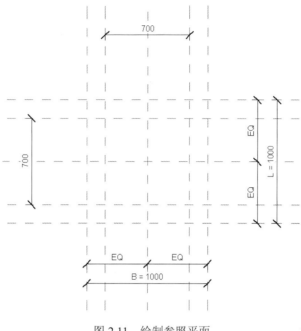

图 2.11　绘制参照平面

（8）关联标注参数。选择水平方向"700"的标注，在"标签"栏中选择"长度"选项，如图 2.12 所示。选择竖直方向"700"的标注，在"标签"栏中选择"宽度"选项，完成后的基础尺寸标注如图 2.13 所示。

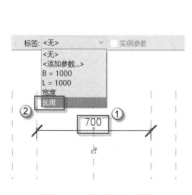

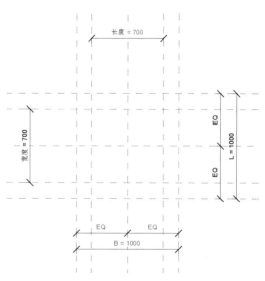

图 2.12　关联标注参数　　　　　　　　图 2.13　基础尺寸标注

（9）绘制底部矩形。选择"创建"｜"融合"命令，使用"矩形"工具，绘制出如图 2.14 所示的矩形。单击"编辑顶部"按钮，绘制如图 2.15 所示的矩形。

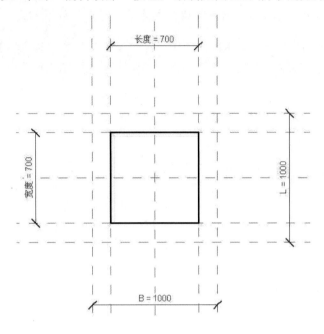

图 2.14　绘制底部矩形

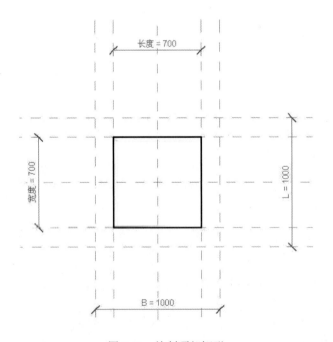

图 2.15　绘制顶部矩形

（10）在"属性"面板的"第二端点"中输入"-400"，因为基础是向下生成的，所以此处的数值为负值，单击"确定"按钮完成操作，如图 2.16 所示。然后单击"√"按钮，退出"融合"操作，按 F4 键，切换到三维视图，在其中观察已经建好的独立基础上层部分，如图 2.17 所示。

图 2.16　"属性"面板

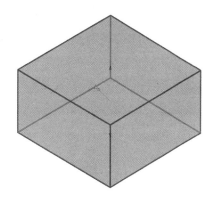

图 2.17　观察生成的三维模型

（11）绘制矩形。选择"创建"｜"融合"命令，使用"矩形"工具，绘制出如图 2.18 所示的矩形。单击"编辑顶部"按钮，绘制如图 2.19 所示的矩形。

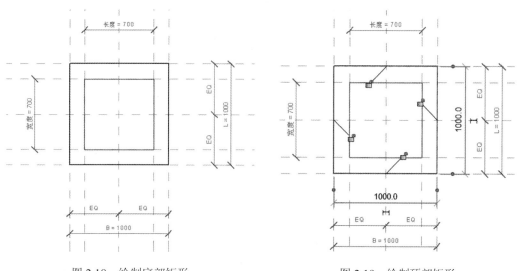

图 2.18　绘制底部矩形　　　　　　　图 2.19　绘制顶部矩形

（12）在"属性"面板的"第二端点"中输入"-700"，"第一端点"中输入"-400"，数值是负数是因为基础是向下生成的，且下部的第一端点的高度与杯口部分第二端点标高相同，单击"确定"按钮完成操作，如图 2.20 所示。然后单击"√"按钮，退出"融合"操作，按 F4 键，切换到三维视图，在其中观察已经建好的独立基础上层部分，如图 2.21 所示。

（13）设置垫层的尺寸。选择"创建"｜"拉伸"｜"矩形"命令，在"偏移量"栏中输入"100"（垫层超出基础 100mm），如图 2.22 所示。

注意：垫层不是阶梯，是位于阶梯下部与土质接触的构件。这里垫层的尺寸是超出基础 100mm，厚度也为 100mm。

图 2.20  "属性"面板

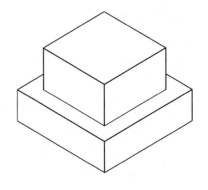

图 2.21  生成的三维模型

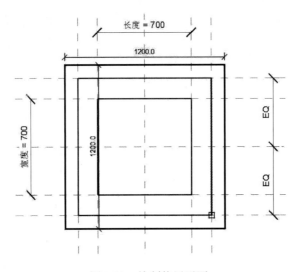

图 2.22  绘制垫层平面

（14）定义垫层高度。在定义承台高度时，采用"深度"定义，这里垫层的高度可以在承台高度基础上进行定义。选择"立面"｜"前"命令，在"属性"面板中，在"拉伸起点"中输入"-700"，在"拉伸终点"中输入"-800"，单击"√"按钮确定，如图 2.23 所示。绘制完成后的垫层平面样式如图 2.24 所示。

图 2.23  设置垫层高度

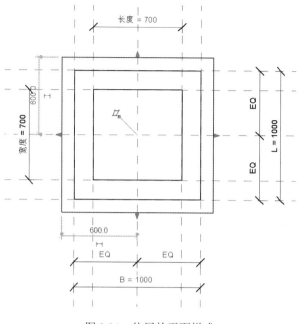

图 2.24　垫层的平面样式

（15）标注基础尺寸。在"项目浏览器"面板中选择"楼层平面"｜"参照标高"命令，按 DI 快捷键（或选择"注释"｜"对齐"命令），标注"长度"和"宽度"，如图 2.25 所示。选择"立面"｜"前"命令，按 DI 快捷键，标注基础的高度"H1"和"H2"，如图 2.26 所示。

🔔注意：项目采用的是两阶梯式的阶梯基础。B 和 L 是立面中位于底部且体量偏大的那一阶的平面尺寸，而"长度"和"宽度"是立面中位于顶部且体量偏小的那一阶的平面尺寸。

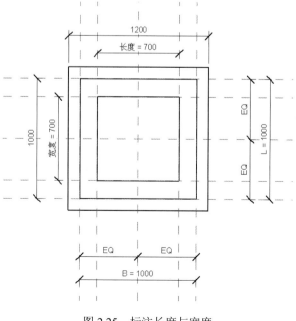

图 2.25　标注长度与宽度

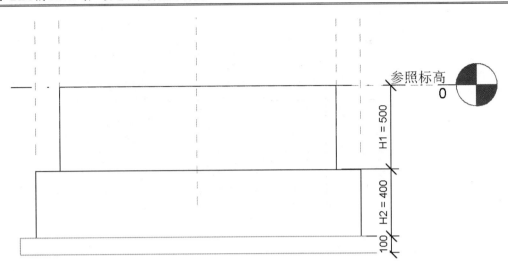

图 2.26　标注尺寸

（16）添加材质。选择"立面"｜"前"命令，承台和垫层同在立面视图中。选择"承台"，在"属性"面板中单击"材质"按钮，在弹出的"材质浏览器"对话框中，选择"混凝土-现场浇注混凝土"材质，并单击"确定"按钮，如图 2.27 所示。用同样的方法，对"垫层"设置"混凝土-现场浇注混凝土"的材质。

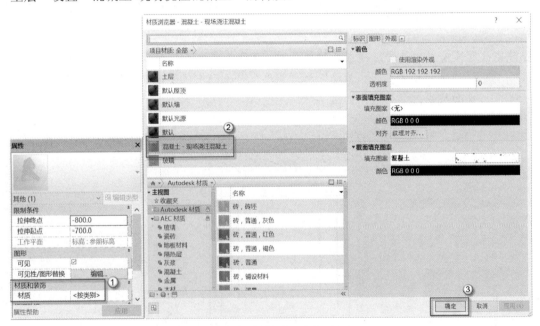

图 2.27　添加材质

（17）添加结构材质，选择菜单栏的"族类型"命令，在弹出的"族类型"对话框中，单击"结构材质"后的空白框，在弹出的"材质浏览器"对话框中选择"混凝土-现场浇注混凝土"材质，并单击"确定"按钮完成操作，如图 2.28 所示。

图 2.28　添加结构材质

注意：在"属性"面板中添加的材质一般用于观察效果图或绘制剖面图，而"结构材质"中添加的材质用于统计工程量。

（18）编辑垫层可见性。在"项目浏览器"面板中选择"楼层平面"｜"参照标高"命令，选择"承台"对象。在"属性"面板中单击"编辑"按钮，在弹出的"族图元可见性设置"对话框中，勾选全部复选框，并单击"确定"按钮，如图 2.29 所示。同样选择"垫层"对象，在"属性"面板中单击"编辑"按钮，在弹出的"族图元可见性设置"对话框中，去掉"平面/天花板平面视图"和"当在平面/天花板平面视图中被剖切时（如果类别允许）"两项的勾选，并单击"确定"按钮，如图 2.30 所示。

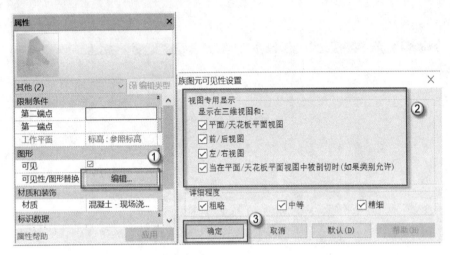

图 2.29  承台可见性

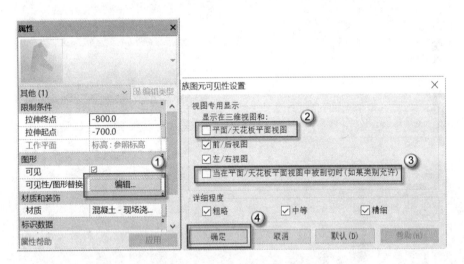

图 2.30  垫层可见性

🔔注意：在平面图和剖面图中，垫层是不可见的，在施工平面图中也只能看到承台但看不到垫层，所以在 Revit 中平面视图中，垫层不勾选可见。

（19）编辑阶梯式基础名称。选择菜单栏的"族类型"命令，在弹出的对话框中，单击"新建"按钮，弹出"名称"对话框，在"名称"文本框中输入"J1"，并单击"确定"按钮，如图 2.31 所示。

（20）另存为族。选择"应用程序"｜"另存为"｜"族"命令，在弹出的对话框中将族文件命名为"阶梯式基础.rfa"，单击"保存"按钮，如图 2.32 所示。

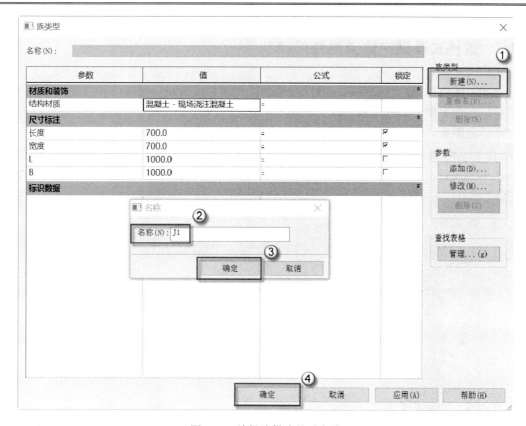

图 2.31 编辑阶梯式基础名称

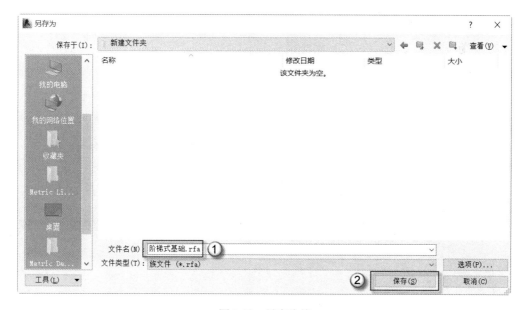

图 2.32 另存为族

至此，完成阶梯式基础族里的"J1"类型绘制。由项目可知 J1～J4 均为不同尺寸的阶梯式基础。因此将这个族插入到项目中，只需要更改类型就可以得到 J2、J3、J4，而不需要再建其他族。

## 2.1.2　阶梯式基础定位辅助线的绘制

在 Revit 操作中，一般是通过参照平面来绘制定位辅助线，使族文件、建筑构件等精准定位。在此参照平面用于构造线——和草图或辅助线类似，其可以保留在视图中，也可以使用隐藏图元、调整对象类型的可见性在视图中被隐藏。

（1）打开项目文件。选择"打开"|"项目"命令，在弹出的对话框中选择"广联达 结构.rvt"项目文件，然后单击"打开"按钮，如图 2.33 所示。打开之后，项目的界面如图 2.34 所示。

图 2.33　打开项目文件

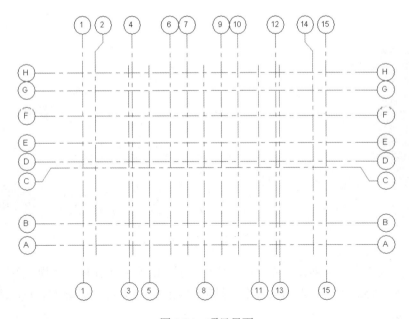

图 2.34　项目界面

（2）绘制 J1 定位辅助线。由项目文件可得，J1 定位于 2 轴与 H 轴的交汇处。按 RP 快捷键，偏移量输入"600"，沿 2 轴从下往上绘制①号辅助线，沿"1-H"轴从右往左绘制②号辅助线。偏移量输入"400"，沿 2 轴从上往下绘制③号辅助线，沿 H 轴从左往右绘制④号辅助线，如图 2.35 所示。绘制完成后，移动模型端点，去除参照平面多余的部分，完成后的效果如图 2.36 所示。

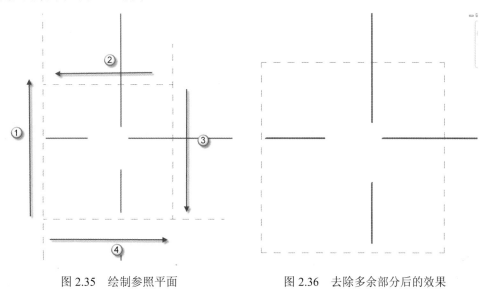

图 2.35　绘制参照平面　　　　　　　　　图 2.36　去除多余部分后的效果

🔔注意：柱参照平面与基础参照平面均是以独立基础的下层作为标准绘制的，读者应注意两者尺寸与放置位置的区别。

（3）绘制 JC2 定位辅助线。由项目文件可得，JC2 定位于 4 轴与 E 轴的交汇处。按 RP 快捷键，偏移量输入"700"，沿 4 轴从下往上绘制①号辅助线，偏移量输入"600"沿 E 轴从左往右绘制②号辅助线。偏移量输入"400"，沿 4 轴从上往下绘制③号辅助线，沿 H 轴从右往左绘制④号辅助线，如图 2.37 所示。绘制完成后，移动模型端点，去除参照平面多余的部分，完成后的效果如图 2.38 所示。

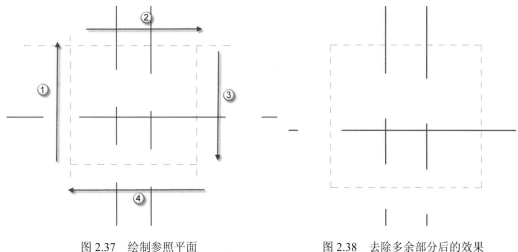

图 2.37　绘制参照平面　　　　　　　　　图 2.38　去除多余部分后的效果

（4）绘制 JC3 定位辅助线。由项目文件可得，JC3 定位于 4 轴与 B 轴的交汇处。按 RP 快捷键，偏移量输入"600"，沿 4 轴从下往上绘制①号辅助线，偏移量输入"700"，沿 B 轴从左往右绘制②号辅助线。偏移量输入"400"，沿 4 轴从上往下绘制③号辅助线，沿 H 轴从右往左绘制④号辅助线，如图 2.39 所示。绘制完成后，移动模型端点，去除参照平面多余的部分，完成后的效果如图 2.40 所示。

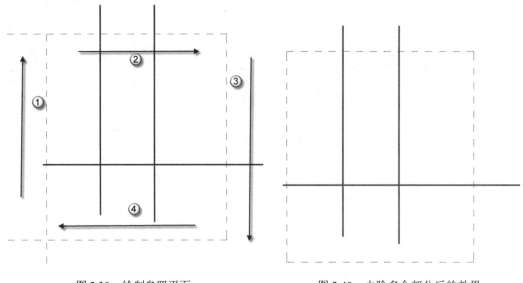

图 2.39　绘制参照平面　　　　　　　　　图 2.40　去除多余部分后的效果

（5）绘制 JC4 定位辅助线。由项目文件可得，JC4 定位于 1 轴及 2 轴与 E 轴的交汇处。按 RP 快捷键，偏移量输入"400"，沿 1 轴从下往上绘制①号辅助线，偏移量输入"600"，沿 E 轴从左往右绘制②号辅助线。偏移量输入"400"，沿 2 轴从上往下绘制③号辅助线，偏移量输入"600"，沿 E 轴从右往左绘制④号辅助线，如图 2.41 所示。绘制完成后，移动模型端点，去除参照平面多余的部分，完成后的效果如图 2.42 所示。

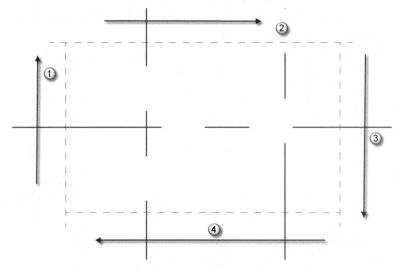

图 2.41　绘制参照平面

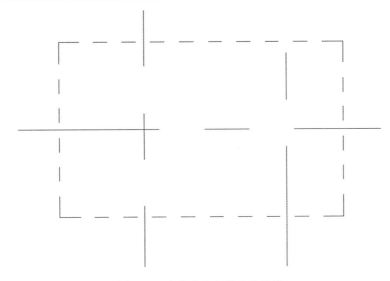

图 2.42　去除多余部分后的效果

用同样的方法，完成其余 JC1～JC4 基础参照平面的绘制，绘制完成后如图 2.43 所示。接下来就可以开始进行阶梯式基础族的插入了。

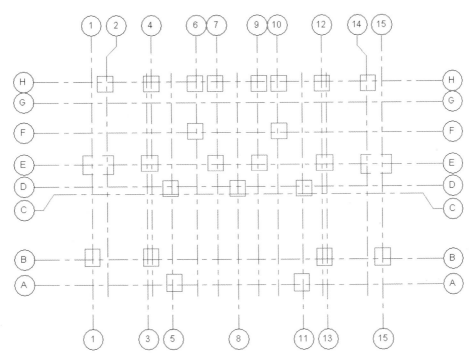

图 2.43　独立基础参照平面

## 2.1.3　阶梯式基础的插入

在 Revit 中族与项目是两种操作状态。在制作完各类型的族后，要将族插入到项目中。族插入到项目中后是没有任何反应的，需要运行命令。插入的是基础族，就运行"独立"

命令（就是独立基础命令）。

（1）载入阶梯式基础族。选择“插入”｜“载入族”命令，在弹出的对话框中选择“阶梯式基础.rfa”文件，单击“打开”按钮，如图 2.44 所示。

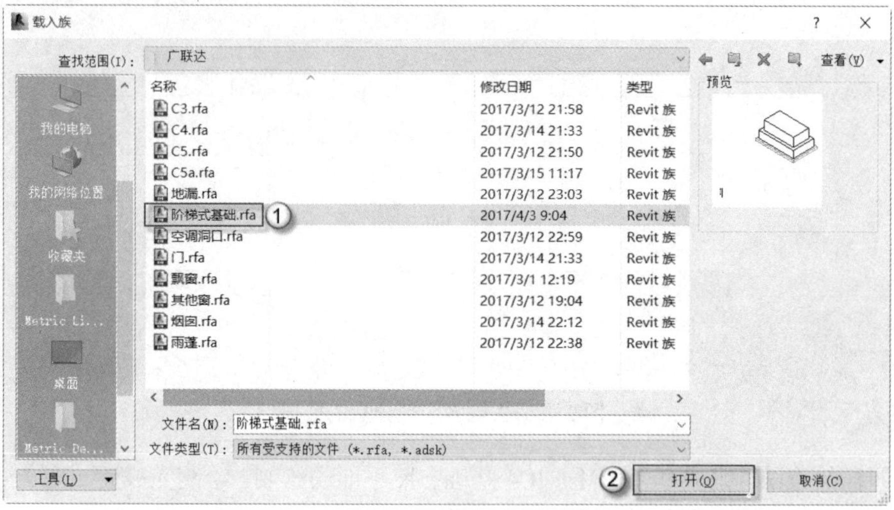


图 2.44　载入阶梯式基础族

△注意：向 Revit 中载入族后，系统是没有明确反应的，但是并不表示族没有载入成功，在结构基础里，将会看到载入的族文件。

（2）插入独立基础族 J1。选择“结构”｜“独立”命令，在“属性”面板中选择需要插入的族，如图 2.45 所示。按 MV 快捷键，将 J1 从①处移动到②处，使其与对应的参照平面精准重合，如图 2.46 所示。

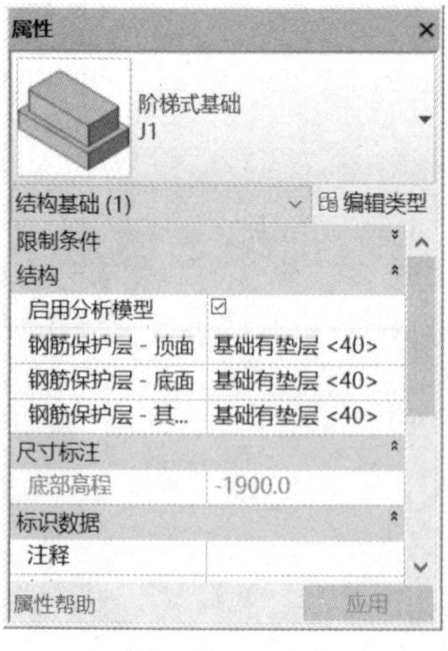


图 2.45　插入 J1

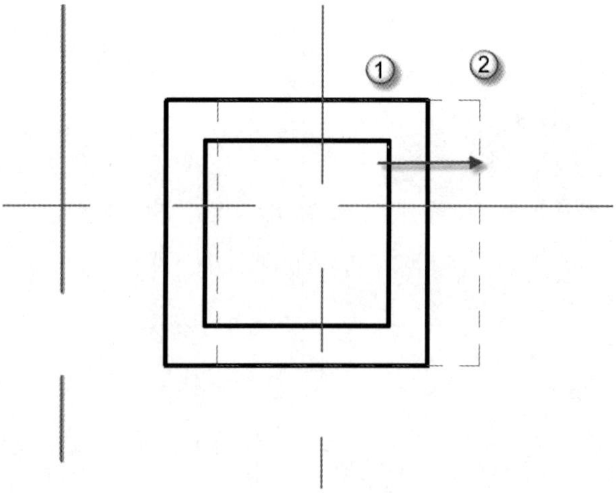


图 2.46　移动 J1

（3）插入阶梯式基础族 J2。选择“结构”｜“独立”命令，在“属性”面板中选择需要插入的族，如图 2.47 所示。按 MV 快捷键，将独立基础 J2 从①处移动到②处，使其与对应的参照平面精准重合，如图 2.48 所示。

图 2.47　插入 J2

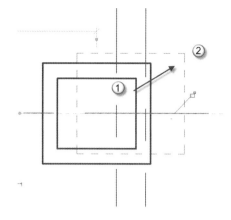

图 2.48　移动 J2

（4）插入阶梯式基础族 J3。选择"结构"｜"独立"命令，在"属性"面板中选择需要插入的族，如图 2.49 所示。按 MV 快捷键，将 J3 从①处移动到②处，使其与对应的参照平面精准重合，如图 2.50 所示。

图 2.49　插入 J3

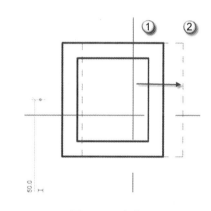

图 2.50　移动 J3

（5）插入阶梯式基础族 J4。选择"结构"｜"独立"命令，在"属性"面板中选择需要插入的族，如图 2.51 所示。按 MV 快捷键，将 J4 从①处移动到②处，使其与对应的参照平面精准重合，如图 2.52 所示。

图 2.51　插入 J4

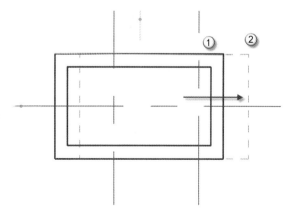

图 2.52　移动 J4

　　至此，读者可以用相同的方法将其余的阶梯式基础插入项目文件中，完成后的基础顶面如图 2.53 所示，三维视图如图 2.54 所示。

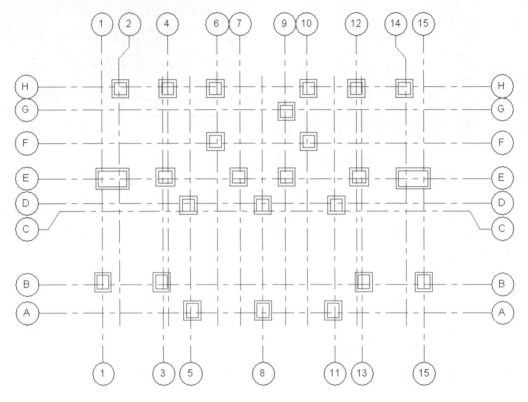

图 2.53　基础顶面

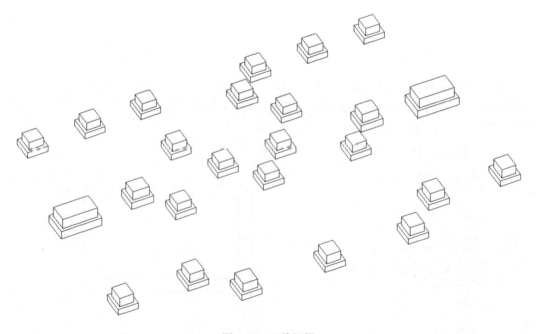

图 2.54　三维视图

（6）命名阶梯式基础，按照以上方法将阶梯式基础族插入完毕后，按 TG 快捷键，将光标置于 J1 上，可以观察到系统自动生成了 J1 的名称，如图 2.55 所示。在"修改栏"去掉"引线"选项，单击 J1 对象，可以观察到命名标注已经放置在 J1 的平面中央，按 MV 快捷键，移动命名标注并将其放在适当的地方，如图 2.56 所示。按照同样的方法命名其余的基础，完成后如图 2.57 所示。

注意：虽然在统计工程量时，不需要结构平面图中有构件的名称，但是为了以后对量、检查方便，还是应该在图中对构件进行名称标注。

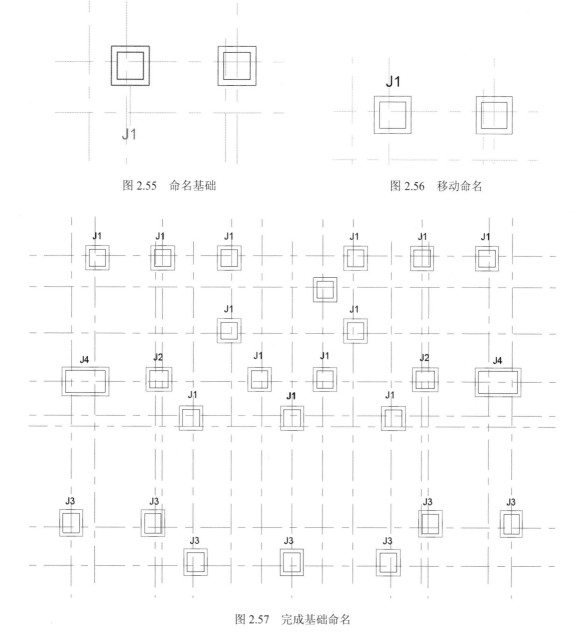

图 2.55　命名基础　　　　　　　　　　　　　图 2.56　移动命名

图 2.57　完成基础命名

# 2.2 基　础　梁

基础梁即为在地基土层上的梁，一般用于框架结构、框架剪力墙结构。基础梁同样是指直接以垫层顶为底模板的梁。

一般情况下，阶梯式基础两个方向都会设基础梁，既可以提高基础整体性，也可以用来承担底层的墙体。基础埋深较大时，一般将基础梁与柱相连，把荷载传给柱，再由柱传给基础；基础埋深较浅时，基础梁一般与基础相连，在此不过多赘述。

基础梁在建筑工程制图中往往分为横向和纵向，一般情况需要按照两个方向去绘制，即从上至下，从左往右的顺序依次绘制，这样做主要是为了统一使用习惯，方便绘图、看图，以及在必须的情况下对图进行一定的修改。

## 2.2.1　X 方向基础梁

Revit 中矩形梁是系统族，不需要设计者自己去创建族，只要选定好族，然后修改类型参数就可以了。具体操作如下。

（1）打开项目。打开 Revit，选择"项目"｜"打开"命令，弹出"打开"对话框，选择"广联达结构.rvt"项目文件，然后单击"打开"按钮，如图 2.58 所示。由于 Revit 在运行项目时会自动在主界面保留一个最近刚完成的项目，绘图者也可以直接在主界面单击前面完成的"广联达结构.rvt"项目文件。

图 2.58　打开项目文件

（2）设置 JKL1 参数。在"项目浏览器"面板中选择"基础顶面"结构平面，如图 2.59 所示。选择"结构"｜"梁"｜"编辑类型"命令，弹出"类型属性"对话框，单击"复制"按钮，在弹出的"名称"对话框中输入 JKL1，单击"确定"按钮。在尺寸标注栏中输入"b=200，h=650"的尺寸，单击"确定"按钮，如图 2.60 所示。

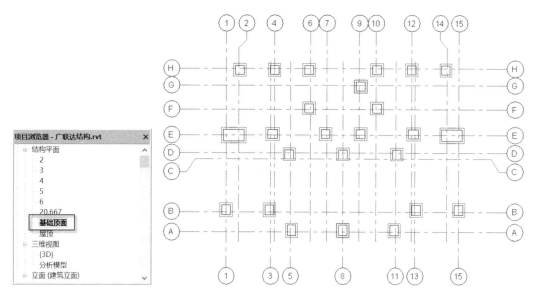

图 2.59　观察基础顶面

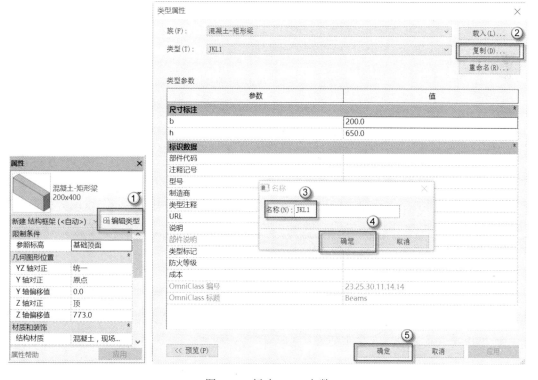

图 2.60　新建 JKL1 参数

🔊注意：在每次绘制之前，为了方便项目的统一管理与绘制，读者可以将各个图元的参数先行在项目中设置好，方便之后的绘制。

（3）设置 JKL2 参数。选择"结构" | "梁" | "编辑类型"命令，或直接按 BM 快捷键，单击"编辑类型"按钮，弹出"类型属性"对话框，单击"复制"按钮，在弹出的"名称"对话框中输入 JKL2，单击"确定"按钮。然后在尺寸标注栏中输入"b=200, h=650"的尺寸，单击"确定"按钮，如图 2.61 所示。

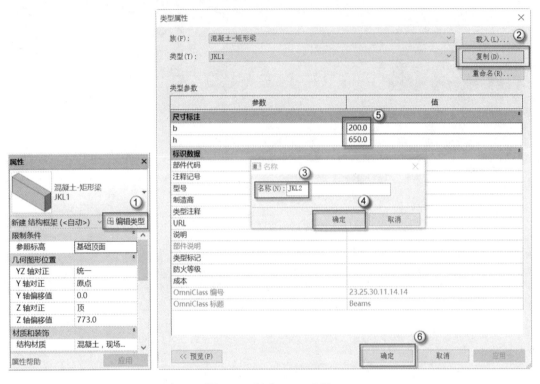

图 2.61　新建 JKL2 参数

🔊注意：JKL2 的含义是，J 代表基础部位，KL 代表框梁，2 代表编号为 2。

（4）设置 JKL3 参数。选择"结构" | "梁" | "编辑类型"命令，或直接按 BM 快捷键，单击"编辑类型"按钮，弹出"类型属性"对话框，单击"复制"按钮，在弹出的"名称"对话框中输入 JKL3，单击"确定"按钮。在尺寸标注栏中输入"b=200，h=500"的尺寸，单击"确定"按钮，如图 2.62 所示。

按照同样的方法，完成 JKL1～JKL18 及 JL1～JL5 的全部参数设置，并在"类型属性"对话框中可以观察到全部的基础梁参数，如图 2.63 所示。

🔊注意：JKL 是基础部位框梁，而 JL 是基础部位的次梁。框梁是着力点在框柱上面的梁，而次梁是着力点在梁上的梁。

在设置好基础梁的相关参数后，接下来将先进行 X 方向梁的绘制。选择相应参数，然后再绘图，适合于"批量"的绘图作业。

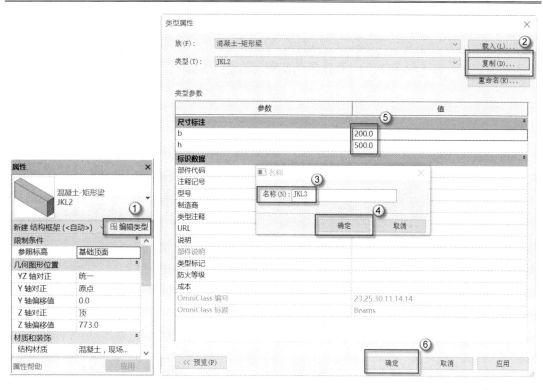

图 2.62　新建 JKL3 参数

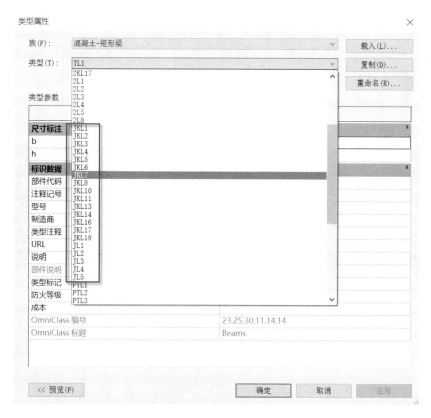

图 2.63　基础梁信息库

（5）绘制 JKL1。选择"结构"｜"梁"命令，或按 BM 快捷键，在"属性"面板中选择参数标高为"地下"，由项目文件可得，Y 轴偏移值应输入"400"，如图 2.64 所示。以 3 轴为起点，以 5 轴为终点，沿 B 轴从左侧向右侧（X 方向）绘制，如图 2.65 所示

图 2.64　设置参照标高及偏移值

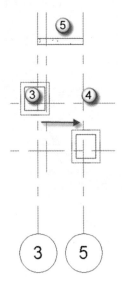

图 2.65　绘制 JKL1

🔈注意：Y 轴偏移一般是指在平面内竖直方向位置的偏移，而 Z 轴偏移则是在三维空间中高度的变化，读者应分清二者的区别，用心体会其技巧与方法。

（6）按照以上方法，依次绘制地下结构部分的 X 方向基础梁，绘制完成的地下平面图如图 2.66 所示，三维视图如图 2.67 所示。

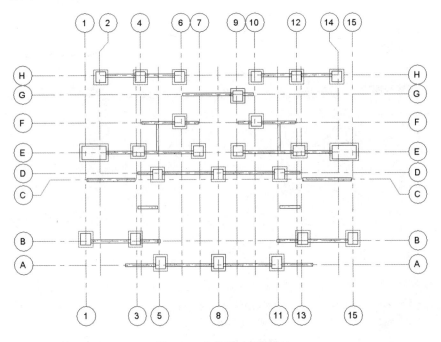

图 2.66　完成基础梁绘制

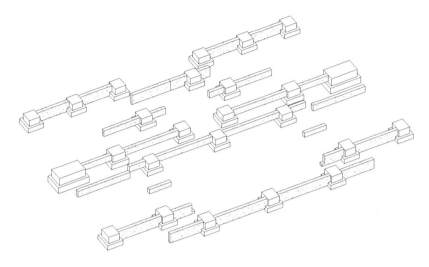

图 2.67　三维视图

## 2.2.2　Y 方向基础梁

在结构专业设计时，一般是先设计 X 方向的梁，然后再设计 Y 方向的梁。在算量时也是一样，分方向对梁进行操作。具体操作如下。

（1）绘制 JKL2。选择"结构"｜"梁"命令，或按 BM 快捷键，在"属性"面板中选择 "JKL2"，如图 2.68 所示。以 H 轴为起点，以 E 轴为终点，沿 2 轴从上往下（Y 方向）绘制 JKL2，如图 2.69 所示。

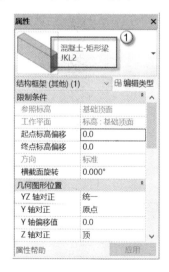

图 2.68　选择梁类型

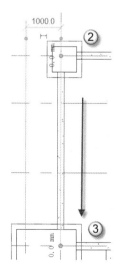

图 2.69　绘制 JKL2

（2）绘制 JKL4。选择"结构"｜"梁"命令，或按 BM 快捷键，在"属性"面板中选择 "JKL4"，如图 2.70 所示。以 H 轴为起点，以 E 轴为终点，沿 4 轴从上往下（Y 方向）绘制，按 MV 快捷键，将 JKL4 从③处移动到④处，使其精准定位，绘制完成后如图 2.71 所示。

图 2.70　选择梁类型

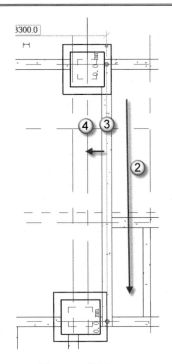

图 2.71　绘制 JKL4

（3）绘制 JL1。选择"结构"｜"梁"命令，或按 BM 快捷键，在"属性"面板中选择"JL1"，如图 2.72 所示。以 E 轴为起点，以 C 轴为终点，沿参照平面从上往下（Y 方向）绘制，按 MV 快捷键，将 JL1 从③处移动到④处，使其精准定位，绘制完成后如图 2.73 所示。

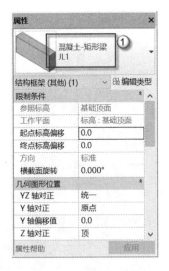

图 2.72　选择梁类型

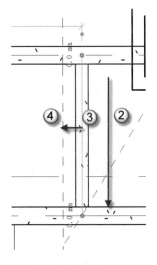

图 2.73　绘制 JL1

（4）绘制 JL2。选择"结构"｜"梁"命令，或按 BM 快捷键，在"属性"面板中选择"JL2"，如图 2.74 所示。以 B 轴为起点，以 A 轴为终点，沿参照平面从上往下（Y 方向）绘制，按 MV 快捷键，将 JL2 从③处移动到④处，使其精准定位，绘制完成后如图 2.75 所示。

图 2.74　选择梁类型

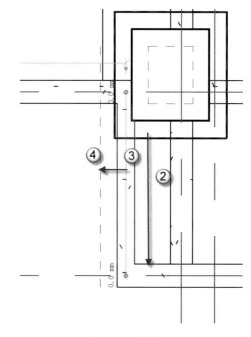

图 2.75　绘制 JL2

（5）绘制 JL3。选择"结构"｜"梁"命令，或按 BM 快捷键，在"属性"面板中选择"JL3"，如图 2.76 所示。以 B 轴为起点，以 A 轴为终点，沿参照平面从上往下（Y 方向）绘制，按 MV 快捷键，将 JL3 从③处移动到④处，使其精准定位，绘制完成后如图 2.77 所示。

图 2.76　选择梁类型

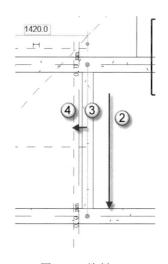

图 2.77　绘制 JL3

（6）按照以上方法，完成基础顶面 Y 方向基础梁的绘制。至此，地下结构部分的基础梁（X 方向 Y 方向）绘制全部完成，地下平面如图 2.78 所示，三维视图如图 2.79 所示。

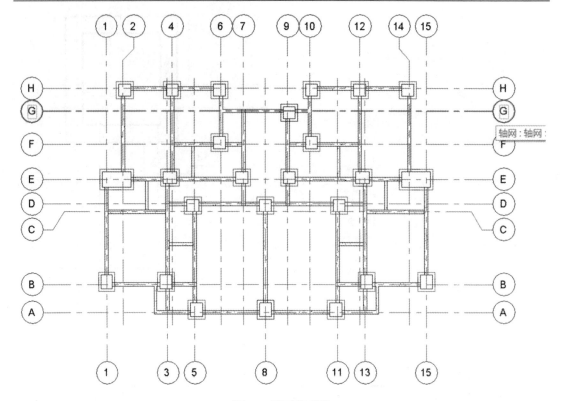

图 2.78 地下基础梁

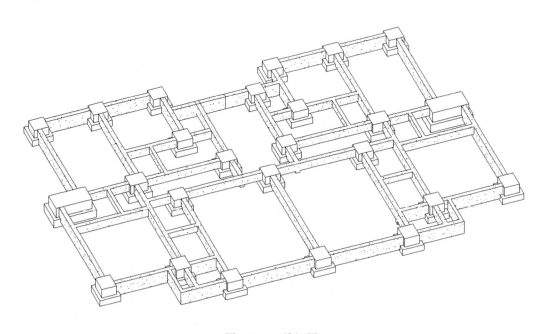

图 2.79 三维视图

（7）命名基础梁。X、Y 方向基础梁绘制完毕后，按 TG 快捷键，将光标置于 JKL2 上，可以观察到系统自动生成了 JKL2 的名称，单击空白处，完成绘制，如图 2.80 所示。用同样的方法完成其余基础梁的命名，如图 2.81 所示。

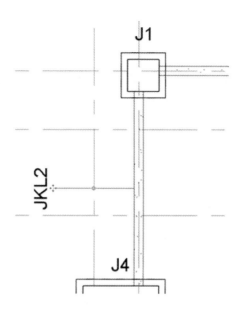

图 2.80　命名基础梁

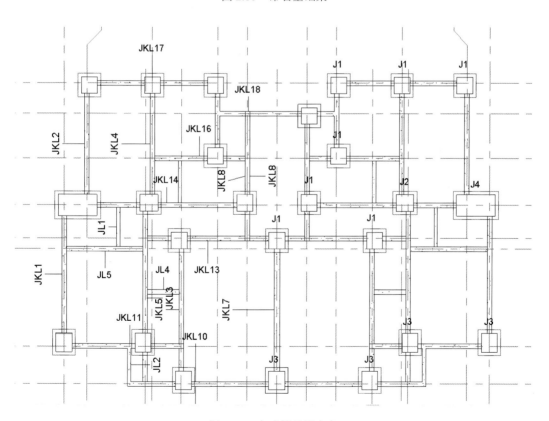

图 2.81　完成基础梁命名

注意：读者可以观察到项目文件是根据 8 轴对称的，所以命名基础与基础梁时只需各命名一半即可。

# 第 3 章　地上部分结构设计

地上主体结构是指房屋的主要构件相互连接，以及作用的平面或空间构成体。主体结构必须具备符合技术要求的强度、韧性和稳定性，以确保承受建筑物本身的各种载荷。建筑物的主体工程是建筑物工程的重要组成部分。

本章中的主体部分，主要是针对结构专业中的梁、板、柱构件等部分，由于是多层建筑且在六度区，所以无须设置剪力墙。

## 3.1　标准层的结构设计

在房屋建筑领域，如住宅、办公楼及学校教学楼等建筑，中间楼层往往相同，因此称为标准层。在设计时只绘制一层，然后按照层数复制标准层即可。所以在算量的时候，也与设计一致，掌握好标准层的工程量后，只需要乘以楼层数即可。

### 3.1.1　柱的设计

本节中的柱是指框架柱。框架柱就是在框架结构中承受梁和板传来的荷载，并将荷载传给基础，是主要的竖向受力构件。框架柱的类型有很多种，在房屋建筑中，框架结构及框架剪力墙结构中最为常见的是矩形框架柱，其次是圆形框架柱及其他类型的框架柱。

（1）首先进行二层结构平面部分的柱的绘制。打开项目文件，选择"打开"｜"项目"命令，在弹出的对话框中选择"广联达结构..rvt"文件，并单击"打开"按钮，如图 3.1 所示。

（2）暂时隐藏不必要的图元。在"项目浏览器"面板中选择"基础顶面"结构平面，可以观察到地下部分已经绘制完成的基础梁及阶梯式基础部分。这里为了方便柱的绘制，可以将图中已有的图元类别暂时隐藏。框选基础梁及阶梯式基础对象，如图 3.2 所示。然后右击已框选的对象，在弹出的右键快捷菜单中选择"在视图中隐藏"｜"图元"命令，隐藏图元后的效果如图 3.3 所示。

> 注意：隐藏的方式有两种，即按图元隐藏与按类别隐藏。按图元隐藏是指隐藏单个对象，隐藏命令实施后对于其他对象没有任何影响；按类别隐藏则是将这一类型的对象通过一次命令全部隐藏。在以后的绘制中，相同类别将会涉及按类别隐藏。为了不影响以后的绘制，在上述步骤中选择图元隐藏（单个对象），读者需了解二者的区别。

图 3.1　打开项目文件

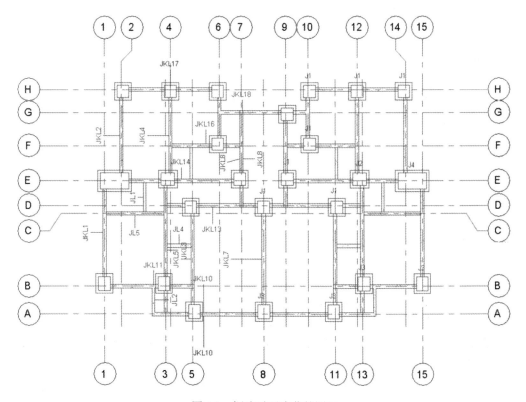

图 3.2　框选需要隐藏的图元

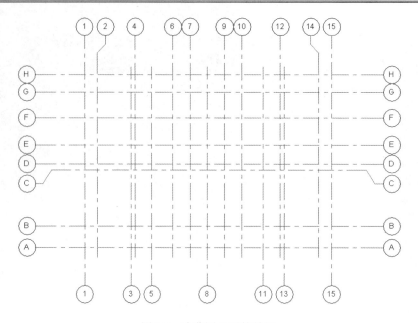

图 3.3　隐藏图元后的效果

（3）绘制 KZ1 定位辅助线。现以 KZ1 为例绘制定位辅助线，由项目文件可知，KZ1 定位于 2 轴与 H 轴的交汇处。按 RP 快捷键，偏移量输入"100"，沿 2 轴从下往上绘制① 号辅助线，沿 1-H 轴从左往右绘制②号辅助线。偏移量输入"300"，沿 2 轴从上往下绘 制③号辅助线，沿 H 轴从右往左绘制④号辅助线，如图 3.4 所示。绘制完成后，移动模型 端点，去除参照平面多余的部分，完成后的效果如图 3.5 所示。

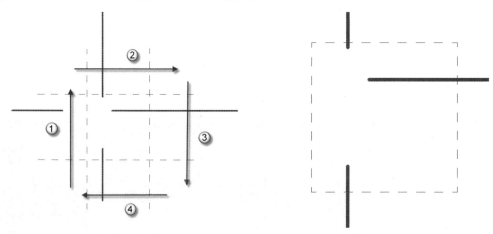

图 3.4　绘制定位辅助线　　　　　　　　　　图 3.5　去除多余部分后的效果

（4）绘制 KZ2 定位辅助线。现以 KZ2 为例绘制定位辅助线，由项目文件可知，KZ2 定位于 4 轴与 H 轴的交汇处。按 RP 快捷键，偏移量输入"200"，沿 4 轴从下往上绘制① 号辅助线，偏移量输入"100"，沿 H 轴从左往右绘制②号辅助线。偏移量输入"200"， 沿 2 轴从上往下绘制③号辅助线。偏移量输入"300"，沿 H 轴从右往左绘制④号辅助线， 如图 3.6 所示。绘制完成后，移动模型端点，去除参照平面多余的部分，完成后的效果如 图 3.7 所示。

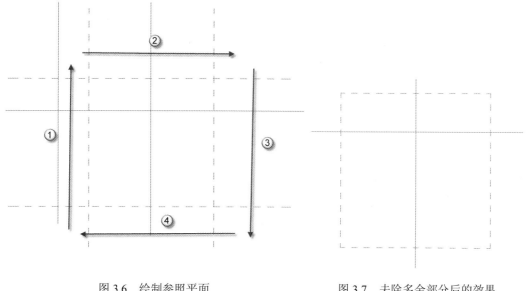

图 3.6  绘制参照平面　　　　　　　　图 3.7  去除多余部分后的效果

用同样的方法，完成 KZ1～KZ13 基础参照平面的绘制，如图 3.8 所示。接下来进入绘制结构柱的部分。

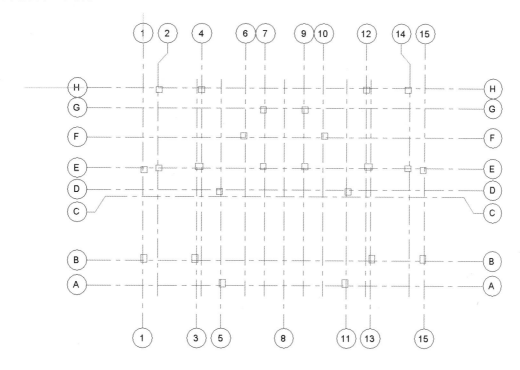

图 3.8  柱参照平面

Revit 结构部分中柱的设计比较固定，根据其截面形式与尺寸确立结构柱的形式。接下来将进行柱的截面尺寸及标高的设置，需要读者多多重视。

（5）下面进行基础顶面部分的柱的绘制。打开项目文件，选择"打开" | "项目"命令，在弹出的对话框中选择"广联达结构..rvt"文件，并单击"打开"按钮，如图 3.9 所示。

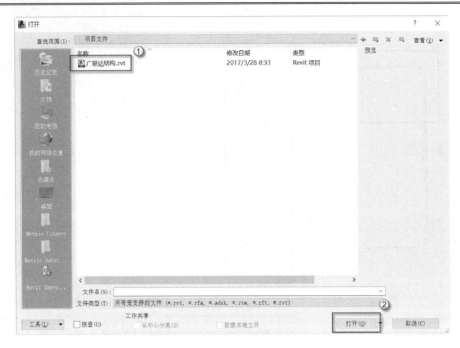

图 3.9　打开项目文件

（6）新建柱 KZ1 参数。选择"结构"｜"柱"命令，或直接按 CL 快捷键。在"属性"面板中单击"编辑类型"按钮，弹出"类型属性"对话框，单击"复制"按钮，在弹出的对话框中输入名称"KZ1"，单击"确定"按钮。在"类型属性"对话框中的"尺寸标注"栏中输入"b=400、h=400"，单击"确定"按钮，如图 3.10 所示。

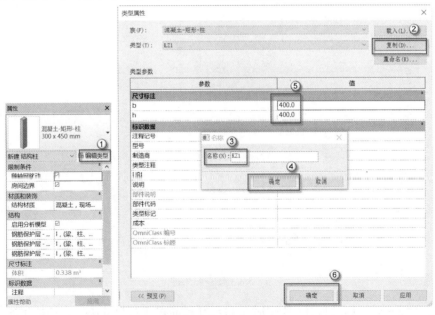

图 3.10　新建 KZ1 参数

（7）新建柱 KZ2 参数。选择"结构"｜"柱"命令，或直接按 CL 快捷键，在"属性"面板中单击"编辑类型"按钮，弹出"类型属性"对话框，单击"复制"按钮，弹出

"名称"对话框，输入名称"KZ2"，单击"确定"按钮。在"类型属性"对话框的"尺寸标注"栏中均输入"400"，单击"确定"按钮，如图 3.11 所示。

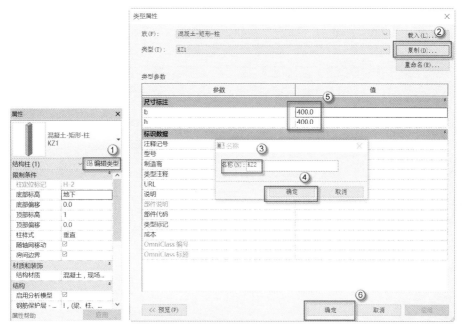

图 3.11　新建柱 KZ2 参数

（8）新建柱 KZ3 参数。选择"结构"｜"柱"命令，或直接按 CL 快捷键，在"属性"面板中单击"编辑类型"按钮，弹出"类型属性"对话框在"类型属性"对话框中单击"复制"按钮，在弹出的对话框中输入名称"KZ3"，单击"确定"按钮。在"类型属性"对话框"尺寸标注"栏的"b、h"中均输入 400，单击"确定"按钮，如图 3.12 所示。

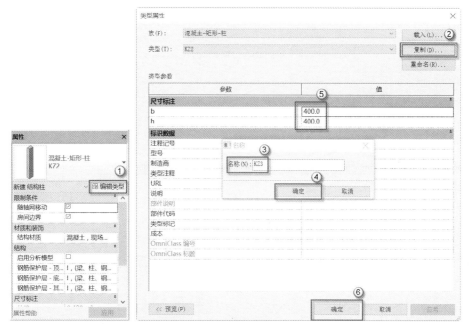

图 3.12　新建柱 KZ3 参数

（9）新建柱 KZ4 参数。选择"结构"｜"柱"命令，或直接按 CL 快捷键，在"属性"面板中单击"编辑类型"按钮，弹出"类型属性"对话框，单击"复制"按钮，在弹出的对话框中输入名称"KZ4"，单击"确定"按钮。在"类型属性"对话框的"尺寸标注"栏中均输入"400"，单击"确定"按钮，如图 3.13 所示。

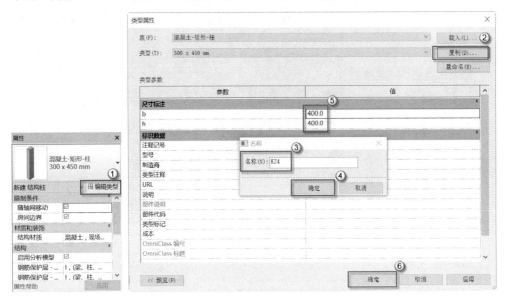

图 3.13　新建柱 KZ4 参数

上述步骤已经将柱的设置方法描述得非常清楚，读者可以根据相同的方法完成 KZ1～KZ15 的参数设置。编辑完成后，选择"属性"｜"混凝土-结构"，可观察地上结构柱信息库，如图 3.14 所示。地上结构柱表如表 3.1 所示。

图 3.14　柱信息库

表 3.1　地上结构柱表

| 柱　编　号 | b（尺寸） | h（尺寸） |
|---|---|---|
| KZ1 | 400 | 400 |
| KZ2 | 400 | 400 |
| KZ3 | 400 | 400 |
| KZ4 | 400 | 400 |
| KZ5 | 400 | 400 |
| KZ6 | 400 | 400 |
| KZ7 | 400 | 400 |
| KZ8 | 500 | 400 |
| KZ9 | 400 | 400 |
| KZ10 | 400 | 400 |
| KZ11 | 400 | 400 |
| KZ12 | 400 | 500 |
| KZ13 | 400 | 500 |

🔊注意：在 Revit 中，柱的形式比较单一，但操作比较繁琐，所以读者在建立一系列柱参
　　　数与信息时应格外仔细，并且在建立完成后应一一对照其完整性和正确性。

　　参数设置完成后，开始进行柱的定位绘制，在这个阶段读者需要注意柱的定位、标高、
高度等信息的调整及修改方法。

　　（10）绘制 KZ1 柱。选择"结构"｜"柱"，或按 CL（绘制结构柱）快捷键，在"属
性"面板中选择"混凝土-矩形-柱"柱类型，选择 KZ1 柱，如图 3.15 所示，将 KZ1 柱绘
制于②处。在"属性"面板中，将"底部标高"调整为 "基础顶面"层，"顶部标高"调
整为"2"层，如图 3.15 所示。

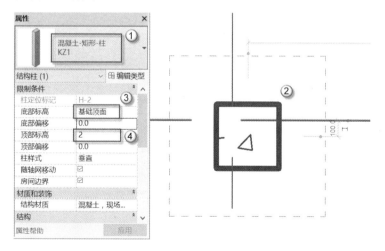

图 3.15　绘制 KZ1 柱

🔊注意：除了在"属性"面板中，调整"底部标高"与"顶部标高"之外，还可以选择"深
　　　度"｜"基础顶面"选项，通过调整深度来确定柱的高度值。读者可自行选择绘
　　　制方法，这里将以第一种方法为例来讲解结构柱的绘制。

（11）绘制 KZ2 柱。选择"结构"｜"柱"，或按 CL（绘制结构柱）快捷键，在"属性"面板中选择"混凝土-矩形-柱"柱类型，选择 KZ2 柱，将 KZ1 柱绘制于②处。在"属性"面板中，将"底部标高"调整为"基础顶面"，"顶部标高"调整为"2"层，如图 3.16 所示。

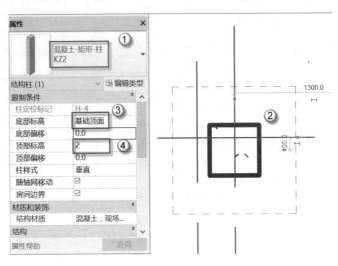

图 3.16　绘制 KZ2 柱

（12）绘制 KZ3 柱。选择"结构"｜"柱"，或按 CL（绘制结构柱）快捷键，在"属性"面板中选择"混凝土-矩形-柱"柱类型，选择 KZ3 柱，可以发现 KZ3 柱的定位与参照平面有偏差，按 MV 快捷键，将 KZ3 柱由②处移动到③处。在"属性"面板中，将"底部标高"调整为　"基础顶面"，"顶部标高"调整为"2"层，如图 3.17 所示。

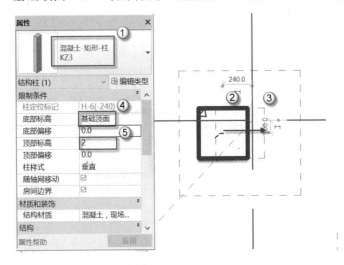

图 3.17　KZ3 柱的绘制

（13）按照以上方法，完成基础顶面结构柱的绘制，至此地上结构二层部分的框架柱的绘制全部完成，如图 3.18 所示。按 F4 快捷键，切换到三维视图中进一步检查以后要进行算量计算的模型，如图 3.19 所示。

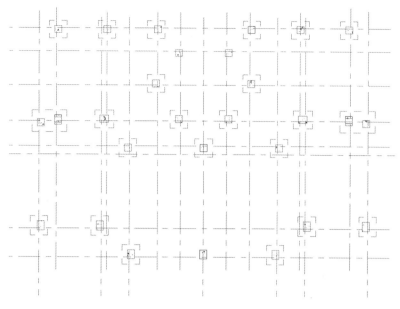

图 3.18　结构平面图

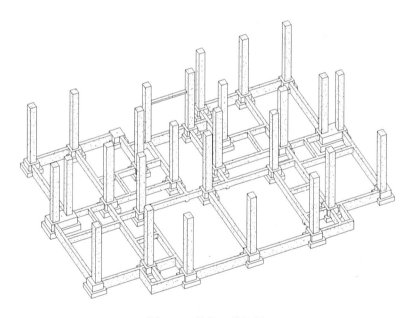

图 3.19　结构三维视图

## 3.1.2　梁的设计

着力点在框柱上的梁称为框梁，用 KL 表示；着力点在梁上的梁称为次梁，用 L 表示。在 Revit 中二者的绘制方法完全一样，只是在后期的算量中有所区别。

（1）设置 KL1 参数。在"项目浏览器"中选择"2"层结构平面，进行结构梁的绘制，如图 3.20 所示。选择"结构"｜"梁"｜"编辑类型"命令，弹出"类型属性"对话框，单击"复制"按钮，弹出"名称"对话框，在其中输入名称"2KL1"，单击"确定"按钮。

在"类型属性"对话框的"尺寸标注"栏中输入 "b=200, h=600",单击"确定"按钮,如图 3.21 所示。

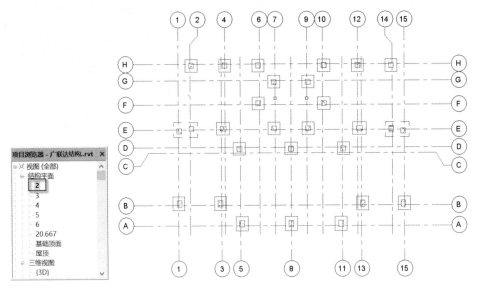

图 3.20 选择"2"层结构平面

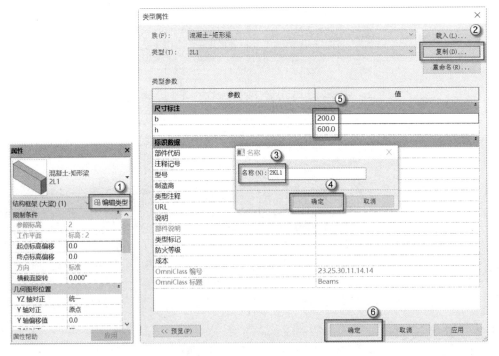

图 3.21 新建 KL1 参数

(2)设置 2KL2 参数。选择"结构"|"梁"命令,在"属性"面板中单击"编辑类型"命令,弹出"类型属性"对话框,单击"复制"按钮,弹出"名称"对话框,在其中输入"2KL2",单击"确定"按钮。在"类型属性"对话框的"尺寸标注"栏中输入"b=200,h=600",单击"确定"按钮,如图 3.22 所示。

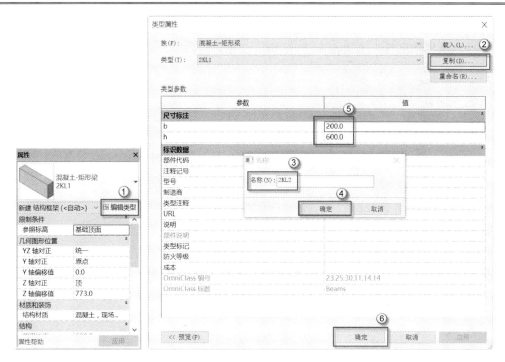

图 3.22　新建 2KL2 参数

（3）设置 2KL3 参数。选择"结构"｜"梁"命令，在"属性"面板中单击"编辑类型"命令，弹出"类型属性"对话框，单击"复制"按钮，在弹出的"名称"对话框中输入"2KL3"，单击"确定"按钮。在"类型属性"对话框的"尺寸标注"栏中输入 "b=200，h=500"，单击"确定"按钮，如图 3.23 所示。

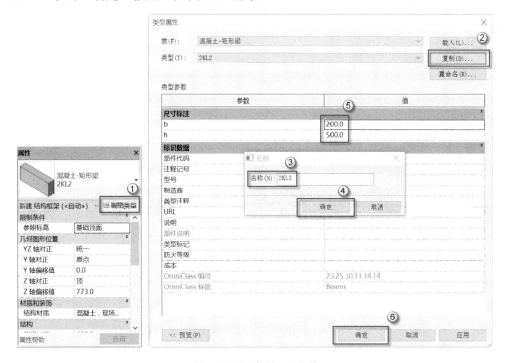

图 3.23　新建 2KL3 参数

（4）读者可以根据相同的方法完成 2KL1～2KL17 梁及 2L1～2L8 梁的参数设置，编辑完成后，选择"属性"｜"混凝土-结构"命令，可观察地上结构梁信息库，如图 3.24 所示。

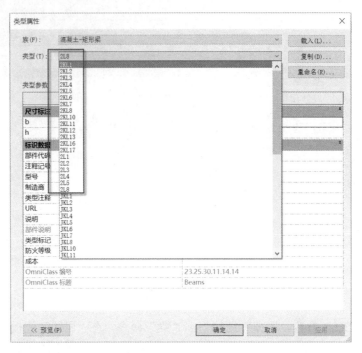

图 3.24　梁信息库

（5）绘制 2KL1 梁。选择"结构"｜"梁"命令，或按 BM 快捷键，在"属性"面板中选择"参照标高"为"2"层，找到 2KL1 梁的位置从②处向③处绘制，使其精准定位，如图 3.25 所示。

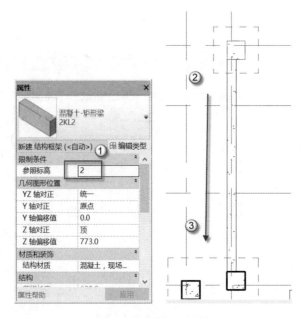

图 3.25　绘制 2KL1 梁

（6）绘制 2KL2 梁。选择"结构"｜"梁"命令，或按 BM 快捷键，在"属性"面板中选择"参照标高"为"2"层，找到 2KL2 梁的位置从一侧向另一侧绘制，选中"2KL2"梁，按 MV 快捷键，将 2KL2 梁从②处移动到③处，使其精准定位，如图 3.26 所示。

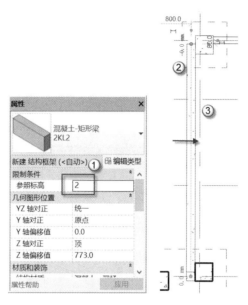

图 3.26　绘制 2KL2 梁

（7）绘制 2KL17 梁。选择"结构"｜"梁"命令，或按 BM 快捷键，在"属性"面板中选择"参照标高"为"2"层，找到 2KL17 梁的位置从一侧向另一侧绘制，选中"2KL17"梁，按 MV 快捷键，将 2KL17 梁从②处移动到③处，使其精准定位，如图 3.27 所示。

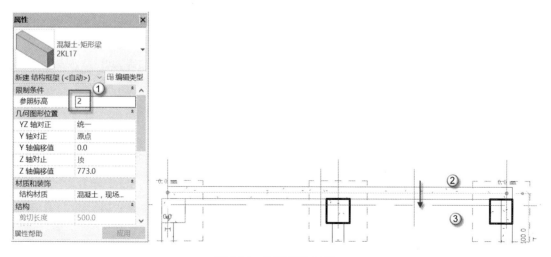

图 3.27　绘制 2KL17 梁

（8）按照以上方法，依次绘制地上结构部分的梁，绘制完成的地上二层结构平面图如图 3.28 所示，三维视图如图 3.29 所示。

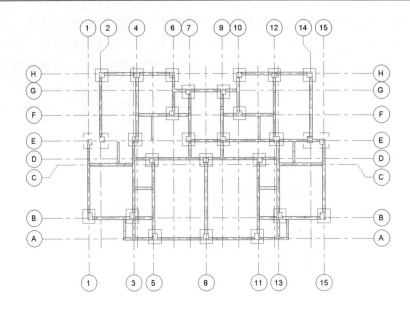

图 3.28　二层结构平面图

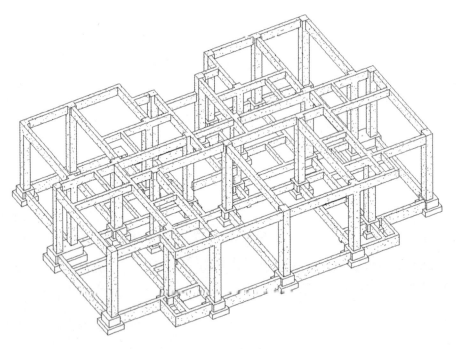

图 3.29　二层结构三维视图

### 3.1.3　楼板的设计

在这个项目中，结构专业是没有一层平面的，一层平面由建筑专业完成。因此结构楼板的起步就是在二层中操作。结构板是系统族，不需要自建，直接使用就可以了，具体操作如下。

（1）设置 2B1 号板参数。选择"结构"｜"楼板：结构"命令，或直接按 SB 快捷键，进入楼板参数编辑模式。在"属性"面板中，将"标高"设置为"2"层，在"自标高的高度偏移"栏中输入"0"，单击"编辑类型"按钮，弹出"类型属性"对话框，单击"复制"按钮，在弹出的对话框中将楼板名称命名为"2B1"，单击"确定"按钮返回"类型属性"对话框。由项目文件可知，未注明板厚均为 100mm，在"类型属性"对话框中单击"编辑"按钮，在弹出的"编辑部件"对话框中将板厚设置为 100，其他参数不变，设置过程如图 3.30 所示。

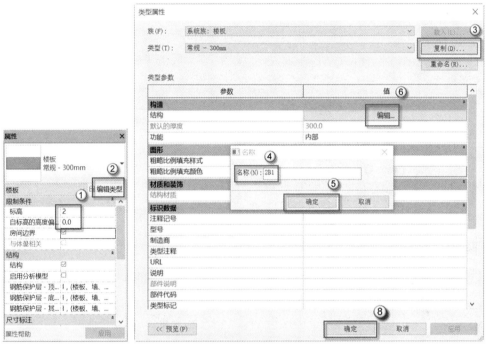

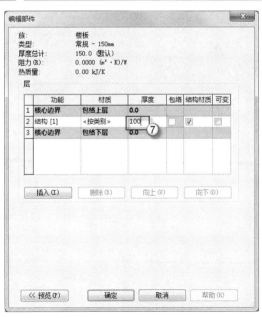

图 3.30　设置 2B1 号板参数

（2）设置 2B12 号板参数。选择"结构"｜"楼板：结构"选项，或直接按 SB 快捷键，进入楼板参数编辑模式。在"属性"面板中，将"标高"设置为"2"层，在"自标高的高度偏移"栏中输入"0"，单击"编辑类型"按钮，在弹出的对话中单击"复制"按钮，弹出"名称"对话框，在其中将楼板名称命名为"2B12"，单击"确定"按钮关闭对话框。由项目文件可知，2B12 号板厚为 80，在返回的"类型属性"对话框中。单击"编辑"按钮，在弹出的"编辑部件"对话框中将板厚设置为 80，其他参数不变，设置过程如图 3.31 所示。

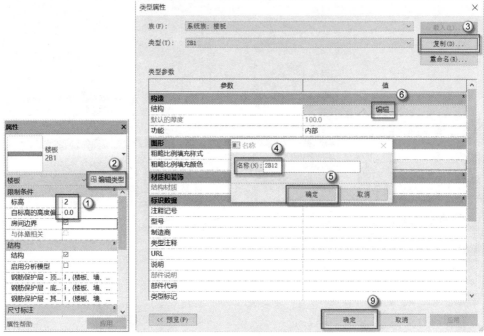

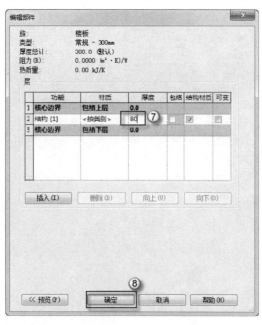

图 3.31　设置 2B12 号板参数

　　（3）设置 2B13 号板参数。选择"结构"｜"楼板：结构"选项，或直接按 SB 快捷键，进入楼板参数编辑模式。在"属性"面板中，将"标高"设置为"2"层，在"自标高的高度偏移"栏中输入"0"，单击"编辑类型"按钮，在弹出的对话中单击"复制"按钮，弹出"名称"对话框，在其中将楼板名称命名为"2B13"，单击"确定"按钮，关闭对话框。由项目文件可知，2B13 号板厚为 120，在返回的"类型属性"对话框中单击"编辑"按钮，在弹出的"编辑部件"对话框中将板厚设置为 120，其他参数不变，设置过程如图 3.32 所示。

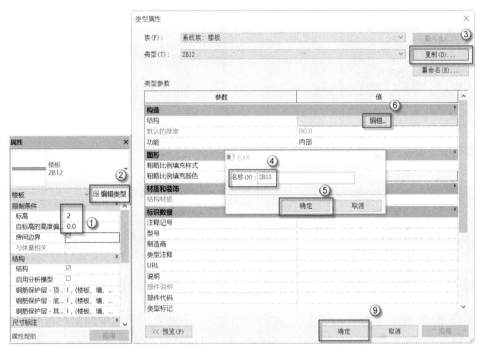

图 3.32　设置 2B13 号板参数

按照以上方法，将 2B1~2B13 的参数全部设置完毕，在"类型属性"对话框中可以查看到新建完成的结构板，如图 3.33 所示。

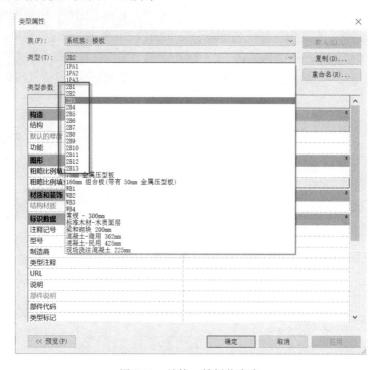

图 3.33 结构：楼板信息库

（4）绘制 2B1 号板。由二层平面图可知，2B1 边界为一个不规则图形，且板面标高 D=-0.050。按 SB 快捷键，在"属性"面板中将"自标高的高度偏移"设置为"-50"，如图 3.34 所示。在"修改|创建楼层边界"选项卡中选择"边界线"|"直线"命令，即使用"直线"方式逐段绘制楼板。用连续直线精确绘制完 2B11 号板后，单击"√"按钮完成操作，如图 3.35 所示。

图 3.34 设计楼板参数

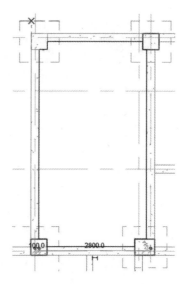

图 3.35 绘制 2B1 号板

🔔**注意**：绘制现浇混凝土板时，应注意偏移量的设置，因为楼板是架在梁上的，所以绘制时楼板的边界应绘制在梁的内部，绘图时应要根据实际情况绘制。

（5）绘制 2B12 号板。由二层平面图可知，2B12 边界为一个完整的矩形，且板面标高 D=-0.050。按 SB 快捷键，在"属性"面板中，将"自标高的高度偏移"设置为"-50"，如图 3.36 所示。在"修改 | 创建楼层边界"选项卡中选择"边界线" | "矩形"命令，即使用"矩形"的方式绘制楼梯。以①处为矩形起点，②处为矩形终点，精确绘制 2B12 号板，然后单击"√"按钮完成操作，如图 3.37 所示。

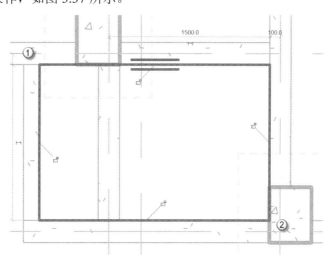

图 3.36　设计楼板参数　　　　　　　　图 3.37　绘制 2B12 号板

🔔**注意**：在绘制楼板时，如果楼板标高低于本层平面，那么在平面视图中是观察不到的，读者可以在三维视图中自行查看。

（6）绘制 2B7 号板。由二层平面图可知，2B7 边界为一个完整的矩形，且板面标高 D=-0.050。按 SB 快捷键，在"属性"面板中将"自标高的高度偏移"设置为"-50"，如图 3.38 所示。在"修改 | 创建楼层边界"选项卡中选择"边界线" | "矩形"命令，即使用"矩形"的方式绘制楼梯。以①处为矩形起点，②处为矩形终点，精确绘制 2B12 号板，然后单击"√"按钮完成操作，如图 3.39 所示。

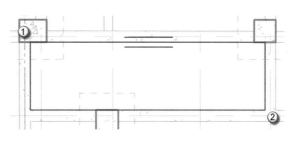

图 3.38　绘制 2B7 号板　　　　　　　　图 3.39　2B7 号板绘制完成

　　在介绍了几种典型楼板的绘制方法后，读者可以按照以上方法，完成二层平面结构楼板的绘制。至此地上结构二层平面部分的结构楼板绘制全部完成，平面图如图 3.40 所示。按 F4 键切换到三维视图，在其中检查需要算量计算的模型，如图 3.41 所示。

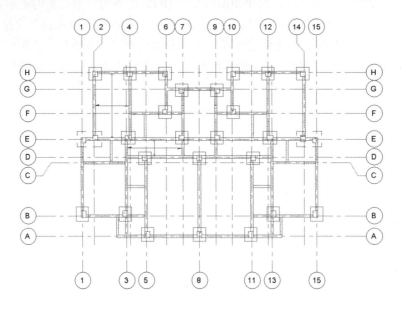

图 3.40　二层结构平面图

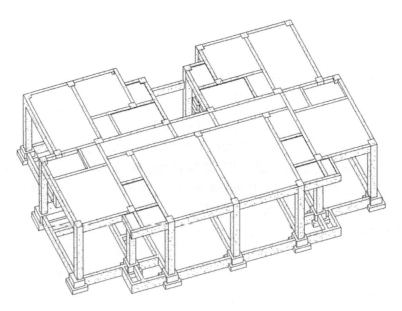

图 3.41　二层结构三维视图

## 3.1.4　复制楼层

　　在这个项目中，由于二层至五层结构平面的相同性，因此二层平面也叫标准层平面，绘制完成后向上复制楼层就可以了。

（1）框选二层所有对象。在"项目浏览器"中选择"北"建筑立面视图，框选已绘制完成的二层结构，如图 3.42 所示。

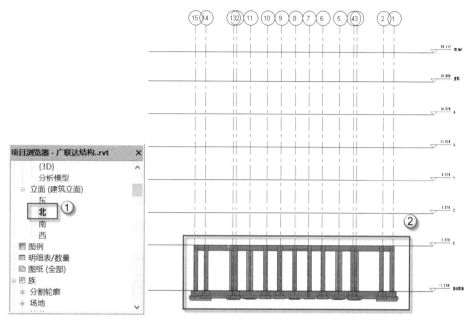

图 3.42　框选对象

（2）选择结构专业的梁板柱。在"修改｜选择多个"选项卡中选择"过滤器"命令，在弹出的"过滤器"对话框中勾选"楼板""结构柱""结构框架（其他）""结构框架（大梁）"选项，单击"确定"按钮，如图 3.43 所示。

注意：为了防止框选时会选中不需要复制的图元，可使用过滤器将框选图元分类并准确选定需要的项目，其复制精确而不会出现多余或错误的情况。

（3）复制到剪切板，与选定标高对齐。在"剪切板"选项卡中选择"复制到剪切板"选项，选择"粘贴"｜"与选定的标高对齐"命令，在弹出的对话框中选择"3"层标高，单击"确定"按钮，如图 3.44 所示。复制完成后的三层结构图如图 3.45 所示。

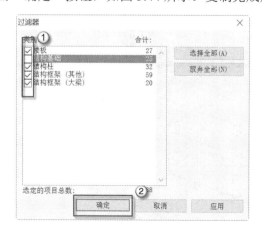

图 3.43　勾选梁、板、柱

图 3.44　选定标高

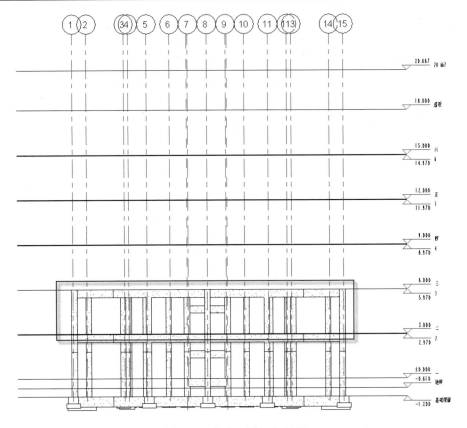

图 3.45　完成三层结构复制

　　至此已经将如何绘制完整的结构楼层展示完成，读者可以用相同的方法完成剩余楼层的绘制，绘制完成后的三维视图如图 3.46 所示。

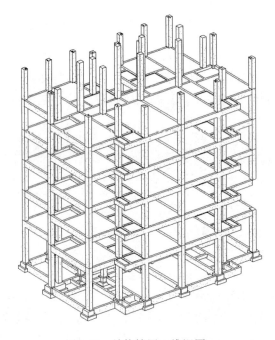

图 3.46　结构楼层三维视图

# 3.2　坡屋面的设计

平屋面与坡屋面一般以排水坡度 3%作为分界，小于 3%的是平屋面，大于 3%的是坡屋面。平屋面采用建筑找坡，屋面板是平的，但板上面的防水材料在砌筑时做成斜坡；而坡屋面采用结构找坡，通过斜梁、斜板来形成坡屋面。选择坡屋面主要有两个原因：一是坡屋面的防水效果好，二是立面更美观一些。但是坡屋面的设计、施工和算量难度都比较大。

## 3.2.1　结构斜梁的设计

斜梁就是在绘制结构梁时，设置"起点标高偏移"与"终点标高偏移"两个参数，注意是以毫米为单位。具体操作如下。

（1）查看屋顶平面视图。选择"项目浏览器"中的"结构平面"｜"屋顶"选项，可以观察到"结构：屋顶"的完整平面图，如图 3.47 所示。

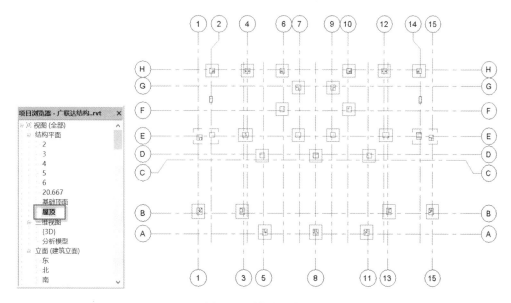

图 3.47　屋顶平面图

斜梁的绘制与绘制结构框梁的步骤相同，仍然遵循 3 大基本步骤，即①绘制屋面梁参照平面，②建立结构斜梁信息，③绘制结构斜梁。下面开始具体操作。

（2）绘制 WB1 参照平面。由项目文件可知，绘制出各个屋面板的参照平面即可配合轴网，进行屋面梁及板的绘制。接下来先绘制 WB1 的参照平面。由项目文件可知，WB1 的偏移量为 2990。按 RP 快捷键，在"属性"面板的"偏移量"栏中输入"2990"，沿 H 轴从 4 轴右侧往左侧绘制①号辅助线并与 4 轴相交，如图 3.48 所示。在"偏移量"栏中输入"1300"，沿①号辅助线绘制②号辅助线并与 4 轴相交，如图 3.49 所示。将 2 轴与 H 轴交点和①号辅助线与 4 轴的交点相连接，形成③号辅助线，如图 3.50 所示。将 2 轴与 G 轴交点和②号辅助线与 4 轴的交点相连接，形成④号辅助线，如图 3.51 所示。选择③、④号辅助线，按 MM 快捷键，选择 4 轴为镜像轴，镜像两条辅助线，至此 WB1 参照平面图绘制完成，如图 3.52 所示。

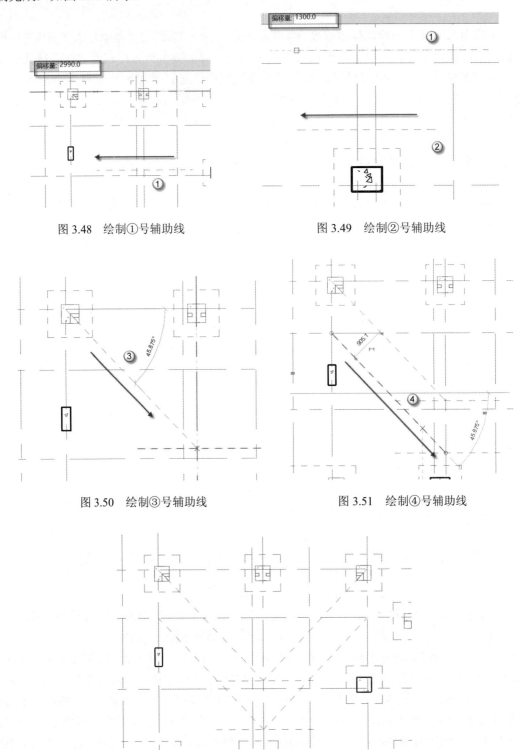

图 3.48　绘制①号辅助线　　　　　图 3.49　绘制②号辅助线

图 3.50　绘制③号辅助线　　　　　图 3.51　绘制④号辅助线

图 3.52　WB1 参照平面图

（3）绘制 WB2 参照平面。按 RP 快捷键，在"属性"面板的"偏移量"栏中输入"2860"，沿 E 轴从 4 轴从左侧往右侧绘制①号辅助线并与 2 轴相交。将 1 轴与 G 轴交点和①号辅助线与 2 轴的交点相连接，形成②号辅助线，选中②号辅助线的端点，拉长至 E 轴相交，如图 3.53 所示。按 RP 快捷键，将 1 轴与 B 轴交点和②号辅助线与 E 轴的交点相连接，形成③号辅助线，如图 3.54 所示。至此 WB2 参照平面图绘制完成，如图 3.55 所示。

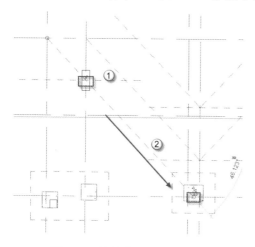
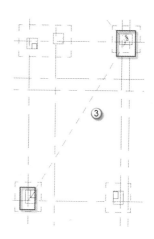

图 3.53　绘制①、②号辅助线　　　　　　　图 3.54　绘制③号辅助线

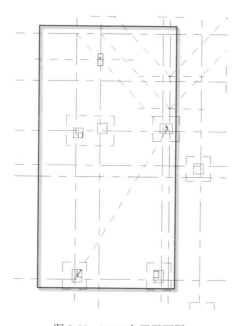

图 3.55　WB2 参照平面图

（4）绘制 WB4 参照平面。由项目文件可知，WB4 的偏移量为 4200。按 RP 快捷键，在"属性"面板的"偏移量"栏中输入"4200"，沿 A 轴左侧往右侧绘制①号辅助线并与 8 轴相交，如图 3.56 所示。在"属性"面板的"偏移量"栏中输入"1600"，沿①号辅助线绘制②号辅助线，与 8 轴相交，如图 3.57 所示。将 5 轴与 A 轴交点和①号辅助线与 8 轴的交点相连接，形成③号辅助线，如图 3.58 所示。将 5 轴与 B 轴交点和②号辅助线与 8

轴的交点相连接，形成④号辅助线，如图 3.59 所示。选择③、④号辅助线，按 MM 快捷键，选择 8 轴为镜像轴，镜像两条辅助线，至此 WB4 参照平面图绘制完成，如图 3.60 所示。

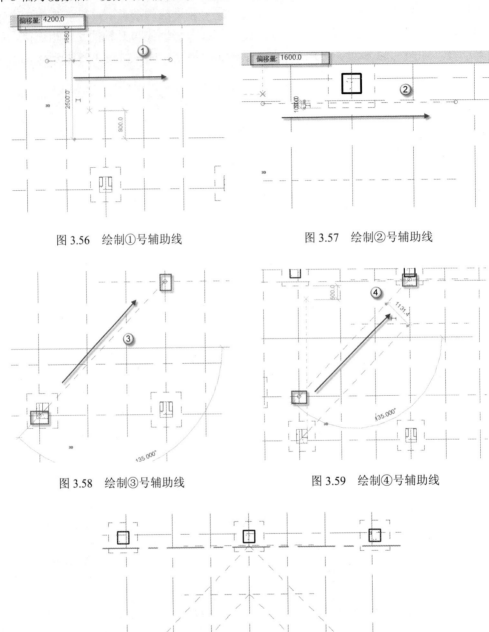

图 3.56　绘制①号辅助线　　　　　　　　　图 3.57　绘制②号辅助线

图 3.58　绘制③号辅助线　　　　　　　　　图 3.59　绘制④号辅助线

图 3.60　WB4 参照平面图

由项目文件可知，屋面梁根据 8 轴对称，选择绘制完成的 WB1 和 WB2 参照平面图，按 MM 快捷键，镜像后可得到完整的屋面梁参照平面图，如图 3.61 所示。

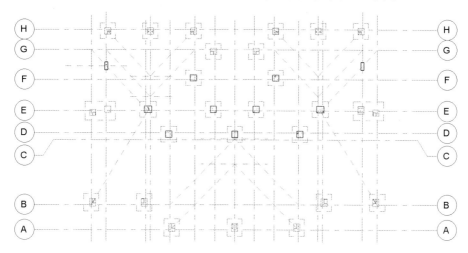

图 3.61　屋面梁参照平面

将屋面梁参照平面绘制完成后，可以将进行结构梁（包括结构斜梁）参数的建立，方便之后的使用与绘制。

（5）新建结构梁 WKL1。由项目文件可知 WKL1 尺寸为 200×500。选择"结构"｜"梁"｜"编辑类型"命令（或直接按 BM 快捷键，单击"属性"面板中的"编辑类型"按钮）。在弹出的"类型属性"对话框中，单击"复制"按钮，弹出"名称"对话框，在其中新建名称"WKL1"，单击"确定"按钮，返回"类型属性"对话框。在"类型属性"对话框中输入 WKL1 的长宽（b、h）尺寸，并单击"确定"按钮，如图 3.62a 和图 3.62b 所示。

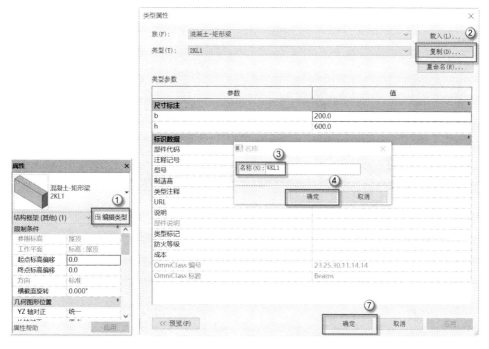

图 3.62a　新建结构梁 WKL1

图 3.62b　新建结构梁 WKL1

（6）新建结构斜梁 WKL2。由项目文件可知 WKL2 尺寸为 200×500。选择"结构"｜"梁"｜"编辑类型"命令（或直接按 BM 快捷键，单击"属性"面板中的"编辑类型"按钮），在弹出的"类型属性"对话框中，单击"复制"按钮，弹出"名称"对话框，在其中新建名称"WKL2"，单击"确定"按钮，返回"类型属性"对话框。在"类型属性"对话框中输入 WKL2 的长宽（b、h）尺寸，并单击"确定"按钮，如图 3.63a 和图 3.63b 所示。

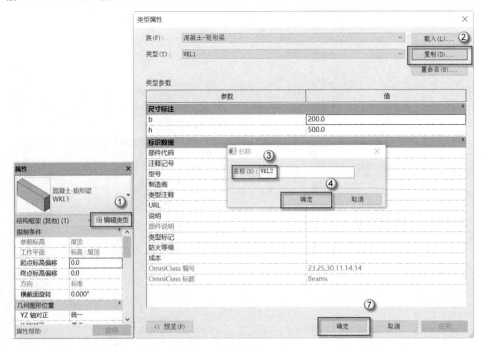

图 3.63a　新建结构梁 WKL2

图 3.63b　新建结构梁 WKL2

用同样的方法将 WKL1～WKL19 的参数全部设置完毕，屋框梁信息库如图 3.64 所示。后期读者若需要修改梁尺寸，可直接通过"编辑类型"命令修改。

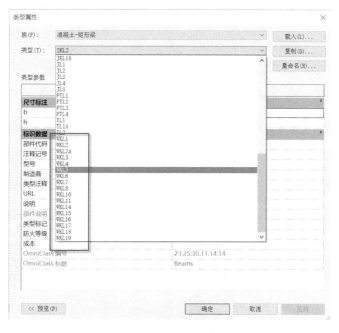

图 3.64　结构梁信息库

（7）绘制屋框梁。选择"结构"｜"梁"命令，或按 BM（绘制梁）快捷键，在"属性"面板中选择"混凝土-矩形梁"梁类型，选择 WKL11 梁，如图 3.65 所示。以①处为绘制起点，绘制终点为②处，按 MV 快捷键，将 WKL11 梁从③处移动到④处，使其精确定位，如图 3.66 所示。

图 3.65 选择 WKL11 梁

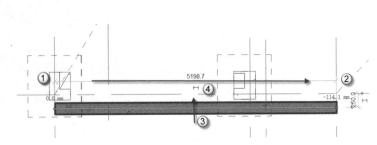

图 3.66 绘制 WKL11 梁

由项目文件可知,屋框梁参照标高为"屋顶",起点偏移与终点偏移均为"0",读者可用相同的方法完成其余屋框梁的绘制,完成后的平面视图如图 3.67 所示,三维视图如图 3.68 所示。

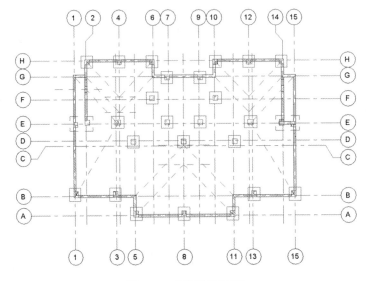

图 3.67 屋框梁平面图

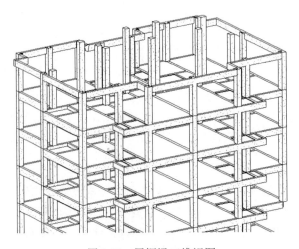

图 3.68 屋框梁三维视图

绘制完屋框梁后，接下来将进入本节的重点部分：绘制结构斜梁。结构斜梁与屋框梁的直接绘制方法并不完全相同，还需要调整相应标高与方向，达到结构梁的倾斜要求，需要读者更加仔细、认真地学习。

（8）绘制 WKL8 斜梁。选择"结构"｜"梁"命令，或按 BM（绘制梁）快捷键，在"属性"面板中选择"混凝土-矩形梁"梁类型，选择 WKL8 梁，根据参照平面将其绘制完成。由项目文件可知，①处的标高为 18.000，②处的标高为 26.700，计算可得 20.667-18.000=2.667，转换为毫米单位为"2667"。在"属性面板"的"起点标高偏移"栏中输入"0"，在"终点标高偏移"栏中输入"2667"，"Z 轴偏移值"仍为"0"，单击"应用"按钮，如图 3.69 所示。绘制完成后，按 F4 键，在三维视图中观察 WKL8 斜梁，如图 3.70 所示。

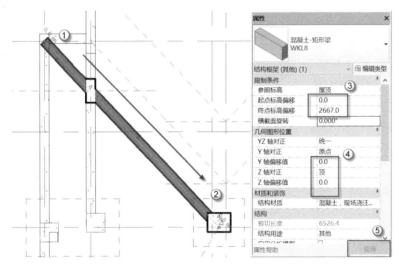

图 3.69　绘制 WKL8 斜梁

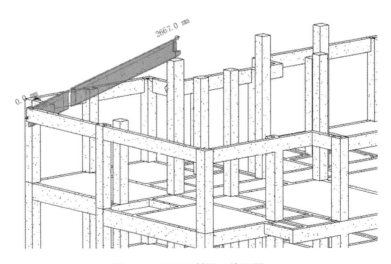

图 3.70　WK18 斜梁三维视图

🔔注意：与普通结构梁的绘制不同，结构斜梁一般情况通过起点偏移、终点偏移及标高的设置，来实行结构梁坡度的变化。因此在这个阶段，读者应尤其注意绘制结构斜梁时的单位设置及绘制方向的确定，使其精准定位。

（9）绘制 WKL16 斜梁。选择"结构"｜"梁"命令，或按 BM（绘制梁）快捷键，在"属性"面板中选择"混凝土-矩形梁"梁类型，选择 WKL16 梁，绘制起点为①处，绘制终点为②处。在"属性面板"中的 "起点标高偏移"栏中输入"0"，在"终点标高偏移"栏中输入"2667"，"Z 轴偏移值"为"0"，单击"应用"按钮，如图 3.71 所示。绘制完成后，按 F4 键，在三维视图中观察 WKL16 斜梁，如图 3.72 所示。

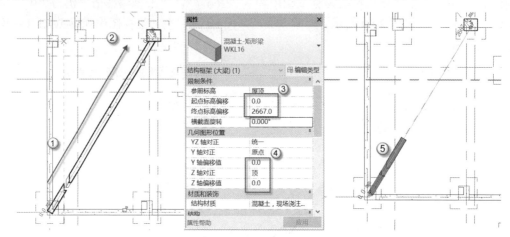

图 3.71　绘制 WKL16 斜梁

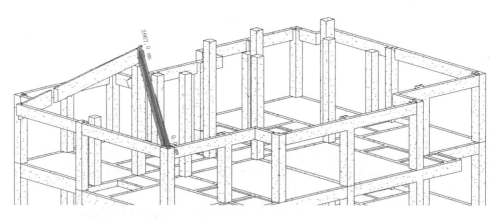

图 3.72　三维视图中观察 WKL16 斜梁

（10）绘制 WKL4 斜梁。选择"结构"｜"梁"命令，或按 BM（绘制梁）快捷键，在"属性"面板中选择"混凝土-矩形梁"梁类型，选择 WKL4 梁，绘制起点为①处，绘制终点为②处，根据项目文件可知，①处的标高为 18.000，②处的标高为 20.000，计算可得 20.000-18.000=2.000，换算为毫米单位为 2000。在"属性面板"中的"起点标高偏移"栏中输入"0"，在"终点标高偏移"栏中输入"2000"，"Z 轴偏移值"为"0"，单击"应用"按钮，如图 3.73 所示。绘制完成后，按 F4 键，在三维视图中观察 WKL4 斜梁，如图 3.74 所示。

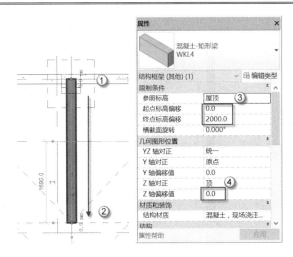

图 3.73　绘制 WKL4 斜梁

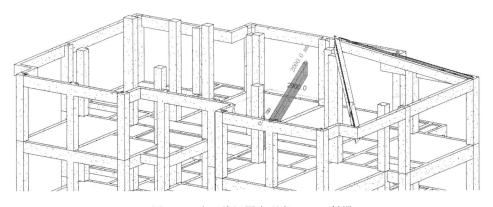

图 3.74　在三维视图中观察 WKL4 斜梁

（11）绘制 WKL5 斜梁。选择"结构"｜"梁"命令，或按 BM（绘制梁）快捷键，在"属性"面板中选择"混凝土-矩形梁"梁类型，选择 WKL5 梁，绘制起点为①处，绘制终点为②处，绘制方向如图 3.77 所示。根据项目文件可知，①处标高为 20.550，②处标高为 18.000，计算可得 20.550-18.000=2.055，换算成毫米单位为 2055。在"属性面板"中的"起点标高偏移"栏中输入"0"，在"终点标高偏移"栏中输入"2055"，"Z 轴偏移值"为"0"，单击"应用"按钮，如图 3.75 所示。绘制完成后，按 F4 键，在三维视图中观察 WKL5 斜梁，如图 3.76 所示。

注意：绘制结构梁时，偏移单位是根据绘制方向来决定的，读者在设置偏移单位时一定要与绘制方向相对应，避免出现倾斜方向相反或错误的情况。

（12）绘制 WKL17 梁。选择"结构"｜"梁"命令，或按 BM（绘制梁）快捷键，在"属性"面板中选择"混凝土-矩形梁"梁类型，选择 WKL17 梁，根据项目文件可知，WKL17 梁的标高为 18.733，屋顶层标高是 18.000，由计算可得 18.733-18.000=0.733，换算成毫米单位为 733。在"属性面板"中，将"参照标高"设置为"屋顶"，将"Z 轴偏移值"改为 733，单击"应用"按钮，如图 3.77 所示。绘制完成后，按 F4 键，在三维视图中观察 WKL17 梁，如图 3.78 所示。

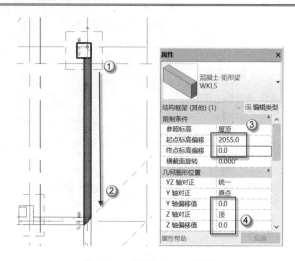

图 3.75　绘制 WKL5 斜梁

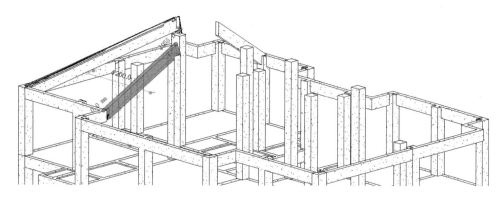

图 3.76　在三维视图中观察 WKL5 斜梁

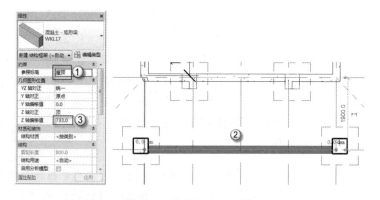

图 3.77　绘制 WKL17 梁

注意：当 Z 轴偏移值不为 0 时，绘制的结构梁并不在当前平面上。为了使绘制更精准，读者可以在当前平面内将结构梁画好之后再调整 Z 轴偏移值，并在三维视图中可以观察到绘制完成的结构梁。由于 WKL17 梁相对于屋面层标高整体在 Z 轴方向偏移了"733"个单位，所以除了调整 Z 轴偏移值之外，还可以将起点与终点标高同时设置为"733"个单位。

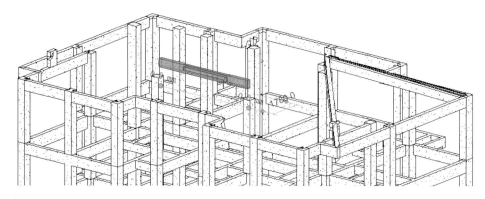

图 3.78 在三维视图中观察 WKL17 梁

至此将结构斜梁的绘制方法阐述完毕，读者可以根据相同的方法绘制出其余的结构斜梁，绘制完毕后用平面图如图 3.79 所示，三维视图如图 3.80 所示。

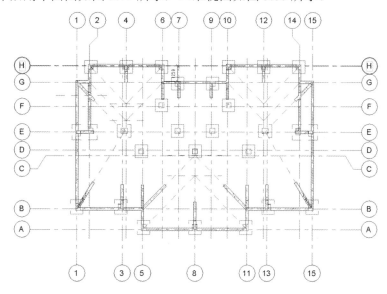

图 3.79 结构斜梁平面视图

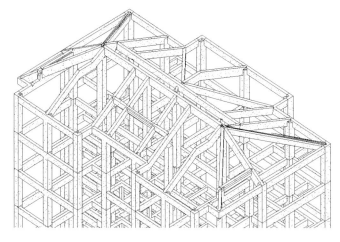

图 3.80 结构斜梁三维视图

### 3.2.2 坡面板的设计

坡屋板就是嵌入在坡屋面斜梁中，且坡度≥10°、<75°的屋面板，本项目中的坡面板的材料是钢筋混凝土。绘制屋面板有两大基本步骤：首先是建立屋面板信息，其次是绘制屋面板。具体操作如下。

（1）新建坡面板 WB1。由项目文件可知，坡面板 WB1 的厚度为 100，选择"结构"｜"楼板"｜"楼板：结构"｜"编辑类型"命令（或直接按 SB 快捷键），弹出"类型属性"对话框，单击"复制"按钮，在弹出的对话框中新建名称"WB1"，单击"确定"按钮，在弹出的"编辑部件"对话框中，输入结构楼板厚度为"100"，单击"确定"按钮完成操作，如图 3.81 所示。

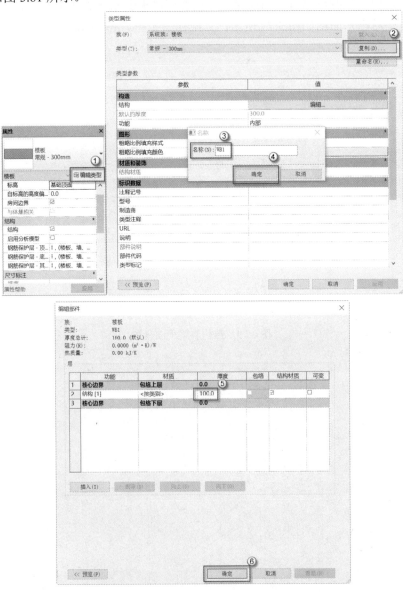

图 3.81　新建坡面板 WB1 并编辑尺寸

（2）新建坡面板 WB2。由项目文件可知，坡面板 WB2 的厚度为 110，选择"结构"｜
"楼板"｜"楼板：结构"｜"编辑类型"命令（或直接按 SB 快捷键），弹出"类型属
性"对话框，单击"复制"按钮，在弹出的对话框中新建名称为"WB2"，单击"确定"
按钮，在弹出的"编辑部件"对话框中，输入结构楼板厚度为"110"，单击"确定"按钮
完成操作，如图 3.82 所示。

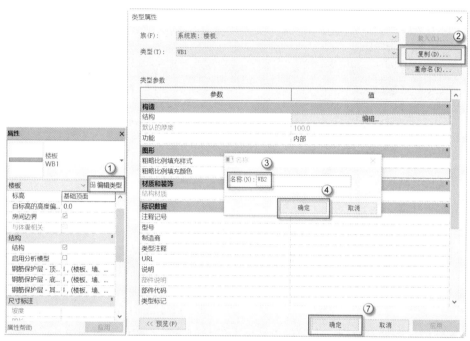

图 3.82　新建坡面板 WB2 并编辑尺寸

按照同样的方法新建 WB3～WB4 坡面板，新建完成的坡面板可在"类型属性"对话框中查看，如图 3.83 所示。

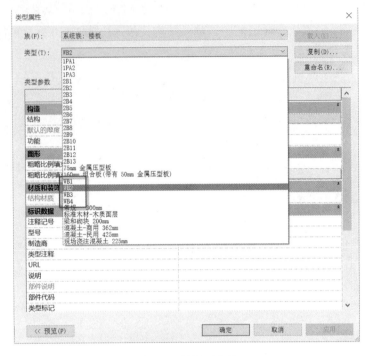

图 3.83　坡屋面参数

设置好坡屋面的参数后，下面进入坡屋面的绘制阶段。在绘制过程中，尤其需要注意两点：首先是坡屋面的偏移高度决定了坡度的大小；其次是绘制坡屋面的方向箭头需要根据坡屋面面板的不同而进行相应改变。

由项目文件可知，虽然有些坡屋面板（母板）是一个编号，但其是由几块不同的板（子板）组成的，如 WB1 就是由 WB1（1）与 WB1（2）组成的。为了方便说明如何绘制不同类型的坡屋面板，将坡屋面板再次进行分类编号，如图 3.84 所示，接下来将按照图 3.84 依次绘制。

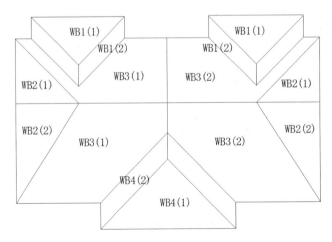

图 3.84　坡屋面板分类编号

注意：上面所举的例子 WB1 就是母板，WB1（1）与 WB1（2）就是子板，此处的母板是由两块子板组成的。

（3）绘制坡屋面板 WB1（1）。选择"结构"｜"楼板：结构"命令，或直接按 SB（绘制屋面板）快捷键，在"属性"面板中选择"楼板 WB1"坡面板类型，如图 3.85 所示。

图 3.85　选择坡面板类型

注意：该步骤虽然是绘制子板 WB1（1），但是其命名方式还是根据母板 WB1 来命名。因为在算量中，一种母板就是一个分项。

（4）进入"修改/创建楼板边界"模式，如图 3.86 所示，坡面板为三角形，所以应选择"边界线"中的"直线"工具逐边进行绘制，三角形①的边界绘制完成后，按 MM 快捷键（镜像命令）快捷键，镜像三角形①，会生成新三角形②。选择"坡度箭头"，绘制坡屋面方向（即③所在的箭头方向），图形绘制完毕后，在"属性"面板中，在"头高度偏移"栏中输入"2000"，单击"√"按钮完成操作，如图 3.87 所示。

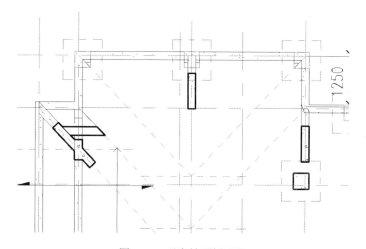

图 3.86　观察坡面板形状

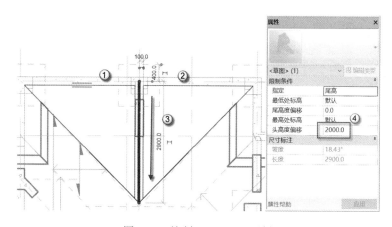

图 3.87　绘制 WB1（1）子板

💬 **注意**：在绘制楼板的过程中，可以先观察边界是否规整，如果是规整的几何图形（如矩形），就可以直接利用边界线中的图形工具进行绘制，如果边界并不规整，则选择直线工具逐步绘制完整边界。

绘制完成后，按 F4 键，在三维视图中观察 WB1（1）的三维模型，如图 3.88 所示。斜板一定要在三维视图中检查，在二维视图中是看不出问题的。

💬 **注意**：在一般情况下，坡屋面如果是对称图形或者三角形时，坡度箭头从一边垂直指向另一边即可，若为不规则图形，则需要根据图形的不同来适当改变坡度箭头的方向。

（5）绘制屋面板 WB1（2）。选择"结构"｜"模板：结构"命令，或直接按 SB（绘制屋面板）快捷键，在"属性"面板中选择"楼板 WB1"坡面板类型，如图 3.89 所示。

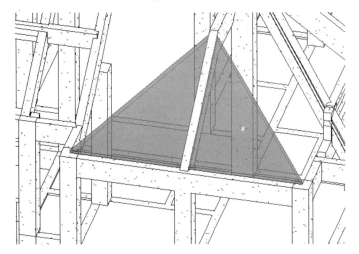

图 3.88　WB1（1）子板三维视图

图 3.89　选择坡面板类型

（6）进入"修改/创建楼板边界"模式。坡面板为平行四边形，如图 3.90 所示。先选择"边界线"中的"直线"工具逐边进行绘制。然后选择"坡度箭头"命令，选一角点开始水平绘制坡屋面方向，然后在"属性"面板中，在"头高度偏移"栏中输入"2000"，如图 3.91 所示。绘制完成后，单击"√"按钮。然后按 MM 快捷键，以 4 轴为中心轴，镜像刚刚绘制完成的坡面板。至此母板 WB1 的两块子板 WB1（1）与 WB1（2）全部绘制完成，三维视图如图 3.92 所示。

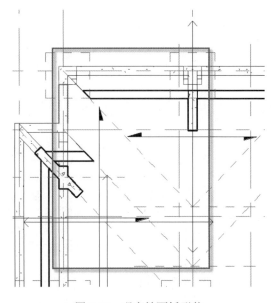

图 3.90　观察坡面板形状

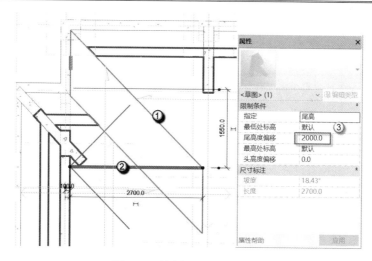

图 3.91 绘制 WB1（2）子板

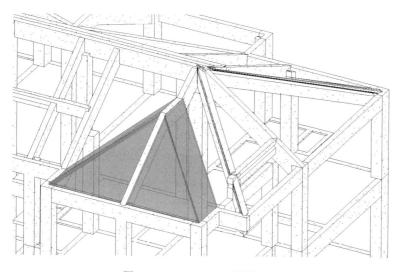

图 3.92 WB1（2）子板的三维视图

（7）创建 WB1 组。由项目文件可知，坡面板根据 8 轴对称。为了方便之后对绘制完成的屋面板进行镜像操作，需要将两块子板 WB1（1）与 WB1（2）合起来创建为一个完整的组即 WB1（母板）。选中 WB1（1）和 WB1（2），进入"修改/创建楼板边界"模式，选择"创建"｜"创建组"命令，在弹出的"创建模型组"对话框中将名称修改为"WB1"，单击"确定"按钮，如图 3.93 所示。然后可以在三维视图中观察已经成组的 WB1，为方便以后的复制或修改，如图 3.94 所示。

图 3.93 创建 WB1 组

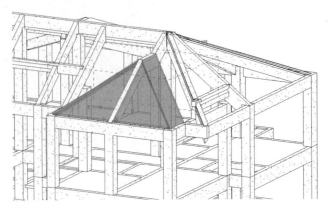

图 3.94　WB1 组三维视图

（8）绘制屋面板 WB2。选择"结构"｜"楼板：结构"命令，或直接按 SB（绘制屋面板）快捷键，在"属性"面板中选择"楼板 WB2"坡面板类型，如图 3.95 所示。

（9）绘制 WB2（1）。按 SB 快捷键，进入"修改/创建楼板边界"模式，如图 3.96 所示，坡面板为三角形，所以应选择"边界线"中的"直线"工具逐边进行绘制。先完成三角形①的绘制后，选择"坡度箭头"命令，在"属性"面板的"尾高度偏移"栏中输入"2667"（尾处标高为 20.667，头处标高为 18.000，计算可得 20.667-18.000=2.667，换算成毫米单位为 2667），然后绘制坡屋面方向（即图 3.97 中③所处的箭头方向），如图 3.97 所示。

图 3.95　选择屋面板

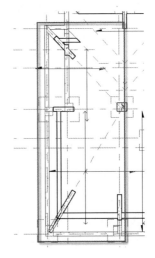

图 3.96　观察坡面板形状

💬注意：WB2 也是一块母板，由两块子板 WB2（1）与 WB2（2）所组成。WB2 的绘制方法同样也是先绘制子板，然后成组生成为母板。

（10）绘制 WB2（2）。继续绘制三角形④，选择"坡度箭头"命令，在"尾高度偏移"栏中输入"2667"，绘制坡屋面方向（即图 3.98 中⑥所处的箭头方向），如图 3.98 所示。单击"√"按钮完成操作，并将 WB2（1）与 WB2（2）成组生成 WB2，按 F4 键，在三维视图中观察 WB2，如图 3.99 所示。

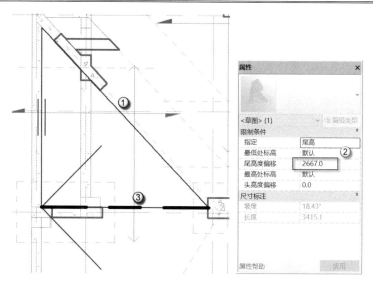

图 3.97　绘制 WB2（1）子板

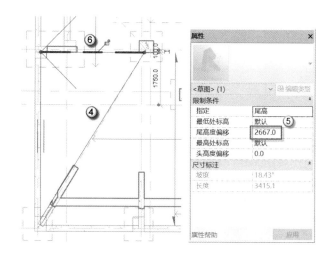

图 3.98　绘制 WB2（2）子板

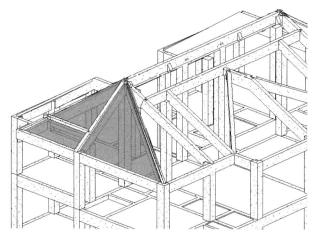

图 3.99　屋面板 WB2 三维视图

🔔注意：当模型中需要绘制整块的三角形或不规则图形的屋面
　　　　板时，为了绘制精准并且与其他结构构件准确衔接，
　　　　可以将屋面板分解绘制。

（11）绘制屋面板 WB3（1）。选择"结构"｜"楼板：结
构"命令，或直接按 SB（绘制屋面板）快捷键，在"属性"面
板中选择"楼板 WB3"坡面板类型，如图 3.100 所示。

（12）进入"修改/创建楼板边界"模式。WB3 由两个矩形
和两个三角形的坡面板组成，所以应选择"边界线"中的"矩形"
与"三角形"工具逐边、逐个进行绘制，如图 3.101 所示。将三
角形①和④，矩形②和③这 4 个部分绘制完毕后，在"属性"面
板的"尾高度偏移"栏中输入"2667"，并选择"坡度箭头"命
令，绘制坡屋面方向⑥，如图 3.102 所示。单击"√"按钮完成
操作，按 F4 键，在三维视图中观察 WB3，如图 3.103 所示。

图 3.100　选择屋面板

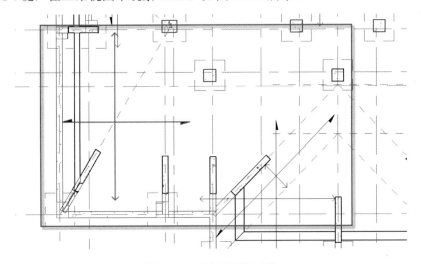

图 3.101　观察坡面板形状

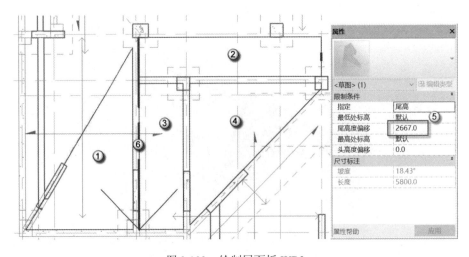

图 3.102　绘制屋面板 WB3

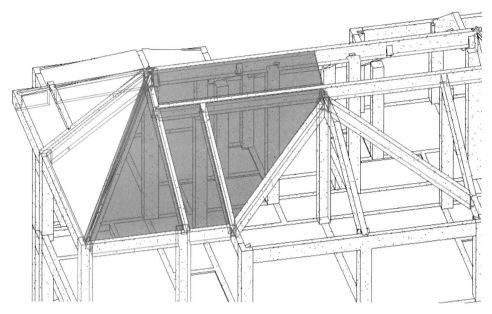

图 3.103　屋面板 WB3 三维视图

屋面板 WB4 与 WB1 的绘制方法完全相同，在此不再赘述。用相同的方法将左侧其余坡面板绘制完成，三维视图如图 3.104 所示。

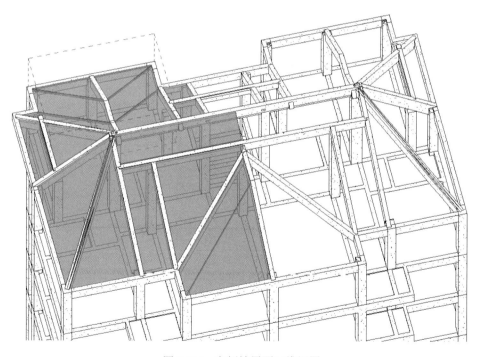

图 3.104　左侧坡屋面三维视图

（13）镜像坡屋面。在"屋顶"结构平面中，选择已绘制完成的 WB1、WB2、WB3 和 WB4 坡屋面，按 MM 快捷键，选择 8 轴为镜像对称轴，将中心轴左侧的坡屋面镜像到右侧，如图 3.105 所示。

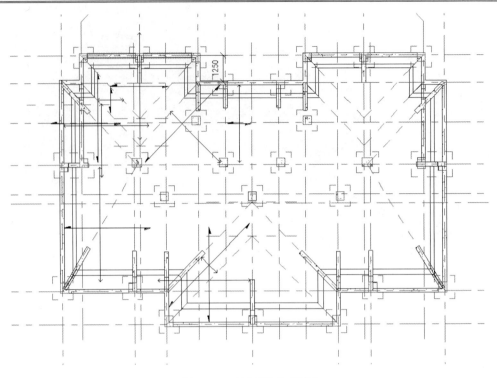

图 3.105　坡屋面平面视图

　　至此，坡屋面的设计全部绘制完毕。按 F4 键进入三维视图，如图 3.106 所示。注意旋转视图，在各个方向检查模型。

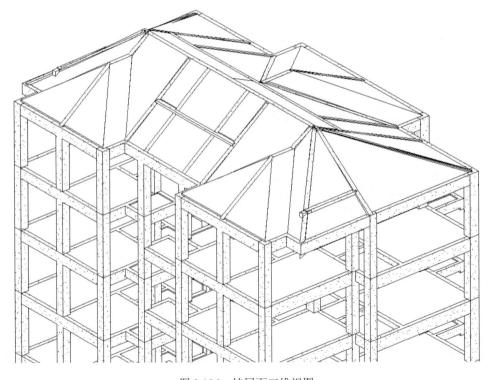

图 3.106　坡屋面三维视图

# 3.3 楼    梯

在结构专业中，楼梯主要是由梯梁和梯板组成的。梯梁用 TL 表示，梯板用 PA 表示。梯梁有时要参与抗震计算，这要根据建筑所在的地震设防区域、建筑的结构形式来判断。这里主要是为了算量方便，所以设置好构件的名称是最关键的。

## 3.3.1  梯梁

梯梁的主要作用是挂载梯板。因为楼梯是建筑垂直向的主要交通工具，所以楼梯间是没有楼板的。但是如楼梯休息平台这样的位置，还是需要平台板的，因此就使用梯梁围合，中间设置梁板。具体操作如下。

（1）进入到二层平面视图。在"项目浏览器"中单击"结构平面"｜"2"层选项，进入二层结构平面视图，如图 3.107 所示。

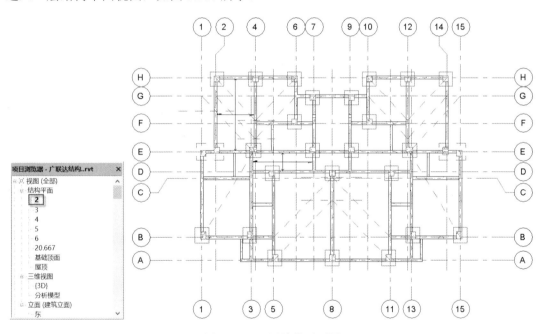

图 3.107  二层结构平面图

（2）新建梯梁 TL1。由项目文件可知 TL1 尺寸为 200×350。选择"结构"｜"梁"｜"编辑类型"命令（或直接按 BM 快捷键，单击"属性"面板中的"编辑类型"按钮），在弹出的"类型属性"对话框中，单击"复制"按钮，弹出"名称"对话框，在其中输入"TL1"，单击"确定"按钮。在"类型属性"对话框中输入 TL1 的长宽（b、h）数值，单击"确定"按钮完成梁参数的定义，如图 3.108 所示。

（3）新建梯梁 TL1A。由项目文件可知 TL1A 的尺寸为 200×350。选择"结构"｜"梁"｜"编辑类型"命令（或直接按 BM 快捷键，单击"属性"面板中的"编辑类型"按钮），弹出"类型属性"对话框，单击"复制"按钮，在弹出的对话框中输入"TL1A"，单击"确定"按钮，返回"类型属性"对话框，在其中输入 TL1A 的长宽（b、h）数值，单击"确定"按钮完成梁参数的定义，如图 3.109 所示。

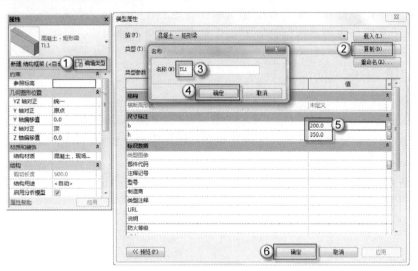

图 3.108　新建梯梁 TL1

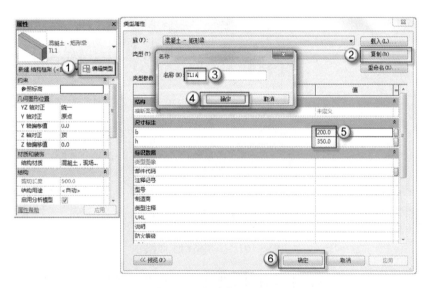

图 3.109　新建梯梁 TL1A

（4）新建梯梁 PTL1。由项目文件可知 PTL1 尺寸为 200×400。选择"结构"｜"梁"｜"编辑类型"命令（或直接按 BM 快捷键，单击"属性"面板中的"编辑类型"按钮），在弹出的"类型属性"对话框中，单击"复制"按钮，弹出"名称"对话框，在其中输入名称"PTL1"，单击"确定"按钮，返回"类型属性"对话框，在其中输入 PTL1 的长宽（b、h）数值，单击"确定"按钮完成梁参数的定义，如图 3.110 所示。

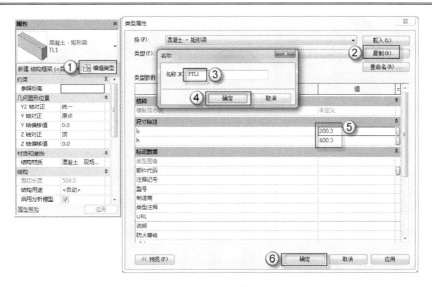

图 3.110　新建梯梁 PTL1

（5）新建梯梁 PTL2。由项目文件可知 PTL2 尺寸为 200×350。选择"结构"｜"梁"｜"编辑类型"命令（或直接按 BM 快捷键，单击"属性"面板中的"编辑类型"按钮），在弹出的"类型属性"对话框中，单击"复制"按钮，弹出"名称"对话框，在其中输入名称"PTL2"，单击"确定"按钮，返回"类型属性"对话框，在其中输入 PTL2 的长宽（b、h）数值，单击"确定"按钮完成梁参数的定义，如图 3.111 所示。

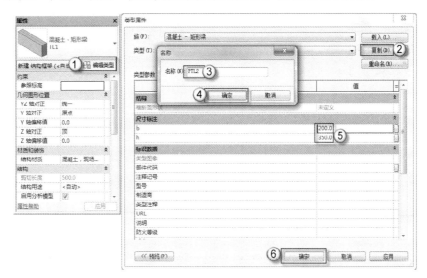

图 3.111　新建梯梁 PTL2

用同样的方法，完成 TL1～TL3，PTL1～PTL4 的绘制。选择"属性"｜"编辑类型"｜"类型"命令，在弹出的"类型属性"对话框中可以观察新建好的梯梁参数，如图 3.112 所示。

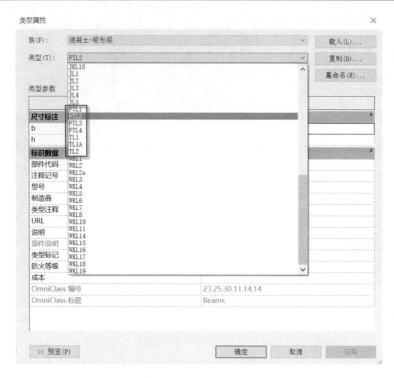

图 3.112　梯梁信息库

（6）绘制 TL1A。选择"结构"｜"梁"命令，或按 BM（绘制梁）快捷键，在"属性"面板中选择"混凝土-矩形梁"梁类型，选择 TL1A 梁，"Z 轴偏移值"设置为"0"，沿箭头所示方向开始绘制，如图 3.113 所示。

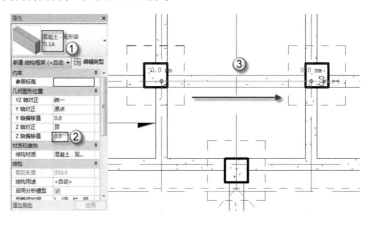

图 3.113　绘制 TL1A

（7）绘制 PTL1。选择"结构"｜"梁"命令，或按 BM（绘制梁）快捷键，在"属性"面板中选择"混凝土-矩形梁"梁类型，选择"PTL1"梁。由项目文件可知，PTL1 标高为 1.895，二层参照标高 2.970，计算可得 1.895-2.970=-1.075，换算成毫米单位为-1075。将"Z 轴偏移值"设置为"-1075"，沿箭头所示方向进行绘制，如图 3.114 所示。

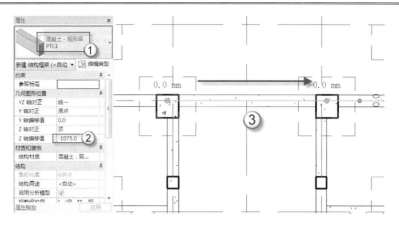

图 3.114　绘制 PTL1

　　用同样的方法完成其余梯梁的绘制，按 F4 键进入三维视图，如图 3.115 所示。注意旋转视图，从各个角度检查模型。

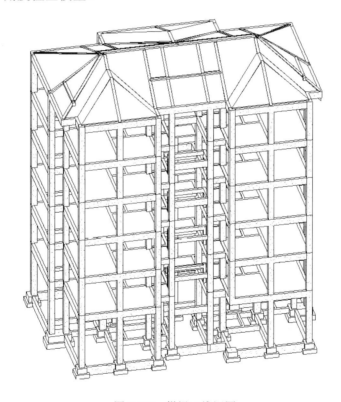

图 3.115　梯梁三维视图

## 3.3.2　梯板

　　因为楼梯是建筑垂直向的主要交通工具，所以楼梯间是没有楼板的。但如楼梯休息平台这样的位置，还是需要平台板的，因此就使用梯梁围合，中间设置梯板。具体操作如下。

　　（1）进入二层平面视图。选择"项目浏览器"中的"结构平面"｜"2"选项，进入二层结构平面视图，如图 3.116 所示。

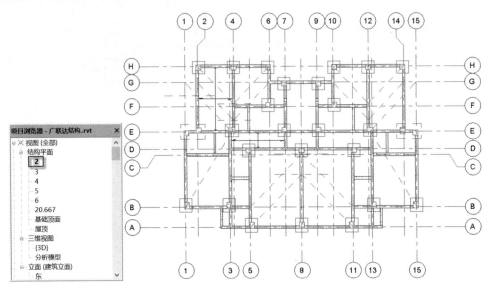

图 3.116　二层结构平面图

（2）新建梯板 1PA1。由项目文件可知 1PA1 板厚为 100。选择"结构"｜"楼板：
结构"｜"编辑类型"命令（或直接按 SB 快捷键，单击"属性"面板中的"编辑类型"
按钮），弹出"类型属性"对话框，单击"复制"按钮，在弹出的对话框中输入"1PA1"，
单击"确定"按钮，返回"类型属性"对话框。然后单击"编辑"按钮，弹出"编辑部件"
对话框，输入 1PA1 的厚度，并单击"确定"按钮，如图 3.117a 和图 3.117b 所示。

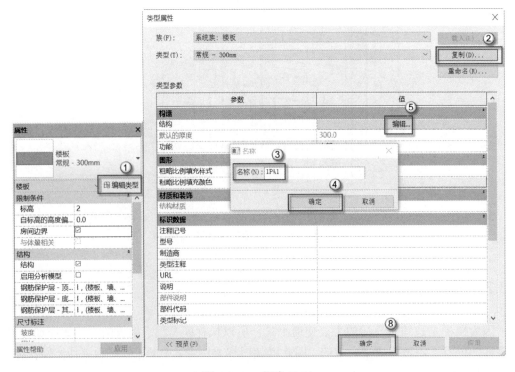

图 3.117a　新建 1PA1

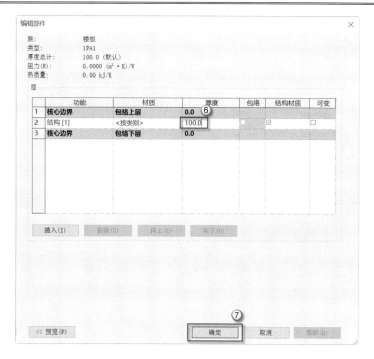

图 3.117b　新建 1PA1

（3）新建梯板 1PA2。由项目文件可知 1PA2 板厚为 100。选择"结构" | "楼板：
结构" | "编辑类型"命令（或直接按 SB 快捷键，单击"属性"面板中的"编辑类型"
按钮），弹出"类型属性"对话框，单击"复制"按钮，在弹出的"名称"对话框中输入
"1PA2"，单击"确定"按钮，返回"类型属性"对话框。然后单击"编辑"按钮，在
弹出的"编辑部件"对话框中，输入 1PA2 的厚度，并单击"确定"按钮，如图 3.118a 和
图 3.118b 所示。

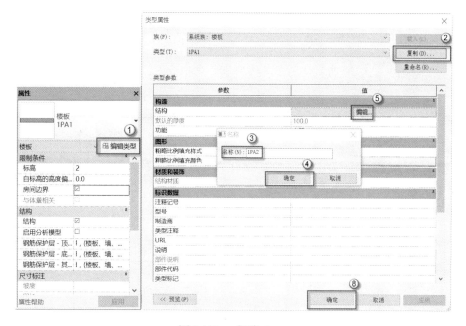

图 3.118a　新建 1PA2

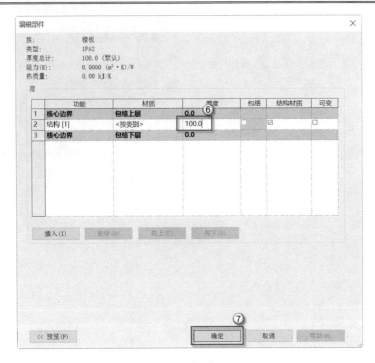

图 3.118b　新建 1PA2

　　用同样的方法建立 1PA3 与 1PA4 参数，设置完成后，选择"属性"｜"编辑类型"｜"类型"命令，在弹出的"类型属性"对话框中可以观察新建的梯板参数，如图 3.119所示。

图 3.119　梯板信息库

（4）绘制 1PA1 号板，由二层结构平面图可知，1PA1 的边界为矩形，按 SB 快捷键，选择"边界线"｜"矩形"命令，以①处为起点，精确绘制 1PA1 号板，如图 3.120 所示。单击"√"按钮，完成绘制，如图 3.121 所示。

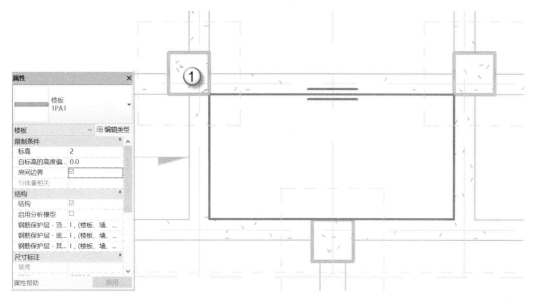

图 3.120　绘制 1PA1 号板

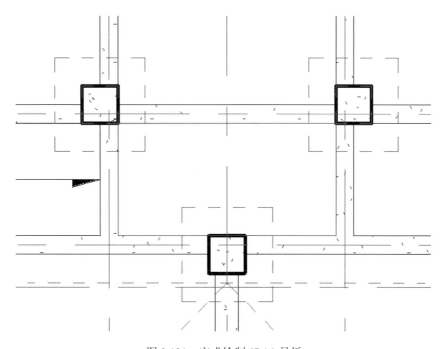

图 3.121　完成绘制 1PA1 号板

（5）绘制 1PA4 号板。由二层平面图可知，1PA4 的边界为矩形，且 1PA4 的标高为 1.895。按 SB 快捷键，选择 1PA4 号板，将"自标高的高度偏移值"设置为"-1075"（二层参照标高 2.970，由计算可得 1.895-2.970=-1.075，换算成毫米单位为-1075）。选择"边界线"｜"矩形"命令，精确绘制 1PA4 号板，设置其板跨位置，单击"√"按钮，完成绘制，如图 3.122 所示。

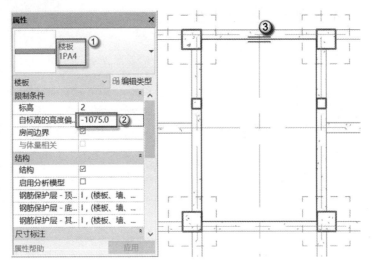

图 3.122　绘制 1PA4

（6）选择"项目浏览器"中的"结构平面"｜"3"层选项，进行 1PA2 与 1PA3 的绘制。由于 1PA2 与 1PA3 的边界为矩形，1PA2 的标高为 4.470，按 SB 快捷键，选择 1PA2 号板，在"属性"面板中将"自标高的高度偏移值"设置为"-1500"（三层参照标高"5.970"，由计算得 4.470-5.970=-1.500，换算成毫米单位为-1500）。选择"边界线"｜"矩形"命令，绘制 1PA2 号板（即图中标注③所在的位置）。选择 1PA3 号板，在"属性"面板中将"自标高的高度偏移值"设置为"0"，绘制 1PA3 号板（即图中标注⑥所在的位置），单击"√"按钮，完成绘制，如图 3.123 所示。

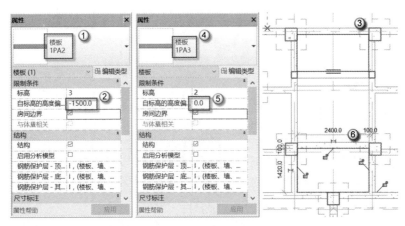

图 3.123　绘制 1PA2 和 1PA3 号板

由项目文件可知，三层至六层楼梯均相同，因此其他楼层的绘制方法在此不过多赘述。根据相同的方法完成结构楼梯的全部绘制，其三维视图如图 3.124 所示。

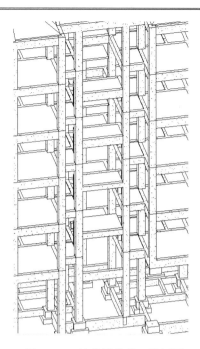

图 3.124　结构楼梯的三维视图

### 3.3.3　梯柱

在结构楼梯的设计中，梯梁之间为了增加垂直向的联系，需要增加梯柱。梯柱一般情况下不参与抗震计算，只需要算量。具体操作如下。

（1）绘制 TZ 定位辅助线。现以 TZ1 为例，绘制定位辅助线。由项目文件可知，TZ1 定位于 7 轴上、F 轴与 G 轴之间。按 RP 快捷键，在"属性"面板的"偏移量"栏中输入"400"，沿 F 轴从左往右绘制①号辅助线。在"偏移量"栏中输入"200"，沿①号辅助线从左往右绘制②号辅助线，如图 3.125 所示。绘制完成后，去除参照平面多余的部分，完成后的效果如图 3.126 所示。

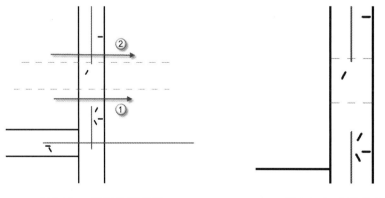

图 3.125　绘制参照平面　　　　　　　图 3.126　去除多余部分

选择 TZ1 参照平面，按 MM 快捷键，沿 8 轴镜像，将另一侧 TZ1 参照平面设置完成，如图 3.127 所示。

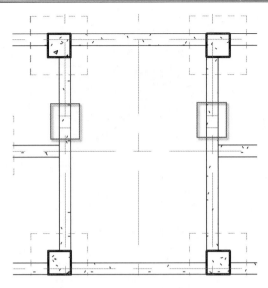

图 3.127　梯柱参照平面

（2）新建柱 TZ1 参数。选择"结构"｜"柱"命令，或直接按 CL 快捷键，在"属性"面板中单击"编辑类型"按钮，弹出"类型属性"对话框，单击"复制"按钮，在弹出的对话框中输入"TZ1"，单击"确定"按钮，返回"类型属性"对话框。在"类型属性"对话框的"尺寸标注"栏中输入"b=200、h=200"，单击"确定"按钮，如图 3.128 所示。

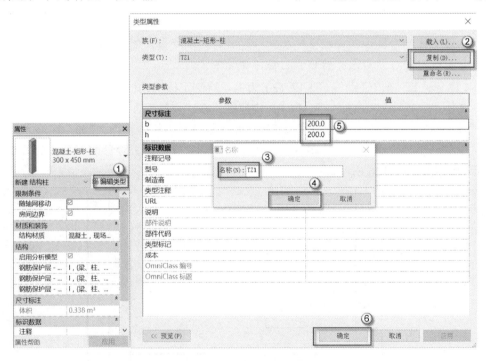

图 3.128　新建 TZ1 参数

（3）绘制 TZ1。选择"结构"｜"柱"命令，或按 CL（绘制结构柱）快捷键，在"属性"面板中选择"混凝土-矩形-柱"柱类型，选择 TZ1 柱，将 TZ1 绘制于定位标注②处。在"属性"面板中，将"底部标高"调整为"基础顶面"层，"顶部标高"调整为"2"层，设置"顶部偏移"为"1500"，如图 3.129 所示。

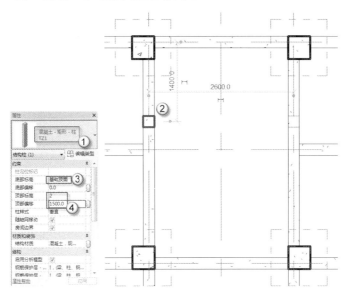

图 3.129　绘制 TZ1

（4）镜像 TZ1。选中 TZ1，按 MM 快捷键，以 8 轴为对称轴，将左侧已绘制完成的 TZ1 镜像到右侧，完成后的效果如图 3.130 所示。

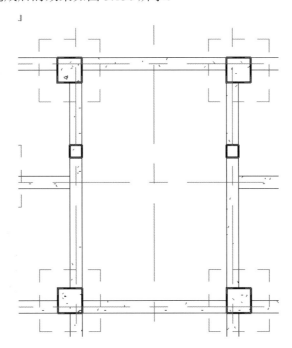

图 3.130　镜像 TZ1

（5）复制 TZ1。选中 TZ1，在"剪切板"选项卡中选择"复制到剪切板"选项，选择"粘贴"｜"与选定的标高对齐"选项，在弹出的对话框中选择"3"标高，单击"确定"按钮，如图 3.131 所示。

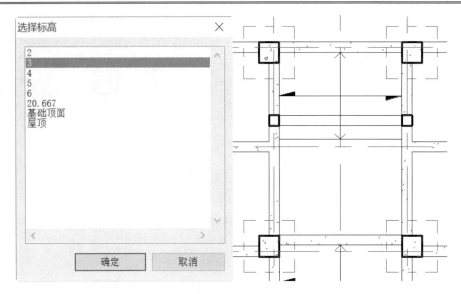

图 3.131　复制 TZ1

用同样的方法完成四至六层 TZ1 的绘制。

至此，整个项目的结构部分全部绘制完成，按 F4 键切换到三维视图，如图 3.132 和图 3.133 所示。注意旋转视图，从不同的角度检查模型。

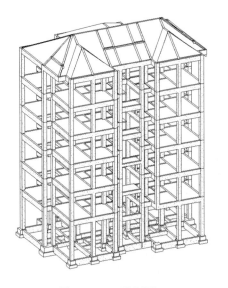

图 3.132　三维视图 1

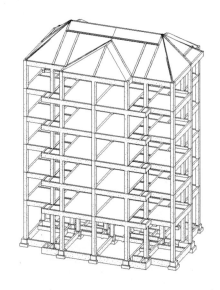

图 3.133　三维视图 2

# 第 4 章　建筑主体设计

建筑主体工程指基于地基基础之上，接受、承担和传递建设工程所有上部荷载，维持结构整体性、稳定性和安全性的承重结构体系。其组成部分包括以下几部分。

- 混凝土工程：模板工程、钢筋工程、预应力工程、混凝土工程、现浇结构工程、装配式结构工程、混凝土结构子分部工程。
- 砌体工程：砌筑砂浆、砖砌体工程、混凝土小型空心砌块砌体工程、石砌体工程、配筋砌体工程、填充墙体砌体工程。
- 钢结构工程：原材料及成品进场、钢结构焊接工程、紧固件连接工程、钢零件及钢部件加工工程、钢构件组装工程、钢构件预拼装工程、单层钢结构安装工程、多层及高层钢结构等。

优质主体工程必须保证地基基础坚固、稳定。主体结构安全、耐久，是内坚外美的精品工程。

## 4.1　带面层的算量构件

在 Revit 中有一些构件是带有面层的，绘图时要一个一个地设置面层材质、厚度和类别等。这些面层就是相应的建筑材料，在统计工程量时，Revit 中会自动统计这些面层的面积、体积。这些构件主要是墙、地面、楼板和屋面等。

### 4.1.1　建筑外墙

什么是建筑外墙呢？用判定法定义，设 A—B 为一道墙，若 A—B 墙线能够切割相关围护结构的为内墙，反之为外墙。从建筑学的角度来讲，围护建筑物，使之形成室内、室外的分界构件称为外墙。它的功能有：承担一定荷载、遮挡风雨、保温隔热、防止噪音、防火安全等。

室外地坪以上部分都可以叫建筑外墙（也包括正负零以下的一小部分），室外地坪以下部分一般叫"地下室外墙"。具体操作方法如下。

（1）打开"基本墙"类型。选择"建筑"｜"墙"｜"墙：建筑"命令，也可以直接按 WA 快捷键。选择"基本墙"类型。在"属性"面板中选择"基本墙"｜"常规-200mm"选项（当前列表下有 3 种墙族，即叠层墙、基本墙、幕墙），如图 4.1 所示。

（2）创建"住宅楼-外墙-1F"墙类型。单击"属性"面板下的"编辑类型"命令，弹出"类型属性"对话框，单击"复制"按钮，在弹出的"名称"对话框中输入"住宅楼-外墙-1F"作为新类型名称，单击"确定"按钮，返回"类型属性"对话框，完成"住宅楼-外墙-1F"墙类型的创建，如图 4.2 所示。

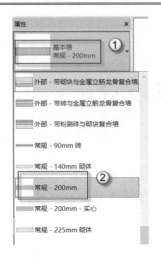

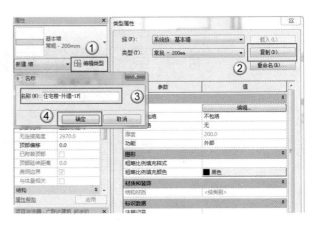

图 4.1 选择基本墙类型　　　　　　图 4.2 创建住宅楼-外墙-1F

（3）添加"珍珠岩"衬底。单击"属性类型"对话框"结构"参数后的"编辑"按钮，弹出"编辑部件"对话框。在弹出的"编辑部件"对话框中单击"插入"按钮，在"功能"单元格下将插入的"结构[1]"改为"衬底[2]"，完成衬底的添加，如图 4.3 和图 4.4 所示。

图 4.3 "类型属性"对话框　　　　　　图 4.4 添加"珍珠岩"衬底

（4）编辑"珍珠岩"衬底材质。在"编辑部件"对话框中单击"珍珠岩"对应的"材质"单元格右边的"浏览"按钮，在弹出的"材质浏览器"对话框中，双击"AEC 材质"｜"隔热层"｜"珍珠岩"选项，将其截面填充图案改为"交叉线 1.5mm"，单击"确定"按钮返回"编辑部件"对话框。然后在"编辑部件"对话框的"厚度"单元格下将其对应的厚度改为"30mm"，单击"确定"按钮，返回"类型属性"对话框，完成衬底材质的编辑，如图 4.5 和图 4.6 所示。

注意：赋予材质时必须双击选中的材质，将其选入在"项目浏览器"对话框左上角的"项目材质：全部"栏中，即图 4.5 中标注⑤的位置，才算将材质赋予成功。

（5）添加"粉刷层"面层。在"类型属性"对话框中单击"编辑"按钮，弹出"编辑部件"对话框，依次单击"插入"｜"向下"按钮，将新建的层移动至内部边，在"功能"单元格下将插入的"结构[1]"改为"面层 2[5]"，完成面层的添加，如图 4.7 所示。

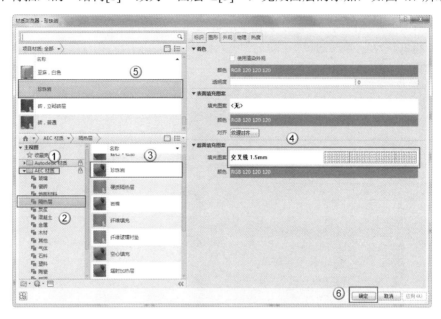

图 4.5  编辑"珍珠岩"材质

图 4.6  设置珍珠岩材质厚度

图 4.7  添加"粉刷层"面层

（6）编辑"粉刷层"面层材质。在"编辑部件"对话框中单击"面层 2 [5]"对应的"材质"单元格右边的"浏览"按钮，弹出"材质浏览器"对话框，单击"AEC 材质"｜"其他"｜"粉刷，米色，平滑"选项，将其截面填充图案改为"沙"，修改材质名称为

"粉刷",修改完后单击"确定"按钮返回"编辑部件"对话框。然后在"编辑部件"对话框中将其对应的厚度改为"10",完成面层材质的编辑,如图 4.8 和图 4.9 所示。

注意:因为"截面填充图案"栏属于"项目材质:全部"栏,所以想要出现截面填充图案栏,必须单击"截面填充图案"栏中的材质。

(7)添加"外墙饰面砖"面层。在"编辑部件"对话框中,依次单击"插入"|"向下"按钮,将其移动至外部边,在"功能"单元格下将插入的"结构[1]"改为"面层 1[4]",完成面层的添加,如图 4.10 所示。

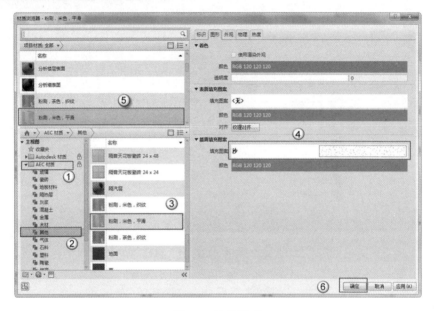

图 4.8　编辑材质

图 4.9　设置粉刷层厚度

图 4.10　添加"外墙饰面砖"面层

（8）编辑"外墙饰面砖"面层材质。在"编辑部件"对话框中单击"面层　1 [4]"对应的"材质"单元格右边的"浏览"按钮，在弹出的"材质浏览器"对话框中，选择"AEC材质"|"瓷砖"|"陶瓷瓷砖"选项，将其截面填充图案改为"垂直 1.5mm"，修改材质名称为"外墙饰面砖"，改完之后单击"确定"按钮返回"编辑部件"对话框。然后在"编辑部件"对话框中将其对应的厚度改为"10"，完成面层材质的编辑，如图 4.11 和图 4.12所示。

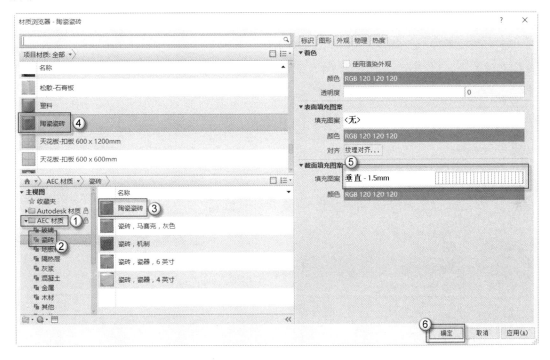

图 4.11　编辑材质

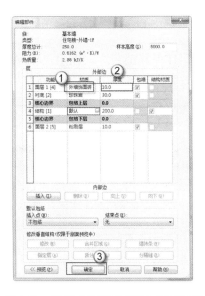

图 4.12　设置"外墙饰面砖"面层厚度

（9）编辑"混凝土砌块"材质。在"编辑部件"对话框中单击对应的"材质"单元格右边的"浏览"按钮，在弹出的"材质浏览器"对话框中，单击"AEC 材质"｜"砖石"｜"混凝土砌块"选项，将其截面填充图案改为"砌体-混凝土砌块"，将其表面填充图案改为"砌体-砌块 225×450mm"，如图 4.13 所示，再单击"确定"按钮返回"编辑部件"对话框。在"编辑部件"对话框中再次单击"确定"按钮，返回"类型属性"对话框，完成"住宅楼-外墙-1F"外墙"混凝土砌块"材质的编辑。

**注意：** 这里当选择图中第②步时，会自动生成第③步的名称。后面的操作中均存在此问题，不再一一解释。

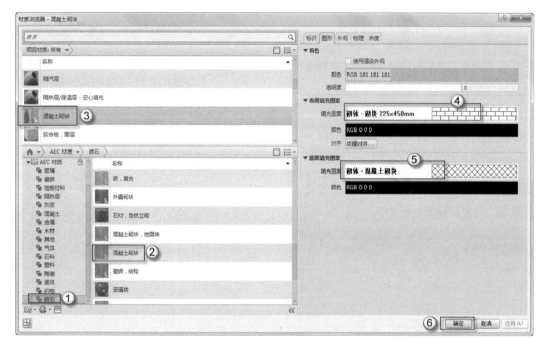

图 4.13　编辑材质

（10）编辑"住宅楼-外墙-1F"族的包络。在"类型属性"对话框中，将"在插入点包络"后的参数由"不包络"改为"外部"；将"在端点包络"后的参数由"无"改为"外部"；将"功能"后的参数由"无"改为"外部"。单击"确定"按钮，完成"住宅楼-外墙-1F"墙的包络编辑，如图 4.14 所示。

（11）绘制辅助线。按 RP 快捷键，选择绘制方式为"直线"，分别在 C 定位轴线和 3 定位轴线处绘制参照平面，绘制完成后按 Esc 键。接着选中 C 定位轴线辅助线，按 MV 快捷键，再次选中该辅助线，将其向下移动"1850"个单位。同理，将 3 定位轴线辅助线向左移动 1200 个单位，完成放置墙过程中需要的参照平面的绘制，如图 4.15 所示。

**注意：** C 轴处绘制的辅助线是为绘制外墙时使用的；而 3 轴处绘制的辅助线是为绘制内墙时使用的。

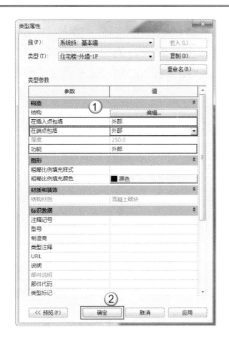

图 4.14　编辑包络

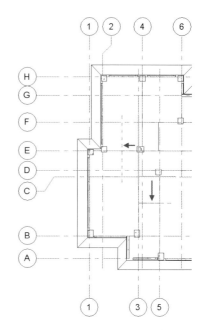

图 4.15　绘制辅助线

（12）绘制左半部分"住宅楼-外墙-1F"墙。按 WA 快捷键，在选项栏中将"定位线"修改为"核心层中心线"，沿着定位轴线绘制出左半部分"住宅楼-外墙-1F"墙，完成左半部分"住宅楼-外墙-1F"墙的绘制，如图 4.16 所示。

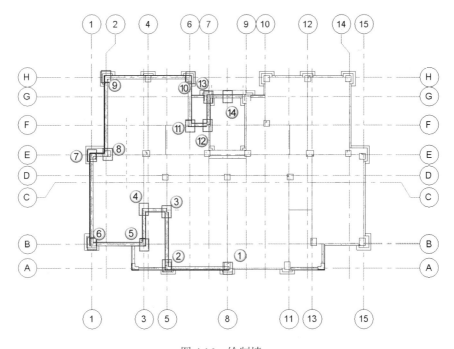

图 4.16　绘制墙

注意：外墙的外部边比内部边多了"珍珠岩"衬底，外部边要比内部边厚，结合现实中砌墙的方法应将"定位线"更改为"核心层中心线"。

（13）镜像复制左半部分"住宅楼-外墙-1F"墙。配合 Ctrl 键，选中已绘制完成的左半部分"住宅楼-外墙-1F"墙，按 MM 快捷键，以 8 号轴线为镜像轴，镜像复制左半部分"住宅楼-外墙-1F"墙至 8 号轴线右边，按 Esc 键退出编辑模式，完成"住宅楼-外墙-1F"的绘制，如图 4.17 所示。

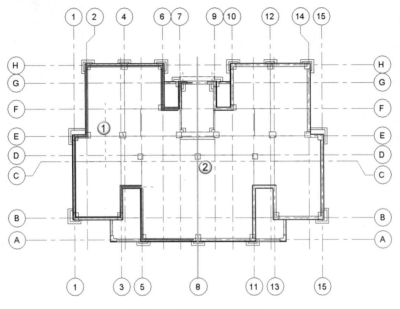

图 4.17　镜像左半部分墙

（14）绘制楼梯间外墙。按 WA 快捷键，在选项栏中将"定位线"修改为"核心层中心线"，沿着定位轴线绘制出楼梯间"住宅楼-外墙-1F"墙，完成楼梯间"住宅楼-外墙-1F"墙的绘制，如图 4.18 所示。

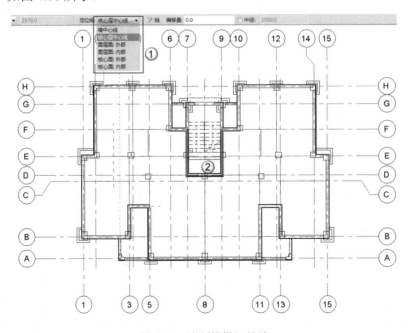

图 4.18　绘制楼梯间外墙

注意：在楼梯间绘制外墙时，外墙的外部边应对着楼梯间，切记不要将外部边对着室内。如果画反方向了，可以单击翻转符号 ⇌ 将方向转过来。

（15）复制"住宅楼-外墙-1F"墙至其他楼层。配合 Ctrl 键，依次单击选中全部"住宅楼-外墙-1F"墙，按 Ctrl+C 键，或者单击"修改|墙"选项卡中的"剪贴板"栏的"复制到剪贴板"按钮。接着单击"修改|墙"选项卡中"剪贴板"栏的"粘贴"按钮，在弹出的下拉列表框中选择"与选定的标高对齐"选项，弹出"选择标高"对话框中，配合 Ctrl 键，依次选中"二"至"六"层建筑标高，单击"确定"按钮，将"住宅楼-外墙-1F"墙复制至其他楼层平面。完成复制后的效果如图 4.19 所示。

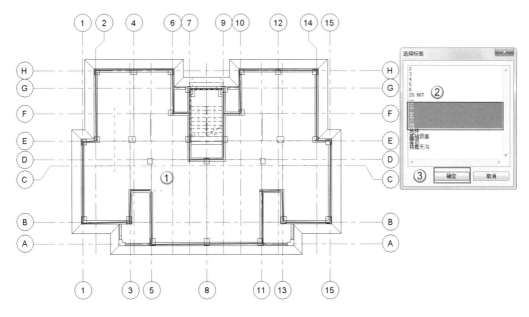

图 4.19　复制"住宅楼-外墙-1F"墙至其他楼层

（16）创建其他楼层外墙。切换至二层平面，配合 Ctrl 键，依次选中已复制至二层的"住宅楼-外墙-1F"墙，单击"属性"面板中的"编辑类型"按钮，弹出"类型属性"对话框，单击"复制"按钮，在弹出的"名称"对话框中输入"住宅楼-外墙-2F"作为新类型名称，单击"确定"按钮返回"类型属性"对话框，完成"住宅楼-外墙-2F"墙的创建，如图 4.20 所示。其他楼层的外墙采用同样的方法，完成创建，在此不再赘述。

图 4.20　创建二层外墙

（17）检查外墙模型。分别切换至平面视图及三维视图中检查模型整体的全部外墙，确认无误后完成模型整体外墙的创建。建筑外墙的平面视图如图 4.21 所示，三维视图如图 4.22 所示。

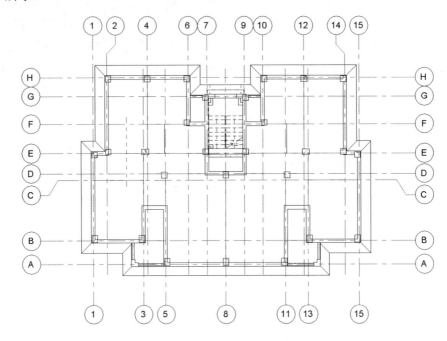

图 4.21　建筑外墙平面视图

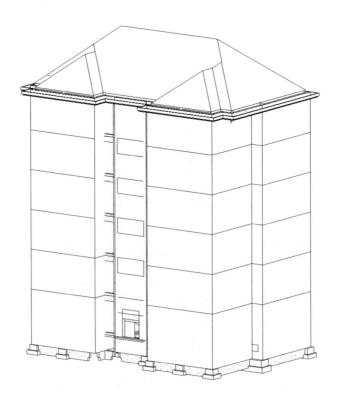

图 4.22　建筑外墙三维视图

注意：绘制"住宅楼-外墙-1F"族时要注意墙的内、外部边，根据对墙面层的设置，墙的外部边为"外墙饰面砖"面层及"珍珠岩"衬底，内部边为"粉刷层"面层，所以外部边比内部边要厚，以此来区别墙的内、外部边。

## 4.1.2　建筑内墙

内墙，指在室内起分隔空间的作用，没有和室外空气直接接触的墙体，多为"暖墙"。本项目的主体是框架结构，室内的墙不是承重墙，只是砌块墙，材料是加气混凝土，在二次装修的时候是可以拆除的。具体操作如下。

（1）打开"基本墙"类型。单击在"建筑"选项卡中的"楼板"按钮，在弹出的下拉列表框中选择"楼板：建筑"选项，也可以直接按 WA 快捷键。选择"基本墙"族，在"属性"面板中选择"基本墙"｜"常规 200mm"选项（注意当前选项下有 3 种墙族，即叠层墙、基本墙和幕墙），如图 4.23 所示。

（2）创建"住宅楼-内墙-1F"类型。单击"属性"面板中的"编辑类型"按钮，在弹出的"类型属性"对话框中单击"复制"按钮，弹出"名称"对话框，在其中输入"住宅楼-内墙-1F"作为新类型名称，单击"确定"按钮返回"类型属性"对话框，完成"住宅楼-内墙-1F"墙的创建，如图 4.24 所示。

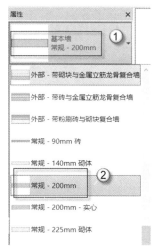

图 4.23　选择族　　　　　　　　　图 4.24　创建"住宅楼-内墙-1F"族

（3）添加外部边"粉刷层"面层。单击"属性类型"对话框"结构"参数后的"编辑"按钮，弹出"编辑部件"对话框。在"编辑部件"对话框中单击"插入"按钮，在"功能"单元格下将插入的"结构[1]"改为"面层 1[4]"，单击"确定"按钮完成面层的添加，如图 4.25 和图 4.26 所示。

注意：内墙和外墙的核心层厚度是不一样的，内墙厚为 100mm，外墙厚为 200mm。内外墙的面层也是不一样的，因为外墙外面有保温材料，而内墙没有。

（4）编辑外部边"粉刷层"面层材质。在"编辑部件"对话框中单击"面层 1 [4]"对应的"材质"单元格右边的"浏览"按钮，在弹出的"材质浏览器"对话框中，选择"AEC

材质"｜"其他"｜"粉刷，米色，平滑"材质，将其截面填充图案改为"沙"样式，修改材质名称为"粉刷层"，单击"确定"按钮返回"编辑部件"对话框。然后在"编辑部件"对话框中将其对应的厚度改为"10"，完成外部边"粉刷层"面层材质的编辑，如图 4.27 和图 4.28 所示。

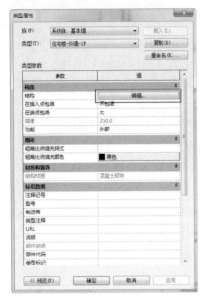

图 4.25 "类型属性"对话框

图 4.26 添加"粉刷层"面层

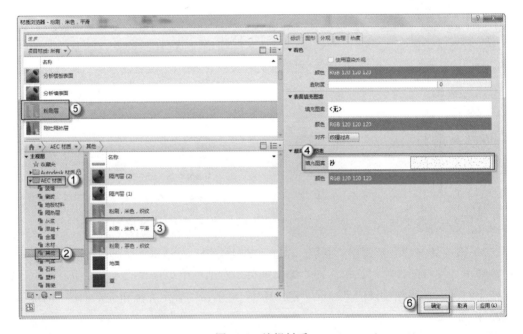

图 4.27 编辑材质

（5）添加内部边"粉刷层"面层。在"编辑部件"对话框中单击"插入"按钮，在"功能"单元格下将插入的"结构[1]"改为"面层 2[5]"，完成外墙面层的添加，如图 4.29 所示。

图 4.28　设置"粉刷层"面层厚度　　　　图 4.29　添加面层

**注意：** Revit 软件系统在执行"插入"命令时，会将新插入的面层置于之前选中的面层的上边，也就是墙靠外部边的位置。使用者需要根据自身需要通过"向上"按钮或者"向下"按钮来调整面层的位置。

（6）编辑内部边"粉刷层"面层材质。在"编辑部件"对话框中单击"面层 2[5]"对应的"材质"单元格右边的"浏览"按钮，在弹出的"材质浏览器"对话框中，选择"AEC 材质"｜"其他"｜"粉刷，米色，平滑"材质，将其截面填充图案改为"沙"，修改材质名称为"粉刷层"，单击"确定"按钮返回"编辑部件"对话框。然后在"编辑部件"对话框中将其对应的厚度改为"10"，完成外墙内部边"粉刷层"面层材质的编辑，如图 4.30 和图 4.31 所示。

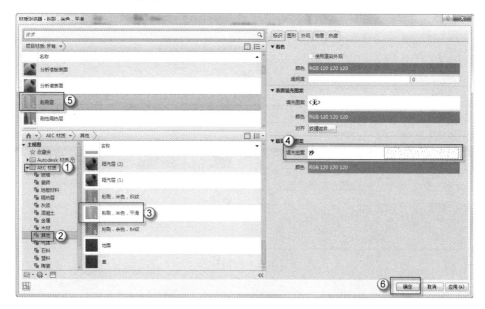

图 4.30　编辑材质

图 4.31　设置"粉刷层"面层厚度

（7）编辑"混凝土砌块"材质。在"编辑部件"对话框中单击对应的"材质"单元格右边的"浏览"按钮，在弹出的"材质浏览器"对话框中，选择"AEC 材质"｜"砖石"｜"混凝土砌块"材质，将其截面填充图案改为"砖石建筑-混凝土砌块"，将其表面填充图案改为"砌块 225×450"，单击"确定"按钮返回"编辑部件"对话框。在"编辑部件"对话框中再次单击"确定"按钮返回"类型属性"对话框，完成"住宅楼-内墙-1F"外墙"混凝土砌块"的编辑，如图 4.32 所示。

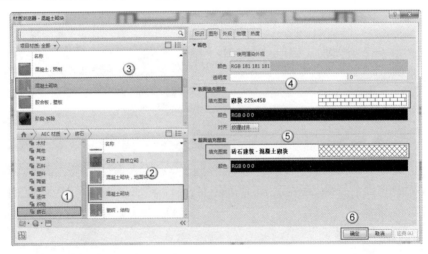

图 4.32　编辑材质

（8）编辑"住宅楼-内墙-1F"族的包络。在"类型属性"对话框中，将"在插入点包络"后的参数改为"外部"选项；将"在端点包络"后的参数改为"外部"选项；将"功能"参数改为"外部"选项,单击"确定"按钮,完成"住宅楼-内墙-1F"族的包络编辑,如图 4.33 所示。

图 4.33　编辑包络

(9)绘制左半部分"住宅楼-内墙-1F"墙。按 WA 快捷键,在选项栏中将"定位线"修改为"核心层中心线",沿着定位轴线绘制出左半部分"住宅楼-内墙-1F"墙,完成左半部分"住宅楼-内墙-1F"墙的绘制,如图 4.34 所示。

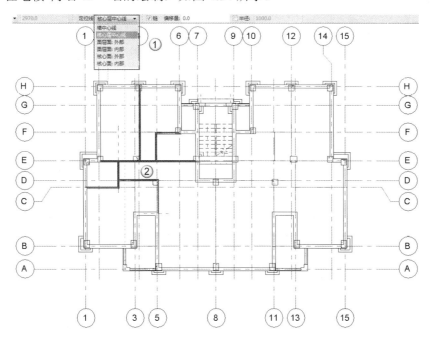

图 4.34　绘制左半部分"住宅楼-内墙-1F"墙

(10)镜像复制左半部分"住宅楼-内墙-1F"墙。配合 Ctrl 键,选中已绘制完成的左半部分"住宅楼-内墙-1F"墙,按 MM 快捷键,以 8 号轴线为镜像轴,镜像复制左半部分

"住宅楼-内墙-1F"墙至 8 号轴线右边，按 Esc 键退出编辑模式，完成"住宅楼-内墙-1F"的绘制，如图 4.35 所示。

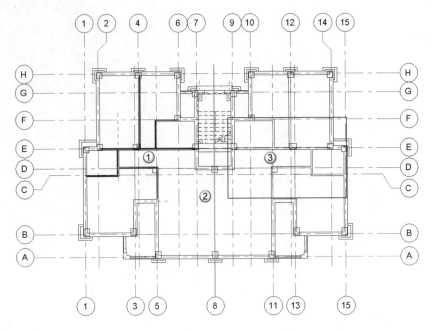

图 4.35　镜像复制左半部分墙

（11）复制"住宅楼-内墙-1F"墙至其他楼层。配合 Ctrl 键，依次选中全部"住宅楼-内墙-1F"墙，按 Ctrl+C 键，或者单击"修改|墙"选项卡中的"剪贴板"栏的"复制到剪贴板"按钮。接着单击"修改|墙"选项卡中的"剪贴板"栏的"粘贴"按钮，在弹出的下拉列表框中选择"与选定的标高对齐"，在弹出的"选择标高"对话框中，配合 Ctrl 键，依次选中"二"至"六"层建筑标高，单击"确定"按钮将"住宅楼-内墙-1F"墙复制至其他楼层平面。完成复制后的效果如图 4.36 所示。

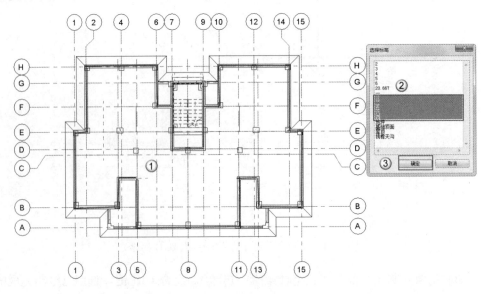

图 4.36　复制楼层

（12）创建其他楼层内墙。切换至二层平面，配合 Ctrl 键，依次选中复制至二层的"住宅楼-内墙-1F"墙，单击"属性"面板中的"编辑类型"按钮，在弹出的"类型属性"对话框中单击"复制"按钮，弹出"名称"对话框，在其中输入"住宅楼-内墙-2F"作为新类型名称，单击"确定"按钮返回"类型属性"对话框，完成"住宅楼-内墙-2F"墙的创建，如图 4.37 所示。其他楼层的外墙创建采用同样的方法完成，在此不再赘述。

图 4.37　创建其他楼层内墙

（13）检查内墙。分别切换至平面视图及三维视图中检查内墙，确认无误后完成全部内墙的创建。内墙的平面视图如图 4.38 所示，三维视图如图 4.39 所示。

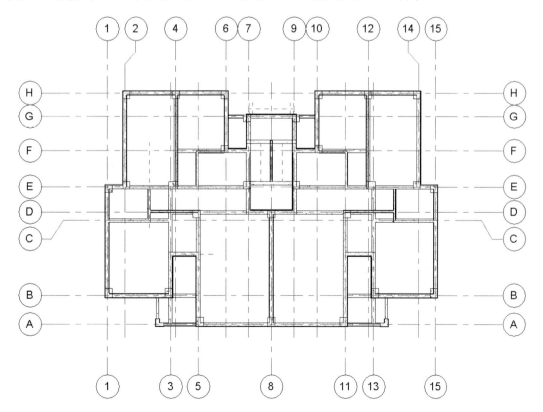

图 4.38　内墙平面视图

（14）打开"基本墙"族。选择"建筑"｜"墙"｜"墙：建筑"命令，也可以直接按 WA 快捷键。选择"基本墙"族，在"属性"面板中选择"基本墙"｜"常规 200mm"选项（注意当前选项下有 3 种墙族，即叠层墙、基本墙、幕墙），如图 4.40 所示。

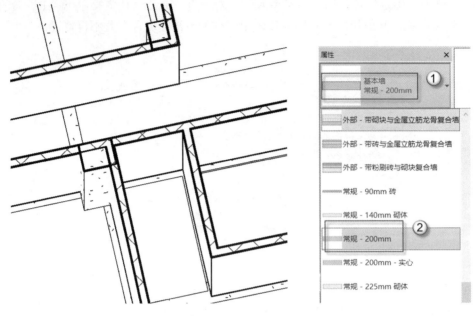

图 4.39　内墙三维视图　　　　　　　　　　图 4.40　打开族

（15）创建"住宅楼-内墙-1F 中间隔墙"族类型。单击"属性"面板中的"编辑类型"按钮，在弹出的"类型属性"对话框中单击"复制"按钮，弹出"名称"对话框，在其中输入"住宅楼-内墙-1F 中间隔墙"作为新类型名称，单击"确定"按钮返回"类型属性"对话框，完成"住宅楼-内墙-1F 中间隔墙"的创建，如图 4.41 所示。

图 4.41　创建族

（16）修改混凝土砌块"结构[1]"厚度。单击"属性类型"对话框"结构"参数后的"编辑"按钮，弹出"编辑部件"对话框，在其中单击"结构[1]"的"厚度"栏，输入"200"。单击"确定"按钮，返回"类型属性"对话框，完成中间隔墙厚度的修改，如图 4.42 和图 4.43 所示。

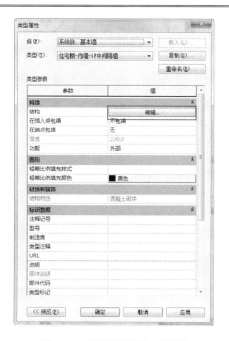

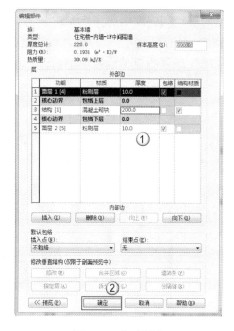

图 4.42 "类型属性"对话框   图 4.43 修改厚度

（17）绘制"住宅楼-内墙-1F 中间隔墙"墙。按 WA 快捷键，在选项栏中将"定位线"修改为"核心层中心线"，沿着定位轴线绘制出 "住宅楼-内墙-1F 中间隔墙"墙，完成"住宅楼-内墙-1F 中间隔墙"墙的绘制，如图 4.44 所示。

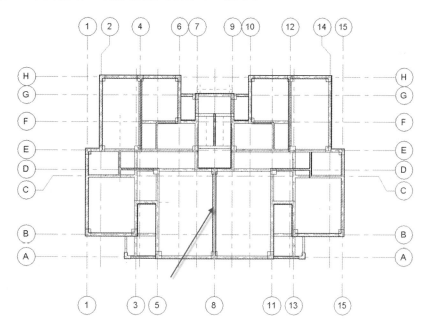

图 4.44 绘制"住宅楼-内墙-1F 中间隔墙"墙

（18）复制"住宅楼-内墙-1F 中间隔墙"墙至其他楼层。配合 Ctrl 键，选中 "住宅楼-内墙-1F 中间隔墙"墙，按 Ctrl+C 键，或者单击"修改|墙"选项卡中的"剪贴板"栏的"复制到剪贴板"按钮。接着单击"修改|墙"选项卡中的"剪贴板"栏的"粘贴"按钮，

在弹出的下拉列表框中选择"与选定的标高对齐",在弹出的"选择标高"对话框中,配合 Ctrl 键,依次选中"二"至"六"层建筑标高,单击"确定"按钮将"住宅楼-内墙-1F 中间隔墙"墙复制至其他楼层平面,完成复制,如图 4.45 所示。

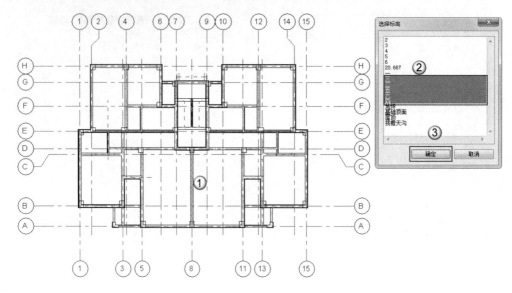

图 4.45　复制"住宅楼-内墙-1F 中间隔墙"墙至其他楼层

（19）创建其他楼层中间隔墙。切换至二层平面,配合 Ctrl 键,依次选中复制至二层的"住宅楼-内墙-1F 中间隔墙"墙,单击"属性"面板中的"编辑类型"按钮,在弹出的"类型属性"对话框中单击"复制"按钮,弹出"名称"对话框,在其中输入"住宅楼-内墙-2F 中间隔墙"作为新类型名称,单击"确定"按钮返回"类型属性"对话框,完成"住宅楼-内墙-2F 中间隔墙"墙的创建,如图 4.46 所示。其他楼层的外墙采用同样的方法进行创建,在此不再赘述。

（20）检查中间隔墙。分别切换至平面视图及三维视图中,检查"住宅楼-内墙-1F 中间隔墙"族,确认无误后完成中间隔墙的创建。中间隔墙平面视图如图 4.47 所示,三维视图如图 4.48 所示。

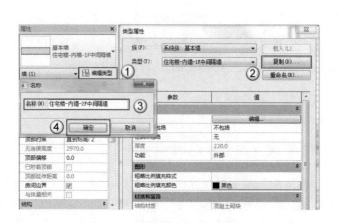

图 4.46　创建其他楼层中间隔墙

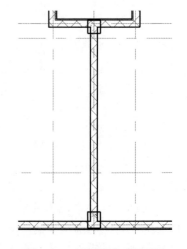

图 4.47　中间隔墙平面视图

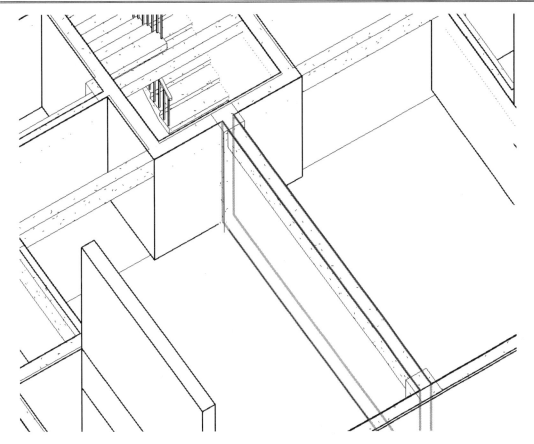

图 4.48　中间隔墙三维视图

## 4.1.3　地面

建筑地面是指建筑物底层地面（地面），其中还包括室外散水、明沟、踏步、台阶和坡道等附属工程。建筑地面必须具有保护结构层、提供良好的使用功能、满足一定的装饰要求等特点。

地面通常由面层和基层两部分构成。面层直接承受物理和化学作用，并构成室内空间形象。其材料和构造应根据房间的使用要求、地面的使用要求和经济条件加以选用。基层包括找平层、结构层和垫层，有时还包括管道层。地面在设计时应满足具有足够的坚固性、保温性能好、具有一定的弹性、防水、防潮、防火、耐腐蚀、经济适用等要求。具体操作如下。

（1）选择楼板类型。单击在"建筑"选项卡中的"楼板"按钮，在弹出的下拉列表框中选择"楼板：建筑"选项，进入编辑模式。在"属性"面板中选择"常规 - 300mm"选项，如图 4.49 所示。

（2）创建"地面"类型。在"属性"面板中，单击"编辑类型"按钮，在弹出的"类型属性"对话框中，单击"复制"按钮，弹出"名称"对话框，在其中将名称改为"地面-阳台"，单击"确定"按钮，如图 4.50 所示。

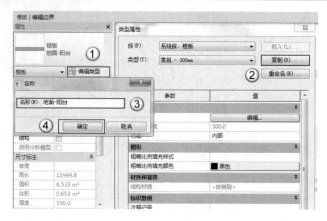

图 4.49　选择楼板类型　　　　　　　　　图 4.50　创建"地面"类型

（3）编辑"地面-阳台"板厚度。单击"类性类型"对话框中"结构"参数后的"编辑"按钮，弹出"编辑部件"对话框，在其中单击"结构[1]"的"厚度"栏，输入"100"，单击"确定"按钮，返回"类型属性"对话框，完成"地面-阳台"地面厚度的编辑，如图 4.51 和图 4.52 所示。

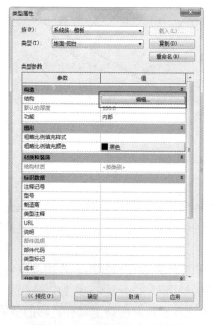

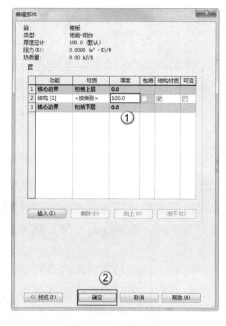

图 4.51　"类型属性"对话框　　　　　　　图 4.52　更改厚度

△注意：　"地面-阳台"板为阳台板。阳台板要比楼板低，以形成高度差，防止生活用水及雨水倒灌进室内。

（4）绘制楼梯间旁"地面-阳台"板。选择绘制方式为"直线"，沿着墙壁绘制"地面-阳台"板，绘制完成后，单击"√"按钮，退出编辑模式，完成楼梯间旁"地面-阳台"板绘制，如图 4.53 所示。

（5）绘制客厅旁"地面-阳台"板。选择绘制方式为"直线"，沿着墙壁绘制"地面-

阳台"板，绘制完成后，单击"√"按钮，退出编辑模式，完成客厅旁"地面-阳台"板绘制，如图 4.54 所示。

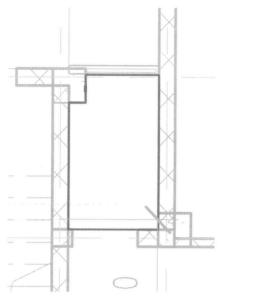

图 4.53　绘制楼梯间旁"地面-阳台"板　　　图 4.54　绘制客厅旁"地面-阳台"板

（6）镜像复制楼梯间旁"地面-阳台"板。移动光标至楼梯间旁"地面-阳台"板边缘，按 Tab 键切换选择对象至楼梯间旁"地面-阳台"板，按 MM 快捷键，以 8 号定位轴线为镜像轴，镜像复制楼梯间旁"地面-阳台"板至右侧，如图 4.55 所示。

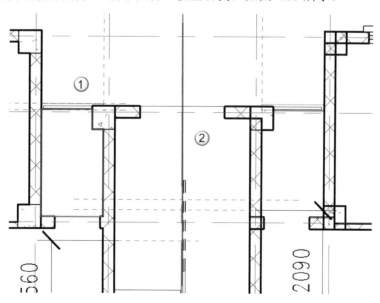

图 4.55　镜像复制"地面-阳台"板

（7）镜像复制客厅旁"地面-阳台"板。移动光标至客厅旁"地面-阳台"板边缘，按 Tab 键切换选择对象至客厅旁"地面-阳台"板，按 MM 快捷键，以 8 号定位轴线为镜像轴，镜像复制客厅旁"地面-阳台"板至右侧，完成"地面-阳台"板的绘制，如图 4.56 所示。

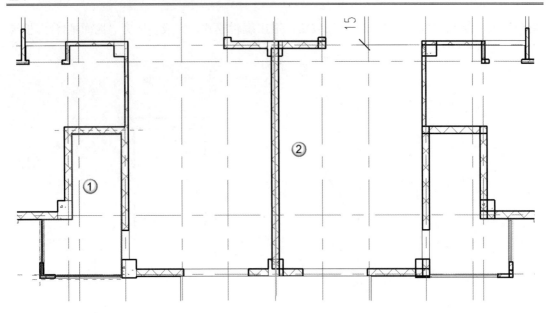

图 4.56 镜像复制

（8）复制"地面-阳台"板至其他楼层。移动光标至"地面-阳台"板边缘，按 Tab 键切换选择对象为"地面-阳台"板，按 Ctrl+C 键，或者单击"修改|墙"选项卡中"剪贴板"栏的"复制到剪贴板"按钮。接着单击"修改|墙"选项卡中的"剪贴板"栏的"粘贴"按钮，在弹出的下拉列表框中选择"与选定的标高对齐"选项，弹出"选择标高"对话框，配合"Ctrl"键，在其中依次选中"二"至"六"层建筑标高，单击"确定"按钮将"地面-阳台"板复制至其他楼层平面，如图 4.57 所示。

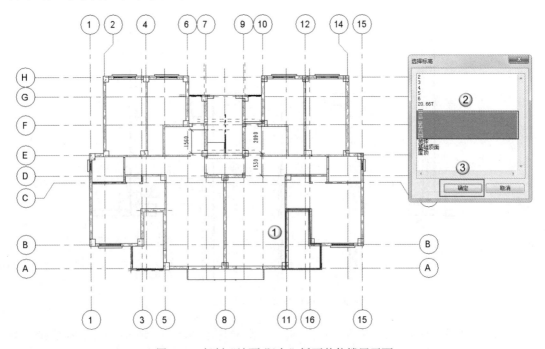

图 4.57 复制"地面-阳台"板至其他楼层平面

注意：这个步骤没有一次性选中一层所有的"地面-阳台"板，然后同时复制粘贴至其他楼层，是因为"地面-阳台"板位于墙柱之下无法一次性选中，需要使用 Tab 键来选中该板，因此也就无法配合 Ctrl 键进行批量操作。

（9）检查"地面-阳台"族。分别切换至平面视图及三维视图中检查"地面-阳台"板，确认无误后完成"地面-阳台"板的创建。"地面-阳台"板平面视图如图 4.58 所示，三维视图如图 4.59 所示。

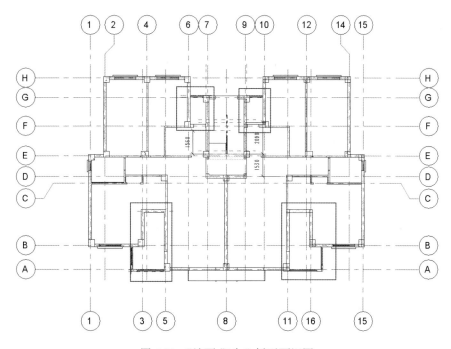

图 4.58　"地面-阳台"板平面视图

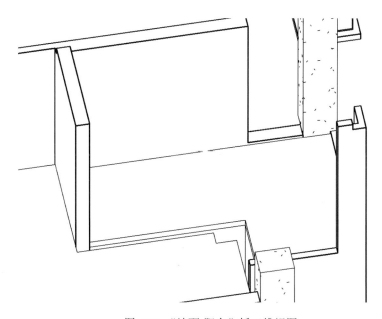

图 4.59　"地面-阳台"板三维视图

（10）选择楼板类型。单击"建筑"选项卡中的"楼板"按钮，在弹出的下拉列表框中选择"楼板：建筑"选项，进入编辑模式。在"属性"面板中选择"常规－300mm"，如图 4.60 所示。

（11）创建"地面"类型。在"属性"面板下，单击"编辑类型"按钮，弹出"类型属性"对话框，单击"复制"按钮，在弹出的"名称"对话框中，将名称改为"地面-卫生间"，单击"确定"按钮，如图 4.61 所示。

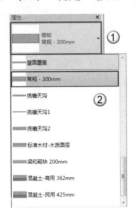

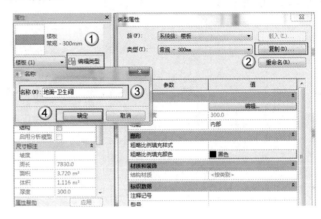

图 4.60　选择类型　　　　　　　　　　　　　　图 4.61　创建类型

（12）编辑"地面-卫生间"板厚度。在"类型属性"对话框中，单击"结构"参数后的"编辑"按钮，弹出"编辑部件"对话框。在"编辑部件"对话框中单击"结构[1]"的"厚度"栏，输入"100"，单击"确定"按钮，返回"类型属性"对话框，完成"地面-卫生间"板厚度的编辑，如图 4.62 和图 4.63 所示。

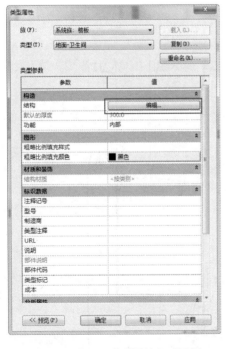

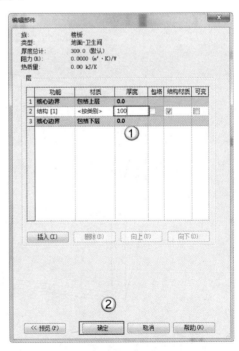

图 4.62　进入"类型属性"对话框　　　　　　　　图 4.63　更改厚度

注意："地面-卫生间"板为卫生间板。卫生间板要比楼板低，以形成高度差，防止生活用水倒灌进室内，而且卫生间管道比较多，卫生间板的下沉方便业主以后的改造装修。

（13）绘制左半部分"地面-卫生间"板。选择"直线"绘制方式，沿着墙壁绘制"地面-卫生间"板。绘制完成后单击"√"按钮，退出编辑模式，完成左半部分"地面-卫生间"板绘制，如图 4.64 所示。

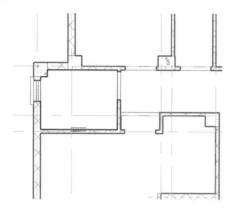

图 4.64　绘制左半部分"地面-卫生间"板

（14）镜像复制左半部分"地面-卫生间"板。移动光标至左半部分"地面-卫生间"板边缘，按 Tab 键切换选择对象至左半部分"地面-卫生间"板，按 MM 快捷键，以 8 号定位轴线为镜像轴，镜像复制左半部分"地面-卫生间"板至右侧，完成"地面-卫生间"板的绘制，如图 4.65 所示。

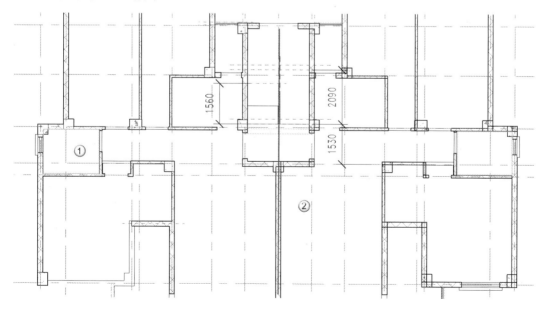

图 4.65　镜像复制左半部分板至右侧

（15）复制"地面-卫生间"板至其他楼层。移动光标至"地面-卫生间"板边缘，按 Tab 键切换选择对象至"地面-卫生间"板，按 Ctrl+C 键，或者单击"修改|墙"选项卡中

的"剪贴板"栏的"复制到剪贴板"按钮。接着单击"修改|楼板"选项卡中的"剪贴板"栏的"粘贴"按钮，在弹出的下拉列表框中选择"与选定的标高对齐"，弹出"选择标高"对话框，在其中配合 Ctrl 键，依次选中"二"至"六"层建筑标高，单击"确定"按钮将"地面-卫生间"板复制至其他楼层平面，如图 4.66 所示。

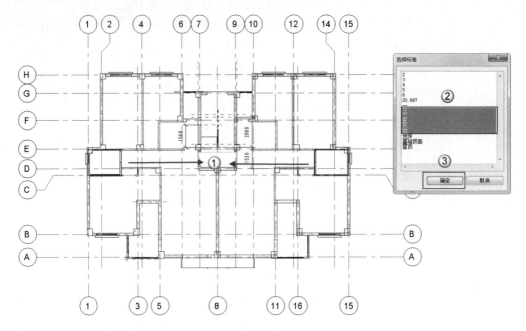

图 4.66　复制"地面-卫生间"板至其他楼层

🔔注意：这个步骤没有一次性选中一层所有的"地面-卫生间"板，然后同时复制、粘贴至其他楼层，是因为"地面-卫生间"板位于墙柱之下无法一次性选中，需要通过 Tab 键来选中该板，因此也就无法配合 Ctrl 键进行批量操作。

（16）检查"地面-卫生间"族。分别切换至平面视图及三维视图中检查"地面-卫生间"板。确认无误后完成"地面-卫生间"板的创建。"地面-卫生间"板平面视图如图 4.67 所示，三维视图如图 4.68 所示。

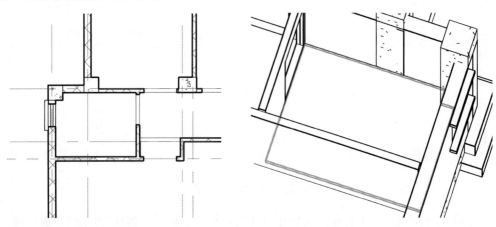

图 4.67　"地面-卫生间"板平面视图　　　　图 4.68　"地面-卫生间"板三维视图

（17）选择楼板类型。单击在"建筑"选项卡中的"楼板"按钮，在弹出的下拉列表框中选择"楼板：建筑"选项，进入编辑模式。在"属性"面板中选择"常规 – 300mm"，进行楼板类型的选择。如图 4.69 所示。

（18）创建"地面"类型。在"属性"面板中，单击"编辑类型"按钮，弹出"类型属性"对话框，单击"复制"按钮，弹出"名称"对话框，在其中将名称改为"地面"，单击"确定"按钮，如图 4.70 所示。

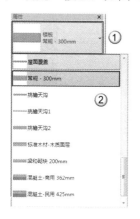

图 4.69　选择类型

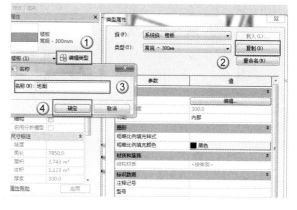

图 4.70　创建类型

（19）编辑"地面"板厚度。单击"类性类型"对话框"结构"参数后的"编辑"按钮，弹出"编辑部件"对话框。在"编辑部件"对话框中单击"结构[1]"的"厚度"栏，输入"150"，单击"确定"按钮，返回"类型属性"对话框，完成"地面"板厚度的编辑，如图 4.71 和图 4.72 所示。

图 4.71　"类型属性"对话框

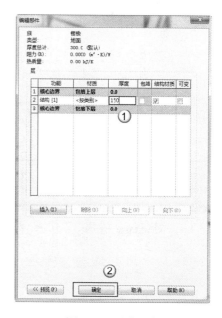

图 4.72　更改厚度

（20）绘制"地面"板。选择"直线"绘制方式，沿着墙壁绘制"地面"板，绘制完成后单击"√"按钮，退出编辑模式，完成楼梯间旁"地面"板绘制，如图 4.73 所示。

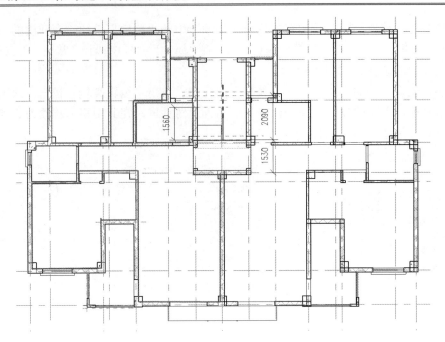

图 4.73　绘制"地面"板

（21）镜像复制"地面"板。移动光标至"地面"板边缘，按 Tab 键切换选择对象至"地面"板，按 MM 快捷键，以 8 号定位轴线为镜像轴，镜像复制"地面"板至右侧，如图 4.74 所示。

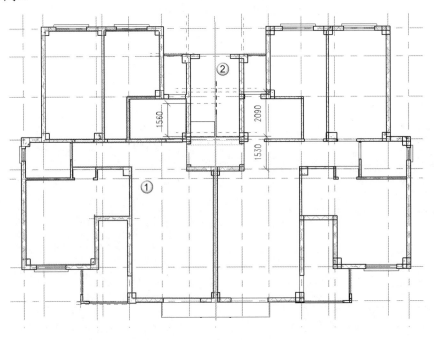

图 4.74　镜像复制"地面板"至右侧

（22）复制"地面"板至其他楼层。移动光标至"地面"板边缘，按 Tab 键切换选择对象至"地面"板，按 Ctrl+C 键，或者单击"修改|楼板"选项卡中"剪贴板"栏的"复制

到剪贴板"按钮。接着单击"修改|墙"选项卡中"剪贴板"栏的"粘贴"按钮,在弹出的下拉列表框中选择"与选定的标高对齐",在弹出的"选择标高"对话框中,配合 Ctrl 键,依次选中"二"至"六"层建筑标高,单击"确定"按钮将"地面"板复制至其他楼层平面,如图 4.75 所示。

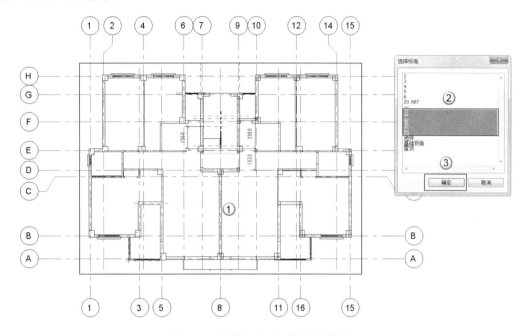

图 4.75　复制"地面"板至其他楼层

(23)检查"地面"族。分别切换至平面视图及三维视图中检查"地面"板。确认无误后完成"地面"板的创建。"地面"板平面视图如图 4.76 所示,三维视图如图 4.77 所示。

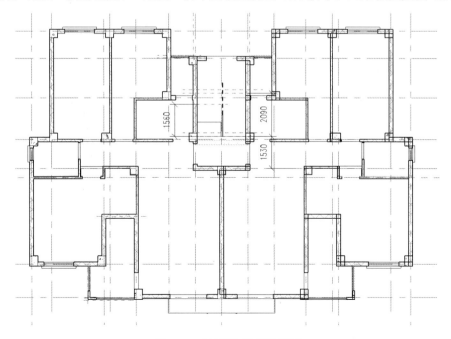

图 4.76　"地面"板平面视图

图 4.77 "地面"板三维视图

（24）选择楼板类型。单击"建筑"选项卡中的"楼板"按钮，在弹出的下拉列表框中单击"楼板：建筑"命令，进入编辑模式。在"属性"面板中选择"常规 - 300mm"，如图 4.78 所示。

（25）创建"覆土"类型。在"属性"面板中，单击"编辑类型"按钮，弹出"类型属性"对话框，单击"复制"按钮，在弹出的"名称"对话框中，将名称改为"覆土"，单击"确定"按钮，如图 4.79 所示。

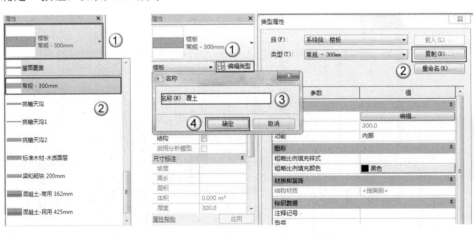

图 4.78 选择类型　　　　　　　　图 4.79 创建类型

🔔注意：覆土使用建筑楼板的方式创建，然后更改材质为"土壤"，方可使用。这里的覆土就是指地面下的回填土。

（26）进入"覆土"板"编辑部件"对话框。单击"类性类型"对话框中"结构"参数后的"编辑"按钮，弹出"编辑部件"对话框，如图 4.80 所示。

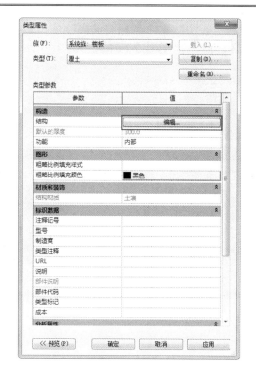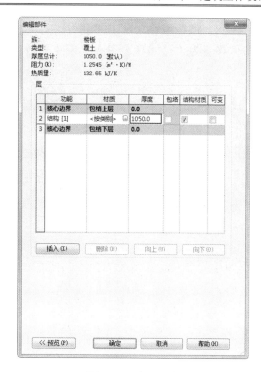

图 4.80　"类型属性"对话框　　　　　图 4.81　更改厚度

（27）编辑"覆土"板厚度及材质。在"编辑部件"对话框中单击"结构[1]"的"厚度"栏，输入"1050"。然后再单击"结构[1]"对应的"材质"单元格右边的"浏览"按钮，在弹出的"材质浏览器"对话框中，选择"AEC 材质"｜"其他"｜"地面"选项，将其截面填充图案改为"土壤"，修改材质名称为"土壤"，单击"确定"按钮返回"编辑部件"对话框，完成"覆土"板厚度及材质的编辑，如图 4.81 和图 4.82 所示。

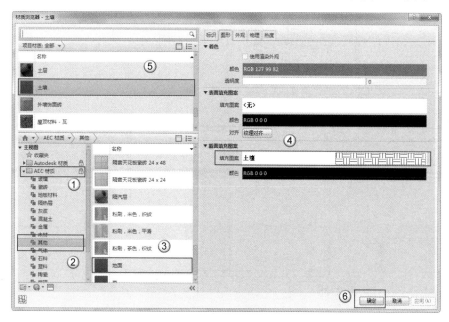

图 4.82　更改材质

（28）调整偏移。单击"属性"对话框中"限制条件"｜"自标高的高度偏移"栏，修改偏移值为"-150"，完成"覆土"板标高偏移的修改，如图 4.83 所示。

图 4.83　调整偏移值

（29）绘制左半部分 "覆土"板。选择"直线"绘制方式，沿着墙壁绘制左半部分"覆土"板，绘制完成后，单击"√"按钮，退出编辑模式，完成左半部分"覆土"板的绘制，如图 4.84 所示。

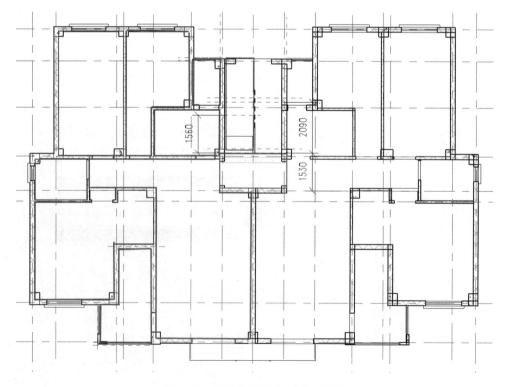

图 4.84　绘制左半部分"覆土"板

（30）镜像复制左半部分"覆土"板。移动光标至左半部分"覆土"板边缘，按 Tab 键切换选择对象至左半部分"覆土"板，按 MM 快捷键，以 8 号定位轴线为镜像轴，镜像复制左半部分"覆土"板至右侧，如图 4.85 所示。

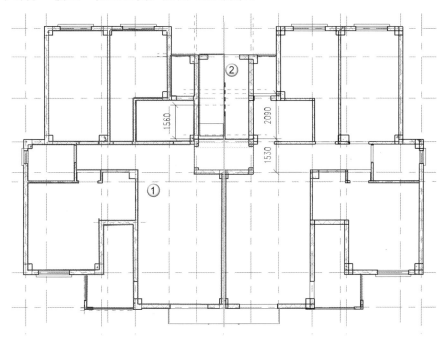

图 4.85　镜像复制左半部分"覆土"板

（31）检查"覆土"板。分别切换至平面视图及三维视图中，检查"覆土"板，确认无误后完成"覆土"板的创建。"覆土"板平面视图如图 4.86 所示，三维视图如图 4.87 所示。

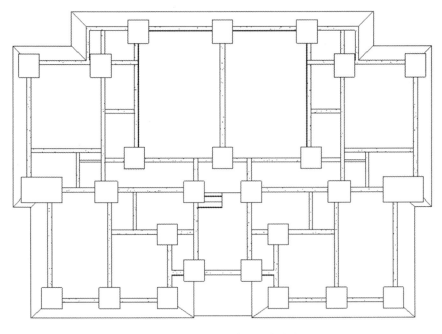

图 4.86　"覆土"板平面视图

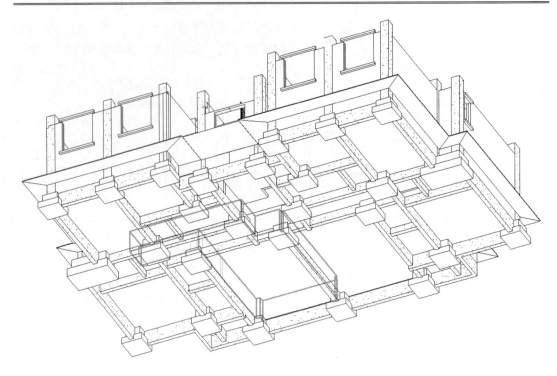

图 4.87 "覆土"板三维视图

## 4.1.4 坡屋面

排水坡度一般大于 3% 的屋顶叫做坡屋顶或斜屋顶。坡屋顶（Pitched Roof）的形式和坡度主要取决于建筑平面、结构形式、屋面材料、气候环境、风俗习惯和建筑造型等因素。

坡屋顶在建筑中应用较广，主要有单坡式、双坡式、四坡式和折腰式等，其中以双坡式和四坡式采用较多。双坡屋顶尽端屋面出挑在山墙外的称悬山；山墙与屋面砌平的称硬山。中国传统的四坡顶四角起翘的称庑殿；正脊延长，两侧形成两个山花面的称歇山。瓦线交汇在一点坡屋顶形式为攒尖顶，常在此点布置宝顶。

坡屋顶双坡或多坡屋顶的倾斜面相互交接，顶部的水平交线称正脊；斜面相交成为凸角的斜交线称斜脊；斜面相交成为凹角的斜交线称斜天沟。没有正脊的坡屋顶，则称为卷棚顶。硬山顶、悬山顶、歇山顶均可做成卷棚顶形式。

屋顶的构造必须坚固耐久、防水、防火、保温、隔热、抗腐蚀、自重轻、构造简单、施工方便。具体操作如下。

（1）选择楼板类型。单击"建筑"选项卡中的"楼板"按钮，在弹出的下拉列表框中选择"楼板：建筑"选项，进入编辑模式。在"属性"面板中选择"常规－300mm"，如图 4.88 所示。

（2）创建 WB1 板。在"属性"面板中，单击"编辑类型"按钮，弹出"类型属性"对话框，单击"复制"按钮，在弹出的"名称"对话框中，将名称改为 WB1，单击"确定"按钮，如图 4.89 所示。

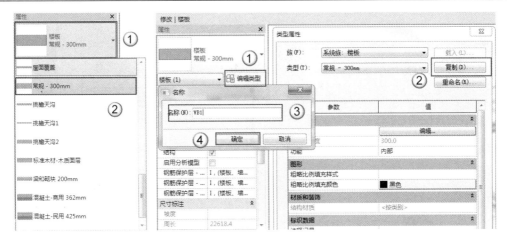

图 4.88　选择楼板类型　　　　　　　　　　图 4.89　创建 WB1 板

（3）编辑 WB1 板厚度。单击"类性类型"对话框中"结构"参数后的"编辑"按钮，弹出"编辑部件"对话框。在"编辑部件"对话框中单击"结构[1]"的"厚度"栏，输入"100"，单击"确定"按钮，返回"类型属性"对话框，完成 WB1 板厚度的编辑，如图 4.90 和图 4.91 所示。

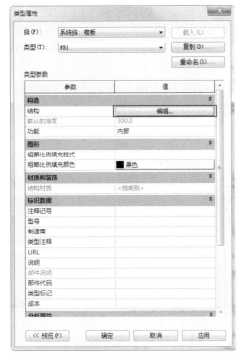

图 4.90　"编辑部件"对话框

图 4.91　修改 WB1 板厚度

（4）绘制正面 WB1 板。切换至"屋顶"平面视图，选择"直线"绘制方式，沿着屋框梁绘制正面 WB1 板，切换至绘制坡度箭头，沿着屋框梁绘制坡度箭头（④｜⑤方向），然后选中坡度箭头，修改头高度偏移为"2000"。单击"√"按钮，退出编辑模式，完成正面 WB1 板绘制，如图 4.92 所示。

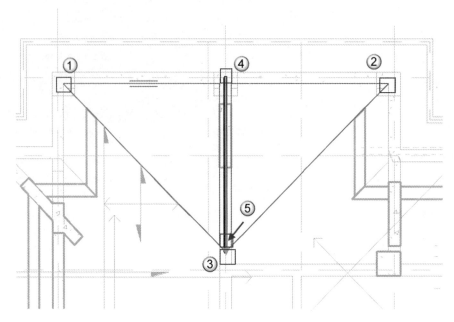

图 4.92　绘制正面 WB1 板

（5）绘制侧面 WB1 板。切换至"屋顶"平面视图，选择"直线"绘制方式，沿着屋框梁绘制侧面 WB1 板，切换至绘制坡度箭头，沿着屋框梁绘制坡度箭头，然后选中坡度箭头，修改尾高度偏移为"2000"。单击"√"按钮，退出编辑模式，完成侧面 WB1 板绘制，如图 4.93 所示。

（6）镜像复制侧面 WB1 板。移动光标至侧面 WB1 板边缘，按 Tab 键切换选择对象至侧面 WB1 板，按 MM 快捷键，以 4 号定位轴线为镜像轴，镜像复制侧面 WB1 板至另一侧，完成 WB1 板的绘制，如图 4.94 所示。

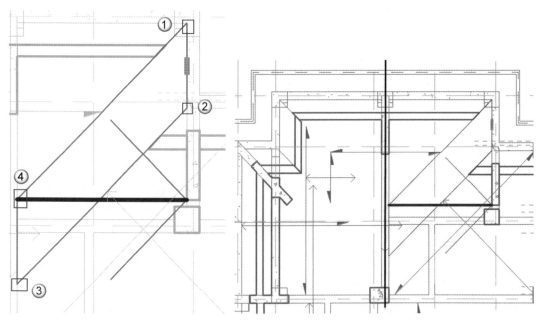

图 4.93　绘制侧面 WB1 板　　　　　　　　图 4.94　镜像复制

（7）检查 WB1 族。分别切换至平面视图及三维视图中检查 WB1 板。确认无误后完成 WB1 板的创建。WB1 板平面视图如图 4.95 所示。三维视图如图 4.96 所示。

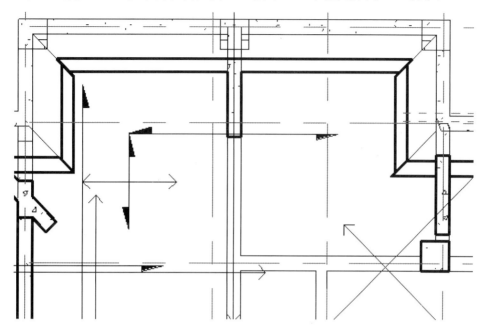

图 4.95　WB1 板平面视图

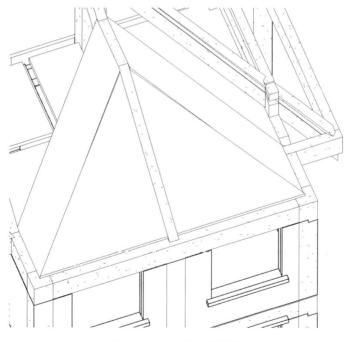

图 4.96　WB1 板三维视图

（8）选择楼板类型。单击"建筑"选项卡中的"楼板"按钮，在弹出的下拉列表框中选择"楼板：建筑"选项，进入编辑模式。在"属性"面板中选择"常规－300mm"选项，如图 4.97 所示。

（9）创建 WB2 板。在"属性"面板中，单击"编辑类型"按钮，在弹出的"类型属性"对话框中，单击"复制"按钮，弹出"名称"对话框，在其中将名称改为 WB2，单击"确定"按钮，如图 4.98 所示。

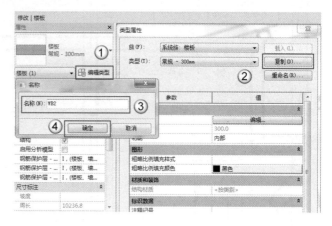

图 4.97　选择楼板类型　　　　　　　　　图 4.98　创建 WB2 板

（10）编辑 WB2 板厚度。单击"类性类型"对话框"结构"参数后的"编辑"按钮，进入"编辑部件"对话框。在"编辑部件"对话框中单击"结构[1]"的"厚度"栏，输入"110"，单击"确定"按钮，返回"类型属性"对话框，完成 WB2 板厚度的编辑，如图 4.99 和图 4.100 所示。

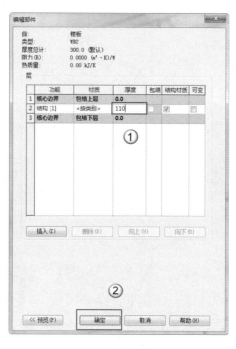

图 4.99　"编辑部件"对话框　　　　　　　图 4.100　WB2 板修改厚度

（11）绘制不规则 WB2 板。WB2 由 3 个子对象组成，即一个不规则板，两个三角形板。切换至"屋顶"平面视图，选择"直线"绘制方式，沿着屋框梁绘制不规则 WB2 板的边界线，切换至绘制坡度箭头，沿着屋框梁绘制坡度箭头，然后选中坡度箭头，修改尾高度偏移为"2667"。最后单击"√"按钮，退出编辑模式，完成不规则 WB2 板绘制，如图 4.101 所示。

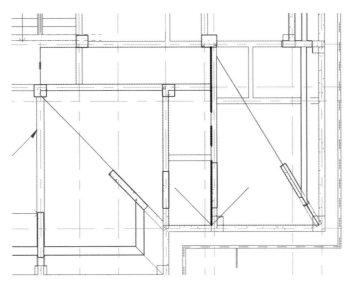

图 4.101　绘制不规则 WB2 板

（12）绘制三角形 WB2 板。三角形 WB2 板由一个直角三角形板与一个等腰直角三角形板组成。切换至"屋顶"平面视图，选择"直线"绘制方式，沿着屋框梁分别绘制这两块三角形 WB2 板的边界线，然后切换绘制坡度箭头，接着选中坡度箭头，修改尾高度偏移为"2667"。最后单击"√"按钮，退出编辑模式，完成三角形"WB2"板绘制，如图 4.102 和图 4.103 所示。

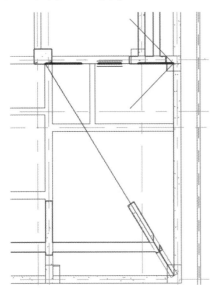

图 4.102　绘制三角形 WB2 板 1

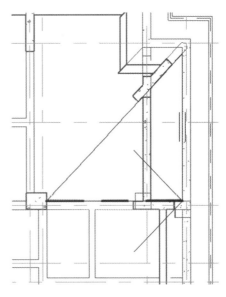

图 4.103　绘制三角形 WB2 板 2

（13）选择楼板类型。单击"建筑"选项卡中的"楼板"按钮，在弹出的下拉列表框中选择"楼板：建筑"选项，进入编辑模式。在"属性"面板中选择"常规 - 300mm"选项，如图 4.104 所示。

（14）创建 WB3 板。在"属性"面板中，单击"编辑类型"按钮，在弹出的"类型属性"对话框中，单击"复制"按钮，弹出"名称"对话框，在其中将名称改为 WB3，单击"确定"按钮，如图 4.105 所示。

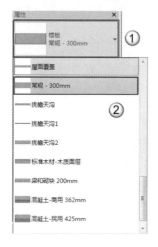

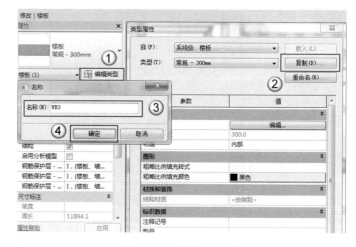

图 4.104　选择楼板类型　　　　　　　　　　图 4.105　创建 WB3 板

（15）编辑 WB3 板厚度。单击"类性类型"对话框"结构"参数后的"编辑"按钮，弹出"编辑部件"对话框。在"编辑部件"对话框中单击"结构[1]"的"厚度"栏，输入"120"，单击"确定"按钮，返回"类型属性"对话框，完成 WB3 板厚度的编辑，如图 4.106 和图 4.107 所示。

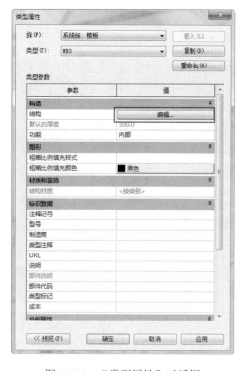

图 4.106　"类型属性"对话框　　　　　　　　图 4.107　更改厚度

（16）绘制 WB3 板。WB3 板由两块板组成。切换至"屋顶"平面视图，选择"直线"绘制方式，沿着屋框梁分别绘制这两块 WB3 板的边界线，切换至绘制坡度箭头，接着选中坡度箭头，修改尾高度偏移为"2667"。最后单击"√"按钮，退出编辑模式，完成两块 WB3 板的绘制，如图 4.108 和图 4.109 所示。

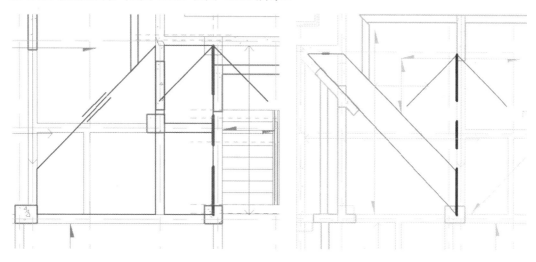

图 4.108  绘制部分 WB3 板 1          图 4.109  绘制部分 WB3 板 2

（17）检查 WB3 族。分别切换至平面视图及三维视图中检查 WB3 板。确认无误后完成 WB3 板的创建。WB3 板的平面视图如图 4.110 所示，三维视图如图 4.111 所示。

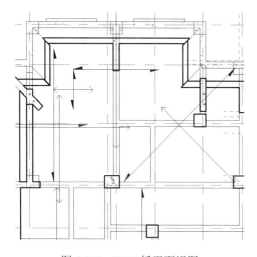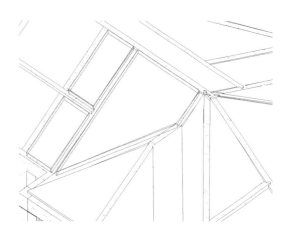

图 4.110  WB3 板平面视图          图 4.111  WB3 板三维视图

（18）选择楼板类型。单击"建筑"选项卡中的"楼板"按钮，在弹出的下拉列表框中选择"楼板：建筑"选项，进入编辑模式。在"属性"面板中选择"常规-300mm"选项，如图 4.112 所示。

（19）创建 WB4 板。在"属性"面板中，单击"编辑类型"按钮，在弹出的"类型属性"对话框中，单击"复制"按钮，弹出"名称"对话框，在其中将名称改为 WB4，单击"确定"按钮，如图 4.113 所示。

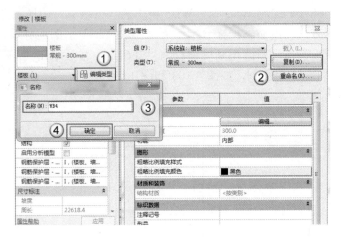

图 4.112　选择楼板类型　　　　　　　　　　　图 4.113　创建 WB4 板

（20）编辑 WB4 板厚度。单击"类性类型"对话框"结构"参数后的"编辑"按钮，弹出"编辑部件"对话框。在"编辑部件"对话框中单击"结构[1]"的"厚度"栏，输入"120"，单击"确定"按钮，返回"类型属性"对话框，完成 WB4 板厚度的编辑，如图 4.114 和图 4.115 所示。

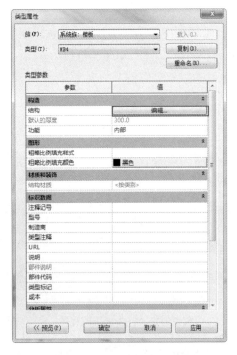

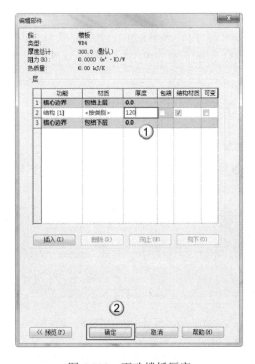

图 4.114　"编辑部件"对话框　　　　　　　图 4.115　更改楼板厚度

（21）绘制 WB4 板。WB4 板由两块板组成，一块是三角形，一块是平行四边形。切换至"屋顶"平面视图，选择"直线"绘制方式，分别绘制这两块 WB4 板的边界线。切换至绘制坡度箭头，然后选中坡度箭头，修改尾高度偏移为"1880"。最后单击"√"按钮，退出编辑模式，完成 WB4 板的绘制，如图 4.116 和图 4.117 所示。

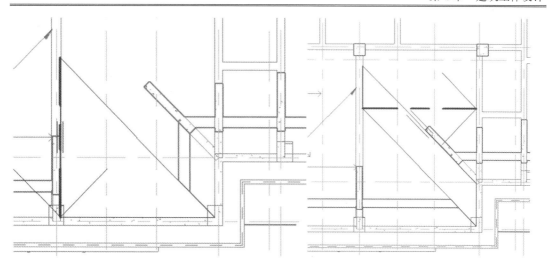

图 4.116　绘制三角形 WB4 板　　　　　　图 4.117　绘制平行四边形 WB4 板

（22）镜像复制屋面板。配合 Ctrl 键，选中已绘制完成的屋面板，按 MM 快捷键，以 8 号定位轴线为镜像轴，镜像复制屋面板至另一侧，完成所有屋面板的绘制，如图 4.118 所示。

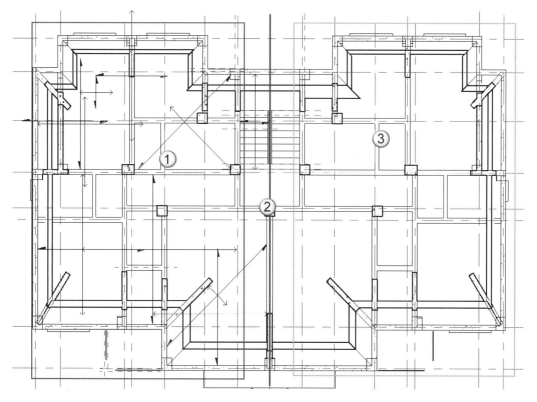

图 4.118　镜像复制屋面板

（23）检查屋面板。分别切换至平面视图及三维视图中检查屋面板，确认无误后完成屋面板的创建。屋面板平面视图如图 4.119 所示，三维视图如图 4.120 所示。

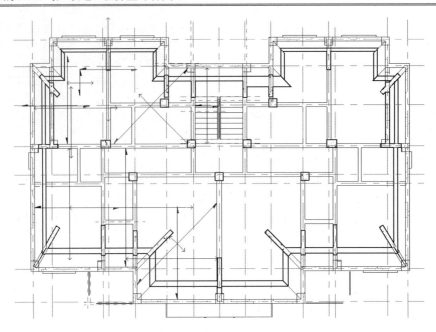

图 4.119　屋面板平面视图

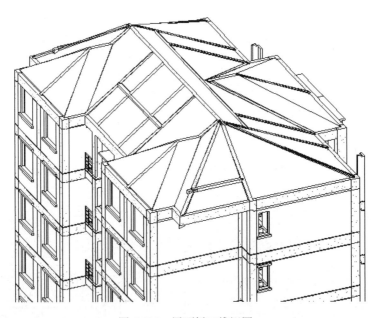

图 4.120　屋面板三维视图

# 4.2　其他构件

　　本节主要是介绍建筑专业中一些非主体构件的制作方法,如风道、楼梯、散水、地漏等。这些构件虽然是非主体,但是在算量中一样需要进行统计,因此不可小视,往往在算量过程中出问题的,就是这些被欠缺经验的工程人员认为比较"小"的地方。

## 4.2.1　风道

风道是采用混凝土、砖等材料砌筑而成，用于空气流通的通道。出屋面风道主要是指厨房的烟囱，本例选用民用住宅楼，室内有厨房，油烟要向外部排放，因此就在出屋面部位布置了风道。风道的设计，一要注意及时排烟，二要注意防止雨水倒灌。根据消防防火要求，一般风管接入风道时，都要添加防火阀。

本节，介绍使用修改"矩形柱"的方法来创建风道族，因为柱与风道都属于使用两个标高定位其高度的构件，具体操作如下。

（1）打开"矩形柱"的族。选择"打开"｜"建筑"命令，在弹出的对话框中选择"柱"｜"矩形柱"，然后单击"打开"按钮，如图 4.121 所示。

图 4.121　打开"矩形柱"族

（2）删除 475×475mm 和 610×610mm 族类型。进入第一层的楼层平面，选择菜单栏的"族类型"命令，弹出"族类型"对话框，在"名称"中选择"475×475mm"，单击"删除"按钮。然后再在"名称"中选择"610×610mm"，单击"删除"按钮，如图 4.122 和图 4.123 所示。

图 4.122　删除 475×475mm 族类型

图 4.123　删除 610×610mm 族类型

（3）重命名族。在"族类型"对话框中单击"重命名"按钮，在弹出的"名称"对话框中输入"风道"，单击"确定"按钮，完成"风道"族的命名，如图 4.124 所示。

（4）修改尺寸。在"族类型"对话框的"尺寸标注"参数中，单击"深度"参数，接着单击"参数"中的"修改"按钮，在弹出的"参数属性"对话框中将"深度"参数名称改为"长度"参数，单击"确定"按钮，返回"族类型"对话框。在"族类型"对话框中将"长度"参数改为"500"，将"宽度"参数改为"350"。完成"风道"族尺寸的修改。如图 4.125 和图 4.126 所示。

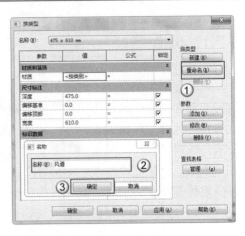

图 4.124　重命名族

图 4.125　修改尺寸

图 4.126　修改名称

（5）添加材质。在"族类型"对话框的"材质和装饰"参数下，单击"材质"单元格右边的"<按类别>"按钮，弹出"材质浏览器"对话框，在"AEC 材质"中选择"混凝土" | "混凝土，现场浇注"材质，单击"确定"按钮，返回"族类型"对话框。在"族类型"对话框中单击"确定"按钮，完成"风道"族材质的添加，如图 4.127 所示。

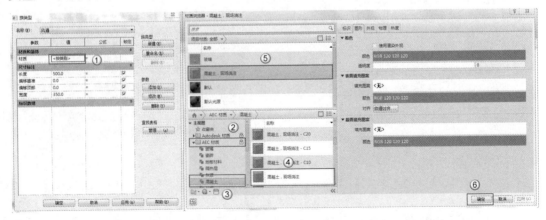

图 4.127　添加材质

（6）绘制孔道。双击柱截面，绘制方式选择为"矩形"，同时将偏移量改为"-50"，然后沿着柱子四角绘制孔道，绘制好后单击"√"按钮，完成孔道的绘制，如图 4.128 所示。

（7）绘制镂空符号。选择"注释"选项卡中的"符号线"命令，然后开始绘制风道的镂空符号，如图 4.129 所示。

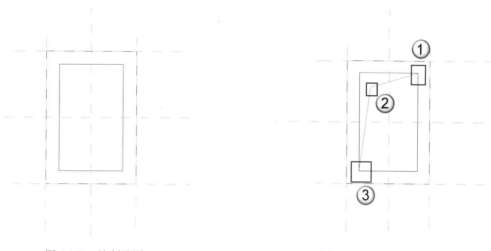

图 4.128　绘制孔道　　　　　　　　图 4.129　绘制镂空符号

（8）调整风道的参数。切换至前立面图，在"属性"面板的"限制条件"栏下，将"拉伸起点"设为"0"，"拉伸终点"设为"4000"，单击"图形"栏中的"编辑"按钮，在弹出的"族图元可见性设置"对话框中，取消 "平面/天花板平面视图"和"当在平面/天花板平面视图中被剖切时（如果类别允许）"两项的勾选，单击"确定"按钮，完成风道的参数的调整，如图 4.130 所示。

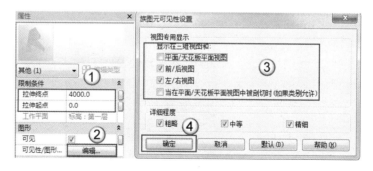

图 4.130　调整风道的参数

（9）绘制烟囱头底垫圈。选择"创建"｜"拉伸"命令，然后选择"矩形"绘制方式，设置偏移量为"-20"，沿着孔道平面绘制烟囱头底垫圈，如图 4.131 所示。

（10）设置烟囱头底垫圈参数。切换至前立面图，在"属性"面板的"限制条件"栏下，将"拉伸起点"设为"4000"，"拉伸终点"设为"4080"，单击"图形"栏中的"编辑"按钮，在弹出的"族图元可见性设置"对话框中，取消"平面/天花板平面视图"和"当在平面/天花板平面视图中被剖切时（如果类别允许）"两项的勾选，单击"确定"按钮，完成烟囱头底垫圈的参数调整，如图 4.132 所示。

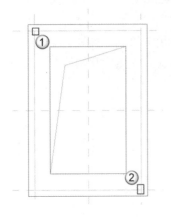

图 4.131　绘制烟囱头底垫圈　　　　　　图 4.132　调整烟囱头底垫圈的参数

（11）绘制烟囱头中间垫圈。选择"创建"｜"拉伸"命令，然后选择"矩形"绘制方式，设置偏移量为"-60"个单位，沿着孔道平面绘制烟囱头中间垫圈，如图 4.133 所示。

（12）设置中间垫圈参数。切换至前立面图，在"属性"面板的"限制条件"栏下，将"拉伸起点"设为"4080"，"拉伸终点"设为"4160"，单击"图形"栏中的"编辑"按钮，在弹出的"族图元可见性设置"对话框中，取消 "平面/天花板平面视图"和"当在平面/天花板平面视图中被剖切时（如果类别允许）"两项的勾选，单击"确定"按钮，完成烟囱头中间垫圈的参数调整，如图 4.134 所示。

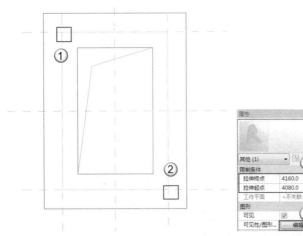

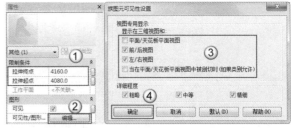

图 4.133　绘制烟囱头中间垫圈　　　　　图 4.134　调整中间垫圈参数

（13）绘制烟囱头挡雨板支撑柱。选择"创建"｜"拉伸"命令，然后选择"矩形"绘制方式，沿着孔道平面绘制烟囱头挡雨板支撑柱，如图 4.135 所示。

（14）设置支撑柱参数。切换至前立面图，在"属性"面板的"限制条件"栏下，将"拉伸起点"设为"4160"，"拉伸终点"设为"4360"，单击"图形"栏中的"编辑"按钮，在弹出的"族图元可见性设置"对话框中，取消 "平面/天花板平面视图"和"当在平面/天花板平面视图中被剖切时（如果类别允许）"两项的勾选，单击"确定"按钮，完成烟囱头挡雨板支撑柱的参数调整，如图 4.136 所示。

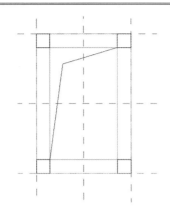

图 4.135　绘制烟囱头挡雨板支撑柱　　　　图 4.136　调整支撑柱参数

（15）绘制烟囱头挡雨板。选择"创建"｜"拉伸"命令，然后选择"矩形"绘制方式，设置偏移量为"-60"，沿着孔道平面绘制烟囱头挡雨板，如图 4.137 所示。

（16）设置挡雨板参数。切换至前立面图，在"属性"面板的"限制条件"栏下，将"拉伸起点"设为"4360"，"拉伸终点"设为"4460"，单击"图形"栏中的"编辑"按钮，在弹出的"族图元可见性设置"对话框中，取消"平面/天花板平面视图"和"当在平面/天花板平面视图中被剖切时（如果类别允许）"两项的勾选，单击"确定"按钮，完成烟囱头挡雨板的参数调整，如图 4.138 所示。

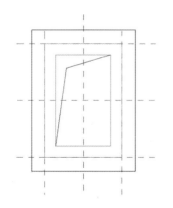
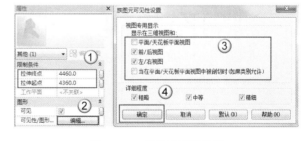

图 4.137　绘制烟囱头挡雨板　　　　图 4.138　调整挡雨板参数

（17）创建"烟囱头"组。选择烟囱口部分，按 GP 快捷键，或者单击"创建组"按钮，在弹出的"创建模型组"对话框中输入"烟囱头"，单击"确定"按钮，完成"烟囱头"组的创建，如图 4.139 所示。

（18）锁定孔道和烟囱头。切换至立面视图，选择"烟囱头"组，按 MV 快捷键，将"烟囱口"组移动至孔道上部。按AL 快捷键，分别拾取两个接触面，单击界面上的蓝色小锁，锁定烟囱头和孔道，完成"风道"族的锁定，如图 4.140 至图 4.142所示。

图 4.139　创建"烟囱头"族

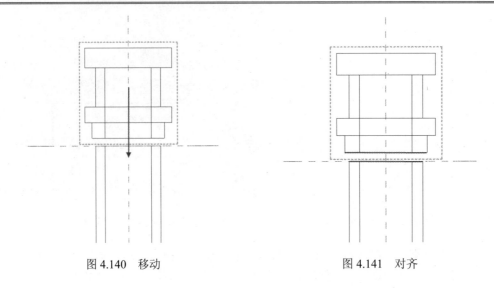

图 4.140  移动                              图 4.141  对齐

⌂注意：后期移动风道时，孔道和烟囱头会分离，将孔道和烟囱头锁定在一起是让它们形成一个整体，方便后期操作。

（19）检查"风道"族。分别切换至平面视图和三维视图中检查"风道"族，确认无误后完成"风道"族的创建。"风道"族的平面视图如图 4.143 所示，三维视图如图 4.144 所示。

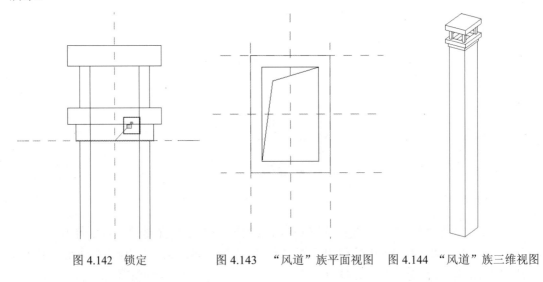

图 4.142  锁定    图 4.143  "风道"族平面视图    图 4.144  "风道"族三维视图

⌂注意：因为在前面创建的时候设置了烟囱头平面不可见，因此在平面视图中是看不见烟囱头的。

## 4.2.2  楼梯

楼梯是建筑物中作为楼层间垂直交通用的构件，用于楼层之间和高差较大时的交通联系。高层建筑尽管采用电梯作为主要垂直交通工具，但仍然要保留楼梯供火灾时逃生之用。

因此在设有电梯、自动梯作为主要垂直交通手段的多层和高层建筑中，也要设置楼梯。楼梯由连续梯级的梯段（又称梯跑）、平台（休息平台）和围护构件等组成。楼梯的最低和最高一级踏步间的水平投影距离为梯长，梯级的总高为梯高。楼梯按梯段可分为单跑楼梯、双跑楼梯和多跑楼梯。梯段的平面形状有直线、折线和曲线形状。

单跑楼梯最简单，适合层高较低的建筑；双跑楼梯最常见，有双跑直上、双跑曲折和双跑对折（平行）等，适用于一般民用建筑和工业建筑；三跑楼梯有三折式、丁字式和分合式等，多用于公共建筑；剪刀楼梯系由一对方向相反的双跑平行梯组成，或由一对互相重叠而又不连通的单跑直上梯构成，剖面呈交叉的剪刀形，能同时通过较多的人流并节省空间；螺旋转梯是以扇形踏步支承在中立柱上，虽行走欠舒适，但节省空间，适用于人流较少，使用不频繁的场所；圆形、半圆形、弧形楼梯，由曲梁或曲板支承，踏步略呈扇形，花式多样，造型活泼，富于装饰性，适用于公共建筑。下面介绍楼梯的绘制方法，具体操作如下。

（1）绘制辅助线。按 RP 键，基于楼梯间外墙绘制参照平面，接着选中参照平面，按 MV 快捷键，向 8 号定位轴线移动 575 个单位，按 CO 快捷键，输入 585，以该参照平面为母体，向 8 号定位轴线再复制一个参照平面。最后配合 Ctrl 快捷键，分别选中已绘制的参照平面，按 MM 快捷键，以 8 号定位轴线为镜像轴，将参照平面镜像复制至另一侧，完成辅助线的绘制，如图 4.145 所示。

（2）创建楼梯类型。在"建筑"选项卡的"楼梯坡道"栏中单击"楼梯"按钮，在弹出的下拉列表框中选择"楼梯（按构件）"选项。在"属性"面板中单击"编辑类型"按钮，弹出"类型属性"对话框，单击"复制"按钮，在弹出的"名称"对话框中修改名称为"1 号楼梯"，单击"确定"按钮，返回"类型属性"对话框，完成楼梯类型的创建，如图 4.146 所示。

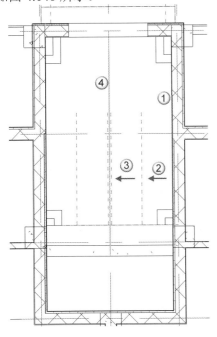

图 4.145　绘制辅助线

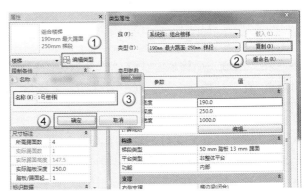

图 4.146　创建楼梯类型

（3）编辑楼梯踢面和踏板。在"类型属性"对话框的"计算规则"栏中修改"最小踏板深度"为"250"，修改"最大踢面高度"为"190"。在"构造"栏中更改功能为"内部"，完成楼梯踢面和踏板的编辑，如图 4.147 所示。

（4）关闭楼梯梯边梁。在"类型属性"对话框的"梯边梁"栏中，关闭"右侧梯边梁"和"左侧梯边梁"，并将"中间梯边梁"更改为"0"。单击"确定"按钮，关闭"类型属性"对话框，完成梯边梁的关闭，如图 4.148 所示。

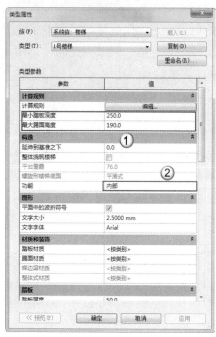

图 4.147　编辑楼梯

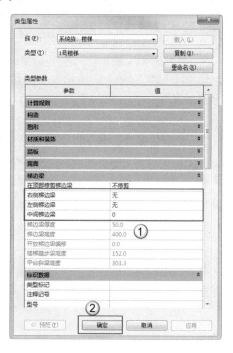

图 4.148　删除梯边梁

🔔注意：梯边梁和楼梯主体是一体的，无法在平面视图中或者三维视图中单独选中删除，唯一的办法就是在"类型属性"对话框中进行设置后关闭该对话框。

（5）编辑楼梯尺寸。在"属性"面板的"尺寸标注"栏中修改"宽度"为"1170"，修改"所需踢面数"为"18"，"实际踏板深度"为"250"，如图 4.149 所示。

（6）绘制一层楼梯。选择"构件"为"梯段-直梯"，借助辅助线，在一楼楼梯中间绘制 1 号楼梯。完成后，按 Esc 键，退出梯段绘制，如图 4.150 所示。

🔔注意：绘制楼梯需要时刻注意下面的小字，根据需要结合已绘制的踢面数量来决定在哪个位置结束该梯段的绘制。同时，因为楼梯是分上下走向的，因此还需要注意楼梯绘制的方向。

图 4.149　编辑楼梯尺寸

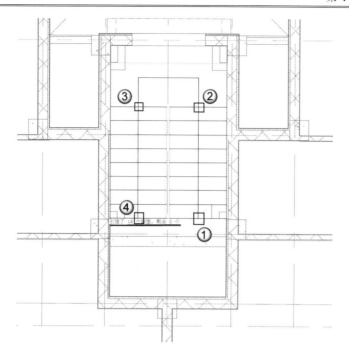

图 4.150　绘制楼梯

（7）调整楼梯休息平台。选中平台边，单击并按住鼠标左键，然后拖动平台边至外墙内部边，或者选中平台边，按 MV 快捷键，移动平台边至外墙内部边。完成后单击"√"按钮，退出编辑模式，完成楼梯休息平台的调整，如图 4.151 所示。

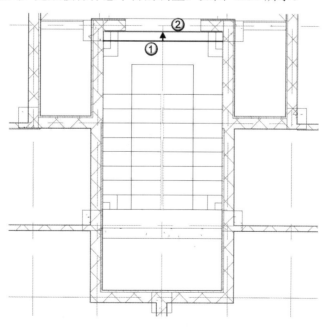

图 4.151　调整楼梯休息平台

（8）编辑楼梯栏杆扶手。选中紧靠外墙的栏杆扶手，按 Delete 键，删除该栏杆扶手。在"属性"面板中单击"编辑类型"按钮，在弹出的"类型属性"对话框的"顶部扶栏"

栏中修改"类型"为"圆形-40mm"。单击 "构造"栏"栏杆位置"后的"编辑"按钮，在弹出的"编辑栏杆位置"对话框中更改栏杆族为"栏杆-圆形-25mm"，单击"确定"按钮，返回平面视图，完成栏杆扶手的编辑，如图 4.152 和图 4.153 所示。

图 4.152　编辑顶部扶栏

图 4.153　编辑栏杆族

（9）复制楼梯至其他楼层。选中一楼楼梯，按 Ctrl+C 键，或者单击"修改|楼梯"选项卡中"剪贴板"栏的"复制到剪贴板"按钮。接着单击"修改|楼梯"选项卡中"剪贴板"栏的"粘贴"按钮，在弹出的下拉列表框中选择"与选定的标高对齐"，弹出"选择标高"对话框，配合 Ctrl 键，在其中依次选中"二"至"六"层建筑标高，单击"确定"按钮将

"1 号楼梯"复制至其他楼层平面，如图 4.154 所示。

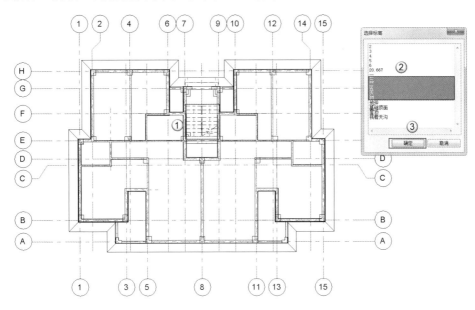

图 4.154　复制楼梯至其他楼层

（10）检查楼梯。切换至平面视图及三维视图中检查楼梯，确认无误后完成楼梯的创建。楼梯的平面视图如图 4.155 所示，三维视图如图 4.156 所示。

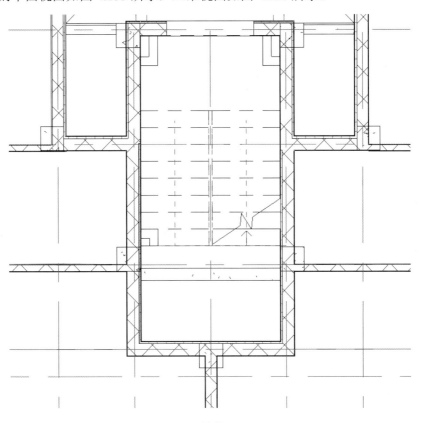

图 4.155　楼梯平面视图

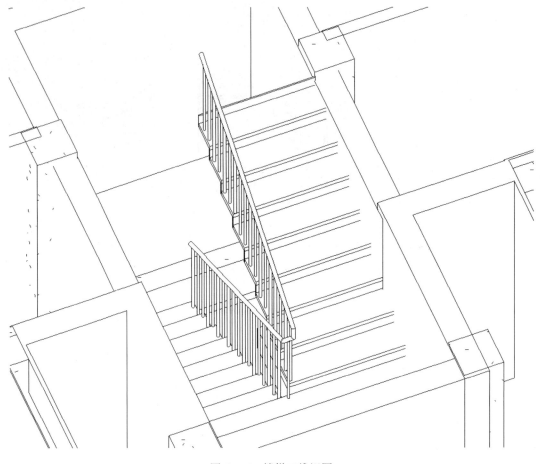

图 4.156　楼梯三维视图

## 4.2.3　散水

散水，指在建筑周围铺的用以防止雨水渗入的保护层，是为了保护墙基不受雨水侵蚀，常在外墙四周将地面做成向外倾斜的坡面，以便将屋面的雨水排至远处，是保护房屋基础的有效措施之一。散水是与外墙勒脚垂直交接倾斜的室外地面部分，用以排除雨水，保护墙基免受雨水侵蚀。散水的宽度应根据土壤性质、气候条件、建筑物的高度和屋面排水形式确定，一般为 600mm～1000mm。当屋面采用无组织排水时，散水宽度应大于檐口挑出长度 200mm～300mm。为保证排水顺畅，一般散水的坡度为 3%～5%左右，散水外缘高出室外地坪 30mm～50mm。散水常用材料为混凝土、水泥砂浆、卵石、块石等。

另外，在年降雨量较大的地区可采用明沟排水。明沟是将雨水导入城市地下排水管网的排水设施。一般在年降雨量为 900mm 以上的地区，采用明沟排除建筑物周边的雨水。明沟宽一般为 200mm 左右，材料为混凝土、砖等。

建筑中，为防止房屋沉降后，散水或明沟与勒脚结合处出现裂缝，在此部位应设缝，用弹性材料进行柔性连接。绘制散水的具体操作如下。

（1）选择楼板类型。单击在"建筑"选项卡中的"楼板"按钮，在弹出的下拉列表框中选择"楼板：建筑"选项，进入编辑模式。在"属性"面板中选择"常规－300mm"，如图 4.157 所示。

（2）创建"散水"类型。在"属性"面板中，单击"编辑类型"按钮，在弹出的"类型属性"对话框中，单击"复制"按钮，弹出"名称"对话框，在其中将名称改为"散水"，单击"确定"按钮，如图 4.158 所示。

图 4.157　选择楼板类型

图 4.158　创建"散水"类型

（3）编辑散水。在"类型属性"对话框中，单击"编辑"按钮，弹出"编辑部件"对话框，单击"结构[1]"对应的"材质"单元格右边的"浏览"按钮，在弹出的"材质浏览器"对话框中，选择"AEC 材质"中的"混凝土"｜"混凝土，现场浇注"选项，将其截面填充图案改为"混凝土"，单击"确定"按钮返回"编辑部件"对话框。然后在"编辑部件"对话框中将其对应的厚度改为"30"，完成散水的编辑，如图 4.159 至图 4.161 所示。

图 4.159　"类型属性"对话框

图 4.160　修改散水厚度

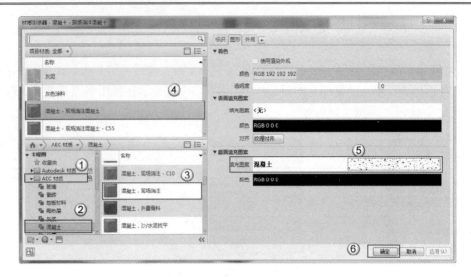

图 4.161　设置散水材质

（4）绘制散水。选择"边界线-直线"绘制方式，沿着外墙外部边绘制一圈，接着设置偏移量为"700"，再沿着外墙外部边绘制一圈。完成后单击"√"按钮，退出编辑模式，完成散水的绘制，如图 4.162 所示。

注意：此处设置的"700"的偏移量是指散水的宽度为 700mm。散水的宽度一般为 500mm～900mm，根据建筑的具体情况设定。

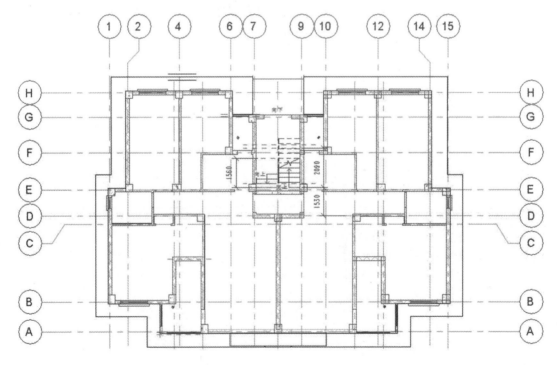

图 4.162　绘制散水

（5）调整散水的坡度。切换至平面视图或者三维视图，选中散水，在"修改|楼板"选项卡"形状编辑"栏，单击"修改子图元"按钮，接着再次单击散水的角点，也就是"散

水：造型操纵杆"，分别单击散水最外圈角点右上角弹出的数字，均输入"-50"，然后按
Enter 键，退出散水的修改模式，完成散水角度的调整，如图 4.163 所示。

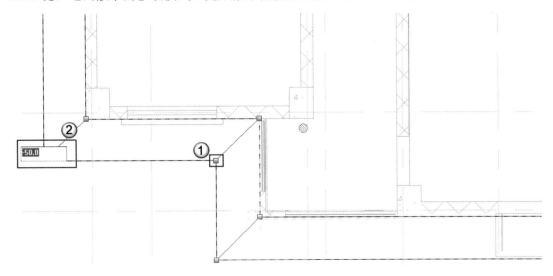

图 4.163　调整散水的坡度

注意：此处输入的"-50"是指散水的坡度是内高外低，高差为 50mm。这样雨水就可以
　　　根据自然坡度排到远离墙基的位置。

（6）检查散水。切换至平面视图及三维视图中检查散水，确认无误后完成散水的创建。
散水的平面视图如图 4.164 所示，三维视图如图 4.165 所示。

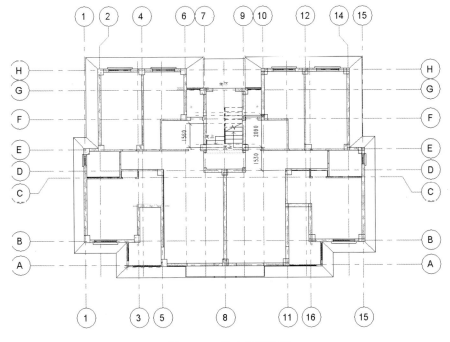

图 4.164　散水平面视图

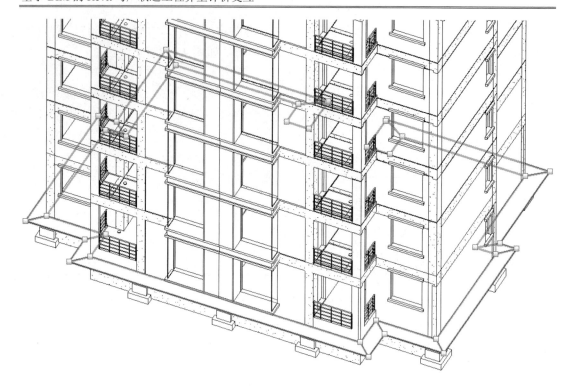

图 4.165　散水三维视图

## 4.2.4　檐口

天沟檐口指建筑物屋面两胯间的下凹部分。屋面排水分有组织排水和无组织排水（自由排水），有组织排水一般是把雨水集到天沟内再由雨水管排下，集聚雨水的沟就被称为天沟。天沟分内天沟和外天沟，内天沟是指在外墙以内的天沟，一般有女儿墙；外天沟是挑出外墙的天沟，一般没有女儿墙。天沟多用白铁皮或石棉水泥制成。天沟外排水系统由天沟、雨水斗、排水立管排出管组成。

屋面雨水排水系统应迅速、及时地将屋面雨水排至屋外雨水管渠或地面。屋面雨水排水方式分为外排水和内排水两类。外排水是指屋面不设雨水斗且建筑屋内部没有雨水管道的雨水排放方式。外排水按屋面有无天沟，又分为檐沟外排水和天沟外排水两种方式。檐沟外排水由檐沟、雨水斗、承雨斗及立管组成。内排水是指屋面设雨水斗且建筑物内部有雨水管道的雨水排放方式或排水系统。内排水系统由雨水斗、方形雨水管、立管、排出管和检查井组成。

（1）创建天沟檐口标高。切换至立面视图，在"建筑"选项卡"基准"栏中单击"标高"按钮，或者按 LL 快捷键，以"屋顶"标高为基准绘制"天沟檐口"标高，双击标高高度值，输入"17.7"，双击标高名称，更改名称为"天沟檐口"，完成"天沟檐口"标高的创建，如图 4.166 所示。

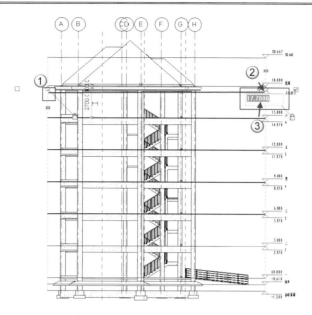

图 4.166　绘制"天沟檐口"标高

注意：绘制新的标高时不需要沿着基准标高绘制，只需要移动光标至跟基准标高两端对齐，系统就会显示出虚线，方便使用者绘制等长的标高线。如果绘制的新标高线过长或者过短，可以通过拖动新的标高线两端来对齐基准标高线。

（2）更换标高符号类型。单击选中"天沟檐口"标高线，在"属性"面板中单击"编辑类型"按钮，弹出"类型属性"对话框，在"图形"栏中修改符号为"下标高标头"，单击"确定"按钮，退出"类型属性"对话框，完成标高标头符号类型的更换，如图 4.167 所示。

（3）选择楼板类型。在"建筑"选项卡中，单击"楼板"按钮，在弹出的下拉列表框中选择"楼板：建筑"选项，进入编辑模式。在"属性"面板中选择"常规－300mm"，如图 4.168 所示。

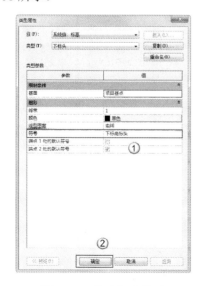

图 4.167　修改标头类型

图 4.168　选择楼板类型

（4）创建底板类型。在"属性"面板中，单击"编辑类型"按钮，在弹出的"类型属性"对话框中，单击"复制"按钮，弹出"名称"对话框，在其中将名称改为"天沟檐口底板"，单击"确定"按钮，如图 4.169 所示。

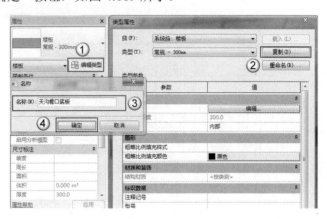

图 4.169　创建底板类型

（5）进入"编辑部件"对话框。在"类型属性"对话框中，单击"构造"栏中的"编辑"按钮，如图 4.170 所示，弹出"编辑部件"对话框。在"编辑部件"对话框中设置"结构[1]"层厚度为"100"，如图 4.171 所示。

图 4.170　"类型属性"对话框

（6）编辑"天沟檐口底板"板。在"编辑部件"对话框中，单击"结构[1]"对应的"材质"单元格右边的"浏览"按钮，在弹出的"材质浏览器"对话框中，选择"AEC 材质"中的"混凝土"｜"混凝土，现场浇注"选项，将其截面填充图案改为"上对角线"，单击"确定"按钮返回"编辑部件"对话框，如图 4.172 所示。

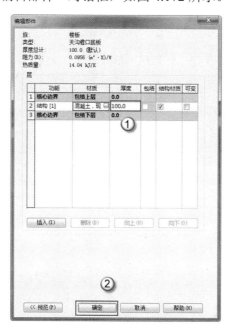

图 4.171　修改底板厚度

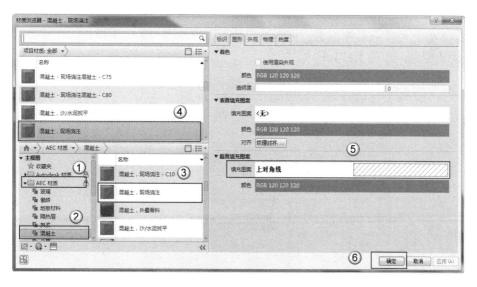

图 4.172　赋予底板材质

（7）绘制天沟檐口底板。选择"边界线-直线"绘制方式，沿着外墙外部边绘制一圈，接着更改偏移量为"450"，再沿着外墙外部边绘制一圈。完成后单击"√"按钮，退出编辑模式，完成天沟檐口底板的绘制，如图 4.173 所示。

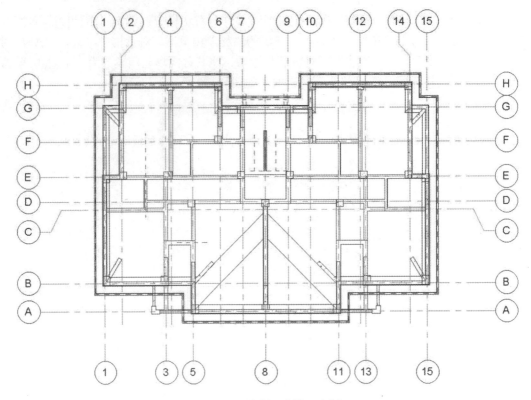

图 4.173　绘制天沟檐口底板

（8）创建"天沟檐口垫圈"板。选中绘制完成的"天沟檐口底板"，在"属性"面板中单击"编辑类型"按钮，在弹出的"类型属性"对话框中单击"复制"按钮，弹出"名称"对话框，在其中将名称改为"天沟檐口垫圈"，单击"确定"按钮，完成"天沟檐口垫圈"板的创建，如图 4.174 所示。

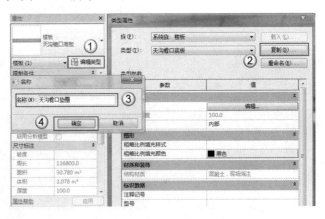

图 4.174　创建"天沟檐口垫圈"板

（9）修改"天沟檐口垫圈"板厚度。在"类型属性"对话框中，单击"构造"栏中的"编辑"按钮，弹出"编辑部件"对话框。然后在"编辑部件"对话框中将其对应的厚度改为"50"。单击"确定"按钮，返回平面视图，完成"天沟檐口垫圈"板厚度的修改，如图 4.175 和图 4.176 所示。

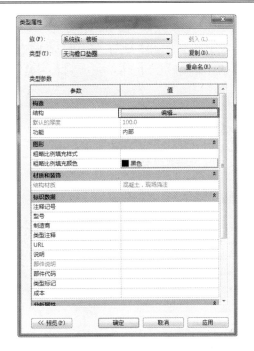　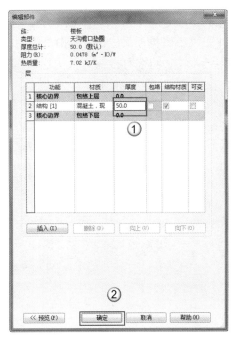

图 4.175　"类型属性"对话框　　　　图 4.176　修改"天沟檐口垫圈"板厚度

（10）绘制"天沟檐口垫圈"板。选择"边界线-直线"绘制方式，沿着"天沟檐口底板"板外部边绘制一圈，接着更改偏移量为"50"，再沿着"天沟檐口底板"板外部边绘制一圈。完成后单击"√"按钮退出编辑模式，完成"天沟檐口垫圈"板的绘制，如图 4.177 所示。

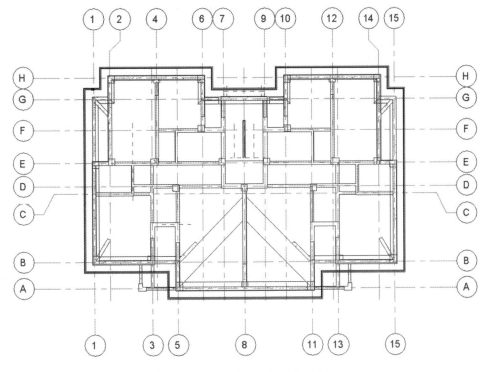

图 4.177　绘制"天沟檐口垫圈"板

（11）创建"天沟檐口围板"板。选中绘制完成的"天沟檐口底板"，在"属性"面板中单击"编辑类型"按钮，弹出"类型属性"对话框，单击"复制"按钮，在弹出的"名称"对话框中，将名称改为"天沟檐口围板"，单击"确定"按钮，完成"天沟檐口围板"板的创建，如图 4.178 所示。

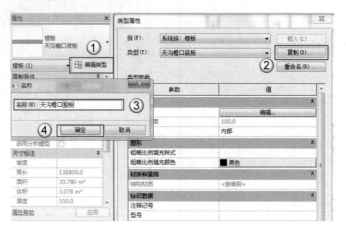

图 4.178　创建"天沟檐口围板"板

（12）修改"天沟檐口围板"板厚度。在"类型属性"对话框中，单击"构造"栏中的"编辑"按钮，弹出"编辑部件"对话框。然后在"编辑部件"对话框中将其对应的厚度改为"200"，单击"确定"按钮，返回平面视图，完成"天沟檐口围板"板厚度的修改，如图 4.179 和图 4.180 所示。

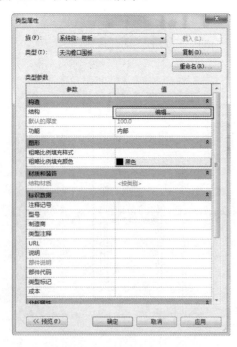

图 4.179　"类型属性"对话框

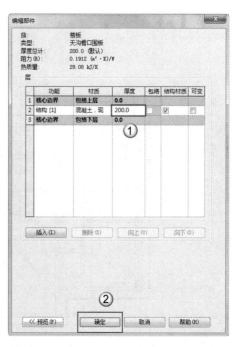

图 4.180　修改"天沟檐口围板"板厚度

（13）修改"天沟檐口围板"高度偏移。在"属性"面板中的"限制条件"栏中修改

"自标高的高度偏移"为"200"，按 Enter 键，完成"天沟檐口围板"板自标高的高度偏移的修改，如图 4.181 所示。

图 4.181　修改高度偏移

（14）绘制"天沟檐口围板"板。选择"边界线-直线"绘制方式，沿着"天沟檐口底板"板外部边绘制一圈，接着更改偏移量为"100"，再沿着"天沟檐口底板"板外部边绘制一圈。完成后单击"√"按钮退出编辑模式，完成"天沟檐口围板"板的绘制，如图 4.182 所示。

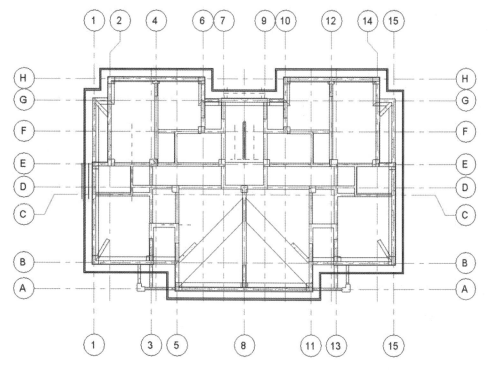

图 4.182　绘制"天沟檐口围板"板

（15）检查天沟檐口。分别切换至平面视图和三维视图中检查天沟檐口，确认无误后完成天沟檐口的创建。天沟檐口平面视图如图 4.183 所示，三维视图如图 4.184 所示。

🔔注意：为了方便计算工程量，檐口是用建筑板功能绘制的，而且是由多个子对象组成，这样在导入广联达软件后，可以快速度统计混凝土的用量。

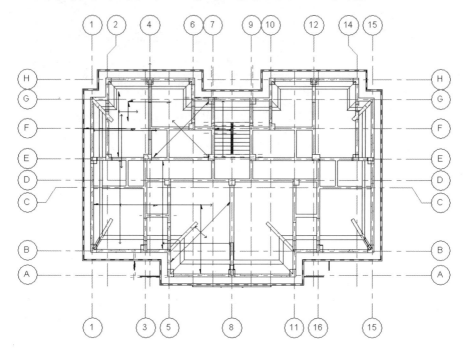

图 4.183　天沟檐口平面视图

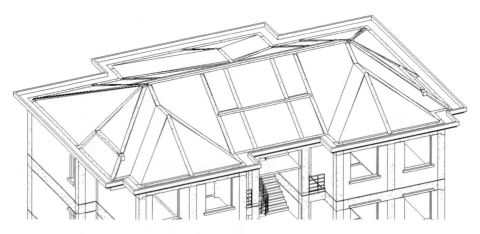

图 4.184　天沟檐口三维视图

## 4.2.5　地漏

地漏是连接排水管道系统与室内地面的重要接口，作为住宅中排水系统的重要部件，其性能好坏直接影响室内空气的质量，对卫浴间的异味控制非常重要。

　　地漏的特殊之处是排除的是地面水、水渍、固体物、纤维物多，毛发和易沉积物等。钟罩式地漏存在水封浅、扣碗易被扔掉等弊端，许多宾馆、旅馆、住宅等居住和公共建筑的卫生间内，地漏变成了通气孔，污水管道内的有害气体窜入室内，污染了室内环境卫生；自封地漏包括磁铁地漏弹簧地漏等，看似新颖，但是效果一般，因卫生间排水，水质差所以不能有效防臭，并且容易损坏，不推荐家庭使用！地漏的好坏主要从排水速度、防臭效果、易清理和无机械原理耐用程度 4 个角度审核。

　　地漏的主要功能有：防臭气、防堵塞、防蟑螂、防病毒、防返水、防干涸（主要指的是水封式地漏）。

　　本例先创建地漏族，具体操作如下。

　　（1）打开"基于面的公制常规模型"文件。按下"程序"按钮，在弹出的下拉列表框中选择"新建"｜"族"选项，在弹出的"新族-选择样板文件"对话框中选中"基于面的公制常规模型"文件，单击"打开"按钮，打开"基于面的公制常规模型"文件，如图 4.185 所示。

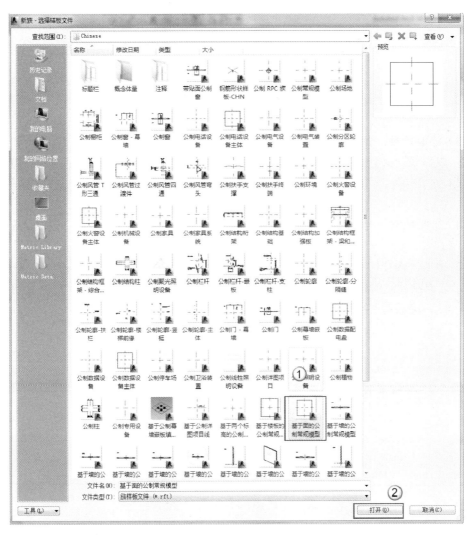

图 4.185　打开"基于面的公制常规模型"文件

（2）创建"地漏"族。在"创建"选项卡"属性"栏中单击"族类型"按钮，弹出"族类型"对话框，单击"新建"按钮，在弹出的"名称"对话框中修改名称为"地漏"，单击"确定"按钮返回平面视图，完成"地漏"族的创建，如图 4.186 所示。

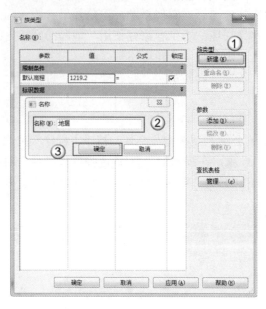

图 4.186　创建"地漏"族

（3）绘制地漏。在"创建"选项卡"形状"栏中单击"拉伸"按钮，选择"圆形"绘制方式，以虚线交叉处为中心，绘制地漏。在"属性"面板中修改拉伸终点为"30"，修改拉伸起点为"0"。完成后单击"√"按钮，退出编辑模式，完成地漏的绘制，如图 4.187 所示。

（4）绘制地漏符号线。在"注释"选项卡"详图"栏中单击"符号线"按钮，选择"直线"绘制方式，选择子类型为"常规模型[投影]"，以虚线交叉处为中心绘制出第一条斜线，然后按 CO 快捷键向另一侧分别移动"25"和"50"个单位绘制两条斜线，最后配合 Ctrl 键，选中刚复制的两条斜线，按 MM 快捷键以第一条斜线为镜像轴，镜像复制两条斜线至另一侧，完成符号线的绘制，如图 4.188 所示。

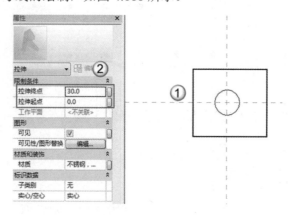

图 4.187　绘制地漏

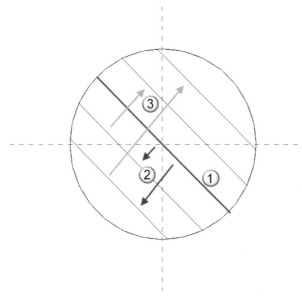

图 4.188　绘制地漏符号线

（5）放置地漏。将"地漏"族载入建筑模型中，在"建筑"选项卡"构建"栏中单击"构件"按钮，在弹出的下拉列表框中选择"放置构件"选项，或者按 CM 快捷键，分别将"地漏"族放置在各个阳台上，如图 4.189 所示。

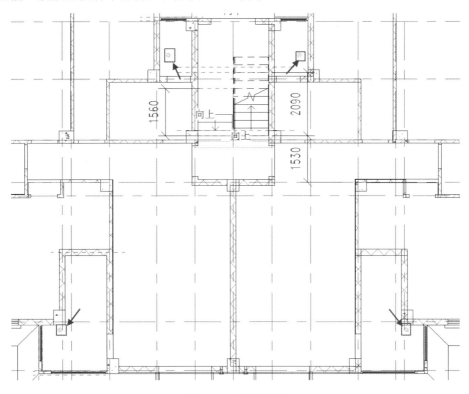

图 4.189　放置地漏

（6）复制地漏至其他各楼层。配合"Ctrl"键，选中已放置的地漏，按 Ctrl+C 键，或

者单击"修改|常规模型"选项卡中的"剪贴板"栏的"复制到剪贴板"按钮。然后单击"修改|常规模型"选项卡中的"剪贴板"栏的"粘贴"按钮,在弹出的下拉列表框中选择"与选定的标高对齐",弹出"选择标高"对话框,配合"Ctrl"键,依次选中"二"至"六"层建筑标高,单击"确定"按钮将地漏复制至其他楼层平面,如图 4.190 所示。

注意:地漏可以不用设置材质,也可以直接使用系统默认的材质。因为地漏在统计工程量的时候只统计个数,不需要计算材料的用量。

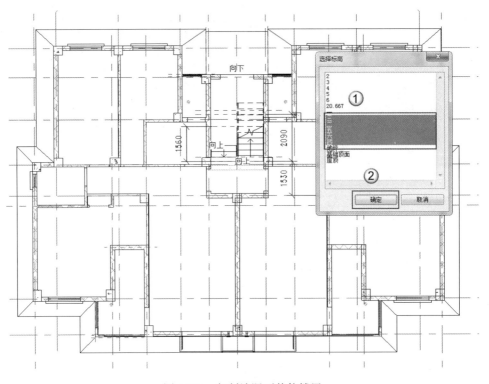

图 4.190　复制地漏至其他楼层

(7)检查地漏。分别切换至平面视图和三维视图中检查已绘制的地漏,确认无误后完成地漏的创建。地漏平面视图如图 4.191 所示,三维视图如图 4.192 所示。

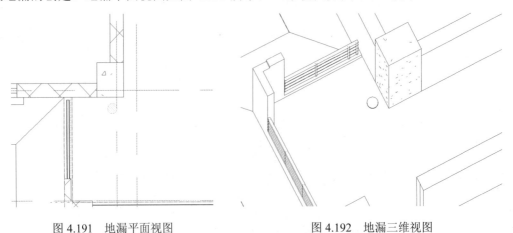

图 4.191　地漏平面视图　　　　　　　　　图 4.192　地漏三维视图

# 第5章  建筑细部绘制

本章介绍建筑细部如门、窗、飘窗、栏杆、坡道和雨蓬等构件的绘制方法。有些构件需要建族，而有些构件可直接使用 Revit 命令制作。本章中介绍的方法是以算量为准的手法，与设计出图时的画图方法不一致。

## 5.1  门  窗  族

导入到广联达软件中的门非常简单，只需要门的洞口轮廓，也就是门洞即可。其余的细部如门框、门板、门把手、门百叶等一概不需要，既使创建了也无法导入。因此本节主要介绍窗族的制作。

现代窗由窗框、玻璃和活动构件（铰链、执手、滑轮等）三部分组成。窗框负责支撑窗体的主结构，可以是木材、金属、陶瓷或塑料材料，透明部分依附在窗框上，可以是纸、布、丝绸或玻璃材料。活动构件主要以金属材料为主，在人手触及的地方有的会包裹塑料等绝热材料。

本节中介绍的窗族是以算量为准的制作方法，主要生成窗洞、窗的名称（就是类型名称）。生成窗洞可以精确墙的计算，生成窗的名称才能在后面制作窗明细表，为导入到广联达软件中进行详细计算做准备。

### 5.1.1  其他窗族

本节介绍的窗就是一般的窗洞，然后带有上、下两个窗套板。要注意窗套板可见性的选择，因为最高一层的窗只有下窗套板，而无上窗套板。具体操作如下。

（1）打开族样板文件。选择"程序"｜"新建"｜"族"命令，在弹出的"新族 - 选择样板文件"对话框中选择"公制窗"文件，单击"打开"按钮，进入窗族的设计界面，如图 5.1 所示。

（2）新建族类型。选择菜单栏的"族类型"命令，在弹出的"族类型"对话框中单击"新建"按钮，弹出"名称"对话框，在"名称"栏中输入"C1"，单击"确定"按钮，如图 5.2 所示。

（3）修改窗的尺寸标注。在不关闭已经打开的"C1"族的族类型情况下，在"尺寸标注"栏中的"高度"中输入"1600"，在"宽度"中输入"1500"，在"其他"栏的"默认窗台高度"中输入"900"，单击"确定"按钮，如图 5.3 所示。

图 5.1　打开族样板文件

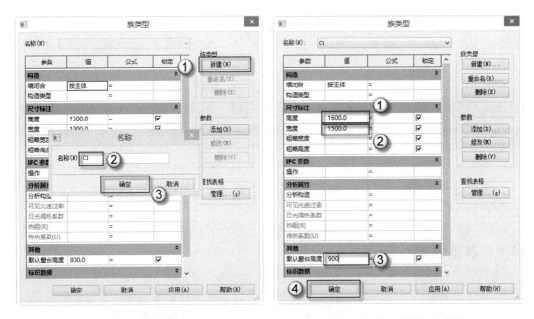

图 5.2　新建族类型　　　　　　　　图 5.3　修改窗的尺寸标注

（4）绘制水平参照平面。在"项目浏览器"中选择"视图（全部）"｜"立面（立面1）"｜"外部"选项，可以进入 C1 的外部立面视图。再使用 RP 快捷键，在上方"偏移量"栏中输入"60"，绘制两条距离窗上、下边线 60 个单位的参照平面辅助线，如图 5.4 所示。

（5）绘制竖直参照平面。使用 RP 快捷键，在上方"偏移量"栏中输入"100"，绘制两条距离窗左右边线 60 的参照平面辅助线，如图 5.5 所示。

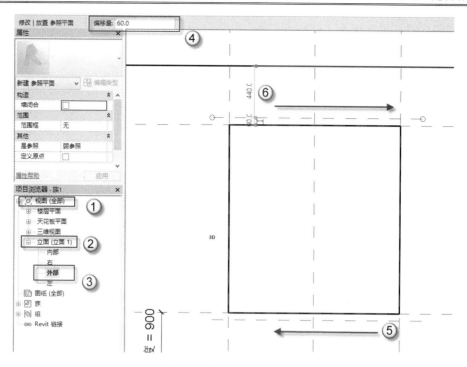

图 5.4　绘制水平参照平面

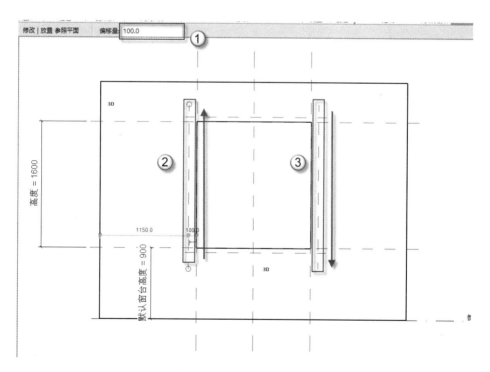

图 5.5　绘制竖直参照平面

（6）标注参照平面。使用 DI 快捷键，选择窗下边沿与参照线进行标注。单击锁状图标，锁住尺寸标注，如图 5.6 所示。

（7）标注其他参照平面。使用 DI 快捷键，选择窗的其他三边边沿与参照线进行标注。

单击锁状图标锁住尺寸标注，如图 5.7 所示。

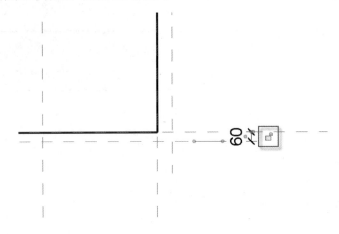

图 5.6　标注参照平面

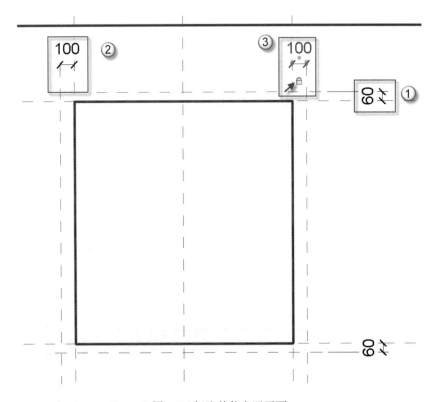

图 5.7　标注其他参照平面

（8）创建下窗套板。选择菜单"创建"｜"拉伸"命令，进入"修改｜编辑拉伸"界面，选择绘制工具中的"矩形"工具，将下窗套板剪切绘制完成，如图 5.8 所示。

（9）编辑族类型属性。在"项目浏览器"面板中，选择"视图（全部）"｜"立面（立面 1）"｜"左"选项。在"属性"面板中的"拉伸终点"中输入"-100"，完成后单击"√"按钮，如图 5.9 所示。

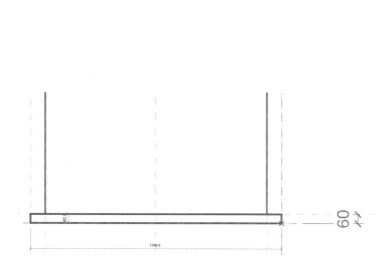

图 5.8　创建下窗套板　　　　　　　图 5.9　编辑族类型属性

（10）添加窗材质。在"属性"面板中，单击"材质"栏右侧的"<按类别>"按钮，弹出"材质浏览器"对话框，在搜索栏中搜索"混凝土"，然后选择"AEC 材质"中的"混凝土"｜"混凝土-现场浇注"材质，如图 5.10 所示。

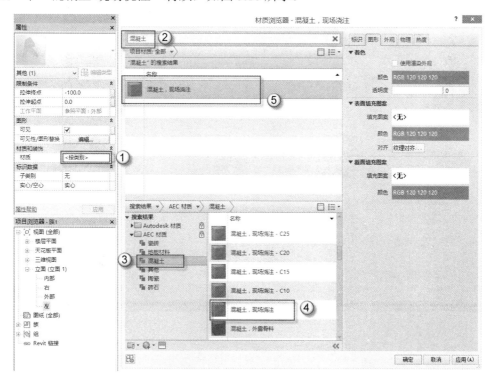

图 5.10　添加窗材质

（11）复制窗材质。右击"混凝土，现场浇注"材质，在弹出的快捷菜单中选择"复制"命令，再复制一个新的材质，并将名称修改为"混凝土-下窗套板"，单击"确定"按钮，如图 5.11 所示。

（12）创建上窗套板。选择菜单"创建"｜"拉伸"命令，进入"修改｜编辑拉伸"界面，选择菜单中的"矩形"绘制方式，将上窗套板绘制完成，如图 5.12 所示。

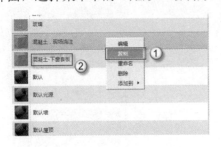

图 5.11　复制窗材质　　　　　　　　图 5.12　创建上窗套板

（13）复制窗材质。在"属性"面板中单击"材质"框中右侧的"<按类别>"按钮，弹出"材质浏览器"对话框。右击"混凝土-下窗套板"材质，在弹出的快捷菜单中选择"复制"命令，再复制一个新的材质，并将名称修改为"混凝土-上窗套板"，单击"确定"按钮，如图 5.13 所示。

注意：上窗套板与下窗套板的材料虽然都是一样的，但是在算量时需要分别列出，因此这里将两个板分别进行了材料设置 。

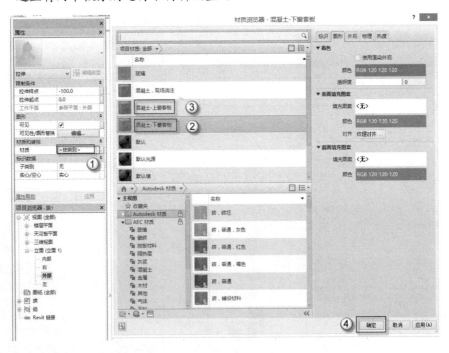

图 5.13　复制窗材质

（14）添加关联族参数。按 F4 键，进入 C1 的三维视图，选择上窗框，单击"属性"面板"可见"栏旁边的空白按钮，弹出"关联族参数"对话框，单击"添加参数（D）"按钮，弹出"参数属性"对话框，选中"实例"单选按钮，在"名称"文本框中输入"上窗框（6层无）"，单击"确定"按钮，返回"关联族参数"对话框，单击"确定"按钮，如图 5.14 所示。

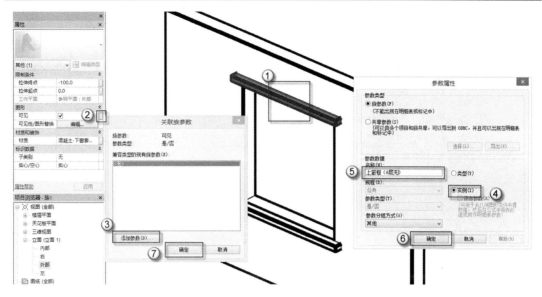

图 5.14　添加关联族参数

🔔注意:　实例参数与类型参数的区别在于，更改一个类型的类型参数后，整个类型都随之
变化;而更改一个实例参数后，只有更改的对象变化,同类型中的其余对象不变。
此处使用实例参数的原因在于，只有六层窗是没有上窗套的，属于个性化，所以
要用实例参数。

（15）新建"C2"窗。选择菜单栏的"族类型"命令，在弹出的"族类型"对话框中
单击"新建"按钮，弹出"名称"对话框，在"名称"文本框中输入"C2"，单击"确定"
按钮，在"尺寸标注"栏中的"高度"中输入"1300"，在"宽度"中输入"600"，再在
"其他"栏的"默认窗台高度"中输入"1200"，单击"确定"按钮，如图 5.15 所示。完
成绘制后，如图 5.16 所示。

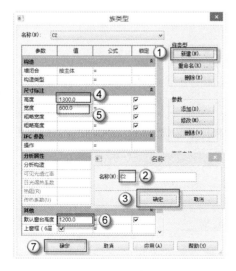

图 5.15　设置窗参数

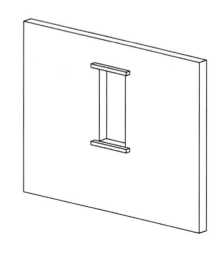

图 5.16　C2 效果图

（16）保存为"其他窗"族。选择菜单栏的"保存"命令，将文件名改为"其他窗"，保存到指定位置方便以后使用，如图 5.17 所示。

图 5.17  保存其他窗族

## 5.1.2  飘窗族

飘窗又叫凸窗，只是不同的人叫法不一样而已。在房屋的出售中，飘（凸）窗属建筑构件，不计算建筑面积，属于"赠送"范围，所以工程师在设计住宅时经常会用到。

（1）打开族样板。选择"程序" | "新建" | "族"命令，在弹出的"新族 - 选择样板文件"对话框中选择"公制窗"文件，单击"打开"按钮，进入窗族的设计界面，如图 5.18 所示。

图 5.18  打开族样板

（2）新建族类型。选择菜单栏中的"族类型"命令，在弹出的"族类型"对话框中单击"新建类型"按钮，弹出"名称"对话框，在"名称"文本框中输入"C3"，单击"确定"按钮，返回"族类型"对话框，在"族类型"对话框的"尺寸标注"栏"高度"中输入"2400"，在"宽度"中输入"1800"，在"其他"栏的"默认窗台高度"中输入"100"字样，单击"确定"按钮，如图 5.19 所示。

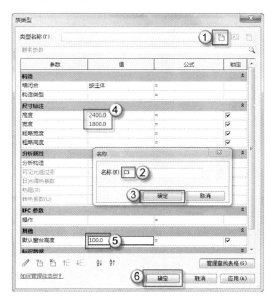

图 5.19　新建族类型

（3）绘制偏移量为"100"的参照平面。在"项目浏览器"中选择"视图（全部）"｜"立面（立面 1）"｜"外部"选项，可以进入 C3 的外部立面视图。再使用快捷键 RP，在上方的"偏移量"栏中输入"100"，分别绘制 3 条距离窗上、下、左边线带 100 个单位偏移量的参照平面（就是辅助线），如图 5.20 所示。

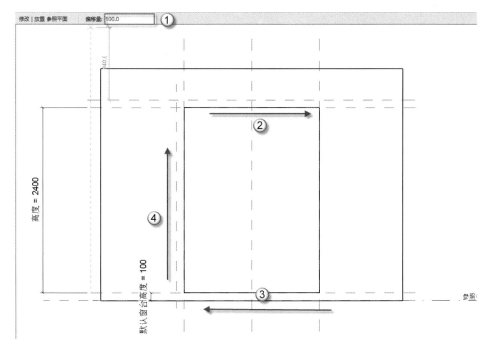

图 5.20　绘制参照平面

（4）绘制其他参照平面。按 RP 快捷键，在上方的"偏移量"栏中输入"750"，绘制一条距离窗右边界线 750 个单位的一条参照平面，如图 5.21 所示。

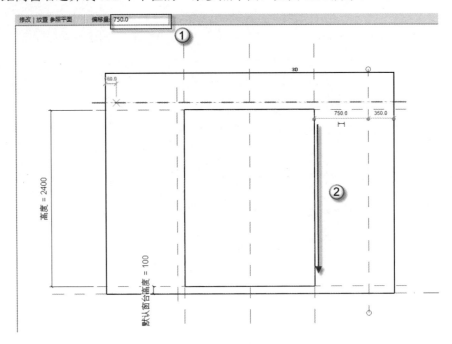

图 5.21　绘制其他参照平面

（5）标注参照平面。使用快捷键 DI，依次选择窗的、上、下、左、右边界线与参照平面线，分别进行标注。每次标注后单击锁状图标，锁住尺寸标注，如图 5.22 所示。

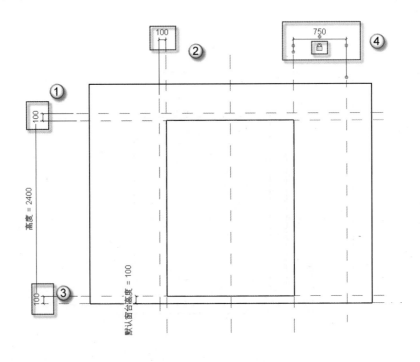

图 5.22　标注参照平面

（6）创建飘窗下窗台板。选择菜单"创建"｜"拉伸"命令，进入"修改｜编辑拉伸"界面，选择菜单绘制工具中的"矩形"工具，捕捉参照平面，将飘窗下窗台板剪切、绘制完成，如图 5.23 所示。

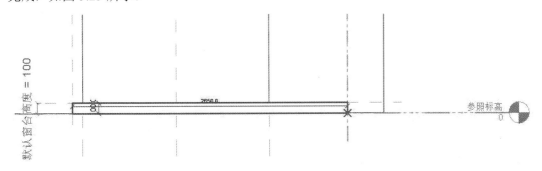

图 5.23　创建飘窗下窗台板

（7）编辑飘窗下窗台板属性。在"项目浏览器"中，选择"视图（全部）"｜"立面（立面 1）"｜"左"选项，进入左视图并选择板。再在"属性"面板中的"拉伸终点"中输入"-600"，完成后单击"√"按钮完成绘制。再添加窗材质，单击"材质"栏右侧的"<按类别>"按钮，弹出"材质浏览器"对话框，选择"AEC 材质"中的"混凝土"｜"混凝土-现场浇注"材质，右击"混凝土，现场浇注"材质，在弹出的快捷菜单中选择"复制"命令，并对复制后的材质重命名为"混凝土-飘窗下板"，再单击"确定"按钮，如图 5.24 所示。完成后，单击选项卡中的"√"按钮，完成飘窗下窗台板的绘制，如图 5.25 所示。

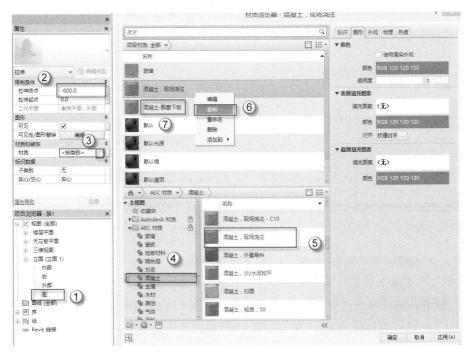

图 5.24　编辑族类型属性

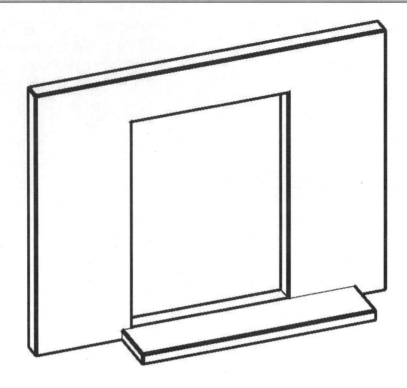

图 5.25　飘窗下窗台板绘制完成

（8）创建飘窗上窗台板。选择"创建"｜"拉伸"命令，进入"修改｜编辑拉伸"界面，选择菜单绘制工具中的"矩形"方式，捕捉参照平面，将飘窗上窗台板绘制完成，如图 5.26 所示。

图 5.26　创建飘窗上窗台板

（9）新建飘窗上窗台板材质。单击"属性"面板"材质"栏右侧的"<按类别>"按钮，弹出"材质浏览器"对话框，选择"AEC 材质"中的"混凝土"｜"混凝土-现场浇注"材质，然后右击"混凝土，现场浇注"材质，在弹出的快捷菜单中选择"复制"命令，并对复制后的材质重命名为"混凝土-飘窗上板"，单击"确定"按钮，如图 5.27 所示。

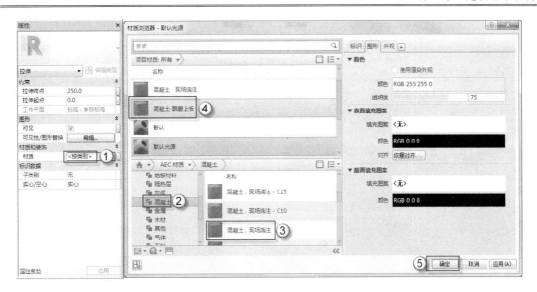

图 5.27 新建飘窗上窗台板材质

（10）绘制飘窗竖板。选择菜单"创建"｜"拉伸"命令，进入"修改｜编辑拉伸"界面，选择菜单绘制工具中的"矩形"方式，捕捉参照平面，完成飘窗竖板的绘制，然后单击竖板的上、下两个锁状图标，锁住竖板的上、下边缘，如图 5.28 所示。

（11）复制窗材质。单击"属性"面板中"材质"栏右侧的"<按类别>"按钮，弹出"材质浏览器"对话框，选择"AEC 材质"中的"混凝土"｜"混凝土-现场浇注"材质，然后右击"混凝土，现场浇注"材质，在弹出的快捷菜单中选择"复制"命令，并对复制后的材质重命名为"混凝土-飘窗竖板"，单击"确定"按钮，如图 5.29所示。

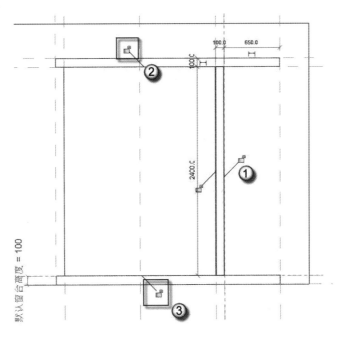

图 5.28 绘制飘窗竖板

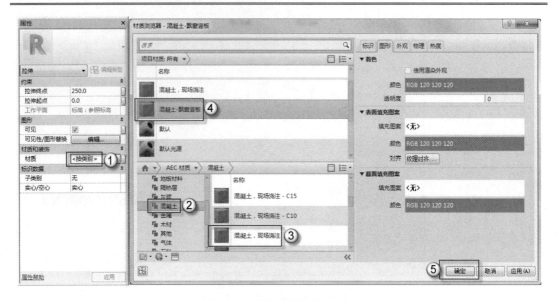

图 5.29　复制飘窗竖板材质

（12）创建铝合金百叶。选择菜单"创建"｜"拉伸"命令，进入"修改｜编辑拉伸"界面，选择菜单绘制工具中的"矩形"工具，绘制铝合金百叶，单击百叶的上、下两个锁状图标，锁住竖板的上、下边缘，如图 5.30 所示。

🔔注意：铝合金百叶在算量的时候只计算表面积，与形状无关，因此在此处只需要绘制一个矩形截面的对象就可以了。

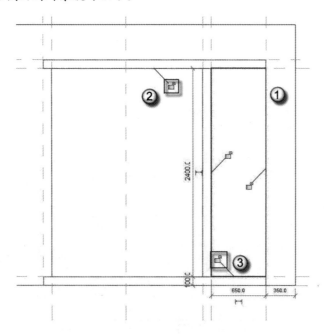

图 5.30　绘制铝合金百叶

（13）编辑铝合金百叶属性。在"项目浏览器"面板中选择"视图（全部）"｜"立面（立面 1）"｜"左"选项，进入左视图并选择百叶，再在"属性"面板的"拉伸终点"

中输入"-600"，在"拉伸起点"中输入"-580"。再添加窗材质，单击"材质"栏右侧的"<按类别>"按钮，弹出"材质浏览器"对话框，选择"AEC 材质"中的"金属"｜"铝"材质，然后右击"铝"材质，在弹出的快捷菜单中选择"复制"命令，并将复制后的材质命名为"铝合金百叶"，单击"确定"按钮，如图 5.31 所示。完成绘制后的效果如图 5.32 所示。

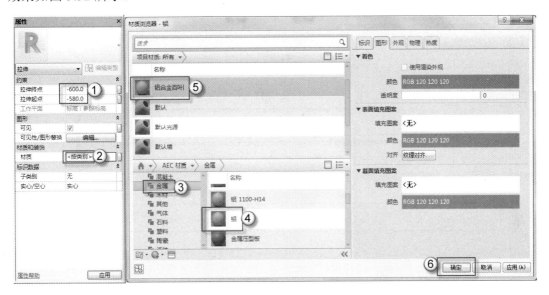

图 5.31　铝合金百叶材质

（14）新建"C4"族类型。选择菜单栏中的"族类型"命令，在弹出的"族类型"对话框中单击"新建"按钮，弹出"名称"对话框，在"名称"文本框中输入"C4"，单击"确定"按钮，返回"族类型"对话框。在"族类型"对话框的"尺寸标注"栏的"高度"中输入"2500"，单击"确定"按钮，如图 5.33 所示。

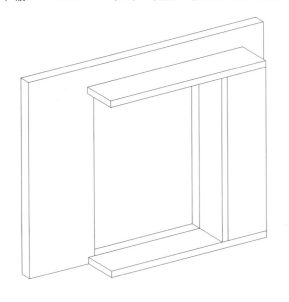

图 5.32　铝哈金百叶绘制完成

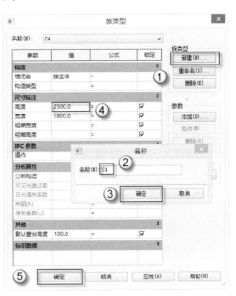

图 5.33　新建 C4 族类型

（15）绘制页岩砖。在"项目浏览器"面板中，选择"视图（全部）"｜"楼层平面"｜"参照标高"命令，进入"参照标高"视图，再选择"创建"｜"拉伸"命令，进入"修改｜编辑拉伸"界面。选择菜单中的"直线"绘制工具，捕捉参照平面并绘制一条折线，再在"偏移量"栏中输入"-100"，然后再绘制一条折线，在"偏移量"栏中输入"0"，绘制两条直线将其封口，如图 5.34 所示 。

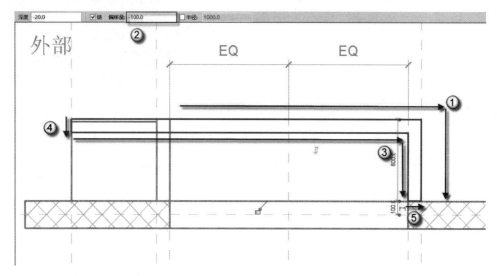

图 5.34　页岩砖

（16）设置岩页砖材质。在"项目浏览器"中选择"视图（全部）"｜"立面（立面1）"｜"外部"命令，进入外部视图，再在"属性"面板的"拉伸终点"中输入"-300"。再添加窗材质，单击"材质"栏右侧的"<按类别>"按钮，弹出"材质浏览器"对话框，选择"AEC 材质"中的"砖石"｜"砖，普通，灰色"材质，然后右击"砖，普通，灰色"材质，在弹出的快捷菜单中选择"复制"命令，并将复制后的材质命名为"岩页砖"，再单击"确定"按钮，如图 5.35 所示。

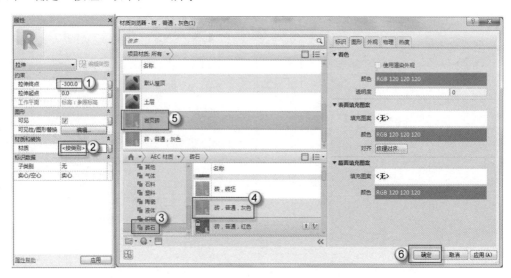

图 5.35　设置岩页砖材质

（17）创建岩页砖可见性参数。在"属性"面板中，单击"图形"栏"可见"右边的选项按钮，在弹出的"关联族参数"对话框中，单击"添加参数"按钮，弹出"参数属性"对话框，在"名称"栏中输入"C4"，然后单击两次"确定"按钮关闭对话框，如图 5.36 所示。

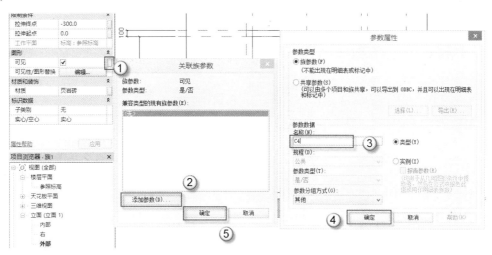

图 5.36　创建岩页砖可见性参数

（18）在 C3 中"虚显"岩页砖。在返回的"族类型"对话框中选择"C3"窗，再去掉其他窗中"C4"窗的勾选（此参数是由第（17）步建立的关联族参数），单击"确定"按钮，此时下部岩页砖就呈现出"虚显"状态，即 C3 窗下部没有岩页砖，如图 5.37 所示。

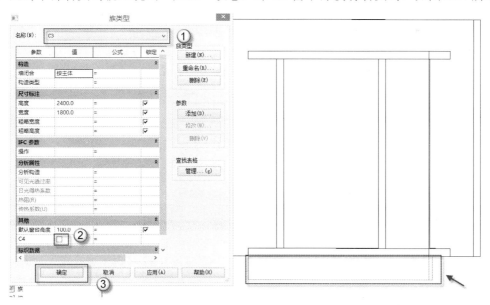

图 5.37　虚显岩页砖

注意: C4 窗下面有岩页砖，C3 窗下面没有岩页砖，由于 C4 与 C3 窗都属于同一个类型，因此此处为类型参数。

（19）复制岩页砖。选择菜单栏中的"族类型"命令，在弹出的"族类型"对话框中选择"C4"窗。在"项目浏览器"中选择"视图（全部）"｜"立面（立面 1）"｜"外部"选项，进入外部视图。选择下部"岩页砖"，然后使用快捷键 CO 去掉"约束"的勾选，并向上复制一个岩页砖，如图 5.38 所示 。

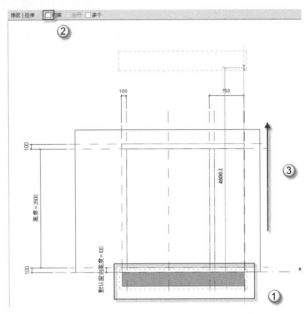

图 5.38　复制岩页砖

（20）编辑塑钢百叶参数。选择菜单栏中的"族类型"命令，在弹出的"族类型"对话框中选择"C4"窗。选择岩页砖，在"属性"面板的 "拉伸终点"中输入"-600"。然后再添加材质，单击"材质"栏中右侧的"<按类别>"按钮，弹出"材质浏览器"对话框，选择"AEC 材质"中的"塑料"｜"塑料"材质，右击"塑料"材质，在弹出的快捷菜单中选择"复制"命令，并将复制后的材质命名为"塑钢百叶"，再单击"确定"按钮，如图 5.39 所示。

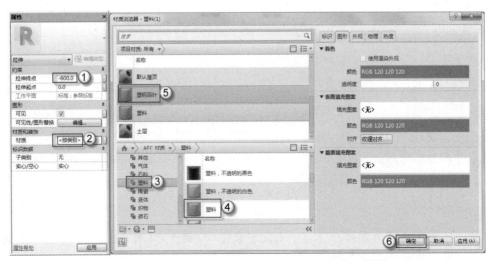

图 5.39　编辑塑钢百叶参数

（21）对齐并标注塑钢百叶。使用快捷键 DI，对塑钢百叶进行标注，并将其"锁"住。再使用快捷键 AL，依次捕捉塑钢百叶的下边界线和飘窗上板的上边界线进行对齐，如图 5.40 所示。绘制完成后的效果如图 5.41 所示。

🔔注意：在 Revit 捕捉时经常会出现无法捕捉住的情况，这时可以用 Tab 键切换捕捉。方法是不断按 Tab 键，直至需要捕捉的对象高亮显示时，再单击进行捕捉。

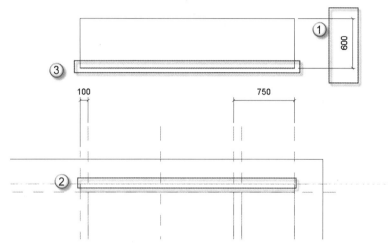

图 5.40　对齐并标注塑钢百叶

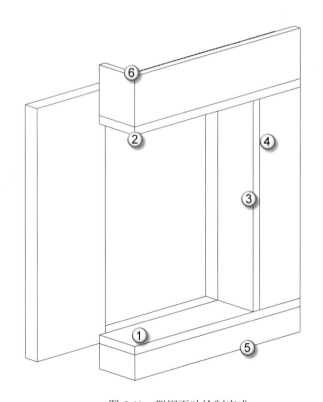

图 5.41　塑钢百叶绘制完成

（22）添加塑钢百叶参数。在"项目浏览器"中，选择"视图（全部）"｜"立面（立面

1）"│"左"选项，进入左视图。使用快捷键 DI，对塑钢百叶凸出距离进行标注，并将其"锁"住。单击下方标注，在上方选项卡中的"标签"中选择"添加参数"选项，如图 5.42 所示 。

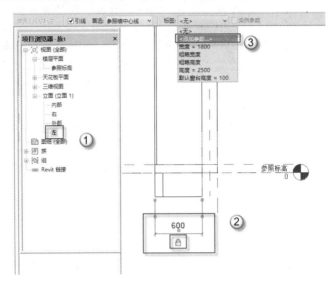

图 5.42　为塑钢百叶添加参数

（23）创建共享参数文件。在弹出的"参数属性"对话框中，选中"共享参数"单选按钮，单击"选择"按钮，在弹出的"编辑共享参数"对话框中，单击"创建"按钮，弹出"创建共享参数文件"对话框，在其中选择事先新建好的"住宅楼-广联达算量"文件，单击"保存"按钮，如图 5.43 所示 。

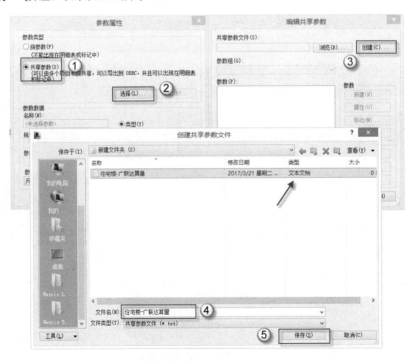

图 5.43　创建共享参数文件

（24）新建共享参数组。在"编辑共享参数"对话框中，单击"新建"按钮，在弹出的"新参"对话框中，将名称设置为"算量"，再单击"确定"按钮返回"编辑共享参数"对话框，然后再次单击"确定"按钮，如图 5.44 所示。

图 5.44　新建共享参数组

（25）设置飘窗凸出距离共享参数。在"编辑共享参数"对话框中单击"新建"按钮，弹出"参数属性"对话框，在其中将名称改为"飘窗凸出距离"，然后依次单击 3 次"确定"按钮，完成飘窗凸出距离共享参数的设置，如图 5.45 所示 。

注意：共享参数可以出现在明细表字段中。默认的窗明细表中只有洞口尺寸，因此在这里增加一个"飘窗凸出距离"的共享参数，这一项可以出现在窗明细表中。

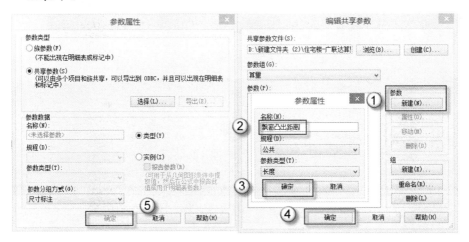

图 5.45　设置飘窗凸出距离共享参数

（26）保存为"飘窗"族。选择菜单栏中的"保存"命令，在弹出的"另存为"对话框中将文件名改为"飘窗"，然后将文件保存到指定位置方便以后使用，如图 5.46 所示。

图 5.46　保存为"飘窗"族

## 5.1.3　楼梯间外檐窗族

楼梯间的外檐窗比较特别，一是其位于两个楼层之间，二是其周围有塑钢百叶（需要统计塑钢百叶材料的工程量，以面积为单位计算）。具体操作如下。

（1）打开族样板。选择"程序"｜"新建"｜"族"命令，在弹出的"新族 - 选择样板文件"对话框中选择"公制窗"文件，单击"打开"按钮，进入窗族的设计界面，如图 5.47 所示。

图 5.47　打开族样板

（2）新建 C5a 族类型。选择菜单栏中的"族类型"命令，在弹出的"族类型"对话框中单击"新建"按钮，弹出"名称"对话框，在"名称"文本框中输入"C5a"，单击"确定"按钮，返回"族类型"对话框。在"族类型"对话框的"尺寸标注"栏的"高度"中输入"1200"，在"宽度"中输入"1500"，在"其他"栏的"默认窗台高度"中输入"800"，单击"确定"按钮，如图 5.48 所示。

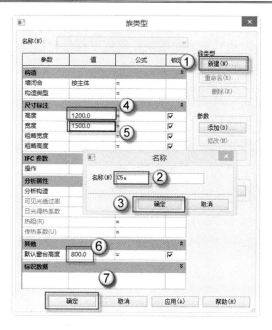

图 5.48　新建族类型

注意: 本例中楼梯间的外檐窗由 1 个 C5a 窗与 5 个 C5 窗组成，C5a 窗在下面，5 个 C5 窗在上面。

　　（3）初步创建塑钢窗框。在"项目浏览器"中，选择"视图（全部）"｜"立面（立面 1）"｜"外部"选项，进入"外部"视图中，选择菜单栏中的"创建"｜"拉伸"命令，进入"修改｜编辑拉伸"界面，选择菜单中的"矩形"绘制工具，捕捉参照平面，绘制窗框内檐，将偏移量改为"60"，捕捉窗框内檐的左上和右下两个端点，开始绘制窗框外檐，如图 5.49 所示。

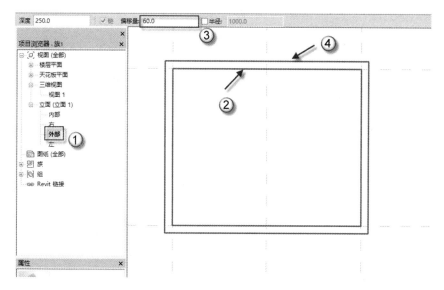

图 5.49　绘制塑钢窗框

（4）修改塑钢窗框的绘制。选择窗框上部两根直线，按 Delete 键将其删除，再用拖曳夹点的方式，将窗框最左边和最右边的两根线拖曳到与窗框内边线平齐，再选择菜单中的"矩形"绘制工具，捕捉端点进行封口，如图 5.50 所示。完成后，单击选项卡中的"√"按钮完成绘制。

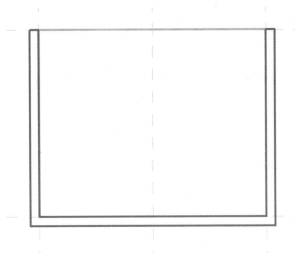

图 5.50　修改塑钢窗框

（5）编辑塑钢窗框属性。在"项目浏览器"面板中，选择"视图（全部）" | "立面（立面 1）" | "左"选项，进入"左"视图中，在"属性"面板中的"拉伸终点"中输入"-60"，然后再添加窗材质，单击"材质"栏右侧的"<按类别>"按钮，弹出"材质浏览器"对话框，选择"AEC 材质"中的"塑料" | "塑料"材质，右击"塑料"材质，在弹出的快捷菜单中选择"复制"命令，并将复制后的材质命名为"塑钢框"，再单击"确定"按钮，如图 5.51 所示。完成后，单击选项卡中的"√"按钮，完成绘制。

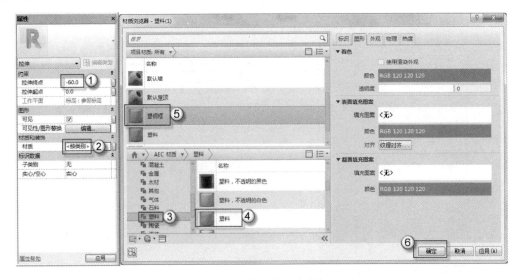

图 5.51　编辑族类型属性

（6）添加材质到收藏夹中。选中塑钢框后右击，在弹出的快捷菜单中选择"添加到"｜"收藏夹"命令，即收藏了这个材质。单击"收藏夹"栏，可以看到"塑钢框"材质，再单击"确定"按钮，如图 5.52 所示。完成绘制后，按 F4 键进入三维视图，如图 5.53 所示。

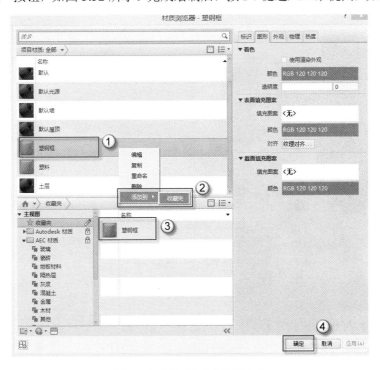

图 5.52　添加材质到收藏夹中

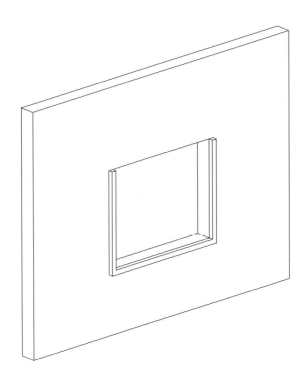

图 5.53　C5a 绘制完成后的效果

（7）保存为 C5a 族。选择菜单栏中的"保存"命令，将文件名改为"飘窗"，并将文件保存到指定位置方便以后使用，如图 5.54 所示。

图 5.54　保存为 C5a 族

（8）打开族样板。选择"程序"｜"新建"｜"族"命令，在弹出的"新族 - 选择样板文件"对话框中选择"公制窗"文件，单击"打开"按钮，进入窗族的设计界面，如图 5.55 所示。

（9）新建族类型。选择菜单栏中的"族类型"命令，在弹出的"族类型"对话框中单击"新建"按钮，弹出"名称"对话框，在"名称"文本框中输入"C5"，单击"确定"按钮，返回"族类型"对话框。在"族类型"对话框的"尺寸标注"标签的"高度"中输入"1600"，在"宽度"中输入"1500"，在"默认窗台高度"中输入"800"，单击"确定"按钮，如图 5.56 所示。

图 5.55　打开族样板

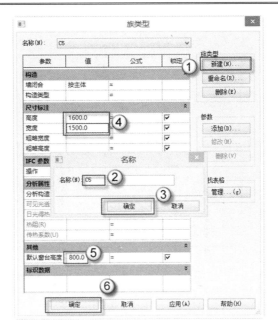

图 5.56　新建族类型

（10）绘制其他参照平面。在"项目浏览器"中，选择"视图（全部）"｜"立面（立面 1）"｜"外部"选项，进入"外部"视图，使用快捷键 RP，在上方的"偏移量"栏中输入"1400"，绘制一条距离窗台下边线偏移量为 1400 的参照平面辅助线，如图 5.57 所示。

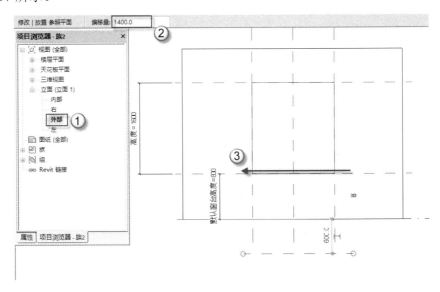

图 5.57　绘制参照平面

（11）绘制偏移量为 60mm 的参照平面。按 RP 快捷键，在上方的"偏移量"栏中输入"60"，分别绘制 3 条与窗上、右、左边界线的偏移量为 60mm 的参照平面（即辅助线），如图 5.58 所示。

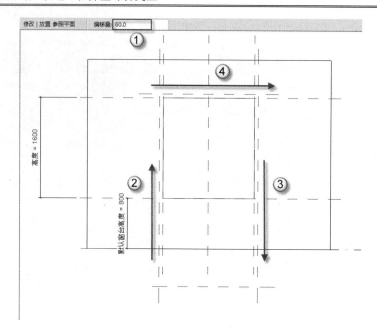

图 5.58  绘制偏移量为 60mm 的参照平面

（12）创建塑钢框。选择菜单"创建"｜"拉伸"命令，进入"修改｜编辑拉伸"界面，选择菜单中的"矩形"绘制工具，捕捉参照平面，完成塑钢框的绘制，如图 5.59 所示。

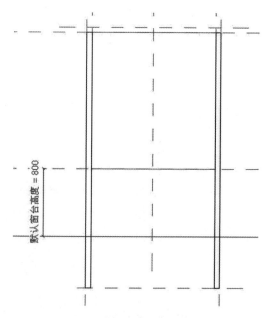

图 5.59  创建塑钢框

（13）创建窗上部塑钢框。选择菜单"创建"｜"拉伸"命令，进入"修改｜编辑拉伸"界面，选择菜单中的"矩形"绘制工具，捕捉参照平面，完成上部塑钢框的绘制。在"属性"面板中设置"拉伸起点"为"-60"，如图 5.60 所示。完成绘制后，按 F4 键进入三维视图，如图 5.61 所示。

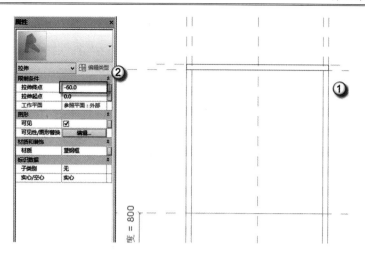

图 5.60　创建窗上部塑钢框

（14）创建上部塑钢框参数。在"属性"面板中，单击"图形"栏"可见"右边的按钮，在弹出的"关联族参数"对话框中，单击"添加参数"按钮，在弹出的"参数属性"对话框中选中"实例"单选按钮，再将名称改为"顶层"，依次单击两次"确定"按钮，如图 5.62所示。

注意：这里选择实例参数的原因是，顶层的 C5 才有上部塑钢框，中间层的 C5 只有两侧的塑钢框，这属于一个类型中的个性，因此使用实例参数。

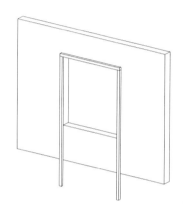

图 5.61　绘制完成后的效果

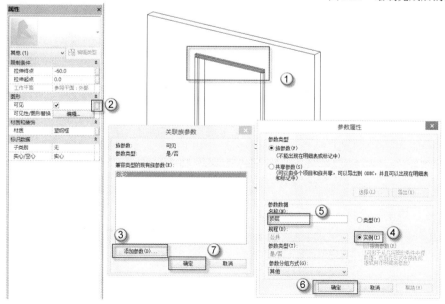

图 5.62　创建上部塑钢框参数

（15）在 C5 中"虚显"顶层塑钢框。在 "族类型"对话框中选择 C5 窗，再取消"其他"栏中"顶层（默认）"复选框的勾选，单击"确定"按钮，此时上部塑钢框就呈现出"虚显"状态，即 C5 窗上部没有塑钢框，如图 5.63 所示。

（16）创建塑钢百叶。在"项目浏览器"中，选择"视图（全部）"｜"立面（立面 1）"｜"外部"选项，进入"外部"视图中。选择菜单"创建"｜"拉伸"命令，进入"修改｜编辑拉伸"界面，选择菜单中的"矩形"绘制工具，捕捉参照平面，完成塑钢百叶的绘制，如图 5.64 所示。

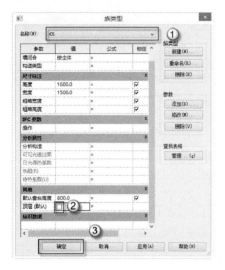

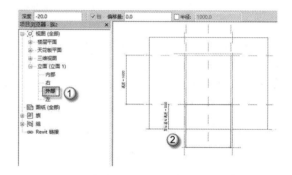

图 5.63　在 C5 中"虚显"顶层塑钢框　　　　　　　图 5.64　创建塑钢百叶

（17）编辑塑钢百叶参数。在"属性"面板的"拉伸终点"中输入"-20"。然后添加窗材质，单击"材质"栏右侧的"<按类别>"按钮，弹出"材质浏览器"对话框，选择"AEC 材质"中的"塑料"｜"塑料"材质，然后右击"塑料"材质，在弹出的快捷菜单中选择"复制"命令，并将复制后的材质命名为"塑钢百叶"，再单击"确定"按钮，如图 5.65 所示。完成后，单击选项卡中的"√"按钮完成绘制。然后按 F4 键进入三维视图，效果如图 5.66 所示。

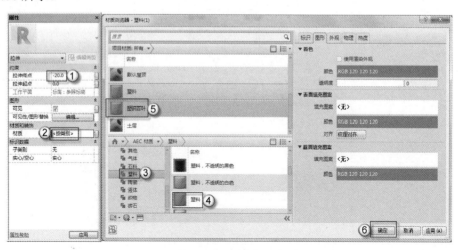

图 5.65　编辑塑钢百叶参数

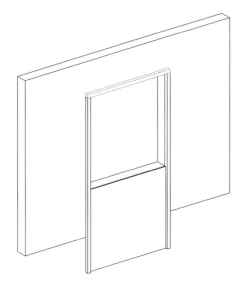

图 5.66　塑钢百叶绘制完成后的效果

（18）保存为 C5 族。选择菜单栏中的"保存"命令，将文件名改为"C5"，并将文件保存到指定位置方便以后使用，如图 5.67 所示。

图 5.67　保存为 C5 族

## 5.1.4　门洞族

本例中所有的门只需要洞口、洞口尺寸、洞口的名称，因为输出门明细表后，在广联达软件需要进一步计算。具体操作如下。

（1）打开族样板。选择"程序"｜"新建"｜"族"命令，在弹出的"新族 - 选择样板文件"对话框中选择"公制门"文件，单击"打开"按钮，进入门族的设计界面，如图 5.68 所示。

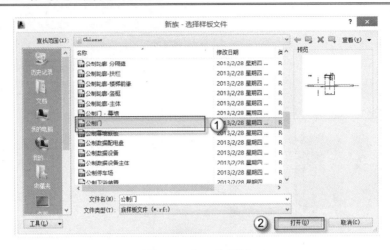

图 5.68　打开族样板

（2）删除框架/竖挺。在"参照标高"视图中，选择上、下两对"框架/竖挺"，然后按 Delete 键将其删除，如图 5.69 所示。

（3）删除门族多余参数。选择菜单栏中的"族类型"命令，在弹出的"族类型"对话框中，在"其他"参数中，选择"框架投影内部""框架投影外部""框架宽度" 3 项，单击"删除"按钮，再单击"确定"按钮将其删除，如图 5.70 所示。

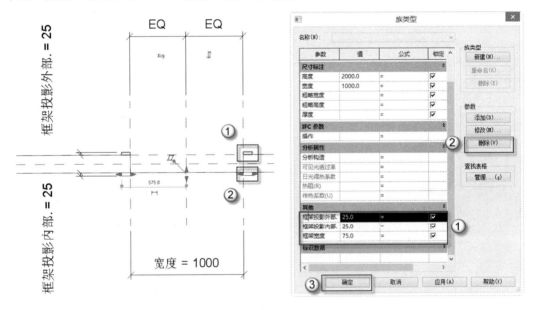

图 5.69　删除框架/竖挺　　　　　　　　图 5.70　删除门族多余参数

注意：删除的框架、竖挺是制作门套用的，而此处是计算工程量，因此将其删除，以避免对算量的影响。

（4）新建族类型。选择菜单栏中的"族类型"命令，在弹出的"族类型"对话框中单击"新建"按钮，弹出"名称"对话框，在"名称"文本框中输入"M1"，单击"确定"按钮，返回"族类型"对话框，在"尺寸标注"栏的"高度"中输入"2100"，在"宽度"

中输入"900"，单击"确定"按钮，如图 5.71 所示。

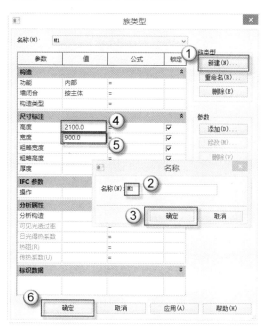

图 5.71　新建"M1"族类型

　　（5）删除门开启方向线。在"项目浏览器"中，选择"视图（全部）"｜"立面（立面 1）"｜"外部"选项，进入"外部"视图，依次选择两条门开启的方向线，按 Delete 键将其删除，如图 5.72 所示。

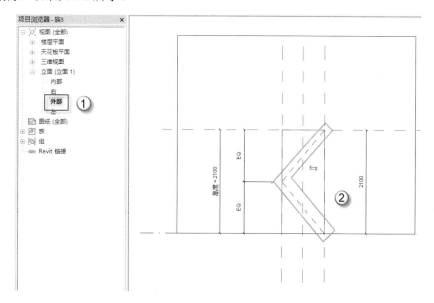

图 5.72　删除门开启方向线

🔔注意：这两条门立面开启方向线是在绘图与设计中使用的，本例以计算工程量为准，为了避免不必要的错误，应将其删除。

（6）门洞族绘制效果。单击选项卡中的"√"按钮完成绘制。然后按 F4 键进入三维视图，效果如图 5.73 所示。

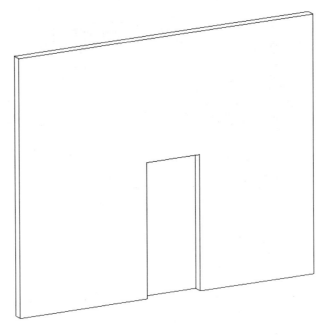

图 5.73　门洞族完成效果

（7）保存为"门洞"族。选择菜单栏中的"保存"命令，将文件名改为"门洞"，并将其保存到指定位置方便以后使用，如图 5.74 所示。

图 5.74　保存为"门洞"族

⏰注意：在本例中的"门洞"就是"门"。因为 Revit 的门模型导入广联达软件中后只会显示洞口，因此本例中所有的门只是设计为"门洞"，关于门的各类运算，则在广联达软件中具体操作。

## 5.1.5 空调洞口族

空调洞口采用窗族来做，因为窗族制作的洞口可以贯穿墙体。在统计工程量里，空调洞口需要的是个数。具体操作如下。

（1）打开族样板。选择"程序" | "新建" | "族"命令，在弹出的"新族 - 选择样板文件"对话框中选择"公制窗"文件，单击"打开"按钮，进入窗族的设计界面，如图 5.75 所示。

图 5.75　打开族样板

（2）新建空调洞口族类型。在"项目浏览器"面板中，选择"视图（全部）" | "立面（立面 1）" | "外部"选择，进入"外部"视图选项。选择菜单中的"族类型"命令，在弹出的"族类型"对话框中单击"新建"按钮，弹出"名称"对话框，在"名称"文本框中输入"空调洞口"，单击"确定"按钮，在"其他"栏的"默认窗台高度"中输入"100"字样，单击"确定"按钮，如图 5.76 所示。

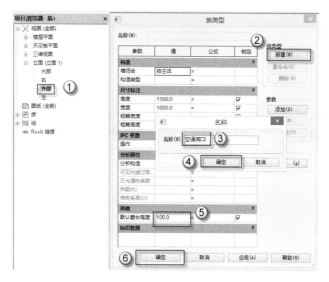

图 5.76　新建空调洞口族类型

（3）删除窗洞。捕捉内窗洞线，按 Tab 键进行切换选择，切换选择到窗洞口，单击窗洞口，在"修改｜洞口剪切"界面，选择"编辑草图"，进入"修改｜洞口剪切｜编辑边界"界面，在其中框选中窗洞，按 Delete 键将其删除，如图 5.77 所示。

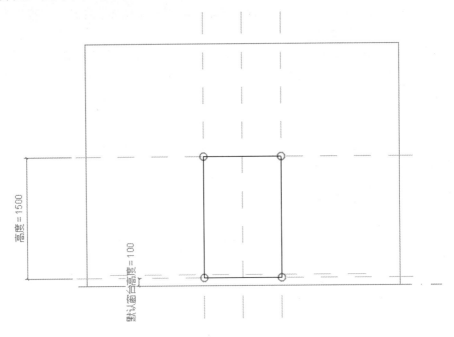

图 5.77　删除窗洞

（4）绘制参照平面。按 RP 快捷键，在上方的"偏移量"栏中输入"40"，从左向右绘制一条距离窗台下边线 40mm 的参照平面辅助线，如图 5.78 所示。

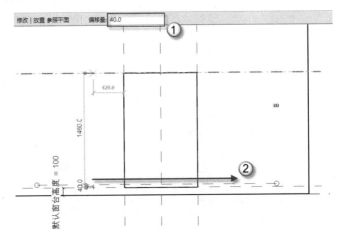

图 5.78　绘制参照平面辅助线

（5）创建空调洞口。选择菜单栏中的"创建"｜"拉伸"命令，进入"修改｜编辑拉伸"界面，选择菜单中的"圆形"绘制工具，捕捉参照平面，绘制一个半径为 40 的圆，圆的底部与原窗洞底部相切。完成后，单击选项卡中的"√"按钮，完成绘制，如图 5.79 所示。然后按 F4 键进入三维视图中观察效果，如图 5.80 所示。

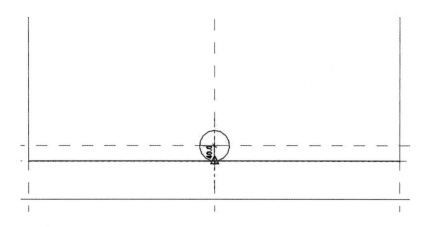

图 5.79　创建空调洞口

（6）绘制塑料装饰法兰。在"项目浏览器"中，选择"视图（全部）"|"立面（立面 1）"|"外部"选项，进入"外部"视图，选择菜单栏中的"创建"|"拉伸"命令，进入"修改|编辑拉伸"界面，然后选择菜单中的"圆形"绘制工具，捕捉参照平面，绘制一个半径为 40 的圆，圆的底部与原窗洞底部相切。再次捕捉原圆心，输入"65"（即半径为 65mm），向外绘制一个半径为 65mm 的同心圆，如图 5.81 所示。

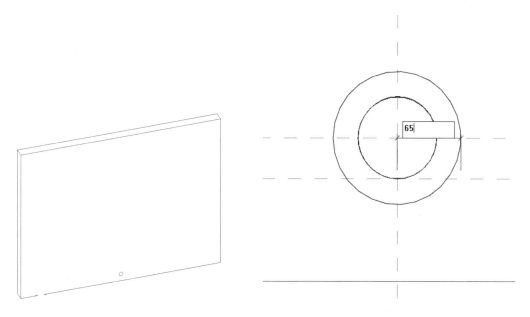

图 5.80　空调洞口三维视图效果　　　　图 5.81　绘制空调洞口的塑料装饰法兰

（7）编辑塑料装饰法兰属性。在"项目浏览器"面板中，选择"视图（全部）"|"立面（立面 1）"|"左"选项，进入"左"视图中。在"属性"面板的"拉伸终点"中输入"-20.0"。然后添加材质，单击"材质"右边的"<按类别>"按钮，弹出"材质浏览器"对话框，选择"AEC 材质"中的"塑料"|"塑料"材质，再单击"确定"按钮，如图 5.82 所示。完成后，单击选项卡中的"√"按钮，完成绘制。然后按 F4 键进入三维视图中观察效果，如图 5.83 所示。

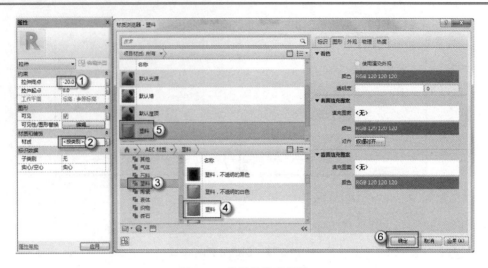

图 5.82　编辑族类型属性

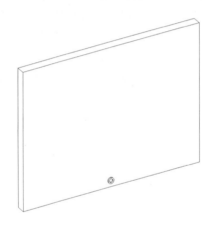

图 5.83　空调洞口三维视图效果

（8）保存为"空调洞口"族。选择菜单栏中的"保存"命令，将文件名改为"空调洞口"，并将文件保存到指定位置方便以后使用，如图 5.84 所示。

图 5.84　保存为"空调洞口"族

## 5.1.6 插入门窗族

在 Revit 中建好的门窗族可供设计者随时调用。而无论是系统族还是自定义的族，都需要插入项目中才能发挥作用。

（1）打开模型。单击"打开"按钮，找到 "广联达门窗插入模型"文件位置，选择模型，然后单击"打开"按钮，如图 5.85 所示。

图 5.85 打开模型

（2）载入门窗族。选择"插入"｜"载入族"命令，找到对应的"门窗族"文件位置，从下向上，框选中所有的"门窗族"，然后单击"打开"按钮，如图 5.86 所示。

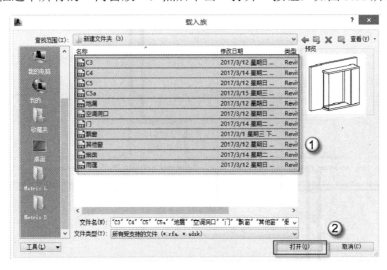

图 5.86 载入门窗族

（3）进入首层平面图。在"项目浏览器"中选择"楼层平面"｜"一"层平面，进入首层平面图，如图 5.87 所示。

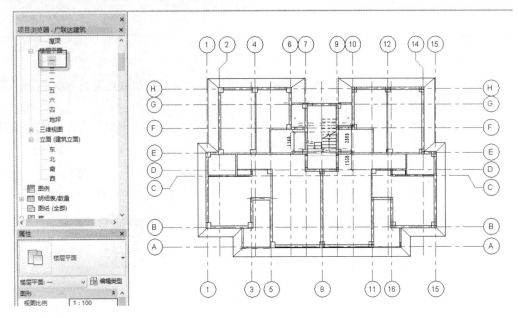

图 5.87　进入首层平面图

（4）插入"M1"门洞族。选择"建筑"｜"门"命令（或使用 DR 快捷键），先选择"M1"门洞族，在相应的地方插入族，如图 5.88 所示（插入门洞族时，若插入位置有偏差，可先选择已经插入的门族，按 MV 快捷键，移动"M1"族，将其与对应位置对齐），然后插入其他的"M1"族。可以按上述步骤直接插入，也可以连续两次按 ESC 键退出门的绘制，然后进行复制插入，即选中刚才插入的门族，按 CO 快捷键，将"多个"选项勾选上，不勾选"约束"选项，选择"2"点为复制基点，按如图 5.89 所示的对齐点将"M1"门洞族依次复制（由于插入的是门洞，复制完成后不需要对门洞族进行朝向调整）。

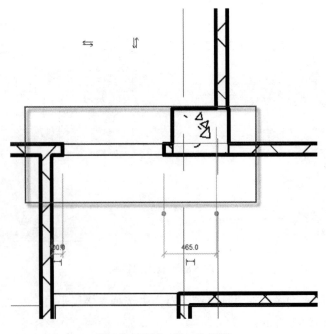

图 5.88　插入"M1"门族

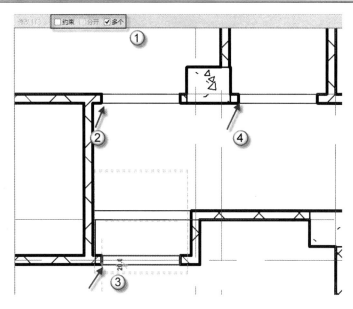

图 5.89　复制部分"M1"门族

🔔注意：插入门窗族后经常会无法对准，这时应使用 MV 快捷键来移动族，使其达到准确位置，在移动时应注意对齐点。

（5）插入"C1"窗族。选择"建筑"｜"窗"命令（或者按 WN 快捷键），然后在相应的地方插入"C1"族，如图 5.90 所示。

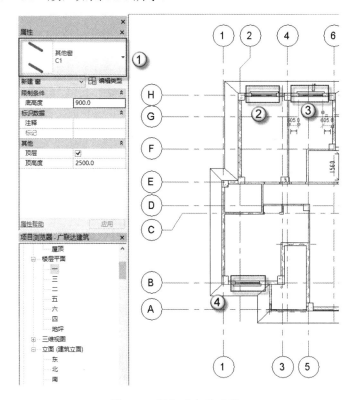

图 5.90　插入"C1"窗族

（6）插入"C3"飘窗。选择"建筑"｜"窗"命令（或者按 WN 快捷键），然后在相应的地方插入"C3"族，如图 5.91 所示。剩下的窗族复制插入步骤同前面的复制步骤一样，这里不在赘述。

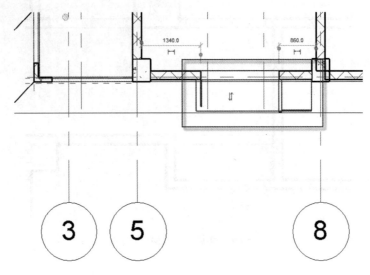

图 5.91　插入"C3"飘窗

（7）用过滤器选择"门、窗"族。从左上向右下方，框选建筑首层平面图的左半边，如图 5.92 所示。单击"过滤器"按钮，在弹出的"过滤器"对话框中，单击"放弃全部"按钮，再勾选"门"和和"窗"两类，最后单击"确定"按钮，如图 5.93 所示。此时只选择了已插好的首层的门和窗。

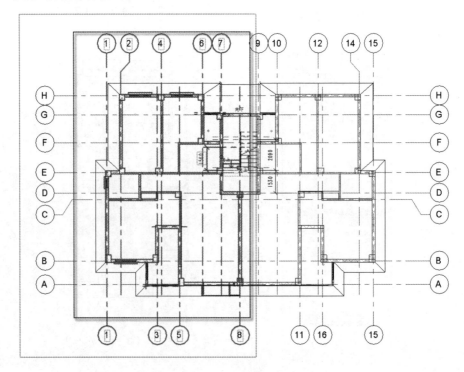

图 5.92　框选建筑构件

（8）镜像门、窗。在保证第（7）步的门、窗仍然被选择的情况下，按 MM 快捷键发出镜像命令，单击镜像对称轴 8 轴，镜像门、窗，如图 5.94 所示。

🔔注意：若建筑本身是对称的，可只插入半边的"门、窗"族，再使用 MM 快捷键直接镜像，这样可提高建模效率。

图 5.93　用过滤器选择"门、窗"族

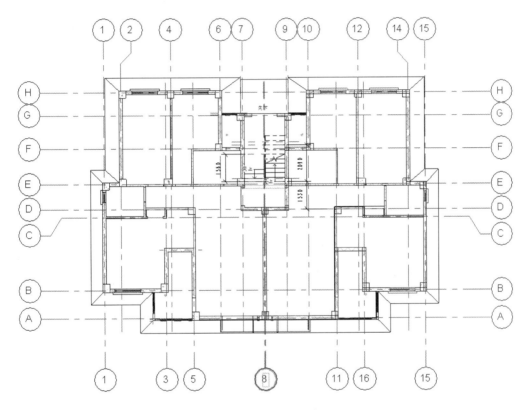

图 5.94　镜像门、窗

（9）门窗族插入后的整体三维效果。剩下的其他门族复制插入步骤同前面的步骤相似，也可以复制首层门窗，然后向上复制，参照附录中的图，修改、插入不同的门窗族，这里不再赘述。门窗族插入完成后，按 F4 键查看三维效果，如图 5.95 所示。

图 5.95　门窗族插入后的整体三维效果

# 5.2 线性细部构件

线性细部构件有一个共同的特点，即需要画线，因此将其称为"线性细部构件"。本节主要介绍栏杆、坡道、雨蓬的绘制方法。栏杆与坡道都使用 Revit 自带的功能制作，而雨蓬需要制族，然后再插入到项目中。

## 5.2.1 栏杆

阳台栏杆是阳台对外边缘的美化和防护设施，由合金管材经过焊接或组装而成。常见的低窗台距地 0.5m 左右，可以紧贴内墙增加 0.4m 的护栏而达到规范要求的防护措施。如果窗台台面太大如凸窗等，使用者可能会经常站在窗台上眺望，而且必须站到窗台上开启窗户，这时附加在窗台上的护栏本身高度应达到 0.9m。

（1）进入首层平面图。在"项目浏览器"中选择"楼层平面"｜"一"层平面，进入首层平面图，如图 5.96 所示。

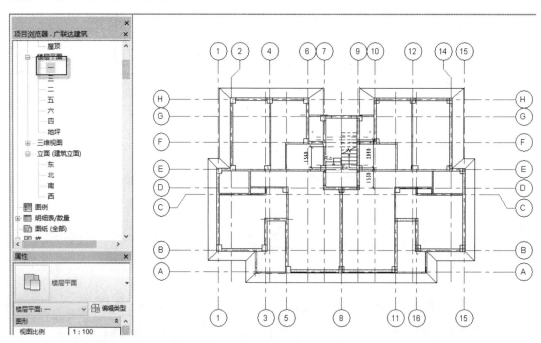

图 5.96　进入首层平面图

（2）绘制栏杆。选择"建筑"｜"栏杆扶手"命令，在"栏杆扶手"的下拉框中选择"绘制路径"，选择"直线"绘制工具，捕捉墙中心线，分别绘制①、②、③号栏杆，如图 5.97 至图 5.99 所示。完成后，单击选项卡中的"√"按钮，完成绘制。

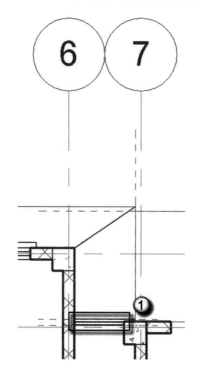

图 5.97　绘制栏杆 1

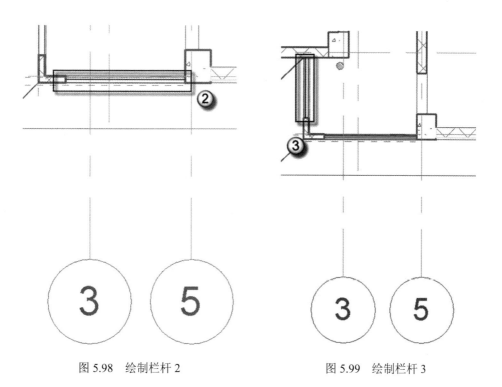

图 5.98　绘制栏杆 2　　　　　　　　　　　　图 5.99　绘制栏杆 3

（3）用过滤器选择栏杆。从左上向右下方框选建筑首层平面图的左半边，如图 5.100 所示。然后单击"过滤器"按钮，在弹出的"过滤器"对话框中，单击"放弃全部"按钮，再勾选"栏杆扶手"选项，最后单击"确定"按钮，如图 5.101 所示。此时只选择了已绘制好的栏杆扶手。

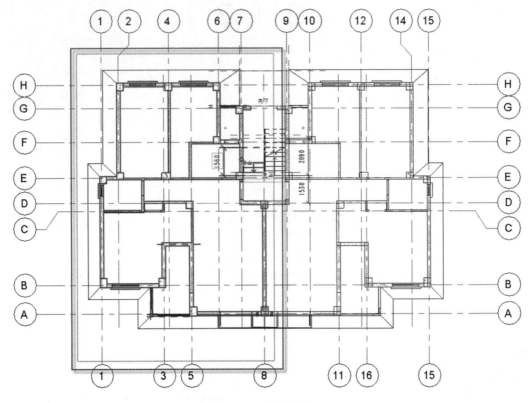

图 5.100　框选建筑

（4）镜像栏杆。在保证第（3）步的"栏杆扶手"被选中的情况下，按 MM 快捷键发出镜像命令，单击捕捉镜像对称轴 8 轴，镜像栏杆，如图 5.102 所示。

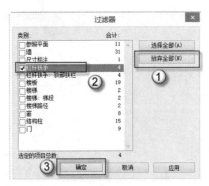

图 5.101　选中"栏杆"扶手

（5）选择首层栏杆。从左上向右下框选首层建筑，如图 5.103 所示。单击"过滤器"按钮，在弹出的"过滤器"对话框中，单击"放弃全部"按钮，再勾选"栏杆扶手"选项，最后单击"确定"按钮，如图 5.104 所示。

（6）复制栏杆。在保证第（5）步"栏杆扶手"被选中的情况下，选择"复制到剪贴板"命令，然后选择"粘贴"｜"与选定的标高对齐"命令，在弹出的"选择标高"对话框中，配合 Ctrl 键，选中"二"至"六"层选项，单击"确定"按钮向上复制，如图 5.105 所示。

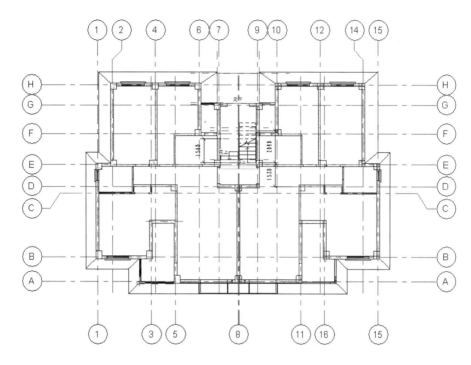

图 5.102　镜像栏杆

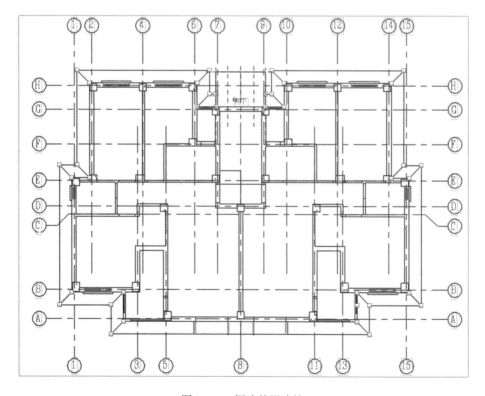

图 5.103　框选首层建筑

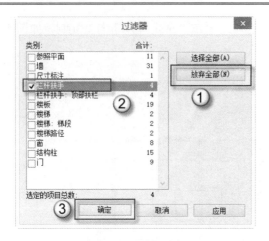

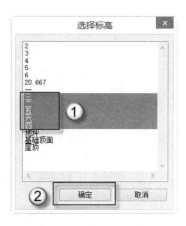

图 5.104 用过滤器选择首层栏杆　　　　　　图 5.105 复制栏杆

（7）观察栏杆整体三维效果。栏杆复制完成后，按 F4 键进入三维视图中观察三维效果，如图 5.106 和图 5.107 所示。

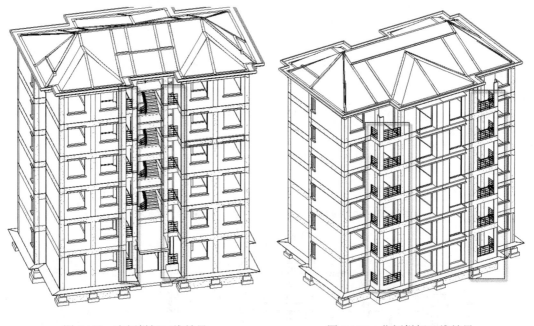

图 5.106 南侧栏杆三维效果　　　　　　图 5.107 北侧栏杆三维效果

## 5.2.2 坡道

本例中室内及室外的高差为 160mm，高差不大，因此只采用无障碍坡道联系室内和室外，不需要台阶。在 Revit 中坡道与栏杆是一起生成的，但这里不需要栏杆，因此将其删除。

（1）进入首层平面图。在"项目浏览器"中，选择"楼层平面"｜"一"层平面，进入首层平面图，如图 5.108 所示。

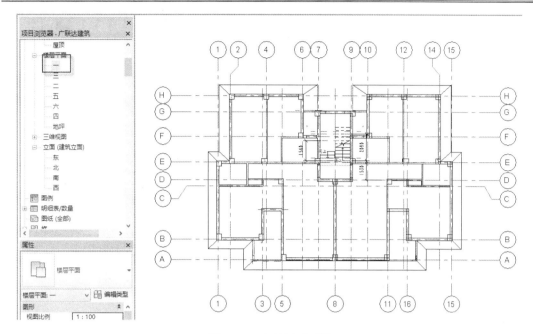

图 5.108　入首层平面图

（2）绘制参照平面。按 RP 快捷键，捕捉坡道边界线，绘制①、②、③号参照线，如图 5.109 所示。选择①号参照线，按 CO 快捷键向上复制参照线，然后输入"1920"，系统会生成新的参照线，如图 5.110 所示。

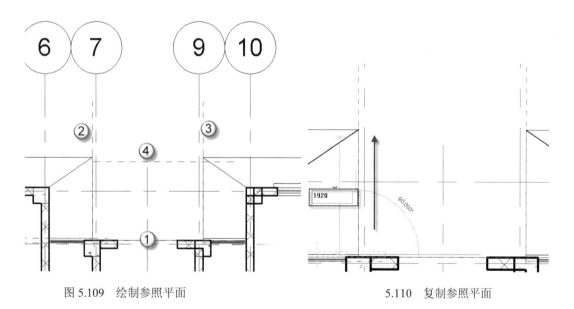

图 5.109　绘制参照平面　　　　　　　　　　5.110　复制参照平面

（3）新建坡道。选择"建筑"｜"坡道"命令，然后进入"修改｜创建坡道草图"界面，单击"梯段"选项，选择"直线"绘图工具，捕捉参照平面开始绘制坡道，如图 5.111 所示。

（4）编辑坡道属性。在"属性"面板中的"底部标高"中选择"地坪"层，在"底部偏移"中输入"0"，在"顶部标高"中选择"一"层，在"顶部偏移"中输入"-450"，如图 5.112 所示。完成后，单击选项卡中的"√"按钮，完成绘制。

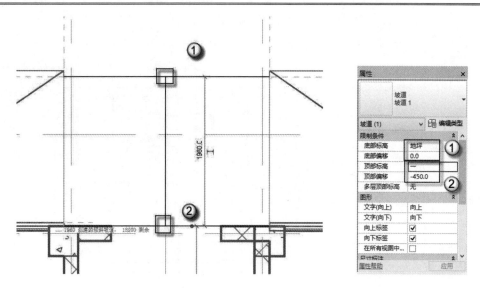

图 5.111　新建坡道　　　　　　　　图 5.112　编辑坡道属性

（5）删除坡道栏杆。按 F4 键进入三维视图中观察效果，发现坡道处自动生成了栏杆，但此处的无障碍坡道比较窄，不需要安全栏杆。因此配合 Ctrl 键依次选中这两个栏杆，按 Delete 键将其删除，如图 5.113 所示。栏杆删除后，坡道即绘制完成，如图 5.114 所示。

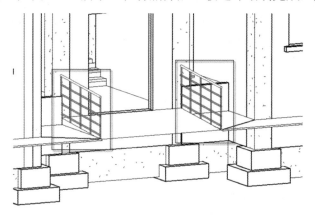

图 5.113　选择栏杆

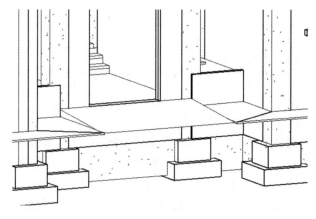

图 5.114　删除栏杆后的坡道样式

## 5.2.3　雨蓬

雨蓬是建筑物入口处和顶层阳台上部用以遮挡雨水，保护门外免受雨水侵蚀，以及人们进出时不被滴水淋湿或空中落物砸伤的水平构件。在 Revit 中没有雨蓬的类别，因此这个构件被列入"常规模型"的大类中。

（1）选择"族"｜"新建"命令，弹出"新族-选择样板文件"对话框，选择"基于墙的公制常规模型.rft"族样板文件，如图 5.115 所示。进入建族的模式后，可以观察到默认是在"参照标高"楼层平面视图中，注意"放置边"的位置，此处创建的族将与墙有关联，如图 5.116 所示。

图 5.115　选择族样板

注意：这个族样板的特点是有墙，创建的构件一般情况下是贴墙的，而且是"放置边"这一侧贴墙。

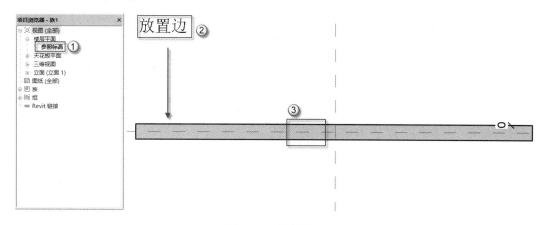

图 5.116　默认情况

（2）打开 AutoCAD 软件，使用"直线"（Line）工具绘制一个如图 5.117 所示的图形，这个图形就是雨蓬的横截面轮廓。然后按 Ctrl+Shift+S 组合键，将图形文件另存为"雨蓬.dwg"文件，便于后面导入 Revit 软件中。

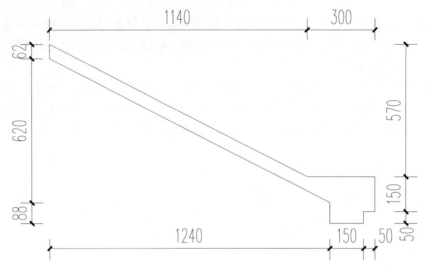

图 5.117　雨蓬的截面轮廓

🔔注意：一般在绘制截面图形时，可以在 AutoCAD 软件中进行绘制。因为在 AutoCAD 软件中绘制平面线型图案容易捕捉、方便定位且尺寸明确。

　　（3）在 Revit 软件中，选择"项目浏览器"中的"右"立面，进入"右"立面视图，如图 5.118 所示。选择 "插入" | "导入 CAD"命令，将前面制作好的"雨蓬.dwg"文件导入 Revit 软件中。导入后，右击图形，在弹出的快捷菜单中选择"完全分解"命令，使用 MV 快捷键，将其移至放置边这一侧的墙边，如图 5.119 所示。

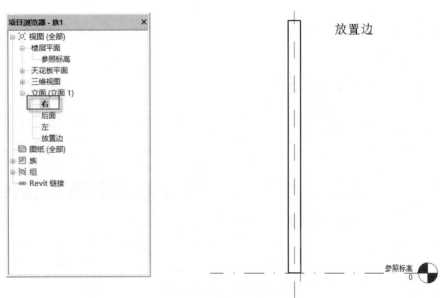

图 5.118　进入"右"视图

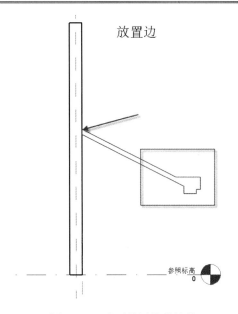

图 5.119　移至放置边的墙体

（4）选择导入并分解的雨蓬横截面线，在"属性"面板中，设置"子类别"为"常规模型[投影]"选项，如图 5.120 所示。

（5）选择"创建"｜"拉伸"命令，使用"拾取线"方式，拾取导入并分解的雨蓬横截面线，如图 5.121 所示。在"项目浏览器"中，选择 "放置边"立面，进入"放置边"立面视图，可以观察到刚拾取的截面边在屏幕中心。在"属性"面板中，设置"拉伸起点"为"-1420"，"拉伸终点"为"-1420"，"材质"为"混凝土-雨蓬"，如图 5.122 所示。

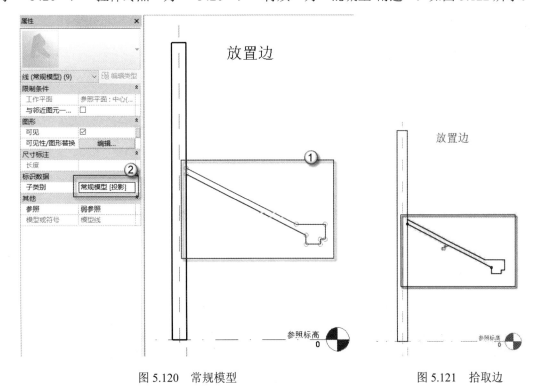

图 5.120　常规模型　　　　　　　　　　　　图 5.121　拾取边

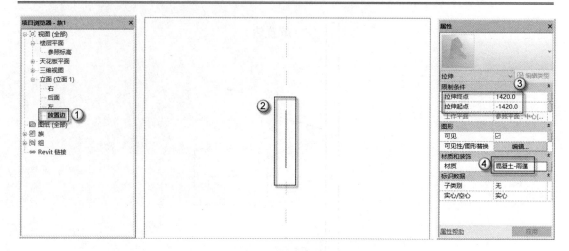

图 5.122　设置参数

（6）单击"√"按钮，完成"拉伸"的操作。按 F4 键进入三维视图，使用鼠标中键旋转视图查看三维模型，如图 5.123 所示。

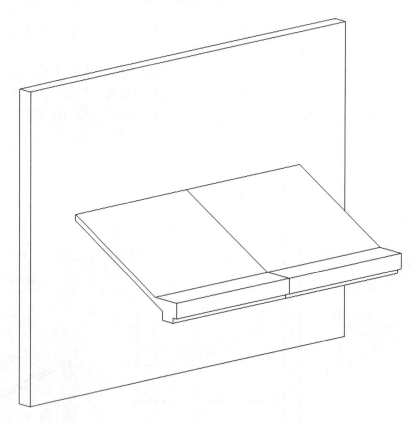

图 5.123　检查模型

（7）另存为雨蓬族。选择"程序"｜"另存为"｜"族"命令，在弹出的"另存为"对话框中，保存为"雨蓬.rfa"族文件，并单击"保存"按钮，如图 5.124 所示。

图 5.124　另存为族文件

（8）载入族文件。在 Revit 软件中打开前面的项目文件，选择"插入"｜"载入族"命令，在弹出的"载入族"对话框中选择前面绘制好的"雨蓬.rfa"族文件，单击"打开"按钮将其载入，如图 5.125 所示。

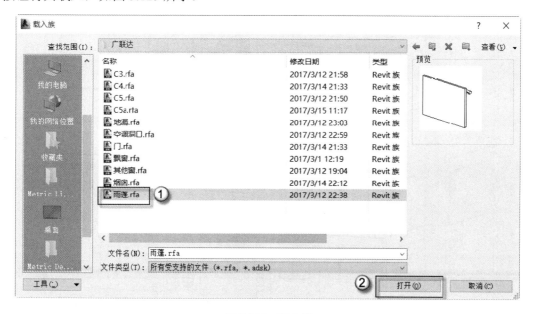

图 5.125　载入族

（9）放置并移动族。在"项目浏览器"面板中，双击"北"立面，进入"北"立面视图，按 CM 快捷键（放置构件命令），在"属性"面板中选择刚刚载入的"雨蓬"构件，将其移动到屏幕视图中主体建筑相应的位置，如图 5.126 所示。

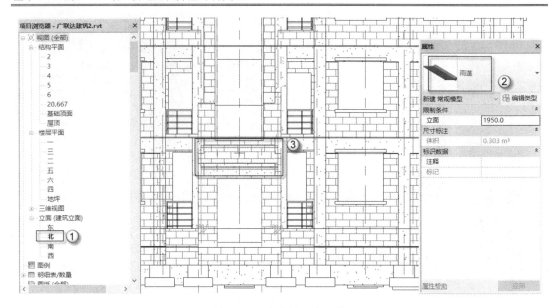

图 5.126　移动并对齐雨蓬

完成全部操作之后，需要检查模型。在平面图与立面图中观察都不够直观，需要进入三维视图中观察。按 F4 键，进入三维视图中，配合 Shift 键，使用鼠标中键旋转视图，检查已经完成的全部三维模型，特别是本次绘制的雨蓬部分，如图 5.127 所示。

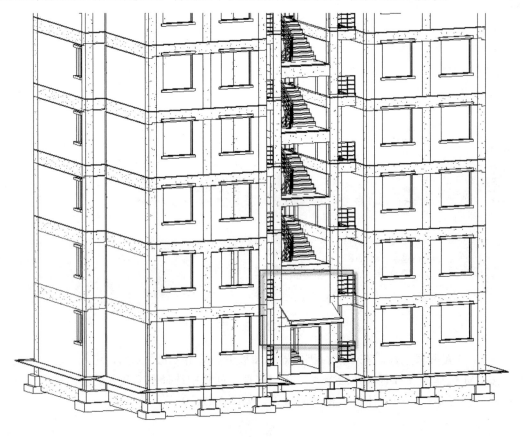

图 5.127　检查模型

# 第 6 章　Revit 中的算量与导入广联达

在 Revit 中的算量主要是使用"明细表"功能。明细表以表格形式显示信息，这些信息是从项目中的图元属性中提取的。明细表可以列出要编制明细表的图元类型的每个实例，或根据明细表的成组标准将多个实例压缩到一行中。

在设计过程中的任何时候可以创建明细表。如果对项目的修改会影响明细表，明细表将自动更新以反映这些修改。同样可以将明细表添加到图纸中，或将明细表导出到其他软件程序中，如电子表格程序 Excel。在修改项目和建筑构件的属性时，所有明细表都会自动更新。例如，修改门窗的尺寸时，相关联的明细表中门窗玻璃材质的面积、体积会随之变化。

同样，在本章中也会介绍将 Revit 建好的建筑、结构两个专业的模型导入到广联达中，然后进一步的提取工程量。与 Revit 自身的算量工作相比，广联达更具有地域特色，能体现出我国工程算量方面的相关特点。

## 6.1　明细表/数量

明细表/数量是专门统计个数的明细表，一般情况下最终统计的单位是"个"。例如，门的个数、窗的个数（门窗表）、空调洞口的个数、地漏的个数等。注意，在使用这个命令时选好类别，如门就是门的类别，窗就是窗的类别，没有分类别的就是"常规模型"类别。

### 6.1.1　门窗表

门窗表在建筑项目中表示门窗的名称、门窗洞口的立面尺寸、门窗的具体做法或选用的图集、各类门窗在项目中的个数等，作用是给施工、算量等专业使用的。在 Revit 中制作门窗表时，要分步骤，即"门明细表"与"窗明细表"两部分，因为多类别的明细表在 Revit 中不能方便地进行统计。另外，本节同样会介绍如何使用"项目参数"为门窗表增加一个"楼层"的选项。

#### 1．门明细表

（1）新建门明细表。选择"视图"｜"明细表"｜"明细表/数量"命令，在弹出的"新建明细表"对话框中，选择"门"类别，单击"确定"按钮，如图 6.1 所示。

（2）添加可用字段。在弹出的"明细表属性"对话框的"可用的字段"列表框中，选择"合计""宽度""类型""高度"这 4 个字段，并单击"添加"按钮，将这 4 个字段依次加入"明细表字段（按顺序排列）"列表框中，如图 6.2 所示。

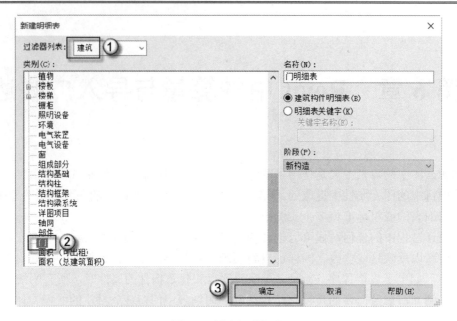

图 6.1　新建门明细表

图 6.2　添加可用字段

（3）调整明细表字段顺序。在"明细表字段（按顺序排列）"列表框中选择相应的字段单击"上移"或"下移"按钮，如图 6.3 所示。将字段按"类型""宽度""高度""合计"顺序排列，如图 6.4 所示。

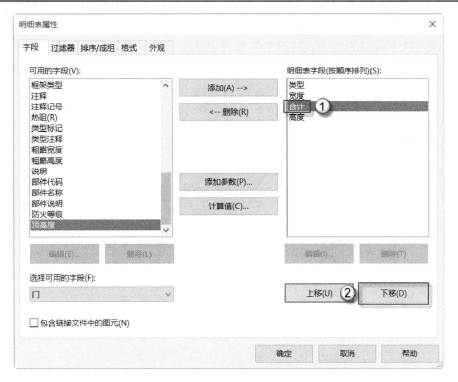

图 6.3　调整明细表字段顺序 1

图 6.4　调整明细表字段顺序 2

（4）选择"排序/成组"选项卡，在"排序方式"栏中选择"类型"选项，取消"逐项列举每个实例"的勾选，并单击"确定"按钮完成操作，如图 6.5 所示。此时可以观察到系统自动生成了"门明细表"，明细表的位置保存在"明细表/数量"下的"门明细表"处，如图 6.6 所示。

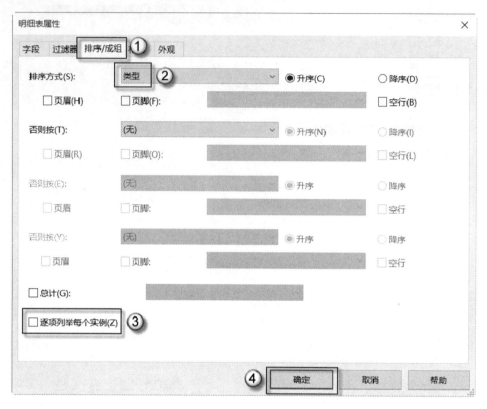

图 6.5　明细表排序

|  | <门明细表> | | |
|---|---|---|---|
| A | B | C | D |
| 类型 | 宽度 | 高度 | 合计 |
| FM1 | 1500 | 2100 | 1 |
| FM2 | 1000 | 2100 | 13 |
| M1 | 900 | 2100 | 39 |
| M2 | 800 | 2100 | 16 |
| M3 | 800 | 2500 | 16 |

项目浏览器 - 广联达建筑.rvt
- 视图 (全部)
- 图例
- 明细表/数量
  - 楼板材质提取
  - 门明细表
- 图纸 (全部)
- 族
- 组
- Revit 链接

图 6.6　门明细表

注意：如果在"排序/成组"选项卡中，勾选"逐项列举每个实例"选项，如图 6.7 所示，这样系统会将每个门逐个列举出来，如图 6.8 所示。这种完成的统计表格，显然不是工程算量工作者需要的"门明细表"。

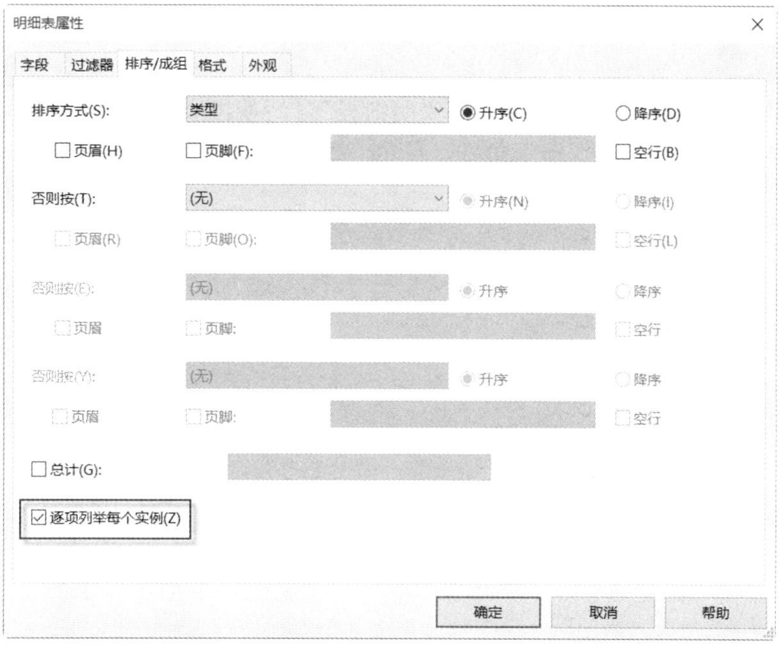

图 6.7　逐步列举每个实例

&lt;门明细表&gt;

| A | B | C | D |
|---|---|---|---|
| 类型 | 宽度 | 高度 | 合计 |
|  |  |  |  |
| FM1 | 1500 | 2100 | 1 |
| FM2 | 1000 | 2100 | 1 |
| FM2 | 1000 | 2100 | 1 |
| FM2 | 1000 | 2100 | 1 |
| FM2 | 1000 | 2100 | 1 |
| FM2 | 1000 | 2100 | 1 |
| FM2 | 1000 | 2100 | 1 |
| FM2 | 1000 | 2100 | 1 |
| FM2 | 1000 | 2100 | 1 |
| FM2 | 1000 | 2100 | 1 |
| FM2 | 1000 | 2100 | 1 |
| FM2 | 1000 | 2100 | 1 |
| FM2 | 1000 | 2100 | 1 |
| M1 | 900 | 2100 | 1 |
| M1 | 900 | 2100 | 1 |
| M1 | 900 | 2100 | 1 |
| M1 | 900 | 2100 | 1 |
| M1 | 900 | 2100 | 1 |
| M1 | 900 | 2100 | 1 |
| M1 | 900 | 2100 | 1 |
| M1 | 900 | 2100 | 1 |
| M1 | 900 | 2100 | 1 |
| M1 | 900 | 2100 | 1 |
| M1 | 900 | 2100 | 1 |
| M1 | 900 | 2100 | 1 |
| M1 | 900 | 2100 | 1 |
| M1 | 900 | 2100 | 1 |
| M1 | 900 | 2100 | 1 |
| M1 | 900 | 2100 | 1 |
| M1 | 900 | 2100 | 1 |
| M1 | 900 | 2100 | 1 |
| M1 | 900 | 2100 | 1 |
| M1 | 900 | 2100 | 1 |
| M1 | 900 | 2100 | 1 |
| M1 | 900 | 2100 | 1 |
| M1 | 900 | 2100 | 1 |
| M1 | 900 | 2100 | 1 |
| M1 | 900 | 2100 | 1 |

图 6.8　"门明细表"的变化

### 2．窗明细表

（1）新建窗明细表。选择"视图"|"明细表"|"明细表/数量"命令，在弹出的"新建明细表"对话框中，选择"窗"类别，单击"确定"按钮，如图 6.9 所示。

图 6.9　新建窗明细表

（2）添加可用字段。在弹出的"明细表属性"对话框的"可用的字段"列表框中，选择"类型""宽度""高度""合计"这 4 个字段并调好顺序，选择"排序/成组"选项卡，进入下一步操作，如图 6.10 所示。

图 6.10　添加并排序可用字段

（3）在"排序/成组"选项卡的"排序方式"栏中选择"类型"选项，取消"逐项列举每个实例"的勾选，并单击"确定"按钮完成操作，如图 6.11 所示。此时可以观察到系统自动生成了"窗明细表"，明细表的位置保存在"明细表/数量"下的"窗明细表"处，如

图 6.12 所示。

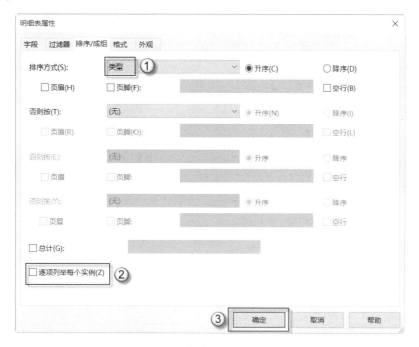

图 6.11　"排序/成组"选项卡

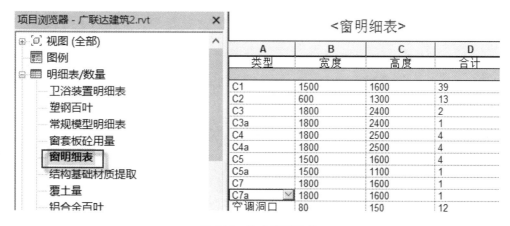

图 6.12　生成窗明细表

（4）修改明细表。明细表的修改非常方便，在"属性"面板的"其他"栏中，有"字段""过滤器""排序/成组""格式""外观"这 5 个子类，分别与"明细表属性"对话框中的 5 个同名选项卡一一对应。若修改明细表时，只需要单击"属性"面板中相应的"编辑"按钮，即可进入对应的对话框，如图 6.13 所示。

（5）复制生成空调洞口明细表。这个项目中的空调洞口采用的是窗族制作的，因此空调洞口的明细表也属于"窗"类别，复制后可以进行修改。右击"项目浏览器"面板中的"窗明细表"栏，在弹出的快捷菜单中选择"复制视图"｜"复制"命令，如图 6.14 所示，在弹出的"重命名视图"对话框中命名为"空调洞口明细表"，并单击"确定"按钮，如图 6.15 所示。

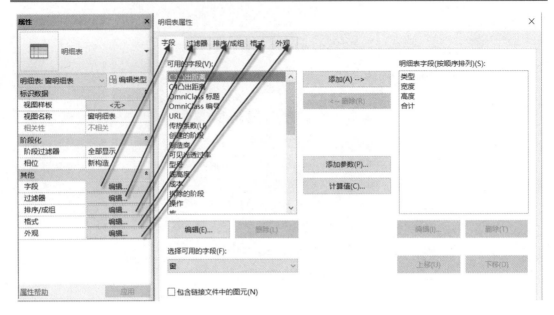

图 6.13　修改明细表

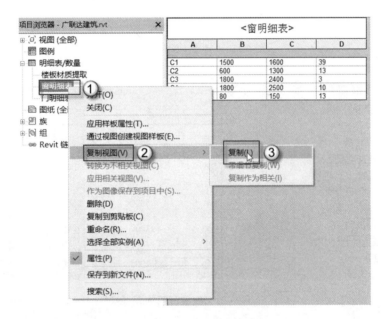

图 6.14　复制视图

图 6.15　重命名视图

（6）调整"空调洞口明细表"。单击"属性"面板中"过滤器"栏旁边的"编辑"按钮，在弹出的"明细表属性"对话框中，选择"过滤器"选项卡，在其中设置"过滤条件"为"宽度、等于、80"，并单击"确定"按钮，如图 6.16 所示。重新生成的"空调洞口明细表"，如图 6.17 所示。

图 6.16　调整明细表参数

（7）隐藏"空调洞口明细表"多余选项。依次选择"空调洞口明细表"中的"宽度""高度"两列，单击"隐藏"按钮，如图 6.18 所示。将这两列分别隐藏后的"空调洞口明细表"如图 6.19 所示。这个才是统计空调洞口个数需要的明细表。

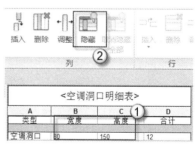

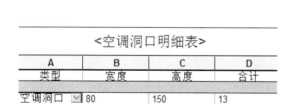

图 6.17　空调洞口明细表

图 6.18　隐藏多余选项

（8）飘窗凸出距离。在"窗明细表"中虽然有洞口尺寸，但是没有飘窗凸出的距离，因为这个尺寸不是默认参数。在前面建飘窗时，使用了共享参数的方法设置了"C3 凸出距离"与"C4 凸出距离"两个参数，由于是共享参数，同样也可以出现在明细表字段中。进入"窗明细表"，在"属性"面板中，单击"字段"栏旁边的"编辑"按钮，弹出"明细表属性"对话框，在"字段"选项卡中，分别选择"C3 凸出距离"与"C4 凸出距离"两个字段，单击"添加"按钮，插入到"明细表字段"栏中，最后单击"确定"按钮完成操作，如

图 6.19　空调洞口明细表

图 6.20 所示。可以观察到系统会刷新“窗明细表”，出现“C3 凸出距离”与“C4 凸出距离”两项，如图 6.21 所示。

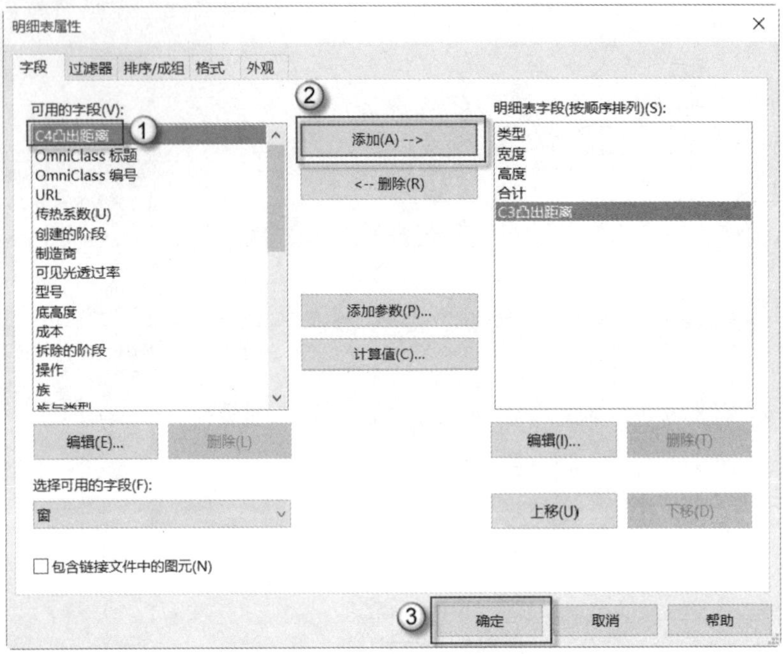


图 6.20 添加共享参数字段

<窗明细表>

| A | B | C | D | E | F |
|---|---|---|---|---|---|
| 类型 | 宽度 | 高度 | C3凸出距离 | C4凸出距离 | 合计 |
| C1 | 1500 | 1600 | | | 39 |
| C2 | 600 | 1300 | | | 13 |
| C3 | 1800 | 2400 | 600 | | 2 |
| C3a | 1800 | 2400 | 600 | | 1 |
| C4 | 1800 | 2500 | | 600 | 4 |
| C4a | 1800 | 2500 | | 600 | 4 |
| C5 | 1500 | 1600 | | | 4 |
| C5a | 1500 | 1100 | | | 1 |
| C7 | 1800 | 1600 | | | 1 |
| C7a | 1800 | 1600 | | | 1 |

图 6.21 飘窗凸出距离

**注意**：不是所有的参数都能出现在明细表字段中的。而共享参数可以出现在明细表字段中，这个方法在建族时经常用到。

### 3. 统计带楼层的门窗表

在工程施工与工程算量时，有时需要门窗表提供楼层信息，即各类型的门在同一楼层的个数。这就要使用到 Revit 中的“项目参数”的概念了。

（1）新建项目参数。选择“管理”|“项目参数”命令，在弹出的“项目参数”对话

框中单击"添加"按钮,添加需要的"楼层"参数,如图 6.22 所示。

(2)添加楼层参数。在弹出的"参数属性"对话框中,输入名称为"楼层",设置参数类型为"文字",分别勾选"窗""门"两项,单击"确定"按钮,如图 6.23 所示。

图 6.22　添加项目参数

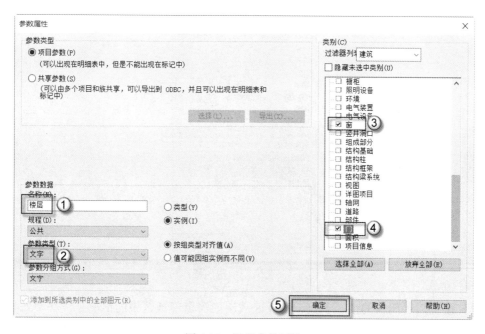

图 6.23　设置参数属性

(3)选择六层门窗。在"项目浏览器"面板中选择"六"楼层平面,进入六层平面视图,然后框选本层所有的建筑构件,单击"过滤器"按钮,在弹出的"过滤器"对话框中单击"放弃全部"按钮,再分别选择"门""窗"两个类别,最后再单击"确定"按钮完成六层门窗的选择,如图 6.24 所示。

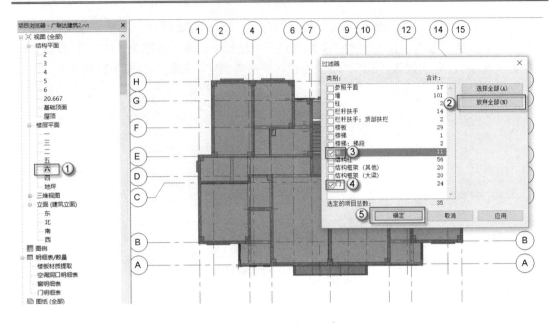

图 6.24 选择六层门窗

图 6.25 设置六层门窗的楼层参数

（4）设置六层门窗的楼层参数。在保证六层门窗全部被选中的情况下，在"属性"面板的"楼层"栏中输入"6F"，表示这些门窗的"楼层"参数为"6F"，如图 6.25 所示。

（5）选择五层门窗。在"项目浏览器"面板中选择"五"楼层平面，进入五层平面视图，在其中框选五层所有的建筑构件，单击"过滤器"按钮，在弹出的"过滤器"对话框中单击"放弃全部"按钮，然后分别选择"门""窗"两个类别，最后再单击"确定"按钮完成五层门窗的选择，如图 6.26 所示。

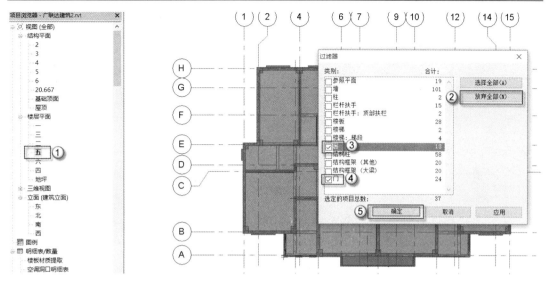

图 6.26　选择五层门窗

（6）设置五层门窗的楼层参数。在保证五层门窗全部被选中的情况下，在"属性"面板的"楼层"栏中输入"5F"，表示这些门窗的"楼层"参数为"5F"，如图 6.27 所示。

图 6.27　设置五层门窗的楼层参数

（7）选择四层门窗。在"项目浏览器"面板中选择"四"楼层平面，进入四层平面视图，在其中框选本层所有的建筑构件，单击"过滤器"按钮，在弹出的"过滤器"对话框中单击"放弃全部"按钮，然后分别选择"门""窗"两个类别，最后再单击"确定"按钮完成四层门窗的选择，如图 6.28 所示。

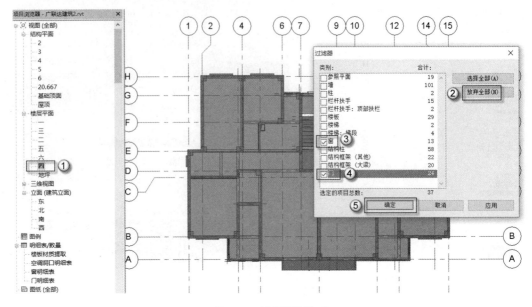

图 6.28　选择四层门窗

（8）设置四层门窗的楼层参数。在保证四层门窗全部被选中的情况下，在"属性"面板的"楼层"栏中输入"4F"，表示这些门窗的"楼层"参数为"4F"，如图 6.29 所示。

图 6.29　设置四层门窗的楼层参数

（9）选择三层门窗。在"项目浏览器"面板中选择"三"楼层平面，进入三层平面视图，在其中框选三层所有的建筑构件，单击"过滤器"按钮，在弹出的"过滤器"对话框中单击"放弃全部"按钮，然后分别选择"门""窗"两个类别，最后再单击"确定"按钮完成三层门窗的选择，如图 6.30 所示。

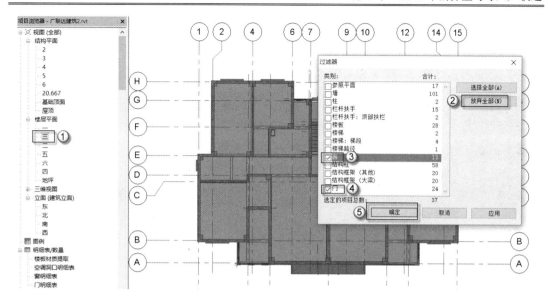

图 6.30　全部三层门窗

（10）设置三层门窗的楼层参数。在保证三层门窗全部被选中的情况下，在"属性"面板的"楼层"栏中输入"3F"，表示这些门窗的"楼层"参数为"3F"，如图 6.31 所示。

图 6.31　设置三层门窗的楼层参数

（11）选择二层门窗。在"项目浏览器"面板中选择"二"楼层平面，进入二层平面视图，在其中框选二层所有的建筑构件，单击"过滤器"按钮，在弹出的"过滤器"对话框中单击"放弃全部"按钮，然后分别选择"门""窗"两个类别，最后再单击"确定"按钮完成二层门窗的选择，如图 6.32 所示。

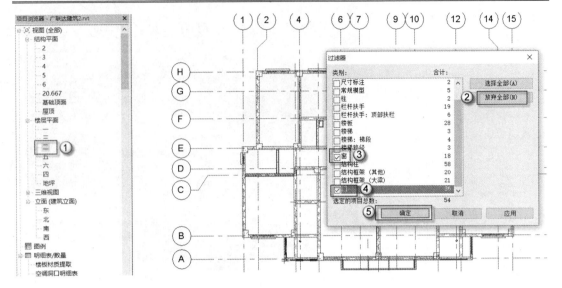

图 6.32　选择二层门窗

（12）设置二层门窗的楼层参数。在保证二层门窗全部被选中的情况下，在"属性"面板的"楼层"栏中输入"2F"，表示这些门窗的"楼层"参数为"2F"，如图 6.33 所示。

图 6.33　设置二层门窗的楼层参数

（13）选择一层门窗。在"项目浏览器"面板中选择"一"楼层平面，进入一层平面视图，在其中框选一层所有的建筑构件，单击"过滤器"按钮，在弹出的"过滤器"对话框中单击"放弃全部"按钮，然后分别选择"门""窗"两个类别，最后再单击"确定"按钮完成一层门窗的选择，如图 6.34 所示。

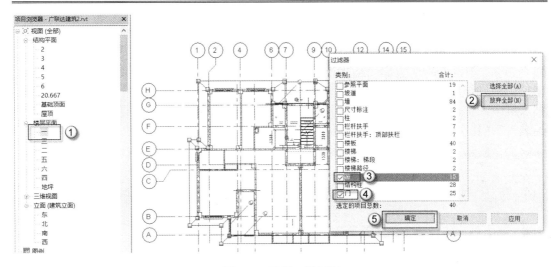

图 6.34　选择一层门窗

（14）设置一层门窗的楼层参数。在保证一层门窗全部被选中的情况下，在"属性"面板的"楼层"栏中输入"1F"，表示这些门窗的"楼层"参数为"1F"，如图 6.35 所示。

图 6.35　设置一层门窗的楼层参数

至此，这栋六层的住宅楼每一层的门窗都带上了"楼层"信息，这个信息是由项目参数提供的。由项目参数设置的字段同样可以出现在明细表字段里。

注意：项目参数和共享参数都可以出现在明细表字段中。项目参数是针对项目文件设置的，而共享参数是针对族文件设置的，请读者注意二者的区别。

（15）在"窗明细表"中加入楼层。在"项目浏览器"中双击"窗明细表"栏，进入"窗明细表"，在"属性"面板中单击"字段"栏旁边的"编辑"按钮，在弹出的"明细表属性"对话框的"字段"选项卡中，选择"楼层"字段，这个"楼层"字段就是前面使用项目参数设定的，单击"添加"按钮，将其加入到"明细表字段（按顺序排列）"列表框中，单击"确定"按钮，如图 6.36 所示。可以观察到，系统会自动更新"窗明细表"，在其中已加入"楼层"项，如图 6.37 所示。

图 6.36　在"窗明细表"中加入楼层

## &lt;窗明细表&gt;

| | A | B | C | D | E |
|---|---|---|---|---|---|
| | 类型 | 宽度 | 高度 | 楼层 | 合计 |
| | C1 | 1500 | 1600 | | 39 |
| | C2 | 600 | 1300 | | 13 |
| | C3 | 1800 | 2400 | 1F | 2 |
| | C3a | 1800 | 2400 | 1F | 1 |
| | C4 | 1800 | 2500 | | 4 |
| | C4a | 1800 | 2500 | | 4 |
| | C5 | 1500 | 1600 | | 4 |
| | C5a | 1500 | 1100 | 2F | 1 |
| | C7 | 1800 | 1600 | | 1 |
| | C7a | 1800 | 1600 | | 1 |

图 6.37　加入楼层项

（16）调整"窗明细表"参数。在"属性"面板中单击"排序/成组"栏旁边的"编辑"按钮，弹出 "明细表属性"对话框，在"排序/成组"选项卡中勾选"逐项列举每个实例"选项，如图 6.38 所示。完成操作后，可以观察到系统会更新"窗明细表"，逐个列举出了每个窗的实例，并且有详细的楼层信息，如图 6.39 所示。

这样，有楼层信息的窗明细表就完成了。门明细表的操作与这基本一致，此处就不在冗余重复了。这样的明细表需要进一步设置，可以导入到 Excel 中完成。

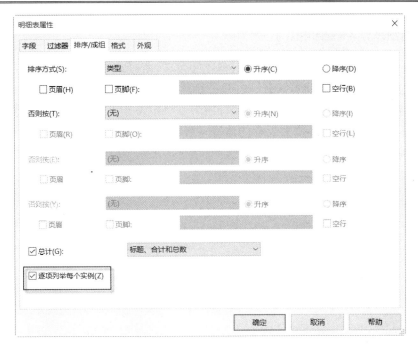

图 6.38　勾选"逐项列举每个实例"选项

&lt;窗明细表&gt;

| 类型 | 宽度 | 高度 | 楼层 | 合计 |
|------|------|------|------|------|
| C1 | 1500 | 1600 | 1F | 1 |
| C1 | 1500 | 1600 | 1F | 1 |
| C1 | 1500 | 1600 | 1F | 1 |
| C1 | 1500 | 1600 | 1F | 1 |
| C1 | 1500 | 1600 | 1F | 1 |
| C1 | 1500 | 1600 | 1F | 1 |
| C1 | 1500 | 1600 | 3F | 1 |
| C1 | 1500 | 1600 | 3F | 1 |
| C1 | 1500 | 1600 | 3F | 1 |
| C1 | 1500 | 1600 | 1F | 1 |
| C1 | 1500 | 1600 | 1F | 1 |
| C1 | 1500 | 1600 | 3F | 1 |
| C1 | 1500 | 1600 | 3F | 1 |
| C1 | 1500 | 1600 | 3F | 1 |
| C1 | 1500 | 1600 | 4F | 1 |
| C1 | 1500 | 1600 | 4F | 1 |
| C1 | 1500 | 1600 | 4F | 1 |
| C1 | 1500 | 1600 | 4F | 1 |
| C1 | 1500 | 1600 | 4F | 1 |
| C1 | 1500 | 1600 | 4F | 1 |
| C1 | 1500 | 1600 | 6F | 1 |
| C1 | 1500 | 1600 | 6F | 1 |
| C1 | 1500 | 1600 | 6F | 1 |
| C1 | 1500 | 1600 | 6F | 1 |
| C1 | 1500 | 1600 | 6F | 1 |
| C1 | 1500 | 1600 | 6F | 1 |
| C1 | 1500 | 1600 | 1F | 1 |
| C1 | 1500 | 1600 | 1F | 1 |
| C1 | 1500 | 1600 | 1F | 1 |
| C1 | 1500 | 1600 | 1F | 1 |
| C1 | 1500 | 1600 | 5F | 1 |
| C1 | 1500 | 1600 | 5F | 1 |
| C1 | 1500 | 1600 | 5F | 1 |
| C1 | 1500 | 1600 | 5F | 1 |
| C1 | 1500 | 1600 | 5F | 1 |
| C1 | 1500 | 1600 | 5F | 1 |
| C2 | 600 | 1300 | 1F | 1 |
| C2 | 600 | 1300 | 1F | 1 |
| C2 | 600 | 1300 | 3F | 1 |
| C2 | 600 | 1300 | 1F | 1 |
| C2 | 600 | 1300 | 3F | 1 |

图 6.39　带楼层信息的"窗明细表"

### 4. 将明细表导入Excel中

在 Revit 中对明细表也可以设置公式，但比较复杂。所以可以将表格导入电子表格 Excel 中，利用 Excel 现成的公式进行统计、计算、排序等操作。

（1）导出明细表。选择"程序"｜"导出"｜"报告"｜"明细表"命令，在弹出的"导出明细表"对话框中设计需要保存的路径与名字，单击"保存"按钮，如图 6.40 所示。之后系统会继续弹出一个"导出明细表"的对话框，不需要任何操作，单击"确定"按钮即可，如图 6.41 所示。

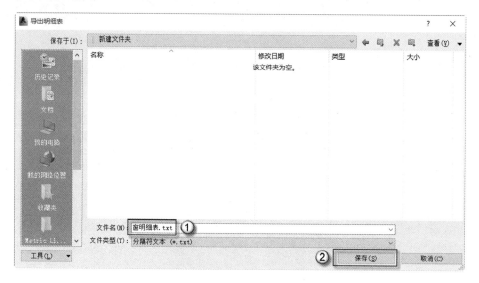

图 6.40　保存路径与名称

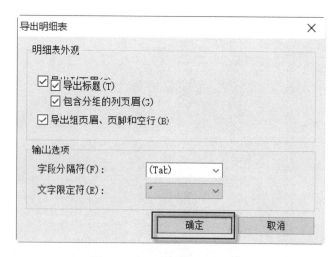

图 6.41　"导出明细表"对话框

（2）修改后缀名。找到导出并保存的窗明细表文件，按 F2 键，对其重命名，注意只更改后缀名，不要更改文件名，将后缀名改为 xls，单击"是"按钮，如图 6.42 所示。然后双击打开这个文件，Windows 系统会自动调用 Excel，如图 6.43 所示。

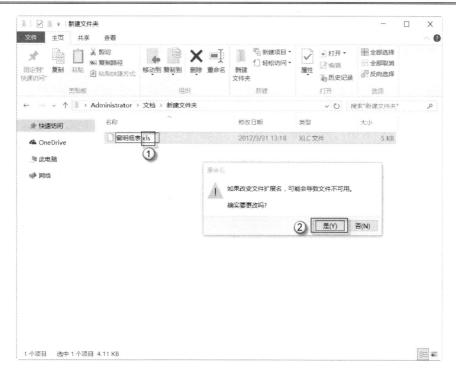

图 6.42　修改后缀名

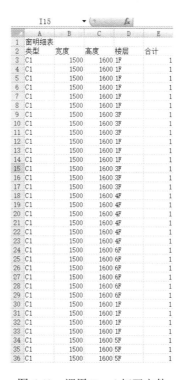

图 6.43　调用 Excel 打开文件

&#x2387;注意：本文只介绍如何将 Revit 中的明细表导入电子表格 Excel 中，至于如何在 Excel 中进行深层次的操作，请读者参阅其他相关图书与教程。

## 6.1.2 数量的统计

使用明细表工具统计数量是 Revit 软件中的一大特色，也是 BIM 技术的要求之一。本节中以地漏为例，介绍具体的统计方法。

（1）修改地漏的类别。在"项目浏览器"面板中选择"一"楼层平面，进入一层平面视图，找到地漏的位置。双击地漏，如图 6.44 所示，此时将进入族编辑模式，单击"族类别和族参数"按钮，在弹出的"族类别和族参数"对话框中选择"卫浴装置"选项，并单击"确定"按钮，如图 6.45 所示。在建地漏族时，没有设置类别，因此系统将其定为默认的"常规模型"，这个类别不易统计，因此需要修改其类别。

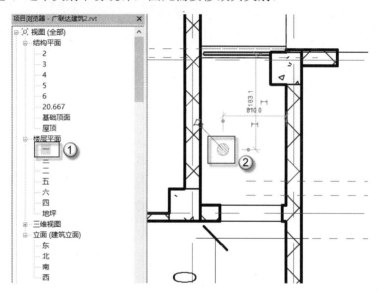

图 6.44　选择地漏

图 6.45　修改类别

（2）重新载入地漏。在操作界面中单击"载入到项目中"按钮，在弹出的"族已存在"对话框中，选择"覆盖现有版本及其参数值"选项，如图 6.46 所示。这样就将已经修改的地漏族重新载入项目文件中，并且更新了各类参数。

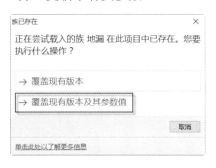

图 6.46　重新载入

（3）新建卫浴装置明细表。选择"视图"｜"明细表"｜"明细表/数量"命令，在弹出的"新建明细表"对话框中，选择"卫浴装置"类别，单击"确定"按钮，如图 6.47 所示。

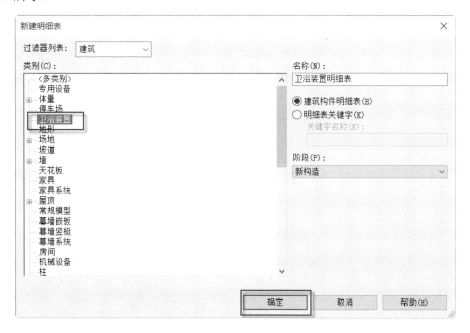

图 6.47　新建卫浴装置明细表

（4）添加可用字段。在"属性"面板中，单击"字段"栏旁边的"编辑"按钮，弹出"明细表属性"对话框，在"字段"选项卡中，选择"类型""合计"这两个字段并调好顺序，然后选择"排序/成组"选项卡，进入下一步的操作，如图 6.48 所示。

（5）排序方式。在"排序/成组"选项卡的"排序方式"栏中选择"类型"选项，取消"逐项列举每个实例"的勾选，并单击"确定"按钮完成操作，如图 6.49 所示。此时可以观察到系统自动生成了"卫浴装置明细表"，明细表的位置保存在"明细表/数量"下的"卫浴装置"处，如图 6.50 所示。

图 6.48　添加可用字段

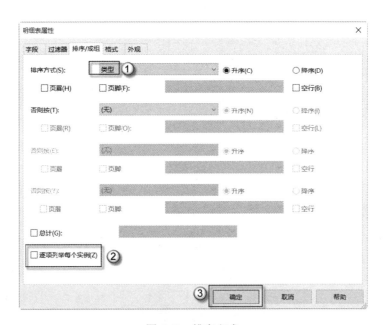

图 6.49　排序方式

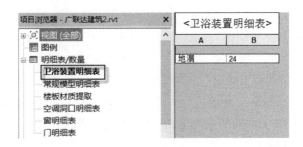

图 6.50　卫浴装置明细表

# 6.2　材质提取

材质提取明细表中列出了所有 Revit 族的子构件或材质，其具有其他明细表视图的所有功能和特征，但能更详细地显示构件的材质信息。Revit 中构件的任何材质都可以显示在明细表中。这个功能常用于统计工程项目中材料的面积、体积，但是目前还无法统计材料的长度。

## 6.2.1　以面积为单位的材质

在统计工程量时，有一种类型的材质是需要统计面积的，如百叶、玻璃和面砖等。本例中的百叶在 Revit 中统计，而其余需要统计面积的材料则在广联达软件中进行统计。

### 1．塑钢百叶

塑钢百叶的做法是用 60 平开料做边框，焊接好后，将百叶框固定在塑钢边框的两边，插入百叶片，塑钢边框上下的缝隙用 60 单玻压条扣住。但是统计工程量时，是以平方米计，即按照面积核算。

（1）选择"视图"｜"明细表"｜"材质提取"命令，在弹出的"新建材质提取"对话框中，选择"窗"类别，单击"确定"按钮，如图 6.51 所示。

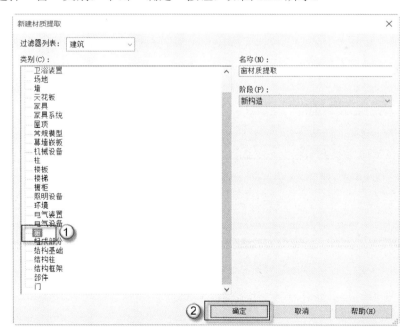

图 6.51　新建材质提取

（2）添加可用字段。在弹出的"材质提取属性"对话框的"字段"选项卡中，选择"材质:名称""材质:面积"这两个字段，然后选择"过滤器"选项卡，进入下一步的操作，如

图 6.52 所示。

（3）设置过滤条件。在"过滤器"选项卡中，设置"过滤条件"为"材质:名称、等于、塑钢百叶"，然后选择"排序/成组"选项卡，准备下一步操作，如图 6.53 所示。

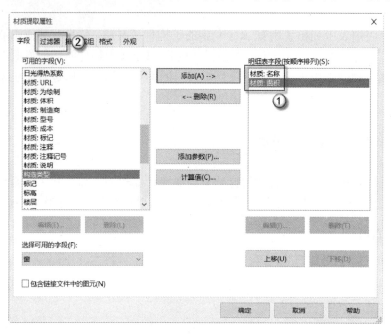

图 6.52　添加可用字段

（4）设置排序方式。在"排序方式"栏中选择"材质:名称"选项，勾选"逐项列举每个实例"选项，并单击"确定"按钮完成操作，如图 6.54 所示。此时可以观察到系统自动生成了"窗材质提取"明细表。

图 6.53　设置过滤条件

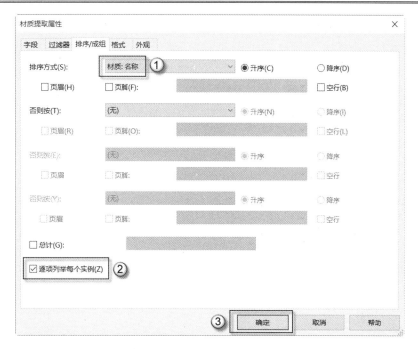

图 6.54　设置排序方式

（5）重命名明细表。右击“窗材质提取”明细表，在弹出的快捷菜单中选择“重命名”命令，弹出“重命名视图”对话框，在其中输入“塑钢百叶”，单击“确定”按钮，如图 6.55 所示。此时可以观察到系统即生成了“塑钢百叶”明细表，如图 6.56 所示。

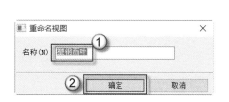

图 6.55　重命名视图

<塑钢百叶>

| A | B |
|---|---|
| 材质: 名称 | 材质: 面积 |
| 塑钢百叶 | 0 m² |
| 塑钢百叶 | 0 m² |
| 塑钢百叶 | 0 m² |
| 塑钢百叶 | 0 m² |
| 塑钢百叶 | 4 m² |
| 塑钢百叶 | 4 m² |
| 塑钢百叶 | 0 m² |
| 塑钢百叶 | 0 m² |
| 塑钢百叶 | 5 m² |
| 塑钢百叶 | 5 m² |
| 塑钢百叶 | 5 m² |
| 塑钢百叶 | 5 m² |

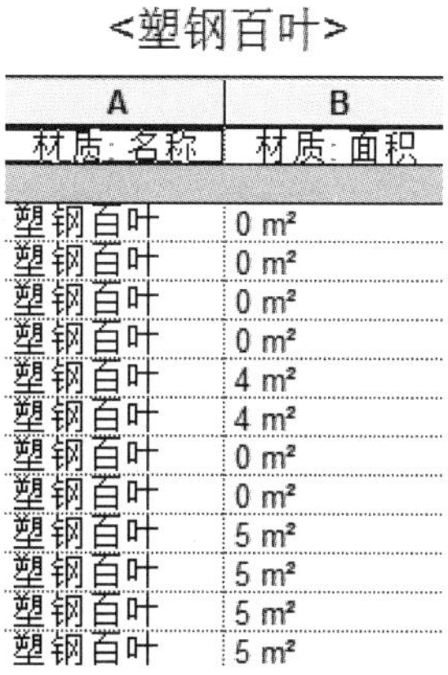

图 6.56　塑钢百叶

### 2. 铝合金百叶

铝合金百叶窗用于对环境需要采光、散热、防风和调节气流无淋雨场合，其可广泛用于住宅、机房、办公楼或其他相关的场合。由流线型的调节叶片和侧框架组成，外侧加有防护网罩，内侧有纱窗，能保证室内充满新鲜空气的同时，不会有虫鸟或其他轻飘物体进入室内，给人以心旷神怡的工作及生活环境。

（1）选择“视图”|“明细表”|“材质提取”命令，在弹出的“新建材质提取”

对话框中，选择"窗"类别，在"名称"栏中输入"铝合金百叶"，单击"确定"按钮，如图 6.57 所示。

图 6.57 "新建材质提取"对话框

（2）添加可用字段。在弹出的"材质提取属性"对话框的"字段"选项卡中，选择"材质:名称""材质:面积"这两个字段，然后选择"过滤器"选项卡，进入下一步的操作，如图 6.58 所示。

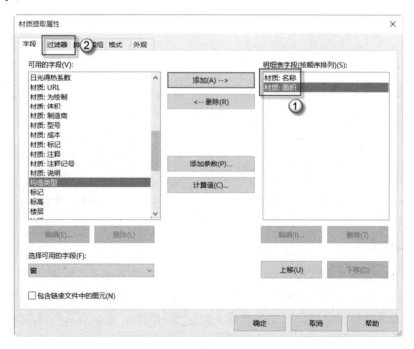

图 6.58 添加可用字段

（3）设置过滤条件。在"过滤器"选项卡中设置"过滤条件"为"材质:名称、等于、铝合金百叶"，并选择"排序/成组"选项卡，准备下一步操作，如图 6.59 所示。

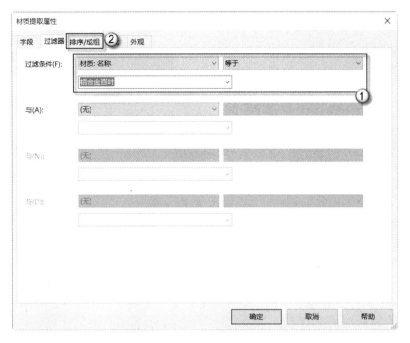

图 6.59　设置过滤条件

（4）设置排序方式。在"排序成组"选项卡的"排序方式"栏中选择"材质:名称"选项，勾选"逐项列举每个实例"选项，并单击"确定"按钮完成操作，如图 6.60 所示。此时可以观察到系统自动生成了"铝合金百叶"明细表，如图 6.61 所示。

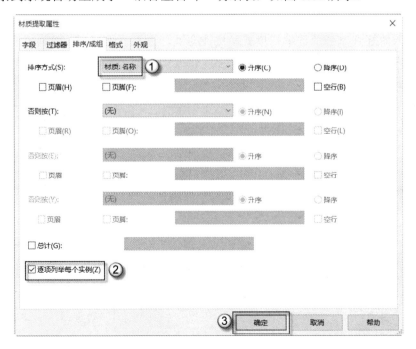

图 6.60　设置排序方式

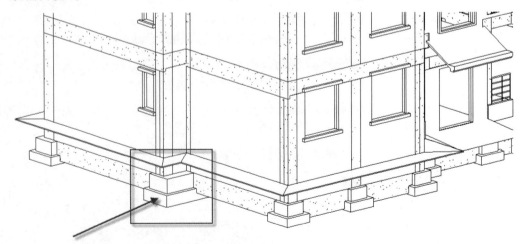

＜铝合金百叶＞

| A | B |
|---|---|
| 材质:名称 | 材质:面积 |
| 铝合金百叶 | 3 m² |
| 铝合金百叶 | 3 m² |
| 铝合金百叶 | 4 m² |
| 铝合金百叶 | 3 m² |
| 铝合金百叶 | 4 m² |
| 铝合金百叶 | 4 m² |
| 铝合金百叶 | 4 m² |
| 铝合金百叶 | 4 m² |
| 铝合金百叶 | 4 m² |
| 铝合金百叶 | 4 m² |
| 铝合金百叶 | 4 m² |

图 6.61 "铝合金百叶"明细表

## 6.2.2 以体积为单位的材质

一般情况下，建筑专业与结构专业中，虽然混凝土的类别比较多，有细石混凝土、素混凝土、C20 等带标号的混凝土等，但其用量的统计都是以立方米即体积为单位的。在 Revit 中统计这些材料的用量时，只需要区别材料名称就可以了。

### 1. 垫层的砼用量

混凝土垫层是钢筋混凝土基础与地基土的中间层，作用是使其表面平整，便于在上面绑扎钢筋，起到保护基础的作用，都是素混凝土，无须加钢筋。如有钢筋则不能称其为垫层，应视为基础底板。

（1）进入阶梯式基础的族编辑模式。按 F4 键，进入三维视图，找到建筑底部的阶梯式基础，双击任意一个基础，如图 6.62 所示。由于阶梯式基础是一个族，因此双击后会进入族编辑模式。

图 6.62 双击阶梯式基础

⨀注意：阶梯式基础族是由两个部分组成的，一部分是两层的阶梯式基础，另一部分是混凝土垫层。阶梯式基础的算量在广联达软件中进行，而混凝土垫层的算量在 Revit 软件中进行。

（2）设定混凝土垫层的相关参数。选择混凝土垫层，在"属性"面板中勾选"可见"选项，单击"材质"框，在弹出的"材质浏览器"对话框中设置"混凝土-垫层"材质，单击"确定"按钮，如图 6.63 所示。

图 6.63　设置垫层材质与可见性

⨀注意：在 Revit 中，不可见的对象是不参与算量计算的，所以在这个步骤中要将混凝土垫层设置为"可见"状态。在 Revit 中有时关闭"可见"状态是因为需要输出图纸，比如在结构设计平面图中是不显示凝土垫层的。

（3）重新载入阶梯式基础。在操作界面中，单击"载入到项目中"按钮，在弹出的"族已存在"对话框中选择"覆盖现有版本及其参数值"选项，如图 6.64 所示。这样就将已经修改的阶梯式基础族重新载入到项目文件中了，并且更新了各类参数。更新后的阶梯式基础图如图 6.65 所示，可以发现混凝土垫层已经显示出来了。

图 6.64　更新族参数

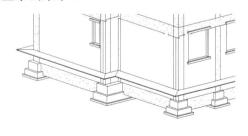

图 6.65　重新载入阶梯式基础

（4）新建材质提取。选择"视图"｜"明细表"｜"材质提取"命令，在弹出的"新建材质提取"对话框中,设定"过滤器列表"为"结构"选项,选择"结构基础"类别,单击"确定"按钮,如图 6.66 所示。

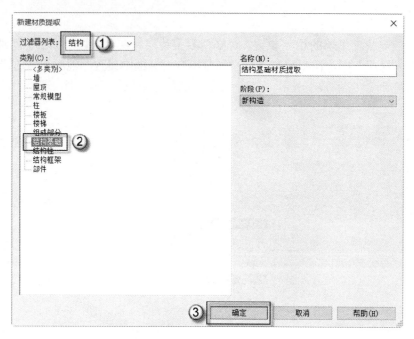

图 6.66 "新建材质提取"对话框

(5)添加可用字段。在弹出的"材质提取属性"对话框的"字段"栏中,选择"材质:名称""材质:体积"这两个字段,然后选择"过滤器"选项卡,进入下一步的操作,如图 6.67 所示。

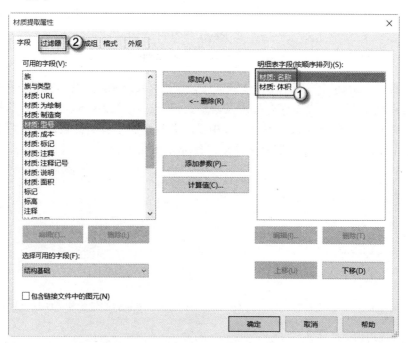

图 6.67 添加可用字段

（6）设置过滤条件。在"过滤器"选项卡中设置"过滤条件"为"材质:名称、等于、混凝土-垫层"，并选择"排序/成组"选项卡，进入下一步操作，如图 6.68 所示。

图 6.68　设置过滤条件

（7）设置排序方式。在"排序/成组"选项卡的"排序方式"栏中选择"材质:名称"选项，勾选"逐项列举每个实例"选项，并单击"确定"按钮完成操作，如图 6.69 所示。此时可以观察到系统自动生成了"结构基础材质提取"明细表，如图 6.70 所示。

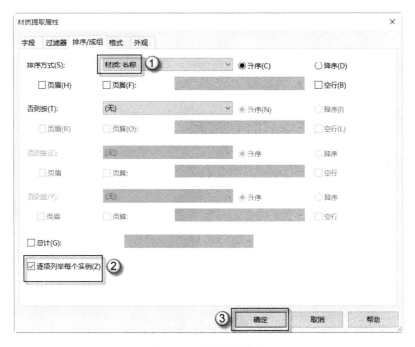

图 6.69　设置排序方式

<结构基础材质提取>

| A | B |
|---|---|
| 材质:名称 | 材质:体积 |
| 混凝土-垫层 | 0.14 m² |
| 混凝土-垫层 | 0.14 m² |
| 混凝土-垫层 | 0.14 m² |
| 混凝土-垫层 | 0.14 m² |
| 混凝土-垫层 | 0.14 m² |
| 混凝土-垫层 | 0.14 m² |
| 混凝土-垫层 | 0.16 m² |
| 混凝土-垫层 | 0.16 m² |
| 混凝土-垫层 | 0.16 m² |
| 混凝土-垫层 | 0.16 m² |
| 混凝土-垫层 | 0.31 m² |
| 混凝土-垫层 | 0.14 m² |
| 混凝土-垫层 | 0.14 m² |
| 混凝土-垫层 | 0.14 m² |
| 混凝土-垫层 | 0.14 m² |
| 混凝土-垫层 | 0.14 m² |
| 混凝土-垫层 | 0.16 m² |
| 混凝土-垫层 | 0.16 m² |
| 混凝土-垫层 | 0.16 m² |
| 混凝土-垫层 | 0.16 m² |
| 混凝土-垫层 | 0.31 m² |

图 6.70 "结构材质提取"明细表

### 2．雨蓬的砼用量

雨蓬常用在建筑物进出口上部，是一种常见的悬挑构件，一旦破坏则后果严重，所以其材料多使用钢筋混凝土，并且这样的雨蓬既耐用，造价也低。

（1）设定雨蓬的相关参数。在屏幕中双击雨蓬，进入雨蓬族的编辑模式。选择雨蓬，在"属性"面板中单击"材质"框，在弹出的"材质浏览器"对话框中设置"混凝土-雨蓬"材质，单击"确定"按钮，如图 6.71 所示。

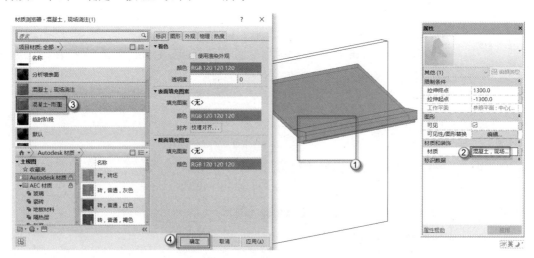

图 6.71 设定雨蓬的相关参数

（2）重新载入雨蓬族。在操作界面中，单击"载入到项目中"按钮，在弹出的"族已存在"对话框中选择"覆盖现有版本及其参数值"选项，如图 6.72 所示。这样就将已经修改的阶梯式基础族重新载入项目文件中了，并且更新了各类参数。

（3）新建材质提取。选择"视图"｜"明细表"｜"材质提取"命令，在弹出的"新建材质提取"对话框中，设定"过滤器列表"为"建筑"选项，选择"常规模型"类别，输入名称为"雨蓬砼用量"，单击"确定"按钮，如图 6.73 所示。

图 6.72　重新载入雨蓬族

（4）添加可用字段。在弹出的"材质提取属性"对话框的"字段"选项卡中，选择"材质:名称""材质:体积"这两个字段，然后再选择"过滤器"选项卡，进入下一步操作，如图 6.74 所示。

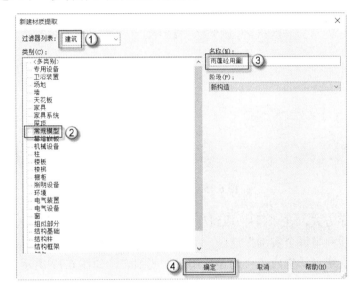

图 6.73　"新建材质提取"对话框

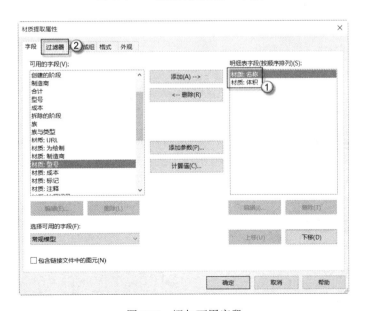

图 6.74　添加可用字段

（5）设置过滤条件。在"过滤器"选项卡中设置"过滤条件"为"材质:名称、等于、混凝土-雨蓬"，并选择"排序/成组"选项卡，进入下一步操作，如图 6.75 所示。

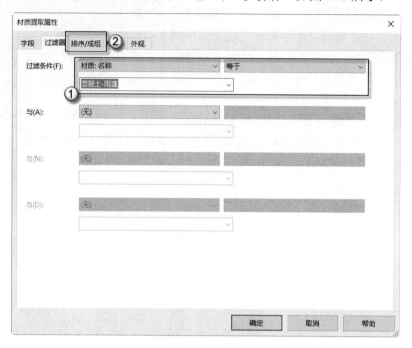

图 6.75　设置过滤条件

（6）设置排序方式。在"排序/成组"选项卡的"排序方式"栏中选择"材质:名称"选项，勾选"逐项列举每个实例"选项，并单击"确定"按钮完成操作，如图 6.76 所示。此时可以观察到系统自动生成了"雨蓬砼用量"明细表，如图 6.77 所示。

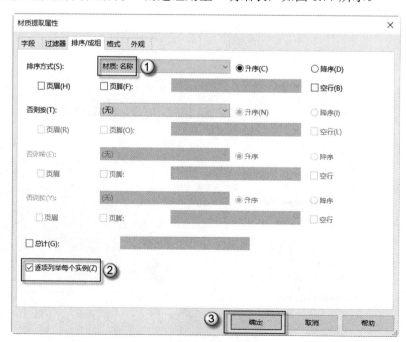

图 6.76　设置排序方式

### 3．窗套板

窗的上下沿用于装饰的出挑板就是窗套板，材质是钢筋混凝土，在算量时需要统计混凝土的体积，具体操作如下。

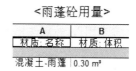

图 6.77　"雨蓬砼用量"明细表

（1）新建材质提取。选择"视图"｜"明细表"｜"材质提取"命令，在弹出的"新建材质提取"对话框中，设置"过滤器列表"为"建筑"选项，选择"窗"类别，输入名称为"窗套板砼用量"，单击"确定"按钮，如图 6.78 所示。

（2）添加可用字段。在弹出的"材质提取属性"对话框的"字段"选项卡中，选择"材质:名称""材质:体积"这两个字段，然后选择"过滤器"选项卡，进入下一步操作，如图 6.79 所示。

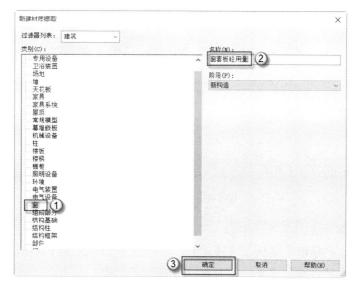

图 6.78　"新建材质提取"对话框

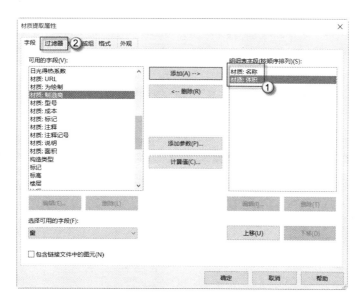

图 6.79　添加可用字段

（3）设置过滤条件。在"过滤器"选项卡中设置"过滤条件"为"材质：名称、等于、混凝土-窗套用"，然后选择"排序/成组"选项卡，进入下一步操作，如图 6.80 所示。

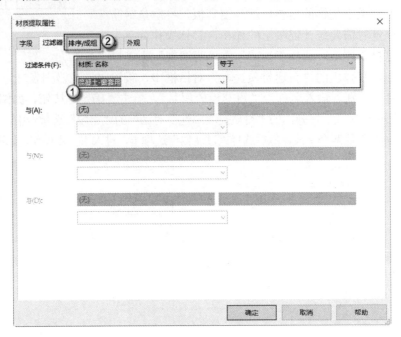

图 6.80  设置过滤条件

（4）设置排序方式。在"排序/成组"选项卡的"排序方式"栏中选择"材质:名称"选项，勾选"逐项列举每个实例"选项，并单击"确定"按钮完成操作，如图 6.81 所示。此时可以观察到系统自动生成了"窗套板砼用量"明细表，如图 6.82 所示。

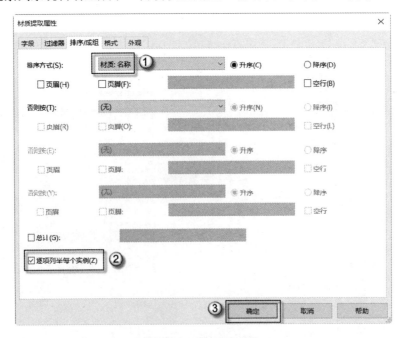

图 6.81  设置排序方式

&lt;窗套板砼用量&gt;

| A | B |
|---|---|
| 材质:名称 | 材质:体积 |
| 混凝土-窗套用 | 0.03 m³ |
| 混凝土-窗套用 | 0.03 m³ |
| 混凝土-窗套用 | 0.02 m³ |
| 混凝土-窗套用 | 0.03 m³ |
| 混凝土-窗套用 | 0.03 m³ |
| 混凝土-窗套用 | 0.03 m³ |
| 混凝土-窗套用 | 0.02 m³ |
| 混凝土-窗套用 | 0.03 m³ |
| 混凝土-窗套用 | 0.03 m³ |
| 混凝土-窗套用 | 0.02 m³ |
| 混凝土-窗套用 | 0.03 m³ |
| 混凝土-窗套用 | 0.03 m³ |
| 混凝土-窗套用 | 0.02 m³ |
| 混凝土-窗套用 | 0.03 m³ |
| 混凝土-窗套用 | 0.03 m³ |
| 混凝土-窗套用 | 0.02 m³ |
| 混凝土-窗套用 | 0.03 m³ |
| 混凝土-窗套用 | 0.03 m³ |
| 混凝土-窗套用 | 0.02 m³ |
| 混凝土-窗套用 | 0.03 m³ |
| 混凝土-窗套用 | 0.03 m³ |
| 混凝土-窗套用 | 0.02 m³ |
| 混凝土-窗套用 | 0.03 m³ |
| 混凝土-窗套用 | 0.03 m³ |
| 混凝土-窗套用 | 0.03 m³ |
| 混凝土-窗套用 | 0.03 m³ |
| 混凝土-窗套用 | 0.02 m³ |
| 混凝土-窗套用 | 0.02 m³ |
| 混凝土-窗套用 | 0.01 m³ |
| 混凝土-窗套用 | 0.02 m³ |

图 6.82　"窗套板砼用量"明细表

### 4．飘窗板

飘窗，一般呈矩形或梯形向室外凸起，三面都装有玻璃，又叫做凸窗。飘窗窗台的高度比一般的窗户较低。这样的设计既有利于进行大面积的玻璃采光，又保留了宽敞的窗台，使得室内空间在视觉上得以延伸。向室外伸出的板就是飘窗板。

（1）新建材质提取。选择"视图"｜"明细表"｜"材质提取"命令，在弹出的"新建材质提取"对话框中，设置"过滤器列表"为"建筑"选项，选择"窗"类别，输入名称为"飘窗板砼用量"，单击"确定"按钮，如图 6.83 所示。

（2）添加可用字段。在弹出的"材质提取属性"对话框的"字段"栏中，选择"材质：名称""材质：体积"这两个字段，然后选择"过滤器"选项卡，进入下一步操作，如图 6.84 所示。

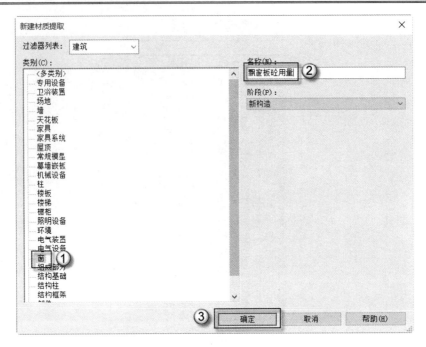

图 6.83　"新建材质提取"对话框

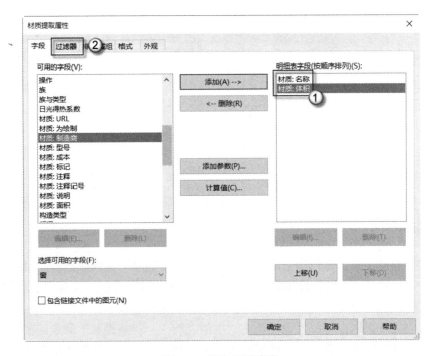

图 6.84　添加可用字段

（3）设置过滤条件。在"过滤器"选项卡中设置"过滤条件"为"材质:名称、包含、混凝土"和"材质:名称、不等于、混凝土-窗套用"两项，然后选择"排序/成组"选项卡，进入下一步操作，如图 6.85 所示。

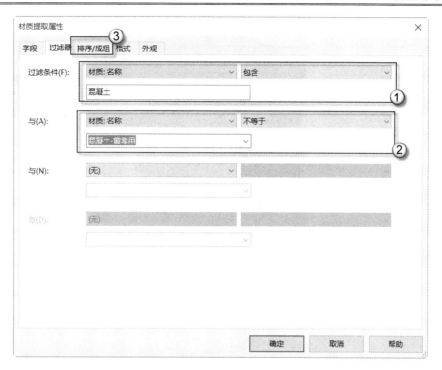

图 6.85　设置过滤条件

（4）排序方式。在"排序/成组"选项卡的"排序方式"栏中选择"材质:名称"选项，勾选"逐项列举每个实例"选项，并单击"确定"按钮完成操作，如图 6.86 所示。此时可以观察到系统自动生成了"飘窗板砼用量"明细表，如图 6.87 所示。

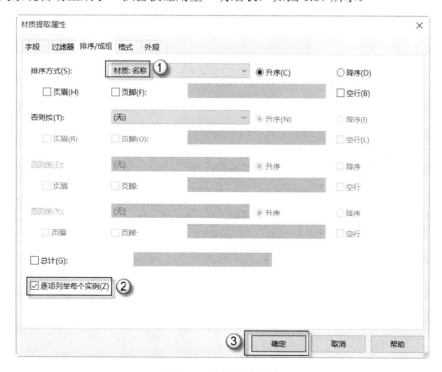

图 6.86　设置排序方式

<飘窗板砼用量>

| A | B |
|---|---|
| 材质:名称 | 材质:体积 |
| 混凝土-飘窗竖板 | 0.10 m³ |
| 混凝土-飘窗竖板 | 0.10 m³ |
| 混凝土-飘窗竖板 | 0.11 m³ |
| 混凝土-飘窗竖板 | 0.10 m³ |
| 混凝土-飘窗竖板 | 0.11 m³ |
| 混凝土-飘窗竖板 | 0.11 m³ |
| 混凝土-飘窗竖板 | 0.11 m³ |
| 混凝土-飘窗竖板 | 0.11 m³ |
| 混凝土-飘窗竖板 | 0.11 m³ |
| 混凝土-飘窗竖板 | 0.11 m³ |
| 混凝土-飘窗下板 | 0.19 m³ |
| 混凝土-飘窗下板 | 0.19 m³ |
| 混凝土-飘窗下板 | 0.19 m³ |
| 混凝土-飘窗下板 | 0.19 m³ |
| 混凝土-飘窗下板 | 0.19 m³ |
| 混凝土-飘窗下板 | 0.19 m³ |
| 混凝土-飘窗下板 | 0.19 m³ |
| 混凝土-飘窗下板 | 0.19 m³ |
| 混凝土-飘窗下板 | 0.19 m³ |
| 混凝土-飘窗上板 | 0.19 m³ |
| 混凝土-飘窗上板 | 0.19 m³ |
| 混凝土-飘窗上板 | 0.19 m³ |
| 混凝土-飘窗上板 | 0.19 m³ |
| 混凝土-飘窗上板 | 0.19 m³ |
| 混凝土-飘窗上板 | 0.19 m³ |
| 混凝土-飘窗上板 | 0.19 m³ |
| 混凝土-飘窗上板 | 0.19 m³ |
| 混凝土-飘窗上板 | 0.19 m³ |

图 6.87 "飘窗板砼用量"明细表

## 5. 覆土

从基础顶面到地坪，有一段覆土厚度，也叫做"回填土"。回填土应符合设计要求，保证填方的强度和稳定性。回填土的土质属于设计要求，这里不具体介绍，这里只需要统计回填土的体积，具体操作如下。

（1）新建材质提取。选择"视图"｜"明细表"｜"材质提取"命令，在弹出的"新建材质提取"对话框中，设置"过滤器列表"为"建筑"选项，选择"楼板"类别，输入名称为"覆土量"，单击"确定"按钮，如图 6.88 所示。

（2）添加可用字段。在弹出的"材质提取属性"对话框的"字段"栏中，选择"材质:名称""材质:体积"这两个字段，然后选择"过滤器"选项卡，进入下一步操作，如图 6.89所示。

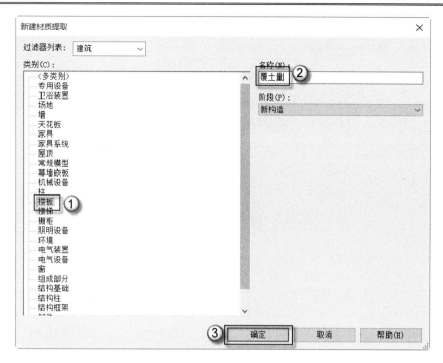

图 6.88 "新建材质提取"对话框

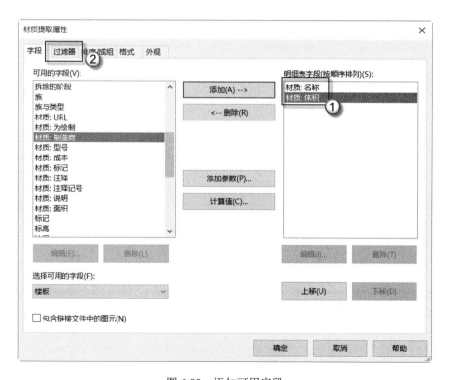

图 6.89 添加可用字段

（3）设置过滤条件。在"过滤器"选项卡中设置"过滤条件"为"材质:名称、等于、土壤"，然后选择"排序/成组"选项卡，进入下一步操作，如图 6.90 所示。

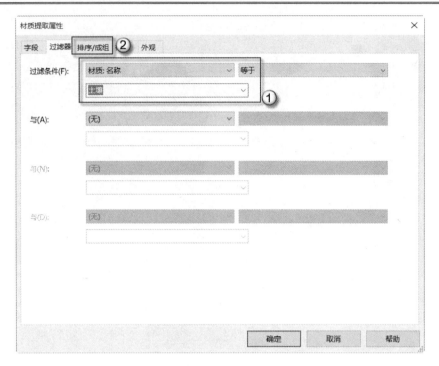

图 6.90　设置过滤条件

（4）排序方式。在"排序方式"栏中选择"材质:名称"选项，勾选"逐项列举每个实例"选项，并单击"确定"按钮完成操作，如图 6.91 所示。此时可以观察到系统自动生成了"覆土量"明细表，如图 6.92 所示。

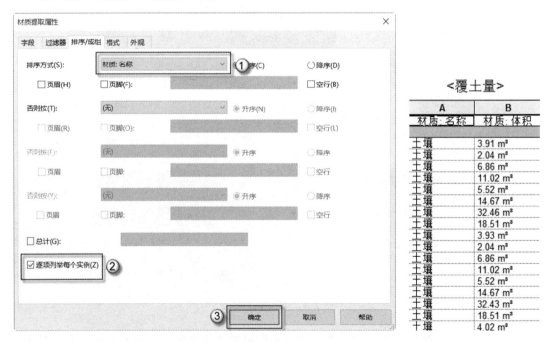

图 6.91　设置排序方式　　　　　　　　　图 6.92　"覆土量"明细表

# 6.3　导入广联达

国内工程算量的行业巨头广联达公司开发了 BIM 算量 GFC 插件,即 Global Foundation Class。其拥有自主知识产权,可以将 Revit 中的建筑、结构模型导出为广联达土建算量软件可读取的 BIM 模型。通过 GFC 插件的交互,可以极大的提高 BIM 模型导入算量软件的通过率,降低了建模成本,提高了工作效率。目前的插件支持 Revit 2014、Revit 2015、Revit 2016 和 Revit 2017 版本。

## 6.3.1　将 Revit 模型导入广联达

广联达 GFC 插件可以将 Revit 模型分层导出,大大提升后续的汇总计算效率,以满足不同客户的提量需求。工程师应根据附录 D 中的要求,修改 Revit 构件的命名,得到与广联达对应的要求。

在 Revit 中创建的 BIM 模型需先通过 GFC 插件转换成中转格式,然后再导入广联达 BIM 算量软件中。而 Revit 软件本身没有转换模型插件的模块,需先安装由广联达公司自主研发的 BIM 算量插件,即 GFC 插件。

### 1. 安装插件

(1) 下载 GFC 插件。在"广联达 G+工作台"中,选择"软件管家"模块,在"软件下载"下选择"BIM 算量"选项,找到 GFC 插件的最新版本,并下载,如图 6.93 所示。

图 6.93　下载 GFC 插件

（2）安装 GFC 插件。打开已经下载的 GFC 插件，根据安装向导安装即可，如图 6.94 所示。安装完成后，双击桌面的 Revit 图标，启动 Revit 软件。安装 GFC 插件后，在 Revit 的菜单栏中会多出一项"广联达 BIM 算量"菜单，单击"广联达 BIM 算量"菜单，其子菜单中包含"导出 GFC"文件等选项，如图 6.95 所示。

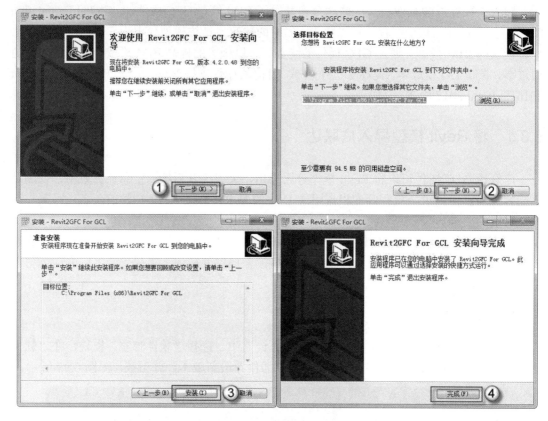

图 6.94　安装 GFC 插件

图 6.95　在 Revit 软件中的 GFC 插件表现形式

## 2. 导出GFC文件

（1）模型检查。随着 GFC 插件的不断完善，从第一代仅有"导出 GFC"选项，到最新的版本包含"导出 GFC""模型检查""批量修改族名称""规范文档"4 个模块。起初的"模型检查"是在 GFC 交互文件导入广联达土建算量软件中，再在广联达软件中进行"合法检查"。而新版本的插件，可以直接在 Revit 软件中进行检查，如图 6.96 所示。可以根据楼层、检查类别等项进行排查，并在"模型检查报告"中显示图元问题，部分可以智能修复，不能修复的部分在 Revit 软件或广联达软件中进行调整。

图 6.96　模型检查

（2）批量修改族名称。在 Revit 中构件称为"族"，而广联达土建算量中的构件称为"图元"，由于不同软件的构件命名不同，会使构件类别有很大不同，影响了算量结果。为了让构件归属类型精确，保证工程量的精准，根据《广联达算量模型与 Revit 土建三维设计模型建模交互规范》，需要将 Revit 中族的命名与 GCL 构件类型命名相匹配。在本例中，模型基础是独立基础，如果按照 Revit 模型命名为 J1、J2、J3、J4，在广联达算量软件中构件类型显示为筏板基础；而根据交互规范，须将独立基础命名为 DJ，而 J1 就重命名为 DJ1，如图 6.97 所示，构件名称会自动显示为独立基础。

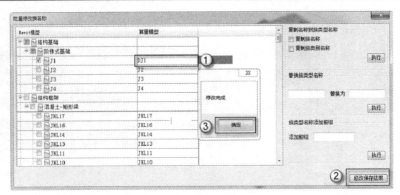

图 6.97　修改族名称

（3）导出 GFC 交互文件。在 Revit 菜单栏中选择"广联达 BIM 算量"｜"GFC"命令，在弹出的"导出 GFC-楼层转化"对话框中，选择需要导出的楼层，并勾选"导出"复选框，如图 6.98 所示，然后单击"下一步"按钮，根据需要，勾选出需要导出的构件复选框，单击"导出"按钮，如图 6.99 所示。导出完成后，单击"确定"按钮， GFC 转换文件导出完成。

| 楼层名称 | 层高(m) | 顶标高(m) | 底标高(m) | 导出 |
|---|---|---|---|---|
| 20.667 | 3 | 23.667 | 20.667 | ☑ |
| 屋顶 | 2.667 | 20.667 | 18 | ☑ |
| 六 | 3 | 18 | 15 | ☑ |
| 6 | 0.03 | 15 | 14.97 | ☑ |
| 五 | 2.97 | 14.97 | 12 | ☑ |
| 5 | 0.03 | 12 | 11.97 | ☑ |
| 四 | 2.97 | 11.97 | 9 | ☑ |
| 4 | 0.03 | 9 | 8.97 | ☑ |
| 三 | 2.97 | 8.97 | 6 | ☑ |
| 3 | 0.03 | 6 | 5.97 | ☑ |
| 二 | 2.97 | 5.97 | 3 | ☑ |
| 2 | 0.03 | 3 | 2.97 | ☑ |
| 一 | 2.97 | 2.97 | 0 | ☑ |
| 地坪 | 0.61 | 0 | -0.61 | ☑ |
| 基础顶面 | 0.59 | -0.61 | -1.2 | ☑ |
| 基础层 | 3 | -1.2 | -4.2 | ☑ |

图 6.98　选择导出楼层

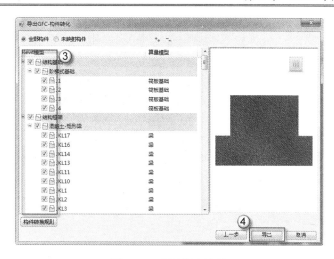

图 6.99 选择导出构件

注意：最新版的 GFC 插件中包含有规范文件。若在 Revit 中进行族命名，可以更方便查找交互规范，提高效率。

## 6.3.2 在广联达中对模型的检查与调整

广联达软件在应用上为了多元化融合市场需求，在软件开发上增加了 BIM 应用技术，将 BIM 信息建模与算量造价两者之间连接得更为紧密，更精准、细化的模型，对造价的准确性有很大的提升，能更好地对投资、成本进行控制。

（1）导入 GFC 文件。打开广联达 BIM 土建算量软件，选择"新建工程"命令，弹出工程对话框，在其中选择清单规则和定额规则"，依次单击"下一步"和"完成"按钮，完成新建工程，如图 6.100 所示。在"模块导航栏"面板中选择"绘图输入"模块，进入绘图界面。在菜单栏中选择"BIM 应用"｜"导入 Revit 交换文件"｜"单文件导入"命令，在弹出的"GFC 文件导入向导"对话框中，选择需要导入的 GFC 文件，可以按照需求勾选相应楼层、构件类别及导入设置的复选框，如图 6.101 所示。

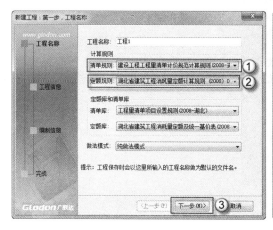
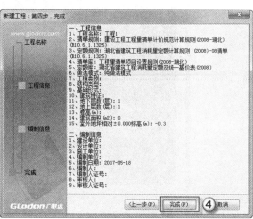

图 6.100 广联达新建工程

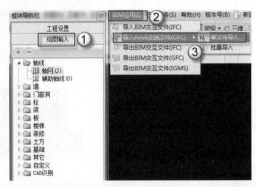

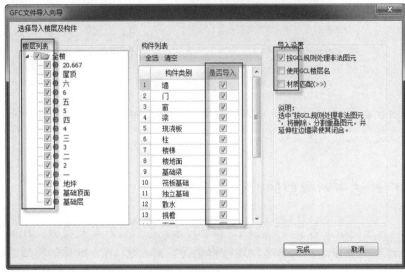

图 6.101　导入 GFC 文件

（2）模型导入错误。根据工程选择楼层、构件后，单击"下一步"按钮，软件将自动导入构件。若在 Revit 中定义的构件与广联达软件有原则冲突，模型将无法导入，如图 6.102 所示。

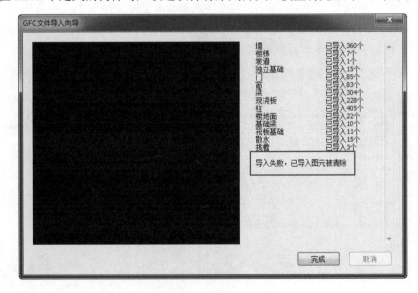

图 6.102　模型导入错误

（3）错误检查。在模型自动导入的时候，观察模型是在导入哪部分构件的时候出现了问题。若是影响模型完整性，可在 Revit 中进行修改；若不影响模型完整性（影响算量），可在导入软件时将有问题的构件去掉。如图 6.103 所示，本工程在导入过程中经过检查，在导入"自定义线"时导入失败，此部分不影响模型算量，因此将其去除。

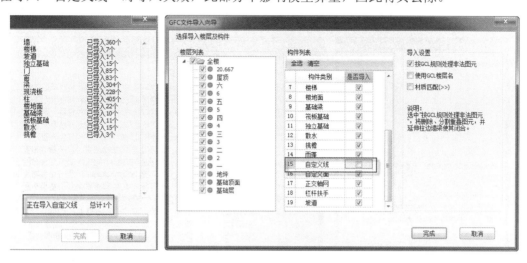

图 6.103　查找导入模型错误的构件

（4）导入完成。修改完成后，模型将继续自动导入，如图 6.104 所示。而本工程是将建筑模型与结构模型同时导入广联达算量软件，可根据需要分开导入。

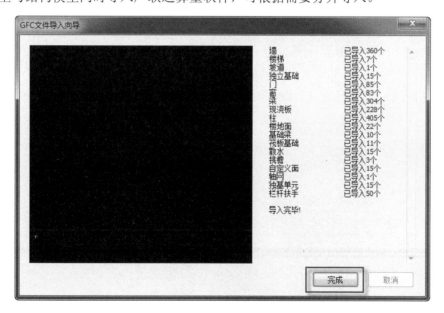

图 6.104　完成模型导入

当模型导入广联达算量软件中后，理论上即可进行算量汇总，这也是广联达公司自主研发与其他软件对接接口的目的——高效、精确算量，避免二次重复建模。

实际上，模型能成功导入软件和在软件中能否成功算量是两回事，而能否正确算量才是最重要的环节。所以模型导入后，应检查能否算量，如若不能，还需在广联达软件中调整模型。是否能正确进行算量的方法，就要使用"汇总计算"命令检验其合法性。

（5）检验合法性。在操作界面中，单击"汇总计算"按钮，在弹出的"确定执行计算汇总"对话框中，依次单击"全选"和"确定"按钮，进行合法性检验，如图 6.105 所示。

根据汇总计算结果显示，本工程不能直接进行算量汇总，在弹出的错误提示对话框中，显示模型中某些构件不符合计算规则，如图 6.106 所示。

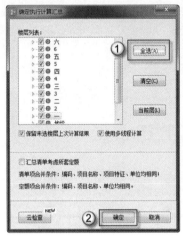

图 6.105　汇总计算

图 6.106　不符合计算规则的构件

此时，需要在广联达软件中，根据交互规范和算量计算规则对模型进行具体调整，这部分内容将在第 7 章详细介绍。

# 第 7 章 广联达的调整

Revit 模型导入广联达 GCL 软件，如果仅仅是为了三维效果的吻合，则没有太大意义。其最主要的目的是为了实际工程量的准确度，毕竟广联达软件是为工程造价服务的。从第 6 章模型导入 GCL 的结果来看，三维效果令人满意，导出的主体构件属性基本没有问题。但是想要达到最切合实际的工程量，准确性取决于 Revit 中建模时墙、梁、板、柱等的属性定义及后期在广联达软件中几何构件的修改，简单说就是取决于建模人的水平。本章主要介绍模型导入广联达软件后构件的调整。

## 7.1 主体构件的调整

主体构件相当于支撑整个工程占总工程量的主导部分，不管是估算模型、概算模型、预算模型、施工模型，还是竣工模型，主体构件都会穿插在工程的整个生命周期，占造价总额 40%~50%左右。所以对于工程主体部分，工程量统计的准确性尤为重要。广联达算量软件具有一键汇总计算的性质，根据构件属性参数将模型的各个构件类型量全部统计出来，然后导入 GCL 后再对构件图元进行查漏补缺，以保证工程量统计的精度。

### 7.1.1 墙、保温墙的调整

Revit 模型导入广联达软件中后完全可以识别，但需要注意墙标高，如果墙体上下层的标高有重合部分，在进行汇总算量时，不能计算墙体的工程量。原因是，在 Revit 中的墙如果从楼板上画至梁下，在广联达软件中显示的墙体是隔断的，但是不影响工程量计算，可以进行汇总计算；如果在 Revit 中的墙是包含梁、板的画法，此时导入到广联达土建算量软件中的模型，需要修改各层的墙体构件标高，修改为与每层层高一致，并在三维视图中检查每层墙体是否超出层高范围，调整标高后的墙体构件才可以进行汇总计算，进行下一步操作。如图 7.1 所示，是以"基础顶面"层为例，通过"汇总计算"，检查墙体是否能合法计算。

如若检查出有墙体构件不合法，无法计算工程量，那么可以在软件中，通过三维视图直观地查看不合法的墙体高度，如图 7.2 所示。

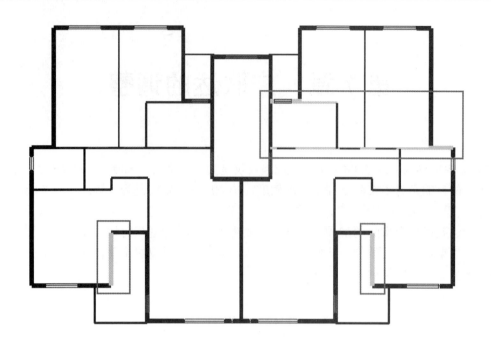

图 7.1 查找不合法性墙构件

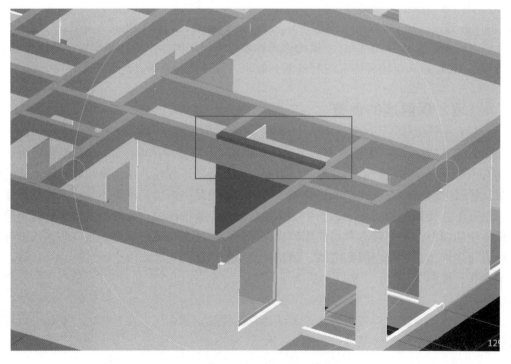

图 7.2 三维视图中查看墙体的超出部分

通过"汇总计算"和在三维视图中查看不合法计算的墙体高度后，需要在广联达软件中手动调整墙高度，在广联达 GCL 中有两种方法可以修改墙高度。方法一，选中需要修改的墙构件，单击"属性"按钮，在弹出的"属性编辑框"面板中，调整"起点顶标高"和

"终点顶标高"属性值,如图 7.3 所示;方法二,单击"定义"按钮,回到"构件列表"面板中,选择需要修改的墙构件名称,在"属性编辑框"面板中,调整"起点顶标高"和"终点顶标高"属性值,如图 7.4 所示。

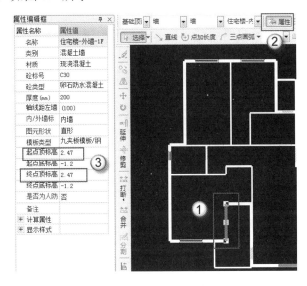

图 7.3  修改标高方法 1

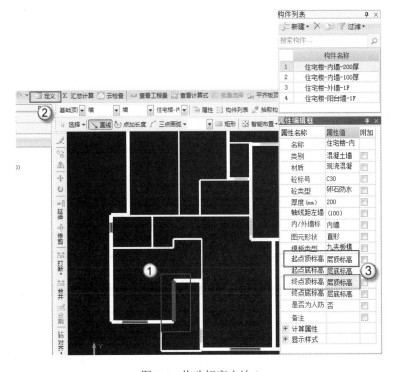

图 7.4  修改标高方法 2

在墙属性编辑中,还有一个需要注意的影响工程量的位置,那就是 Revit 中定义为外部的砌体墙导入广联达软件后,虽然名称可以对应上,但是都转化成了内墙,而实际中内、外墙的砌体材料是不一样的,这个也要手动修改,如图 7.5 所示。

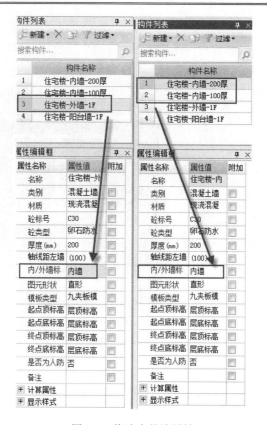

图 7.5　修改内外墙属性

　　将高度调整后，再次单击"汇总计算"按钮，检查是否还有遗漏。墙体平面图如图 7.6 所示，三维模型图如图 7.7 所示，基础顶层平面图中报错构件，是不可以计算工程量的。其他楼层依照此方法查找修改。

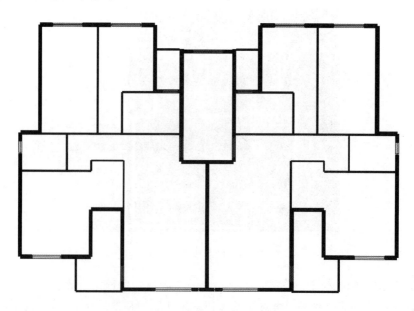

图 7.6　修改后的墙体平面图

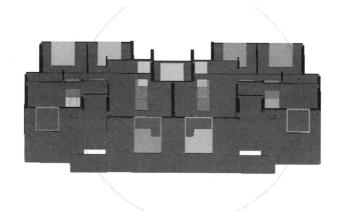

图 7.7　修改后的墙体三维图

## 7.1.2　柱、梁、板的调整

柱、梁、板是多层房屋的主要结构形式，也是建筑的基本结构单元，构成地上主体部分主要承重体系。按照建筑标准化的要求，在同一工程中的不同软件对柱、梁、板等主体构件不用进行外观上的修改下面详细介绍这三种构件在 Revit 和广联达 GCL 中的调整。

（1）柱的调整。在 Revit 中，对"柱"构件定义高度时，可以整栋楼定义生成，即从"基础顶面"一直生成到"屋顶"，如图 7.8 所示。这样生成的柱子没有楼层的信息量，从顶到底是一根柱子，对于模型而言，没有任何问题。但是如果用此方法在一个层楼中定义整栋楼柱高度时，导入广联达软件中只会在相应定义楼层显示。虽然在广联达 GCL 中查看三维模型也没有任何问题，如图 7.9 所示，但是在分楼层的平面图中检查时，就无法进行计算了。

**注意**：这种在 Revit 中定义柱的方法，被称为"一柱升天"。这种方法有其优势，即可以快速将一根柱子生成，只要不导入广联算量，设计人员都较偏爱采用这种建模方法，因为可以加快结构专业建柱的效率。

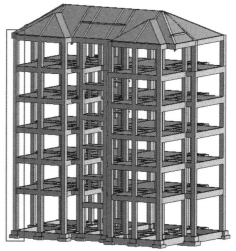

图 7.8　Revit 中定义柱高（通长）

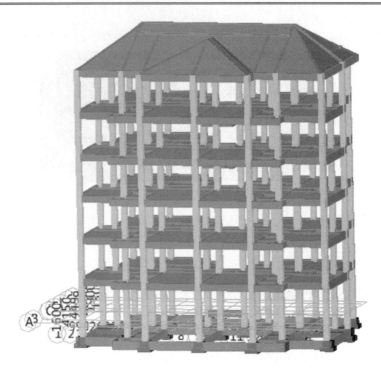

图 7.9　GCL 中的柱模型

采用"一柱升天"方法创建的柱导入广联达中后，从三维切换到每一层的构件套取清单定额时会发现问题，有的楼层显示全部构件，有的楼层只显示部分构件。如图 7.10 和图 7.11 所示，在"基础顶面"楼层中显示了全部柱；但是在 2 层，只显示了三根柱子，其余大部份柱子都因建模方法错误而没有显示。然后进行分层三维显示继续深层次查看柱模型时，发现属于基础顶层的柱却整栋生成了，如图 7.12 所示，而 2 层柱构件就只在本层生成，如图 7.13 所示。

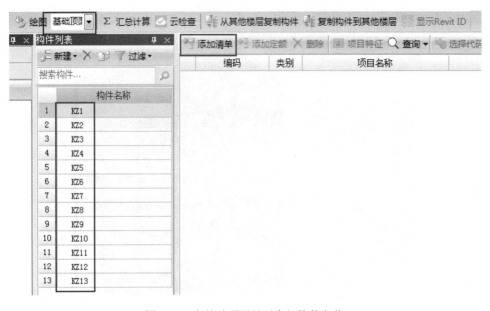

图 7.10　在基础顶层显示全部构件名称

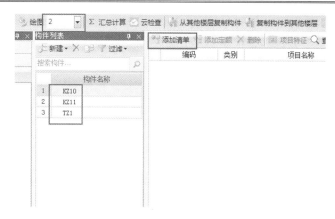

图 7.11　在 2 层显示部分构件名称

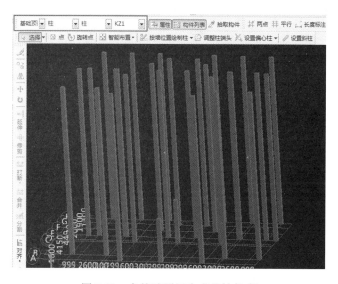

图 7.12　在基础顶层生成整栋柱高

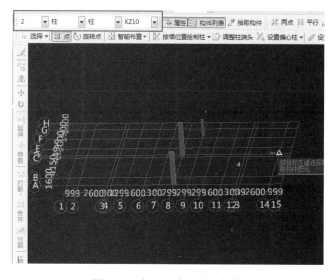

图 7.13　在 2 层生成本层柱高

由于工程在 Revit 软件中是在"基础顶面"层定义整栋柱高，在广联达软件的"基础顶面"这一层能会显示整栋建筑所有层的柱高，而实际应该是每层只显示本层的柱高，显然工程中的柱高显示并不正常，从而影响清单定额的套取。

针对此种问题，应该在 Revit 中建模定义柱高时，每层单独定义，不可一蹴而就，这样才与广联达建柱的原则相配，才会在广联达软件中每层都正确显示，才可以套取清单定额。如图 7.14 所示为楼层正确显示柱的样式。

图 7.14　正确显示不同楼层的构件名称

注意:

- 只有在"构件列表"中有构件对应的名称显示，才能选中对应构件，对其添加清单项和定额项。
- 暗柱和框架柱无法区分导入，暗柱属于剪力墙的一部分，但有的地方根据计算规则是分开处理的。
- 单个异形柱可以导入广联达 GCL，软件可以识别，当多个异形柱同时导入广联达 GCL 时，可能只会识别部分异形柱，此时需要在广联达软件中手动补充构件。

（2）梁的调整。梁在 Revit 中设置属性编辑时，族类型中严禁出现"连梁/圈梁/过梁/基础梁/压顶/栏板"的字样，梁的命名及归属类型需与广联达 GCL 中一致，导入时，归属的模块类型才不会改变，其他构件也是如此。一般的梁构件在导入广联达 GCL 后没有问题，可以进行编辑，与梁相交的构件在连接处导入时会自动扣减。

注意：在 Revit 中定义的梁构件，导入后都转换成了框架梁，构件名称上可以对应，但在类别上不能区分框架梁和次梁，如图 7.15 所示。可以根据需要手工将"框架梁"调整为"次梁"。

图 7.15　主梁、次梁导入后的类别显示

（3）板的调整。板在 Revit 中设置属性编辑时，族类型中严禁出现"垫层/散水/台阶/挑檐/雨蓬/屋面/坡道/桩承台"的字样，且楼板厚度必须是整数。板构件导入广联达 GCL 后，属于可编辑类型。

在导入 GCL 中常出现"板重叠"的问题。这个问题只能在广联达软件里处理，因为在 Revit 中绘制板时是不会提示重复、重叠布置的，模型导入广联达 GCL 中也没有问题，只是在要进行算量时，软件才会识别重叠并提示，如图 7.16 所示。在错误提示对话框中，三层梯板"1PA3"提示有两条错误，六层屋面板"WB2"提示有一条错误，双击报错的构件名称，软件会在图中精确定位到重复楼板，如图 7.17 所示，选中此楼板，将其删除（重叠几次就删除几次）即可。

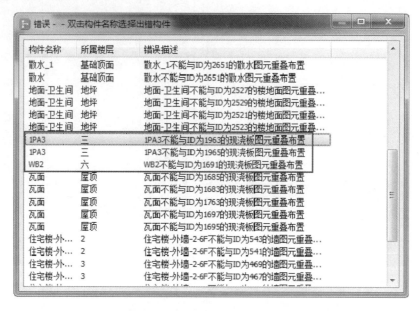

图 7.16　识别重叠楼板

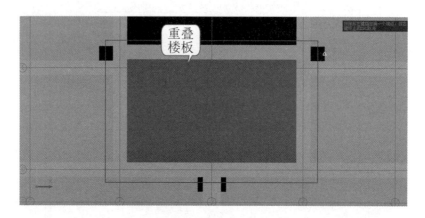

图 7.17　删除重叠楼板

🔔注意：楼板的重叠或重复，实际上就是在 Revit 中建模不细致造成的。这种情况应该在"源头"即在 Revit 中避免，这需要在建模时养成良好的习惯。

## 7.1.3　门、窗的调整

在广联达软件中，门窗是依附墙而存在，所以在 Revit 中编辑门窗时，要求门窗框厚度不能超过墙厚，门窗的底标高不能超出墙高的范围，否则门窗无法导入广联达 GCL。

一般门窗在 Revit 与广联达交互间的对接基本问题，只是在两个软件中的显示不同。在 Revit 中门窗的显示比较形象，在广联达软件中只显示门窗洞口的实际洞口尺寸，门窗框和造型不会导入广联达软件，但是不影响工程量的计算，如图 7.18 和图 7.19 所示。

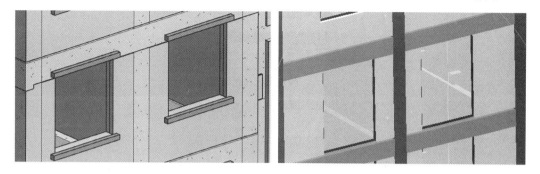

图 7.18　在 Revit 中的窗造型　　　　　　图 7.19　在广联达 GCL 中的窗形式

　　这里需要注意的是，目前两个软件之间还有少许构件无法解析，例如，飘窗中只能导入顶板、底板和窗，不能导入窗台板，这样的飘窗导入广联达软件后不能显示飘窗造型。但是只要定义了飘窗，导入广联达中即可直接套用工程量清单与定额，因为各地建设部门对飘窗详细做法有统一的规定。

　　而门的建模在 Revit 中已经有了固定模式，只需要建一个门洞就可以了。在广联达中有了这个门洞，有了门的族类型名称，就可以直接套用当地门的工程量清单与定额。在土建工程、装饰工程中，各地建设部门对门的做法也制定了详细的标准，可以直接选用。读者也可以参考附录中建施图纸的"门窗表"，其中的门样式就选用了公开出版的图集。

## 7.1.4　楼梯的调整

　　楼梯在广联达图形算量 GCL 中主要是计算楼梯各部分的体积或者投影面积，这就需要在 Revit 中按要求建立楼梯模型。广联达 GCL 软件中的楼梯根据《现浇混凝土板式楼梯（16G101-2）》图集进行参数编辑。Revit 楼梯建模方式的不同，会造成两者交互后属性有所差异。

　　楼梯在 Revit 中绘制是采用组合形式绘制，将楼梯的梯段、梯梁、休息平台等分开定义，创建组并命名。这样楼梯导入 GCL 后，除了梯段是不可编辑外，其他部分都是可以编辑的，如图 7.20 所示。虚显的字体表示梯段不可编辑。

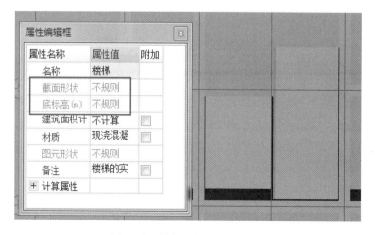

图 7.20　楼梯仅梯段不可编辑

通过三维视图可以观察到楼梯不同构件的显示方法也不同，表示采用组合形式创建绘制的楼梯并不是一个整体。其中有可编辑部分，也有不可编辑部分，如图 7.21 所示。

图 7.21　三维区分楼梯组成部分

如果在 Revit 中是用草图绘制楼梯，如图 7.22 所示，导入广联达软件后不会拆分梯段、休息平台、梯梁等，所有组成部分显示为一个整体，都是不规则属性不可以编辑，如图 7.23 所示。

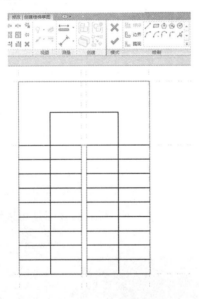

图 7.22　Revit 中用草图创建楼梯

图 7.23　GCL 中的楼梯显示图

在标准层中，创建组合楼梯绘制完成后，可以对楼梯设置"多层顶部标高"，将楼梯复制到其他标准楼层，同样能导入广联达 GCL 软件中。

## 7.1.5　基础的调整

本例的基础属于独立基础，导入广联达 GCL 中属于不规则体不可以编辑。一般基础下会有垫层，但是在 Revit 中没有专门基础垫层的图元，所以在建基础族时会将垫层贴到基础最下端，垫层导入广联达 GCL 中后无法显示无法计算，要么用前面介绍的方法在 Revit

中算量，要么在广联达中手工绘制垫层。

基础模型导入能正常算量，没有问题，但是在广联达软件中"模块导航栏"|"独立基础"下，构件列表中没有任何构件名称，绘图区没有任何图元，如图 7.24 所示。

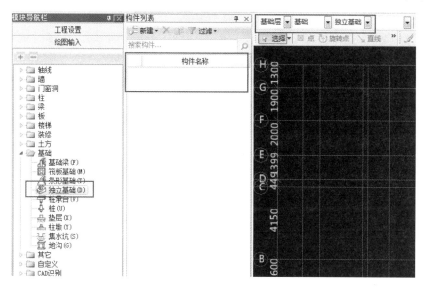

图 7.24　"无独立基础"名称显示

但是查看整个模型，基础是成功导入的，只是根据构建命名没有归属到"独立基础"名下，而是在"筏板基础"名下，如图 7.25 所示，但确实是在 Revit 中创建的独立基础，却因为命名不同，软件出现了误差。

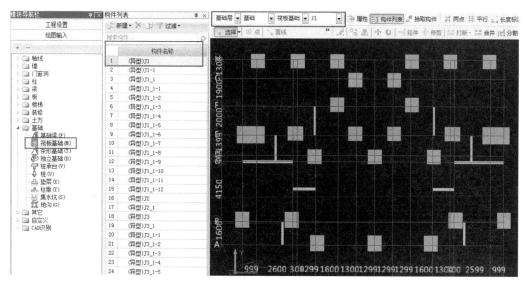

图 7.25　默认"筏板基础"

对于构件系统默认错误进行的处理：如果构件是可以编辑的，可以直接在广联达中用"修改构件名称"命令调整即可。但是独立基础作为不可以编辑构件，就不能在广联达 GCL 中修改了，必须在 Revit 中修改构件名称。方法是进入 Revit 中，在"类型属性"对话框中重新定义基础的族类型，将族的名称命名为"独立基础"，"类型"设置为基础的具体尺寸，如图 7.26 所示。还有另一种方法，在导出 GFC 文件时，修改"算量类型"，这部分内容在第 6 章中已详细说明，这里不再赘述。修改完成后，在广联达软件中基础被归属到"独立基础"模块下，如图 7.27 所示。

图 7.26　修改基础族类型

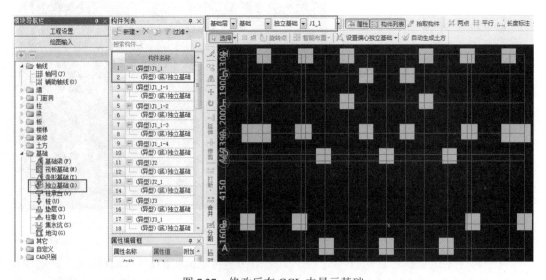

图 7.27　修改后在 GCL 中显示基础

# 7.2  装修构件的调整

装修在广联达软件中是单独一个模块，以一个一个房间单独定义绘制，简单明了。而在 Revit 中没有单独装修这个功能，对于装饰装修方法是在构件上添加材质，基于定义模块有很大的不同，要求在 Revit 中添加附着在墙、楼板构件上的装修层，定义要十分精确，才能确保墙面、墙裙、踢脚、天棚等装修导出、导入。

## 7.2.1  墙面、保温层的调整

在 Revit 中没有墙面构件，为了实现建模的形象化，可以采用墙中面层定义绘制，或者直接用墙替代绘制，推荐采用第一种方法。

本工程采用在墙中面层定义墙面、保温层。返回到 Revit 中，在"属性"面板中单击"编辑类型"按钮，在弹出的"类型属性"对话框中单击"结构"参数后的"编辑"按钮，弹出"编辑部件"对话框。在"编辑部件"对话框中新增外墙面（即"面层 1[4]"）、内墙面（即"面层 2[5]"）和保温层（即"保温层/空气层[3]"），可添加相应的材质，如图 7.28 所示。

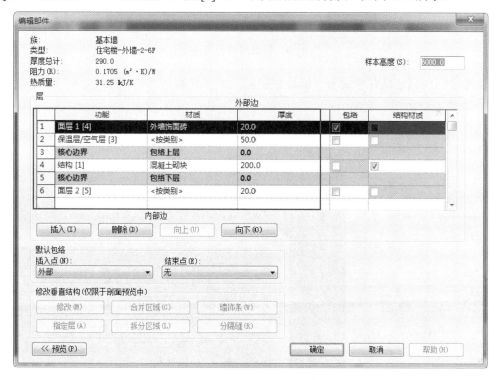

图 7.28  设置墙面、保温层

注意：设置属性时不要勾选"包络"复选框，因为在广联达算量会中处理，所以不需要重复设置。设置外墙时，外墙外侧是外墙面，外墙内侧是内墙面。设置内墙时，墙的两侧都是内墙面。

按照此方法绘制的墙面、保温层，成功导入广联达软件后不需要调整。因为"墙面"属于装饰装修，在广联达软件中归属于"模块导航栏"｜"装修"｜"墙面"模块，可以套取清单、定额计算工程量，并可以编辑，如图 7.29 所示。

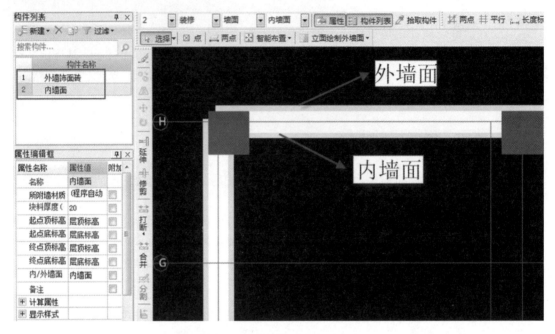

图 7.29　外墙墙面表现形式

保温层在广联达软件中属于"模块导航栏"｜"其他"｜"保温层"模块，属性可以编辑，如图 7.30 所示。

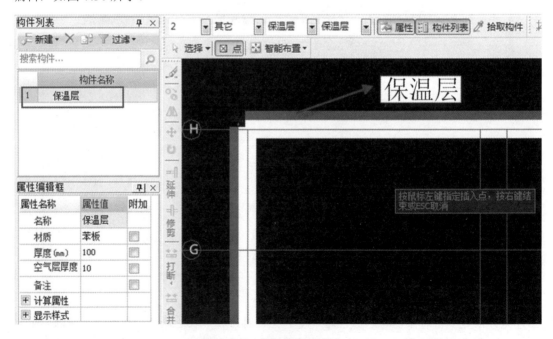

图 7.30　保温层表现形式

装修部分在 Revit 和广联达 GCL 中表现形式有很大不同，在 Revit 中的显示比 GCL 中更加形象，如图 7.31 和图 7.32 所示。所以在算量时，需要 Revit 与广联达这两个软件交互使用，该在 Revit 软件中算的就在 Revit 软件中算，该在广联达软件中算的就在广联达软件中算。

图 7.31　Revit 中的装饰部分

图 7.32　广联达中的装饰部分

## 7.2.2　天棚、楼地面的调整

天棚、楼地面在 Revit 中也没有对应构件，为了在广联达软件中显示，可以用楼板面层代替绘制。采用楼板面层时，在 Revit 中有两种设置形式，如图 7.33 所示，单独设置楼地面时，必须修改族类型为"地面"，在"类型属性"对话框中设置结构的相应构造内容。

若是有多个面层或天棚时，可以采用另一种方法，如图 7.34 所示，在楼板中定义面层，核心层边界上边是楼地面，核心层边界下边是天棚。也就是结构板上面是本层的楼地面，结构板下面是下层的天棚。

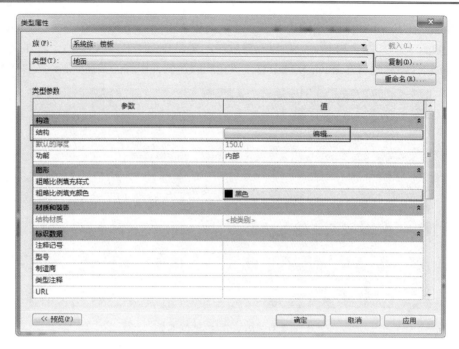

图 7.33　类型定义为楼地面

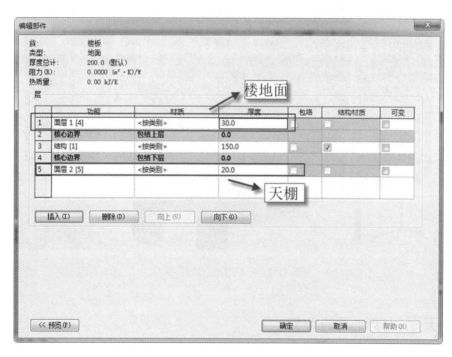

图 7.34　同时定义多个面层

　　本例的楼地面导入软件后，在进行合法性检查时，显示有多个楼地面重叠，无法汇总楼地面工程量，如图 7.35 所示。在错误构件提示对话框中，双击"地面-卫生间"选项直接链接到错误位置，或者选择"模块导航栏"｜"楼地面"｜"地面-卫生间"选项，选中需要的目标图元后删除即可。注意，重叠几次就删除几次，如图 7.36 所示。

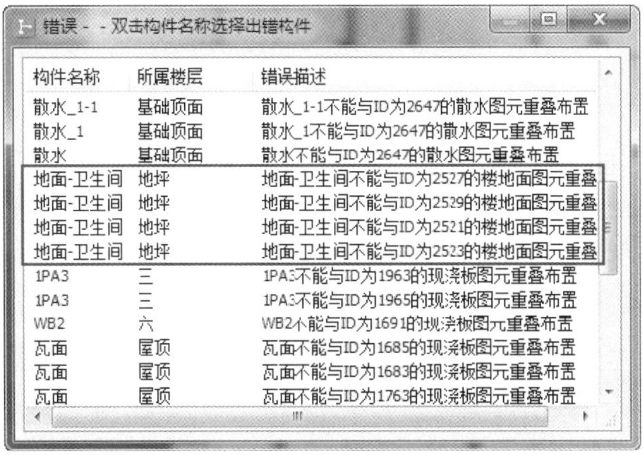

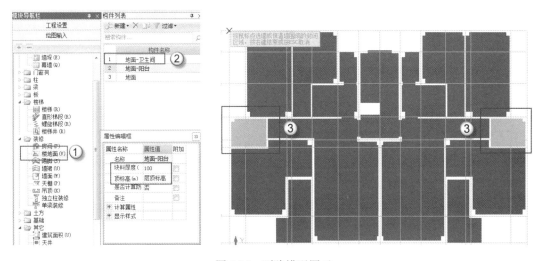

图 7.35　楼地面错误显示

图 7.36　删除错误图元

　　其实，广联达软件在装修方面提供了专业构件及智能布置等多种绘制方式，可以快速完成绘制，而且工程量也很准确，这方面的算量不需要在 Revit 中过多设置。还有一个主要的原因就是，不管在 Revit 中构件套取何种材质，导入广联达 GCL 软件中后，任何材质都会被广联达软件初始化，默认为混凝土材质，但保留构件名称。所以装修部分的面层一般在 Revit 中设置，但是不需要添加，在模型导入后，材质在广联达中选择即可。

# 7.3　其他构件的调整

　　整个工程除了主体构件柱、梁、板、墙、基础和装饰装修外，还有其他零星构件，例如，散水、台阶、雨蓬、屋面和压顶等。这些小构件对于新手在建立模型套取清单定额时很容易被忽视，但是有经验的工程造价师会习惯计算这些零星工程量，虽然工程规模越大占据的比例越小，但是工程量汇总得越全面，不管是招标还是投标，计价就越准确。这里根据工程实例，介绍部分零星构件的调整方法。

## 7.3.1  挑檐的调整

挑檐在 Revit 中建立的模型能否导入广联达 GCL 并且成功算量,与 Revit 命名非常关键。根据最新《广联达算量模型与 Revit 土建三维设计模型交互建模规范》,挑檐族类别可以有"楼板/檐沟/常规模型/结构框架/楼板边缘"几类,类型定义一定出现"檐口或挑檐"字样,如图 7.37 所示。

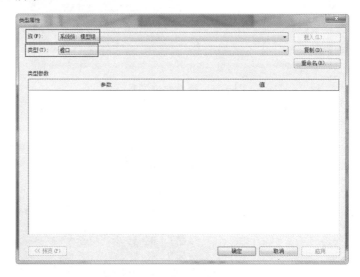

图 7.37  定义挑檐族类型

如图 7.37 所示,本工程中挑檐采用"系统模型"族定义,可以导入 GCL,这里需要注意,挑檐在 Revit 绘制的是正规的矩形形式,但是导入 GCL 中还是属于不规则体不能编辑,如图 7.38 所示。

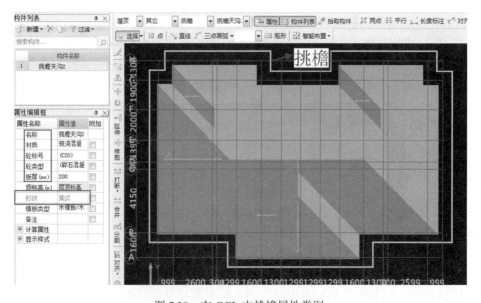

图 7.38  在 GCL 中挑檐属性类别

注意：在图 7.38 中"属性编辑框"面板中，标注框中的"形状""面式"是虚显字体，就说明不可以对挑檐进行编辑。在广联达软件中，属性值字体实显是可以进行编辑的。编辑后，图元随之变化。而标注框中的"名称""材质""砼标号""板厚（mm）"是实显字体，可以修改后面的属性值，但是挑檐并不随之改变，因此说明挑檐是异形挑檐。

## 7.3.2　散水、坡道的调整

散水和坡道在类型上有一定相似之处，都是有一定坡度的面式构件，在 Revit 中的属性定义也有相似之处，可以采用板式构件的方法设置。下面将坡道和散水放在一起介绍，读者在绘制时注意二者的相似之处和区别。

（1）散水的调整。在 Revit 中建立散水模型，采用"楼板"族定义，但是"类型"要修改成"散水"，且散水厚度为整数，如图 7.39 所示。将散水模型导入广联达 GCL 软件中会归属为"散水"模块，如图 7.40 所示。

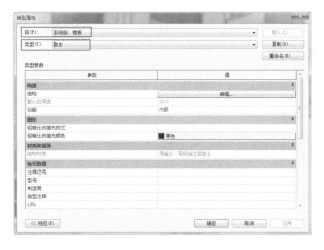

图 7.39　在 Revit 中定义散水

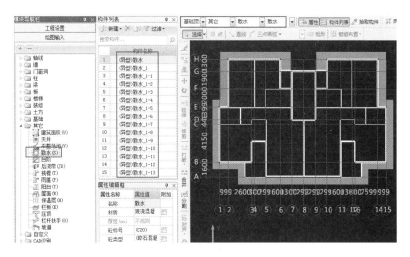

图 7.40　在 GCL 中显示散水位置

同样的，散水设置和绘制没有问题，模型就能导入广联达软件，但是也会容易出现重叠问题，且重叠问题在板类型中经常出现。本工程的散水模型导入后也有重叠，重叠部分会加粗显示，如图 7.41 所示。

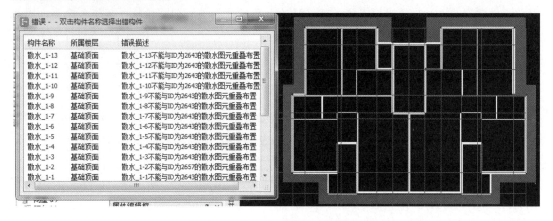

图 7.41　在 GCL 中散水错误提示

直接选中散水（加粗部分），将重叠部分删除，如果一次删除后散水还是加粗显示，那么继续选中散水并删除，直至无重叠部分。

（2）坡道的调整。坡道在 Revit 中的命名可以直接用"坡道"定义，如图 7.42 所示，坡道模型导入广联达 GCL 之后都是异性不规则构件，属性不可以编辑，如图 7.43 所示。

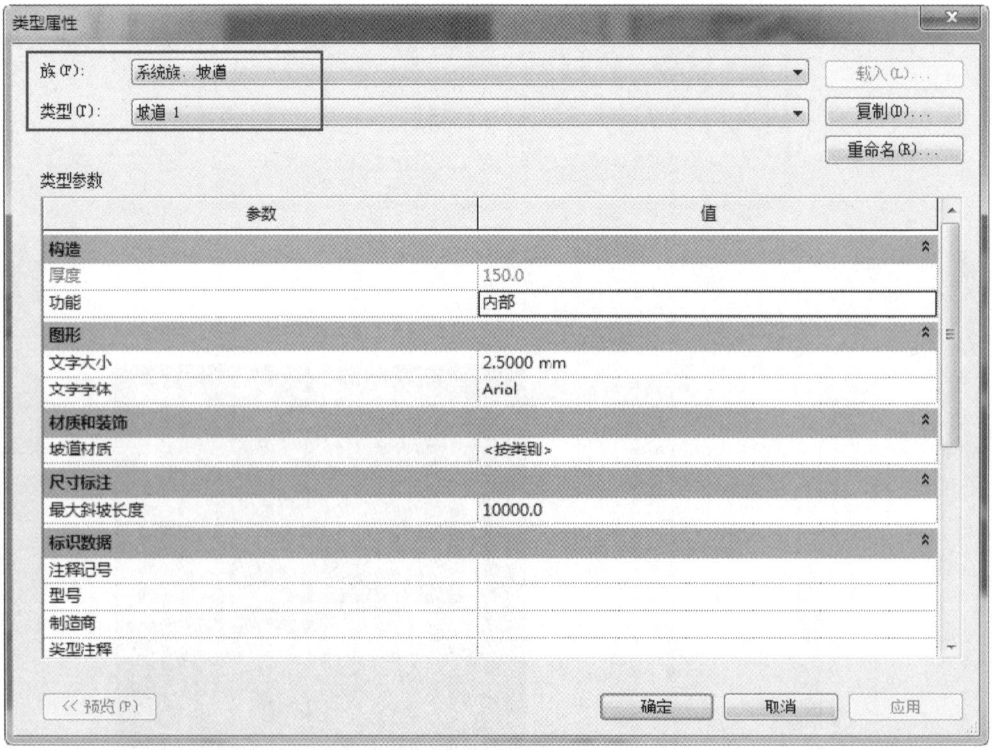

图 7.42　在 Revit 中的命名格式

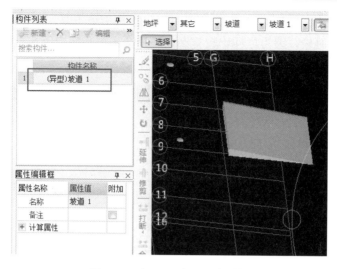

图 7.43　在 GCL 中显示为异性

注意：因为坡道一般布置在出、入口，与台阶结合设置。在民用建筑特别是住宅建筑中，其坡道只有一个，所以不会出现重叠的情况。

### 7.3.3　栏杆扶手的调整

栏杆扶手在广联达中属于"零星构件"模块，当模型导入广联达 GCL 后，模型属于不规则体，不可以在广联达 GCL 中编辑，这就需要在 Revit 中要精确定义栏杆扶手。在 Revit 中的"类型属性"对话框中设置参数时，一定要设置"顶部扶栏"这个属性，如图 7.44 所示。

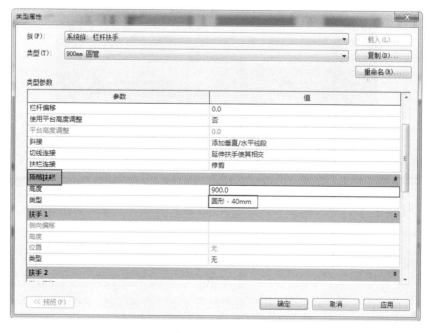

图 7.44　属性设置

　　如若不设置，模型导入 GCL 后，栏杆扶手会出现多处重复，如图 7.45 所示。但有时所有设置都正确的时候，因为栏杆比较复杂，还是会出现重复交叉，此时需要将重复部分删除即可，如图 7.46 所示。

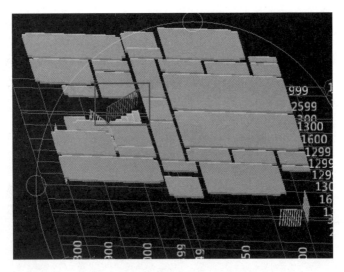

| 构件名称 | 所属楼层 | 错误描述 |
|---|---|---|
| 楼梯栏杆-1 | — | 楼梯栏杆-1不能与ID为2803的栏杆扶手图元重叠布置 |
| 900mm 圆... | — | 900mm 圆管-1不能与ID为5658的栏杆扶手图元重叠布置 |
| 900mm 圆... | — | 900mm 圆管-1不能与ID为5658的栏杆扶手图元重叠布置 |
| 900mm 圆... | — | 900mm 圆管-1不能与ID为5658的栏杆扶手图元重叠布置 |
| 900mm 圆... | — | 900mm 圆管-1不能与ID为5658的栏杆扶手图元重叠布置 |
| 900mm 圆... | — | 900mm 圆管-1不能与ID为5660的栏杆扶手图元重叠布置 |
| 900mm 圆... | — | 900mm 圆管-1不能与ID为2791的栏杆扶手图元重叠布置 |
| 900mm 圆... | 二 | 900mm 圆管-1不能与ID为2789的栏杆扶手图元重叠布置 |
| 900mm 圆... | — | 900mm 圆管-1不能与ID为2787的栏杆扶手图元重叠布置 |
| 900mm 圆... | 二 | 900mm 圆管-1不能与ID为2785的栏杆扶手图元重叠布置 |
| 900mm 圆... | — | 900mm 圆管-1不能与ID为2783的栏杆扶手图元重叠布置 |
| 900mm 圆... | 二 | 900mm 圆管-1不能与ID为2781的栏杆扶手图元重叠布置 |
| 900mm 圆... | — | 900mm 圆管-1不能与ID为2779的栏杆扶手图元重叠布置 |
| 900mm 圆... | 二 | 900mm 圆管-1不能与ID为2777的栏杆扶手图元重叠布置 |
| 900mm 圆... | — | 900mm 圆管-1不能与ID为2775的栏杆扶手图元重叠布置 |
| 900mm 圆... | 二 | 900mm 圆管-1不能与ID为2769的栏杆扶手图元重叠布置 |
| 900mm 圆... | — | 900mm 圆管-1不能与ID为2767的栏杆扶手图元重叠布置 |

图 7.45　栏杆扶手错误显示

图 7.46　GCL 栏杆扶手错误显示

　　注意：对于部分附着主体栏杆（即部分水平，部分斜栏杆）建议拆开绘制，斜栏杆附着主体部分，水平栏杆分开绘制。

　　其实根据《广联达算量模型与 Revit 土建三维设计模型交互建模规范》，在广联达软件中模型的完整程度很多取决于在 Revit 中建模的规范化。如果在 Revit 中按照交互规范建立模型，会给后面的造价软件减少很多工作。相信将来随着技术越来越成熟，Revit 和广联达 BIM 算量软件之间的交互会越来越完美，所建立的模型可以相互交替转换自如，高效高质量。

# 第8章 广联达的算量

广联达土建算量软件是基于广联达公司自主平台研发的一款算量软件,无须安装 CAD 软件即可运行。广联达土建算量软件内置了全国各地现行清单和定额计算规则,第一时间响应全国各地的行业动态,确保用户及时使用。该软件采用 CAD 导图算量、绘图输入算量、表格输入算量等多种算量模式,以及三维状态自由绘图、编辑,高效、直观、简单;其运用三维计算技术,轻松处理跨层构件计算,彻底解决了困扰用户的难题;其提量简单,无须套做法亦可出量,而且报表功能强大,提供了做法及构件报表量,可满足招标方和投标方的各种报表需求。

## 8.1 首层工程量计算

工程量清单项目编码采用 12 位阿拉伯数字表示。1~9 位为统一编码,其中 1、2 位为附录顺序码,3、4 位为专业工程顺序码,5、6 位为分部工程顺序码,7~9 位为分项工程项目名称顺序码,10~12 位为清单项目名称顺序码。前面的 9 位必需严格按清单计价规范选用,最后的 3 位由清单编制者根据情况按顺序排列。

本文中大量采用工程量清单的计算方法,会使用到清单项目编号,请读者注意按照书中的方法进行选取。

### 8.1.1 柱、构造柱的工程量计算

对于首层框架柱工程量的计算,主要包括框架柱混凝土体积和框架柱模板面积。其中:
- 现浇混凝土柱按设计图示尺寸以体积计算。不扣除构件内钢筋、预埋铁件所占体积。框架柱体积=框架柱截面积×框架柱柱高。
- 框架柱的模板=框架柱周长×框架柱支模高度。

**1. 柱KZ1的做法套用**

(1)柱 KZ1 的选取。在"模块导航栏"中进入"绘图输入"模块,选择"柱"|"柱"选项,进入柱的定义界面,在"构件名称"模块中单击需要定义的"KZ1"柱,如图 8.1 所示。打开之后,进入广联达软件界面,如图 8.2 所示。

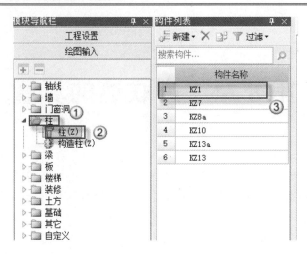

图 8.1　KZ1 的选取

（2）柱 KZ1 清单计算规则的选择。在完成柱 KZ1 的选取后，可在"属性编辑框"中看到 KZ1 的有关数据，柱 KZ1 的类别为框架柱，如图 8.3 所示。所以在选择清单时，应该选择编码 010402001 的"矩形柱"清单项，其计算规则为：按设计图尺寸以体积计算，不扣除构件内钢筋、预埋铁件所占体积，型钢混凝土柱扣除构件内型钢所占体积，矩形柱的柱高，应自柱基上表面至柱顶高度计算。

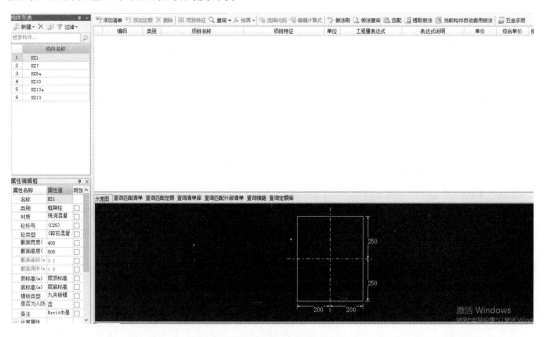

图 8.2　广联达软件界面

（3）柱 KZ1 定额计算规则的选择。在"属性编辑框"面板中可以看到柱 KZ1 的材质为现浇混凝土，砼标号为 C25，模板类型为九夹板模板，如图 8.3 所示。所以应该选择编号为 A3-214 的"现浇混凝土构件　商品混凝土　矩形柱 C20"定额项，其计算规则为：按图示断面尺寸乘以柱高以体积计算。柱高按照框架柱工程的柱高应自柱基上表面（或楼板上表面）至柱顶高度计算。

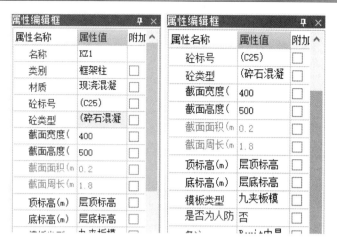

图 8.3　KZ1 属性

按规定混凝土、钢筋混凝土模板及支撑工程是放在措施费里的，但放在砼的清单项下这样看起来直观，且两种方法计算的造价是一样的，所以在套用定额的时候可以直接将其套用在砼的清单项中。

（4）做法套用。套用做法是指构件按照计算规则计算汇总出做法的工程量，方便进行同类项汇总，同时与计价软件数据接口。构件套用做法可以通过手动添加清单定额、查询清单定额库添加、查询匹配清单定额添加、查询匹配外部清单添加来进行。

柱 KZ1 的清单套用。选择"添加清单"｜"查询匹配清单"选项，然后双击编码为010402001 的矩形柱清单项，完成柱 KZ1 清单计算规则的套用，如图 8.4 所示。

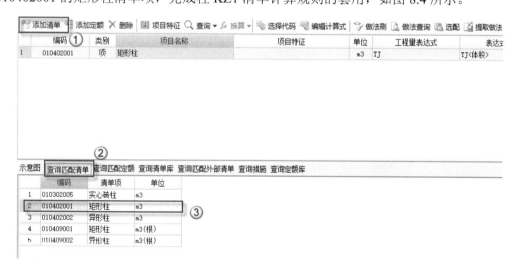

图 8.4　套取清单

注意：若在"查询匹配清单"中没有找到所需清单，可单击"查询清单库"按钮后，根据设计所需查找相应的清单。

柱 KZ1 的定额计算规则的套用。选择"添加定额"｜"查询匹配定额"选项，然后双击所选定额的相应编码，进行定额的套用，如图 8.5 所示。

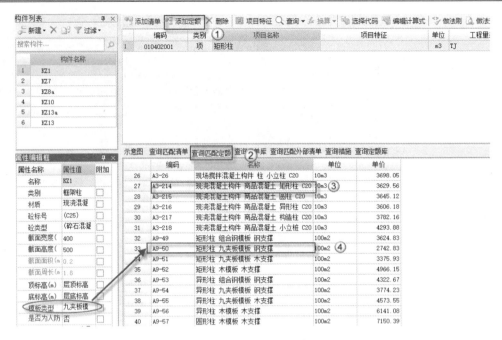

图 8.5 柱 KZ1 的定额套用

💬注意：如在"查询匹配定额"中无法找到设计所需要的定额，可选择"查询定额库"，在
其中找寻所需要的定额。矩形框架柱柱子需要套混凝土+模板+脚手架的清单定额，
模板的选择可在"属性编辑框"面板中的"模板类型"栏中查看所需模板，然后
再进行模板的定额套用。

由于在本工程中柱 KZ1 的砼标号为 C25，而定额计算规则中只有砼标号为 C20 的做法，
所以在此需要进行定额的换算。选中定额的项目名称，单击■按钮，弹出"编辑名称规格"
窗口，将砼标号由 C20 改为 C25，单击"确定"按钮，完成柱 KZ1 定额清单规则的套用，
如图 8.6 所示。

图 8.6 柱 KZ1 定额换算

### 2．柱KZ7的做法套用

（1）柱 KZ7 的选取。在"模块导航栏"中进入"绘图输入"模块，选择"柱"｜"柱"选项，进入柱的定义界面，在"构件列表"面板中单击需要定义的 KZ7 柱，如图 8.7 所示。

（2）柱 KZ7 清单计算规则的选择。在完成柱 KZ7 柱的选取后，可在"属性编辑框"面板中看到柱 KZ7 的有关数据，如图 8.8 所示。因为柱 KZ7 的类别为框架柱，分析图纸可知柱 KZ7 的属性与 KZ1 相同，所以在选择清单时，应该选择编码 010402001 的"矩形柱"清单项。

（3）柱 KZ7 定额计算规则的选择。在"属性编辑框"面板中可以看到柱 KZ7 的材质为现浇混凝土，砼标号为 C25，模板类型为九夹板模板。分析图纸可知柱 KZ7 的属性与 KZ1 相同，所以应该选择编号为 A3-214 的"现浇混凝土构件 商品混凝土 矩形柱 C20"定额项。

图 8.7　柱 KZ7 的选取

图 8.8　构件属性

（4）做法套用。柱 KZ7 的清单套用。选择"添加清单"｜"查询匹配清单"选项，然后双击编码为 010402001 的矩形柱清单项，完成柱 KZ7 清单计算规则的套用，如图 8.9 所示。

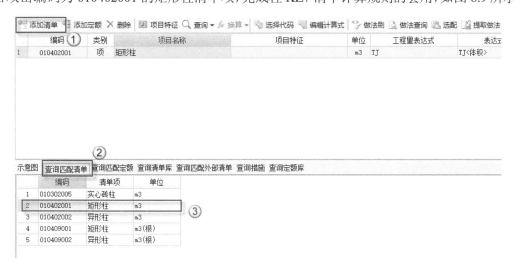

图 8.9　柱 KZ7 的清单套用

柱 KZ7 的定额计算规则的套用。选择"添加定额"｜"查询匹配定额"选项，然后双击所选定额的相应编码，进行定额的套用，如图 8.10 所示。

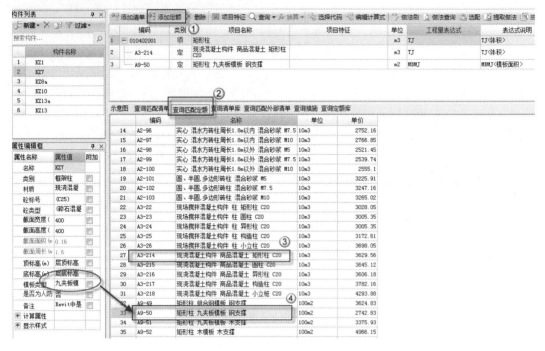

图 8.10　柱 KZ7 的定额套用

由于在本工程中柱 KZ7 的砼标号为 C25，而定额计算规则中只有砼标号为 C20 的做法，所以在此需要进行定额的换算。选中定额的项目名称，单击▦按钮，弹出"编辑名称规格"窗口，将砼标号由 C20 改为 C25，单击"确定"按钮，完成柱 KZ7 定额清单规则的套用，如图 8.11 所示。

图 8.11　柱 KZ7 定额换算

### 3. 柱KZ8a的做法套用

（1）柱 KZ8a 的选取。在"模块导航栏"中进入"绘图输入"模块，选择"柱"｜"柱"选项，进入柱的定义界面，在"构件名称"中单击需要定义的柱名称 KZ8a，如图 8.12 所示。

（2）柱 KZ8a 清单计算规则的选择。在完成柱 KZ8a 的选取后，可在"属性编辑框"面板中看到柱 KZ8a 的有关数据，如图 8.13 所示。由图 8.13 可知柱 KZ8a 的类别为框架柱，分析图纸可知柱 KZ8a 的属性与 KZ1 相同，所以在选择清单时，应该选择编码 010402001 的"矩形柱"清单项。

（3）柱 KZ8a 定额计算规则的选择。在"属性编辑框"面板中可以看到柱 KZ8a 的材质为现浇混凝土，砼标号为 C25，模板类型为九夹板模板，分析图纸可知柱 KZ8a 的属性与 KZ1 相同，所以应该选择编号为 A3-214 的"现浇混凝土构件　商品混凝土　矩形柱 C20"的定额项。

图 8.12　柱 KZ8a 的选取

图 8.13　构件属性

（4）做法套用。柱 KZ8a 的清单套用。选择"添加清单"｜"查询匹配清单"选项，然后双击编码为 010402001 的"矩形柱"清单项，完成柱 KZ8a 清单计算规则的套用，如图 8.14 所示。

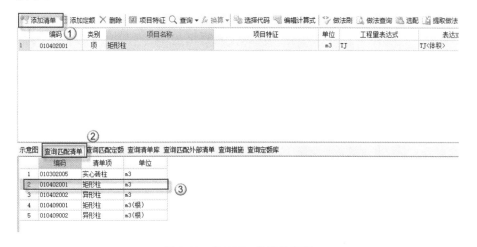

图 8.14　柱 KZ8a 的清单套用

柱 KZ8a 的定额计算规则的套用。选择"添加定额"|"查询匹配定额"选项，然后双击所选定额的相应编码，进行定额的套用，如图 8.15 所示。

图 8.15　柱 KZ8a 的定额套用

由于在本工程中柱 KZ8a 的砼标号为 C25，而定额计算规则中只有砼标号为 C20 的做法，所以在此需要进行定额的换算。选中定额的项目名称，单击■按钮，弹出"编辑名称规格"窗口，将砼标号由 C20 改为 C25，单击"确定"按钮，完成柱 KZ8a 定额清单规则的套用，如图 8.16 所示。

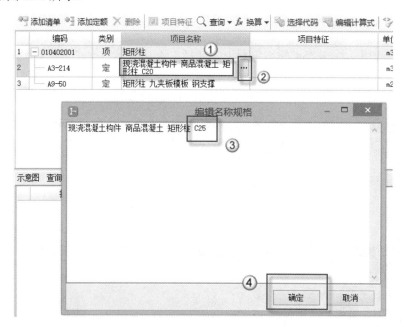

图 8.16　柱 KZ8a 的定额换算

**4. 柱KZ10的做法套用**

（1）柱 KZ10 的选取。在"模块导航栏"中进入"绘图输入"模块，选择"柱"｜"柱"选项，进入柱的定义界面，在"构件名称"中单击需要定义的柱名称 KZ7，如图 8.17 所示。

（2）柱 KZ10 清单计算规则的选择。在完成柱 KZ10 的选取后，可在"属性编辑框"面板中看到柱 KZ10 的有关数据，如图 8.18 所示。由图 8.18 可知柱 KZ10 的类别为框架柱，分析图纸可知柱 KZ10 的属性与 KZ1 相同，所以在选择清单时，应该选择编码 010402001 的"矩形柱"清单项。

（3）柱 KZ10 定额计算规则的选择。在"属性编辑框"面板中可以看到柱 KZ10 的材质为现浇混凝土，砼标号为 C25，模板类型为九夹板模板，分析图纸可知柱 KZ10 的属性与 KZ1 相同，所以应该选择编号为 A3-214 的"现浇混凝土构件 商品混凝土 矩形柱 C20"的定额项。

图 8.17　柱 KZ10 的选取

图 8.18　构件属性

（4）做法套用。柱 KZ10 的清单套用。选择"添加清单"｜"查询匹配清单"选项，然后双击编码为 010402001 的矩形"柱清单"项，完成柱 KZ10 清单计算规则的套用，如图 8.19 所示。

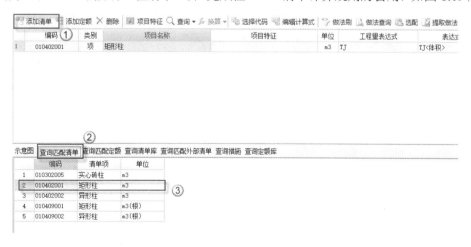

图 8.19　柱 KZ10 的清单套用

柱 KZ10 的定额计算规则的套用。选择"添加定额"|"查询匹配定额"选项,然后双击所选定额的相应编码,进行定额的套用,如图 8.20 所示。

图 8.20　柱 KZ10 的定额套用

由于在本工程中柱 KZ10 的砼标号为 C25,而定额计算规则中只有砼标号为 C20 的做法,所以在此需要进行定额的换算。选中定额的项目名称,单击 按钮,弹出"编辑名称规格"窗口,将砼标号由 C20 改为 C25,单击"确定"按钮,完成柱 KZ10 定额清单规则的套用,如图 8.21 所示。

图 8.21　柱 KZ10 定额换算

**5．柱KZ13a的做法套用**

（1）柱 KZ13a 的选取。在"模块导航栏"中进入"绘图输入"模块，选择"柱"｜"柱"选项，进入柱的定义界面，在"构件名称"中单击需要定义的柱名称 KZ13a，如图 8.22 所示。

（2）柱 KZ13a 清单计算规则的选择。在完成柱 KZ13a 的选取后，可在"属性编辑框"面板中看到柱 KZ13a 的有关数据，如图 8.23 所示。由图 8.23 可知柱 KZ13a 的类别为框架柱，分析图纸可知柱 KZ13a 的属性与 KZ1 相同，所以在选择清单时，应该选择编码010402001 的"矩形柱"清单项。

（3）柱 KZ13a 定额计算规则的选择。在"属性编辑框"面板中可以看到柱 KZ13a 的材质为现浇混凝土，砼标号为 C25，模板类型为九夹板模板，分析图纸可知柱 KZ13a 的属性与 KZ1 相同，所以应该选择编号为 A3-214 的"现浇混凝土构件 商品混凝土 矩形柱C20"的定额项。

图 8.22 柱 KZ13a 的选取

图 8.23 构件属性

（4）做法套用。柱 KZ13a 的清单套用。选择"添加清单"｜"查询匹配清单"选项，双击编码为 010402001 的矩形柱清单项，完成柱 KZ13a 清单计算规则的套用，如图 8.24所示。

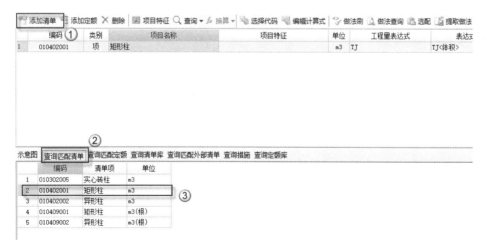

图 8.24 柱 KZ13a 的清单套用

柱 KZ13a 的定额计算规则的套用。选择"添加定额"｜"查询匹配定额"选项，然后双击所选定额的相应编码，进行定额的套用，如图 8.25 所示。

由于在本工程中柱 KZ13a 的砼标号为 C25，而定额计算规则中只有砼标号为 C20 的做法，所以在此需要进行定额的换算。选中定额的项目名称，单击 按钮，弹出"编辑名称规格"窗口，将砼标号由 C20 改为 C25，单击"确定"按钮，完成柱 KZ13a 定额清单规则的套用，如图 8.26 所示。

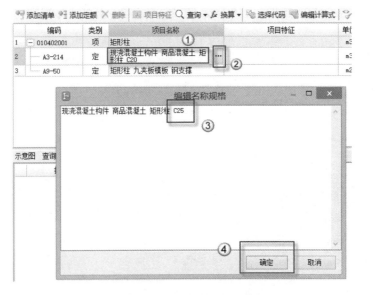

图 8.25　柱 KZ13a 的定额套用

图 8.26　柱 KZ13a 定额换算

**6．柱KZ13的做法套用**

（1）柱 KZ13 的选取。在"模块导航栏"中进入"绘图输入"模块，选择"柱"|"柱"选项，进入柱的定义界面，在"构件名称"中单击需要定义的柱 KZ13，如图 8.27 所示。

（2）柱 KZ13 清单计算规则的选择。在完成柱 KZ13 的选取后，可在"属性编辑框"面板中看到柱 KZ13 的有关数据，如图 8.28 所示。由图 8.28 可知柱 KZ13 的类别为框架柱，分析图纸可知柱 KZ13 的属性与 KZ13 相同，所以在选择清单时，应该选择编码 010402001 的"矩形柱"清单项。

（3）柱 KZ13 定额计算规则的选择。在"属性编辑框"面板中可以看到柱 KZ13 的材质为现浇混凝土，砼标号为 C25，模板类型为九夹板模板，分析图纸可知柱 KZ13 的属性与 KZ1 相同，所以应该选择编号为 A3-214 的"现浇混凝土构件 商品混凝土 矩形柱 C20"的定额项。

图 8.27　柱 KZ13 的选取　　　　　　图 8.28　构件属性

（4）做法套用。柱 KZ13 的清单套用。选择"添加清单"|"查询匹配清单"选项，然后双击编码为 010402001 的"矩形柱"清单项，完成柱 KZ13 清单计算规则的套用，如图 8.29 所示。

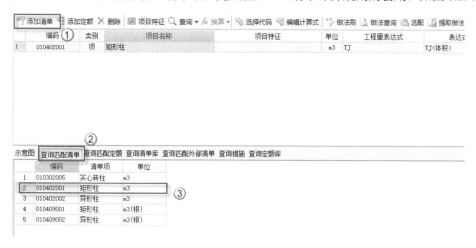

图 8.29　柱 KZ13 的清单套用

柱 KZ13 的定额计算规则的套用。选择"添加定额"|"查询匹配定额"选项，然后

双击所选定额的相应编码，进行定额的套用，如图 8.30 所示。

图 8.30　柱 KZ13 的定额套用

由于在本工程中柱 KZ13 的砼标号为 C25，而定额计算规则中只有砼标号为 C20 的做法，所以在此需要进行定额的换算。选中定额的项目名称，单击 按钮，弹出"编辑名称规格"窗口，将砼标号由 C20 改为 C25，单击"确定"按钮，完成柱 KZ13 定额清单规则的套用，如图 8.31 所示。

图 8.31　柱 KZ7 的定额换算

### 7．知识拓展

经过选取构件、分析规则、做法套用和修改换算这一系列的纯做法模式操作后，首层柱的清单和定额的计算规则已经全部套用完毕。

之前采用纯做法模式进行清单的计算规则和定额的计算规则套用，现在来介绍两个方便的小技巧以供读者使用。

（1）做法刷。在完成柱 KZ1 清单、定额计算规则后，按住鼠标左键将柱 KZ1 做法全选，选中做法后，单击"做法刷"按钮。在广联达屏幕界面弹出"做法刷"窗口后，勾选"柱"选项，单击"确定"按钮，弹出"确认"对话框后单击"是"按钮，完成"柱"的做法套用，如图 8.32 所示。

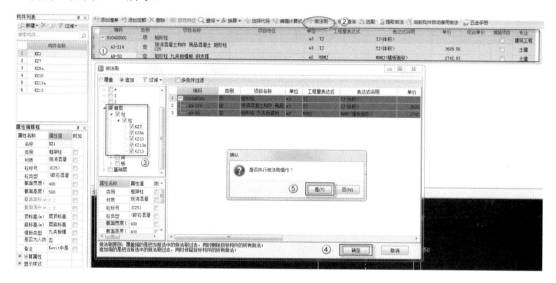

图 8.32　柱的做法套用

💬注意：做法刷的使用具有局限性，仅使在清单计算规则和定额计算规则选取相同的情况下才能使用，否则将会造成"张冠李戴"的局面。

（2）自动套用做法。单击"当前构件自动套用做法"按钮，进行当前构件做法的套用，如果在菜单栏中没有找到"当前构件自动套用做法"按钮，可单击📋按钮，如图 8.33 所示。

| | 编码 | 类别 | 项目名称 | 项目特征 | 单位 | 工程量表达式 | 表达式说明 | 单价 | 综合单价 | 措施项目 |
|---|---|---|---|---|---|---|---|---|---|---|
| 1 | - 010402001 | 项 | 矩形柱 | | m3 | TJ | TJ<体积> | | | |
| 2 | A3-214 | 定 | 现浇混凝土构件 商品混凝土 矩形柱 C20 | | m3 | TJ | TJ<体积> | 3629.56 | | |
| 3 | A9-50 | 定 | 矩形柱 九夹板模板 钢支撑 | | m2 | MBMJ | MBMJ<模板面积> | 2742.83 | | |

图 8.33　自动套用做法

### 8．首层柱的工程量计算

（1）完成首层所有柱清单计算规则和定额计算规则的套用及调整后，单击"汇总计算"按钮，弹出"确定执行计算汇总"对话框，依次单击"当前层"按钮和"确定"按钮，如图 8.34 所示。在完成计算汇总后，单击"保存并计算指标"按钮，完成首层梁的工程量计算。

（2）在"模块导航栏"面板中用单击"报表预览"栏，弹出"设置报表范围"的对话框，选中首层，再选中"柱"选项，单击"确定"按钮，完成报表范围的设置，再选择"清单定额汇总表"选项，查看首层的柱的清单定额汇总情况，如图 8.35 所示。

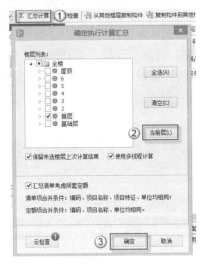

图 8.34　汇总计算

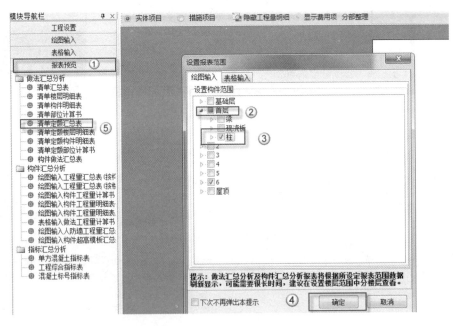

图 8.35　报表预览

## 8.1.2　梁、过梁、圈梁的工程量计算

对于梁构件的工程量，主要包括了个方面，即混凝土的体积、模板的面积、超高模板的面积。对于这 3 个工程量，广联达图形算量里都提供了可以直接套用的工程量代码，造

价工程师只要正确地选择即可。

　　还有重要的一点是，很多地方的弧形梁有单独的定额子目，这一点必须单独考虑。在本工程中，首层层高 3.0m 没有超过 3.6m，且没有弧形梁，所以在首层梁工程量的计算中超高模板的面积及弧形梁定额子目的套用就不做介绍了。

　　（1）梁 KL1 的选取。在"模块导航栏"面板中进入"绘图输入"模块，选择"梁" |"梁"选项，进入"构件列表"模板，在"构件名称"中单击需要定义的梁 KL1，如图 8.36 所示。打开之后，进入广联达软件界面，如图 8.37 所示。

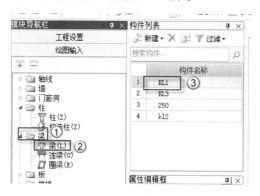

图 8.36　KL1 的选取

图 8.37　广联达软件界面

　　（2）梁 KL1 清单计算规则的选择。在完成梁 KL1 的选取后，可在"属性编辑框"面板中看到 KL1 的有关数据，如图 8.38 所示。可知梁 KL1 类别 1、类别 2 分别为框架梁和有梁板，所以在选择清单时，应该选择编码 010405001 的"有梁板"清单项，其计算规则为：按设计图示尺寸以体积计算，不扣除单个面积≤0.3m$^2$ 的柱、垛及孔洞所占体积。压形钢板混凝土楼板扣除构件内压形钢板所占体积。有梁板（包括主、次梁与板）按梁、板体积之和计算，无梁板按板和柱帽体积之和计算，各类板伸入墙内的板头并入板体积内，薄壳板的肋、基梁并入薄壳体积内计算。

（3）梁 KL1 定额计算规则的选择。在"属性编辑框"面板中可以看到梁 KL1 的材质为现浇混凝土，砼标号为 C25，如图 8.39 所示。所以应该选择编号为 A3-220 的"现浇混凝土构件、商品混凝土、单梁（连续梁悬臂梁）、C20"定额项，其计算规则为：按照图示断面尺寸乘以梁长以体积计算，梁长按以下规定确定，梁与柱连接时，梁长算至柱的侧面，主梁与次梁连接时，次梁长算至主梁的侧面。按规定混凝土、钢筋混凝土模板及支撑工程是放在措施费里的，但放在砼的清单项下这样看起来直观，且两种办法计算的造价是一样的，所以在套用定额的时候可以选择直接将混凝土、钢筋混凝土模板及支撑工程量套用在砼的清单项中。

图 8.38　KL1 属性 1　　　　　　　　图 8.39　KL1 属性 2

（4）梁 KL1 清单的套用。选择"添加清单"命令，在广联达软件界面出现空白清单项后，选择"查询匹配清单"命令，双击"有梁板"清单项，完成梁 KL1 清单计算规则的套用，如图 8.40 所示。

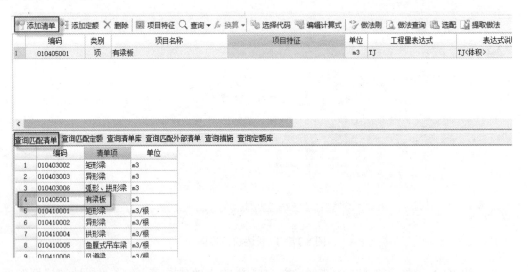

图 8.40　梁 KL1 清单的套用

（5）梁 KL1 定额清单规则的套用。选择"添加定额"｜"查询匹配定额"选项，然后双击定额的相应编码，进行定额的套用，如图 8.41 所示。由于在本工程中梁的砼标号为 C25，而定额计算规则中只有砼标号为 C20 的做法，所以在此需要进行定额的换算。选中定额的项目名称，单击■按钮，弹出"编辑名称规格"窗口，将砼标号 C20 改为 C25 后，单击"确定"按钮，完成梁 KL1 定额清单规则的套用，如图 8.42 所示。

图 8.41　梁 KL1 定额的套用

图 8.42　梁 KL1 定额的换算

（6）梁 KL2 的选取。在"模块导航栏"面板中进入"绘图输入"模块，选择"梁"｜"梁"选项，进入梁的定义界面，在"构件名称"中单击需要定义的梁 KL2，如图 8.43 所示。

（7）梁 KL2 清单、定额计算规则的选择。在完成梁 KL2 的选取后，可在"属性编辑框"面板中看到 KL2 的有关数据，如图 8.44 所示。分析图纸可知梁 KL2 的属性与 KL1 相同，所以在清单计算规则和定额计算规则的选择上与 KL1 相同。

图 8.43　KL2 的选取

图 8.44　梁 KL2 属性

（8）梁 KL2 清单的套用。选择"添加清单"命令，在广联达软件界面出现空白清单项后，选择"查询匹配清单"命令，双击"有梁板"清单项，完成梁 KL2 清单计算规则的套用，如图 8.45 所示。

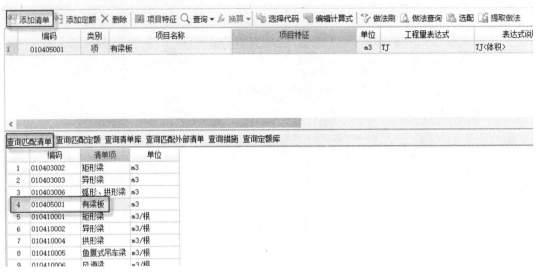

图 8.45　梁 KL2 清单的套用

（9）梁 KL2 定额清单规则的套用。选择"添加定额"|"查询匹配定额"选项，然后双击定额的相应编码，进行定额的套用，如图 8.46 所示。由于在本工程中梁的砼标号为 C25，而定额计算规则中只有砼标号为 C20 的做法，所以在此需要进行定额的换算。选中定额的项目名称，单击▣按钮，弹出"编辑名称规格"窗口，将砼标号 C20 改为 C25 后，单击"确定"按钮，完成梁 KL2 定额清单规则的套用，如图 8.47 所示。

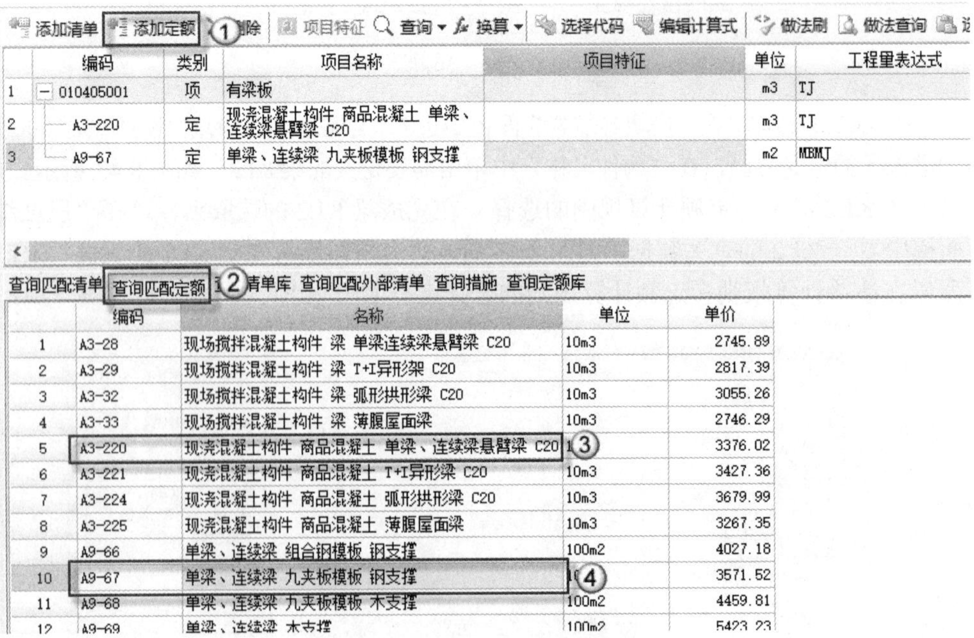

图 8.46　梁 KL2 定额的套用

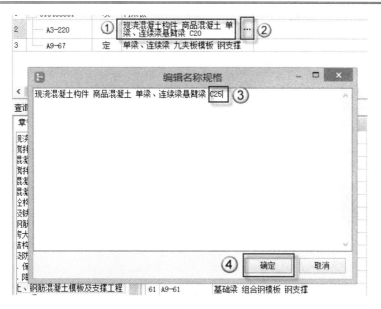

图 8.47 梁 KL2 定额的换算

（10）梁 KL3 的选取。在"模块导航栏"中进入"绘图输入"模块，选择"梁" |
"梁"选项，进入梁的定义界面，在"构件名称"中单击需要定义的梁 KL3，如图 8.48
所示。

（11）梁 KL3 清单、定额计算规则的选择。在完成梁 KL3 的选取后，可在"属性编辑
框"面板中看到 KL3 的有关数据，如图 8.49 所示。分析图纸可知梁 KL3 的属性与 KL1 相
同，所以在清单计算规则和定额计算规则的选择上与 KL1 相同。

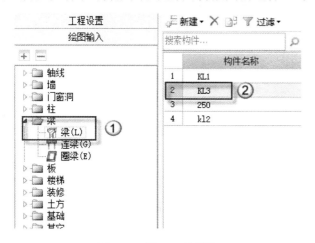

图 8.48 梁 KL3 的选取

图 8.49 梁 KL3 的属性

（12）梁 KL3 清单的套用。单击"添加清单"按钮，在广联达软件界面出现空白清单
项后，单击"查询匹配清单"按钮，双击有梁板清单项，完成梁 KL3 清单计算规则的套用，
如图 8.50 所示。

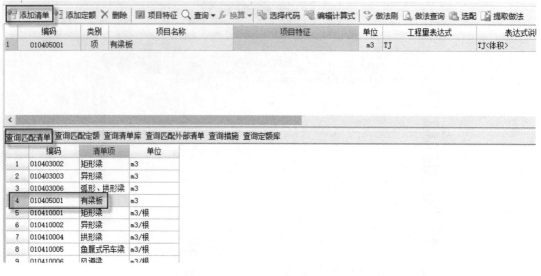

图 8.50　梁 KL3 清单的套用

（13）梁 KL3 定额清单规则的套用。选择"添加定额"｜"查询匹配定额"选项，然后双击定额的相应编码，进行定额的套用，如图 8.51 所示。由于在本工程中梁的砼标号为 C25，而定额计算规则中只有砼标号为 C20 的做法，所以在此需要进行定额的换算。选中定额的项目名称，单击█按钮，弹出"编辑名称规格"窗口，将砼标号 C20 改为 C25 后，单击"确定"按钮，完成梁 KL3 定额清单规则的套用。如图 8.52 所示。

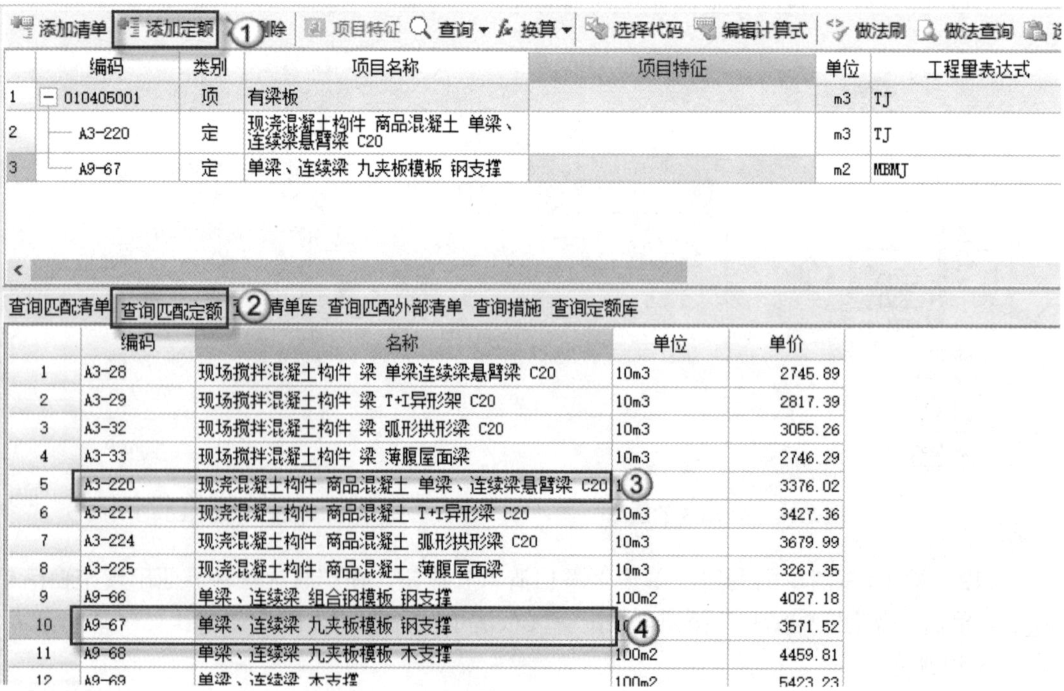

图 8.51　梁 KL2 定额的套用

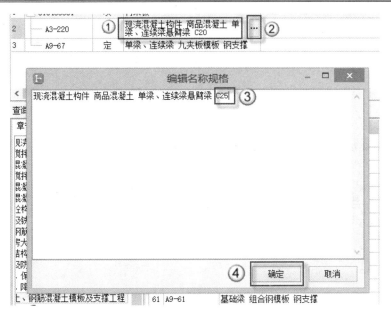

图 8.52　梁 KL2 定额的换算

（14）梁 250 的选取。在"模块导航栏"中进入"绘图输入"模块，选择"梁"｜"梁"选项，进入梁的定义界面，在"构件名称"中单击需要定义的梁 250，如图 8.53 所示。

（15）梁 250 清单、定额计算规则的选择。在完成梁 KL2 的选取后，可在"属性编辑框"中看到 250 有关数据，如图 8.54 所示。分析图纸可知梁 250 的属性与 KL1 相同，所以在清单计算规则和定额计算规则的选择上与 KL1 相同。

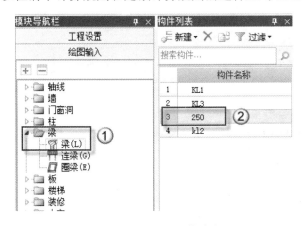

图 8.53　梁 250 的选取

图 8.54　梁 250 的属性

（16）梁 250 清单的套用。选择"添加清单"选项，在广联达软件界面出现空白清单项后，单击"查询匹配清单"按钮，双击有梁板清单项，完成梁 250 清单计算规则的套用，如图 8.55 所示。

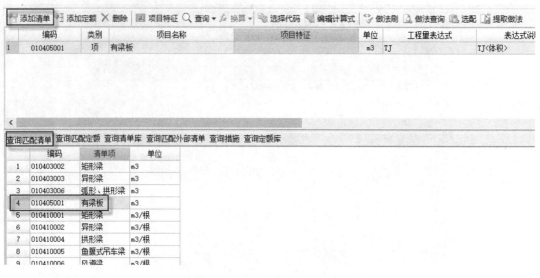

| | 编码 | 类别 | 项目名称 | 项目特征 | 单位 | 工程量表达式 | 表达式说 |
|---|---|---|---|---|---|---|---|
| 1 | 010405001 | 项 | 有梁板 | | m3 | TJ | TJ〈体积〉 |

查询匹配清单 查询匹配定额 查询清单库 查询匹配外部清单 查询措施 查询定额库

| | 编码 | 清单项 | 单位 |
|---|---|---|---|
| 1 | 010403002 | 矩形梁 | m3 |
| 2 | 010403003 | 异形梁 | m3 |
| 3 | 010403006 | 弧形、拱形梁 | m3 |
| 4 | 010405001 | 有梁板 | m3 |
| 5 | 010410001 | 矩形梁 | m3/根 |
| 6 | 010410002 | 异形梁 | m3/根 |
| 7 | 010410004 | 拱形梁 | m3/根 |
| 8 | 010410005 | 鱼腹式吊车梁 | m3/根 |
| 9 | 010410006 | 风道梁 | m3/根 |

图 8.55　梁 250 清单的套用

（17）梁 250 定额清单规则的套用。选择"添加定额"｜"查询匹配定额"选项，然后双击定额的相应编码，进行定额的套用，如图 8.56 所示。由于在本工程中梁的砼标号为 C25，而定额计算规则中只有砼标号为 C20 的做法，所以在此需要进行定额的换算。选中定额的项目名称，单击🔳按钮，弹出"编辑名称规格"窗口，将砼标号 C20 改为 C25 后，单击"确定"按钮，完成梁 250 定额清单规则的套用，如图 8.57 所示。

| | 编码 | 类别 | 项目名称 | 项目特征 | 单位 | 工程量表达式 |
|---|---|---|---|---|---|---|
| 1 | 010405001 | 项 | 有梁板 | | m3 | TJ |
| 2 | A3-220 | 定 | 现浇混凝土构件 商品混凝土 单梁、连续梁悬臂梁 C20 | | m3 | TJ |
| 3 | A9-67 | 定 | 单梁、连续梁 九夹板模板 钢支撑 | | m2 | MBMJ |

查询匹配清单 查询匹配定额 清单库 查询匹配外部清单 查询措施 查询定额库

| | 编码 | 名称 | 单位 | 单价 |
|---|---|---|---|---|
| 1 | A3-28 | 现场搅拌混凝土构件 梁 单梁连续梁悬臂梁 C20 | 10m3 | 2745.89 |
| 2 | A3-29 | 现场搅拌混凝土构件 梁 T+I异形架 C20 | 10m3 | 2817.39 |
| 3 | A3-32 | 现场搅拌混凝土构件 梁 弧形拱形梁 C20 | 10m3 | 3055.26 |
| 4 | A3-33 | 现场搅拌混凝土构件 梁 薄膜屋面梁 | 10m3 | 2746.29 |
| 5 | A3-220 | 现浇混凝土构件 商品混凝土 单梁、连续梁悬臂梁 C20 | 10m3 | 3376.02 |
| 6 | A3-221 | 现浇混凝土构件 商品混凝土 T+I异形梁 C20 | 10m3 | 3427.36 |
| 7 | A3-224 | 现浇混凝土构件 商品混凝土 弧形拱形梁 C20 | 10m3 | 3679.99 |
| 8 | A3-225 | 现浇混凝土构件 商品混凝土 薄膜屋面梁 | 10m3 | 3267.35 |
| 9 | A9-66 | 单梁、连续梁 组合钢模板 钢支撑 | 100m2 | 4027.18 |
| 10 | A9-67 | 单梁、连续梁 九夹板模板 钢支撑 | 100m2 | 3571.52 |
| 11 | A9-68 | 单梁、连续梁 九夹板模板 木支撑 | 100m2 | 4459.81 |
| 12 | A9-69 | 单梁、连续梁 木支撑 | 100m2 | 5423.23 |

图 8.56　梁 250 定额的套用

图 8.57　梁 250 定额的换算

（18）至此就完成了首层梁所有清单计算规则和定额计算规则的套用，除了上述方法外，还有前面介绍过的下面两种快速套用定额的方法。

做法刷法（仅适用于清单、定额相同的梁）。在完成梁 KL1 清单、定额计算规则后，按住鼠标左键将梁 KL1 做法全部选中，单击"做法刷"按钮。在广联达软件界面弹出"做法刷"窗口后，勾选"梁"选项，单击"确定"按钮，在弹出的"确认"对话框中单击"是"按钮，完成"梁"的做法套用，如图 8.58 所示。

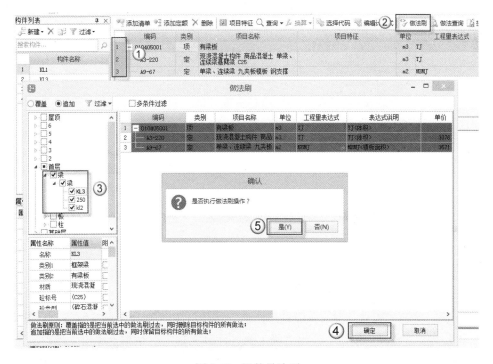

图 8.58　梁的做法刷

自动套用做法。单击"当前构件自动套用做法"命令，进行当前构件做法的套用。如果在菜单栏中没有找到"当前构件自动套用做法"命令，可单击⊡按钮，如图 8.59 所示。

图 8.59　梁自动套用做法

（19）对清单、定额规则套用后一定要检查所套用的规则是否有"工程量表达式"，如果没有，可双击空白的"工程量表达式"栏，在出现⊡按钮后，单击⊡按钮，如图 8.60 所示，在弹出"选择工程量代码"窗口后，双击清单（定额）对应的"工程量代码"，或者选择"工程量代码"后，单击"选择"按钮，将其添加到工程量表达式中，完成"工程量表达式"选择后，单击"确定"按钮，完成工程量表达式的再次编辑，如图 8.61 所示。

| | 编码 | 类别 | 项目名称 | 项目特征 | 单位 | 工程量表达式 | 表达式说明 |
|---|---|---|---|---|---|---|---|
| 1 | − 010405001 | 项 | 有梁板 | | | ① | ② |
| 2 | A3-220 | 定 | 现浇混凝土构件 商品混凝土 单梁、连续梁等截面梁 C25 | | m3 | TJ | TJ〈体积〉 |
| 3 | A9-67 | 定 | 单梁、连续梁 九夹板模板 钢支撑 | | m2 | MBMJ | MBMJ〈模板面积〉 |

图 8.60　确认工程量表达式

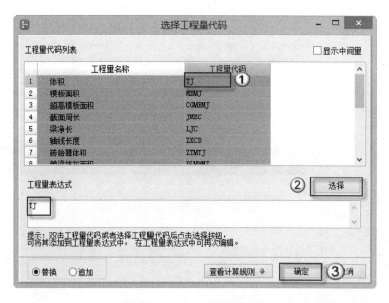

图 8.61　添加工程量表达式

（20）首层梁的工程量计算。完成首层所有梁清单计算规则和定额计算规则的套用及调整后，单击"汇总计算"按钮，弹出"确定执行计算汇总"对话框，单击"当前层"按钮，再单击"确定"按钮，如图 8.62 所示。在完成计算汇总后，单击"保存并计算指标"按钮，完成首层梁的工程量计算。

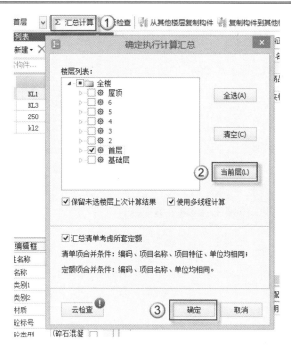

图 8.62　首层梁汇总计算

## 8.1.3　板、墙的工程量计算

板工程量由 3 个部分组成：板体积、板模板和板高度超过 3.6m 增价。砌墙体工程量计算应区分不同墙厚和砌筑砂浆种类并以 m³ 计算。外墙长度按外墙的中心线计算，内墙长度按内墙的净长线计算为墙身。具体操作如下。

### 1．1号板的做法套用

（1）1 号板的选取。在"模块导航栏"中进入"绘图输入"模块，选择"板"｜"现浇板"选项，进入板的定义界面，在"构件名称"中单击需要定义的"1 号板"，如图 8.63 所示。打开之后，进入广联达软件界面如图 8.64 所示。

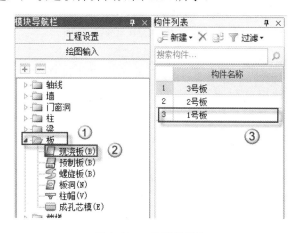

图 8.63　1 号板的选取

图 8.64  广联达软件界面

（2）1 号板清单计算规则的选择。在完成 1 号板的选取后，可在"属性编辑框"面板中看到 1 号板的有关数据，如图 8.65 所示。1 号板的类别为有梁板，所以在选择清单时，应该选择编码 010405001 的"有梁板"清单项，其计算规则为：按设计图示尺寸以体积计算，不扣除构建内钢筋、预埋铁件及单个面积 ≤ 0.3m$^2$ 的柱、垛以及孔洞所占体积。压形钢板混凝土楼板扣除构件内压形钢板所占体积。有梁板（包括主、次梁与板）按梁、板体积之和计算，各类板伸入墙内的板头并入板体积内。

（3）1 号板定额计算规则的选择。在"属性编辑框"面板中可以看到 1 号板的材质为现浇混凝土，砼标号为 C20，模板类型为九夹板模板，所以应该选择编号为 A3-234 的"现浇混凝土构件 商品混凝土 有梁板 C20"的定额项，其计算规则为：按图示面积乘以板厚以体积计算。应扣除单个面积 0.3m$^2$ 以外孔洞所占的体积。有梁板系指梁（包括主、次梁）与板构成一体，其工程量应按梁、板体积总和计算。与柱头重合部分体积应扣除。按规定，混凝土、钢筋混凝土模板及支撑工程是放在措施费里的，但放在砼的清单项下这样看起来直观，且两种办法计算的造价是一样的，所以在套用定额的时候可以直接将其套用在砼的清单项中。

图 8.65  1 号板属性

（4）1 号板的清单套用。选择"添加清单"｜"查询匹配清单"选项，然后双击编码为 010405001 的有梁板清单项，完成 1 号板清单计算规则的套用，如图 8.66 所示。

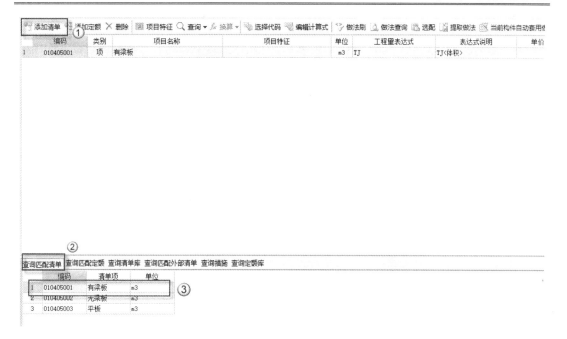

图 8.66　1 号板的清单套用

1 号板的定额计算规则的套用。选择"添加定额"｜"查询匹配定额"选项，然后双击所选定额的相应编码，进行定额的套用，如图 8.67 所示。

图 8.67　1 号板的定额套用

### 2．2号板的做法套用

（1）2 号板的选取。在"模块导航栏"中进入"绘图输入"模块，选择"板"｜"现浇板"

选项，进入板的定义界面，在"构件名称"中单击需要定义的"2号板"，如图 8.68 所示。

（2）2号板清单计算规则的选择。在完成 2号板的选取后，可在"属性编辑框"面板中看到 2号板的有关数据，如图 8.69 所示。2号板的类别为有梁板，分析图纸可知 2号板的属性与 1号板相同，所以在选择清单时，应该选择编码为 010405001 的"有梁板"清单项。

（3）2号板定额计算规则的选择。在"属性编辑框"面板中可以看到 2号板的材质为现浇混凝土，砼标号为 C20，模板类型为九夹板模板，分析图纸可知 2号板的属性与 1号板相同，如图 8.69 所示。所以应该选择编码为 A3-234 的"现浇混凝土构件 商品混凝土 有梁板 C20"定额项。

图 8.68　2 号板的选取

图 8.69　构件属性

（4）2号板的清单套用。选择"添加清单"｜"查询匹配清单"选项，然后双击编码为 010405001 的有梁板清单项，完成 2号板清单计算规则的套用，如图 8.70 所示。

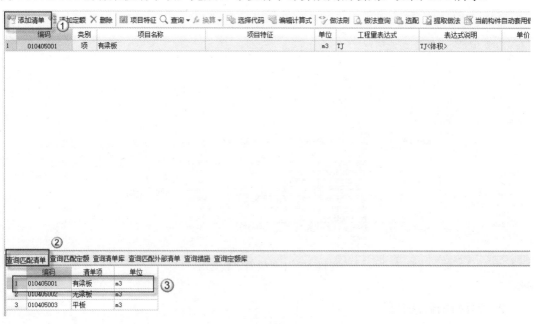

图 8.70　2 号板的清单套用

2 号板的定额计算规则的套用。选择"添加定额"｜"查询匹配定额"选项，然后双击所选定额的相应编码，进行定额的套用，如图 8.71 所示。

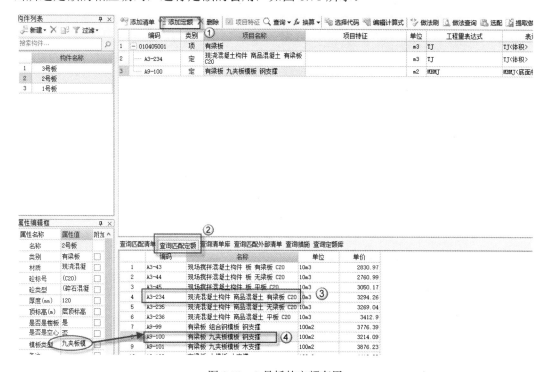

图 8.71　2 号板的定额套用

### 3. 3号板的做法套用

（1）3 号板的选取。在"模块导航栏"面板中进入"绘图输入"模块，选择"板"｜"现浇板"选项，进入板的定义界面，在"构件名称"中单击需要定义的"3 号板"，如图 8.72 所示。

图 8.72　3 号板的选取

（2）3 号板清单计算规则的选择。在完成 3 号板的选取后，可在"属性编辑框"面板中看到 3 号板的有关数据，如图 8.73 所示。3 号板的类别为有梁板，分析图纸可知 3 号板的属性与 1 号板相同，所以在选择清单时，应该选择编码为 010405001 的"有梁板"清单项。

图 8.73　构件属性

（3）3 号板定额计算规则的选择。在"属性编辑框"中可以看到 3 号板的材质为现浇混凝土，砼标号为 C20，模板类型为九夹板模板，分析图纸可知 3 号板的属性与 1 号板相同。所以应该选择编号为 A3-234 的"现浇混凝土构件　商品混凝土　有梁板 C20"的定额项。

（4）3 号板的清单套用。选择"添加清单"｜"查询匹配清单"选项，然后双击编码为 010405001 的有梁板清单项，完成 3 号板清单计算规则的套用，如图 8.74 所示。

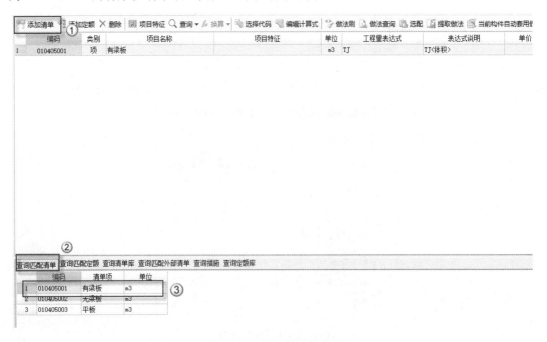

图 8.74　3 号板的清单套用

3 号板的定额计算规则的套用。选择"添加定额"｜"查询匹配定额"选项，然后双击所选定额的相应编码，进行定额的套用，如图 8.75 所示。

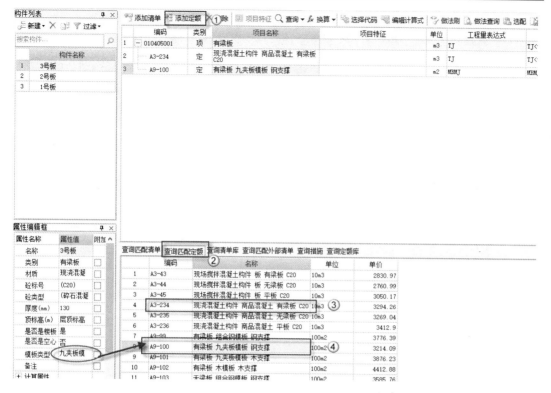

图 8.75　3 号板的定额套用

### 4. 首层板的工程量计算

（1）完成首层所有板清单计算规则和定额计算规则的套用及调整后，单击"汇总计算"按钮，弹出"确定执行计算汇总"对话框，单击"当前层"按钮，再单击"确定"按钮，如图 8.76 所示。在完成计算汇总后，单击"保存并计算指标"按钮，完成首层板的工程量计算。

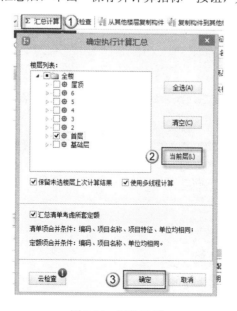

图 8.76　汇总计算

（2）在"模块导航栏"中用单击"报表预览"栏，在弹出"设置报表范围"对话框后，选中首层，然后勾选"现浇板"复选框，选中现浇板，之后单击"确定"按钮，完成报表范围的设置后，单击"清单定额汇总表"选项，查看首层板的清单定额汇总情况，如图 8.77 所示。

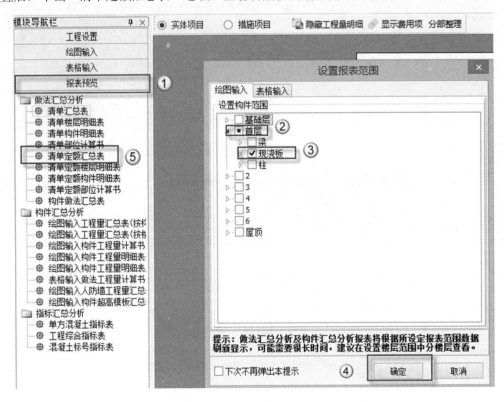

图 8.77　报表预览

### 5．住宅楼-内墙-200厚的工程量计算

（1）住宅楼-内墙-200 厚的选取。在"模块导航栏"中进入"绘图输入"模块，选择"墙"｜"墙"选项，进入墙的定义界面，在"构件名称"中选择需要定义的墙"住宅楼-内墙-200厚"，如图 8.78 所示。打开之后，进入广联达软件界面，如图 8.79 所示。

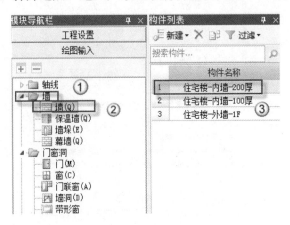

图 8.78　住宅楼-内墙-200 厚的选取

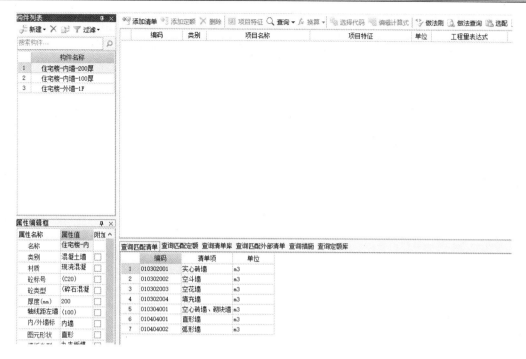

图 8.79 广联达软件界面

（2）住宅楼-内墙-200 厚清单计算规则的选择。在完成住宅楼-内墙-200 厚的选取后，可在"属性编辑框"面板中看到住宅楼-内墙-200 厚有关数据，如图 8.80 所示。住宅楼-内墙-200 厚的类别为混凝土墙，所以在选择清单时，应该选择编码 010404001 的"直形墙"清单项，其计算规则为：按设计图示尺寸以体积计算。不扣除构建内钢筋、预埋铁件所占体积，扣除门窗洞口及单个面积＞0.3m² 的孔洞所占体积，墙垛及突出墙面部分并入墙体体积内计算。

（3）住宅楼-内墙-200 厚定额计算规则的选择。在"属性编辑框"面板中可以看到住宅楼-内墙-200 厚的材质为现浇混凝土，砼标号为 C20，模板类型为九夹板模板，所以应该选择编号为 A3-226 的"现浇混凝土构件 商品混凝土 直型墙 C20"定额项，其计算规则为：按图示中心线长度乘以墙高及厚度以体积计算，应扣除门窗洞口及单个面积 0.3m² 以外孔洞所占的体积。

图 8.80 住宅楼-内墙-200 厚属性

（4）住宅楼-内墙-200 厚的清单套用。选择"添加清单"｜"查询匹配清单"选项，然后双击编码为 010404001 的直形墙清单项，完成住宅楼-内墙-200 厚清单计算规则的套用，如图 8.81 所示。

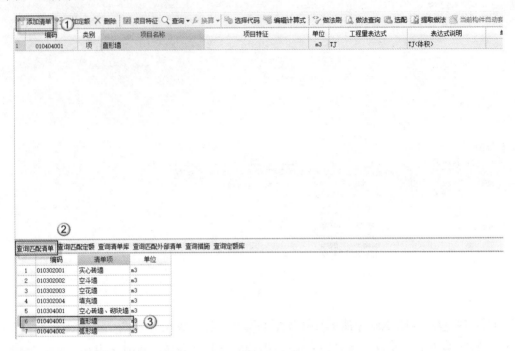

图 8.81　住宅楼-内墙-200 厚的清单套用

住宅楼-内墙-200 厚的定额计算规则的套用。选择单击"添加定额"｜"查询匹配定额"选项，然后双击所选定额的相应编码，进行定额的套用，如图 8.82 所示。

图 8.82　住宅楼-内墙-200 厚的定额套用

### 6．住宅楼-内墙-100厚的工程量计算

（1）住宅楼-内墙-100 厚的选取。在"模块导航栏"中进入"绘图输入"模块，选择"墙" |
"墙"选项，进入墙的定义界面，在"构件名称"中单击需要定义的墙"住宅楼-内墙-100
厚"，如图 8.83 所示。

（2）住宅楼-内墙-100 厚清单计算规则的选择。在完成、住宅楼-内墙-100 厚的选取后，
可在"属性编辑框"面板中看到住宅楼-内墙-100 厚的有关数据，如图 8.84 所示。由图 8.84
可知，住宅楼-内墙-100 厚的类别为直形墙，分析图纸可知柱住宅楼-内墙-100 厚的属性
与住宅楼-内墙-200 厚相同，所以在选择清单时，应该选择编码 010404001 的"直形墙"
清单项。

（3）住宅楼-内墙-100 厚定额计算规则的选择。在"属性编辑框"面板中可以看到住宅
楼-内墙-100 厚的材质为现浇混凝土，砼标号为 C20，模板类型为九夹板模板，分析图纸可
知住宅楼-内墙-100 厚的属性与住宅楼-内墙-200 厚相同，如图 8.84 所示。所以应该选择编
号为 A3-226 的"现浇混凝土构件 商品混凝土 直型墙 C20"定额项。

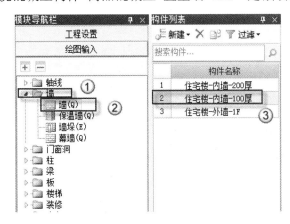

图 8.83　住宅楼-内墙-100 厚的选取

图 8.84　构件属性

（4）做法套用。住宅楼-内墙-200 厚的清单套用。选择"添加清单" | "查询匹配清单"
选项，然后双击编码为 010404001 的"直形墙"清单项，完成住宅楼-内墙-200 厚清单计算

规则的套用，如图 8.85 所示。

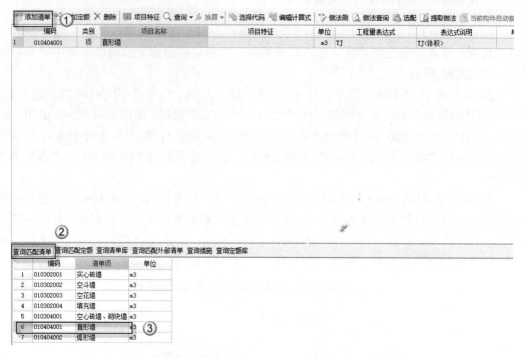

图 8.85　住宅楼-内墙-200 厚的清单套用

住宅楼-内墙-100 厚的定额计算规则的套用。选择"添加定额"|"查询匹配定额"选项，然后双击所选定额的相应编码，进行定额的套用，如图 8.86 所示。

图 8.86　住宅楼-内墙-200 厚的定额套用

### 7．住宅楼-外墙-1F的工程量计算

（1）住宅楼-外墙-1F 的选取。在"模块导航栏"面板中进入"绘图输入"模块，选择"墙"｜"墙"选项，进入墙的定义界面，在"构件名称"中单击需要定义的墙"住宅楼-外墙-1F"，如图 8.87 所示。

（2）住宅楼-外墙-1F 清单计算规则的选择。在完成住宅楼-外墙-1F 的选取后，可在"属性编辑框"面板中看到住宅楼-内墙-100 厚的有关数据，如图 8.88 所示。住宅楼-外墙-1F 的类别为直形墙，分析图纸可知住宅楼-外墙-1F 的属性与住宅楼-内墙-200 厚相同，所以在选择清单时，应该选择编码 010404001 的"直形墙"清单项。

（3）住宅楼-内墙-100 厚定额计算规则的选择。在"属性编辑框"面板中可以看到住宅楼-内墙-100 厚的材质为现浇混凝土，砼标号为 C20，模板类型为九夹板模板。分析图纸可知住宅楼-内墙-100 厚的属性与住宅楼-内墙-200 厚相同，所以应该选择编号为 A3-226 的"现浇混凝土构件 商品混凝土 直型墙 C20"定额项。

图 8.87　住宅楼-外墙-1F 的选取

图 8.88　构件属性

（4）做法套用住宅楼-外墙-1F 的清单套用。选择"添加清单"｜"查询匹配清单"选项，然后双击编码为 010404001 的"直形墙"清单项，完成住宅楼-外墙-1F 清单计算规则的套用，如图 8.89 所示。

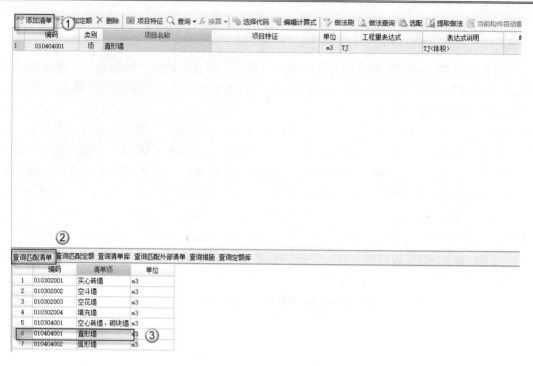

图 8.89 住宅楼-外墙-1F 的清单套用

住宅楼-外墙-1F 的定额计算规则的套用。选择"添加定额"｜"查询匹配定额"选项，然后双击所选定额的相应编码，进行定额的套用，如图 8.90 所示。

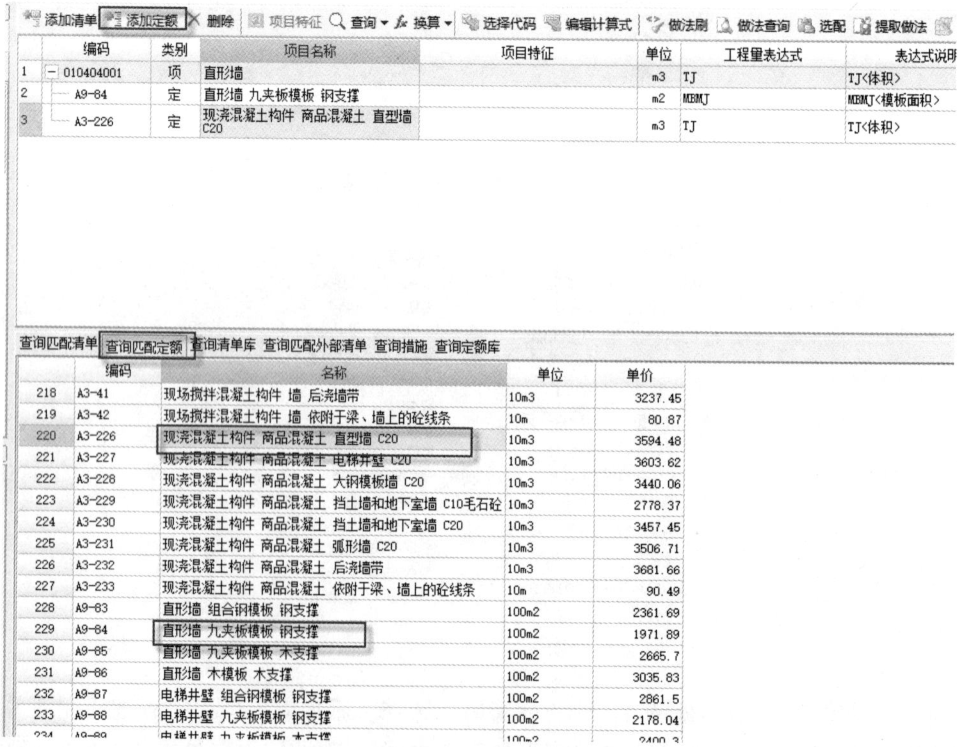

图 8.90 住宅楼-外墙-1F 的定额套用

### 8. 首层墙的工程量计算

完成首层所有墙清单计算规则和定额计算规则的套用及调整后，单击"汇总计算"按钮，弹出"确定执行计算汇总"对话框后，单击"当前层"按钮，再单击"确定"按钮，如图 8.91 所示。在完成计算汇总后，单击"保存并计算指标"按钮，完成首层梁的工程量计算。

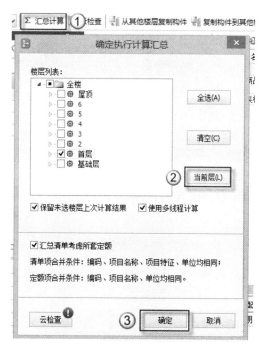

图 8.91　汇总计算

## 8.1.4　门窗、洞口工程量计算

在前面使用 Revit 建模时，只需要门窗的洞口尺寸，在导入广联达软件中后，就可以根据门窗表的具体要求选用相应的清单与定额，具体操作如下。

（1）M1、M2 和 M3 清单计算规则的选择。在匹配外部清单中，实木装饰门清单项门类型为 M1、M2 和 M3。所以在套用清单时，可以选择外部清单中编码为 020401003001 的实木装饰门清单项，其计算规则为：按设计图示数量或设计图示洞口尺寸以面积计算。

（2）M1 和 M2 定额计算规则的选择。在门窗表的备注栏中可以看到 M1 和 M2 为夹板门，所以在套用定额项的时候可以选择编码为 B5-233 的"实心门、装饰夹板门、平面、普通"定额项。

（3）M3 定额计算规则的选择。在门窗表的备注栏中可以看到 M3 为断桥铝中空玻璃平开门（白玻带纱），所以在套用定额项的时候可以选择编码为 H2-23 的彩铝"断桥隔热中空玻璃门窗、彩铝断桥隔热铝合金门制安、平开门"定额项。

🔔注意：通过前面的 3 步可以发现 M1、M2 和 M3 清单计算规则的选取一样，而定额计算
规则不完全一样，这是因为清单和定额计算规则不同，清单项目结合一项或多项
工序划分，定额项目设置是按施工的一项工序划分，所以会出现在第（1）步中说
三个门都是实木装饰门，而在第（2）、（3）步中又说 M1 和 M2 为夹板门，M3
为中空玻璃门的情况。

（4）地坪层 M1 的选取。在显示栏中将当前层切
换为"地坪"后，在"模块导航栏"面板中进入"绘
图输入"模块，选择"门窗洞"｜"门"选项，进入
门的定义界面，在"构件名称"中单击需要定义的门
M1，如图 8.92 所示。

（5）地坪层 M1 清单、定额计算规则的套用。选
择"添加清单"选项，在广联达软件界面出现空白清
单项后，单击"查询匹配外部清单"选项，双击实木
装饰门清单项，如图 8.93 所示。选择"添加定额"｜

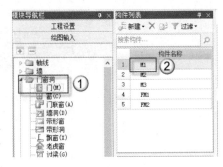

图 8.92　地坪层 M1 的选取

"查询定额库"选项，在条件查询中输入"夹板门"，单击"查询"按钮，然后双击所需的
定额编码，如图 8.94 所示。

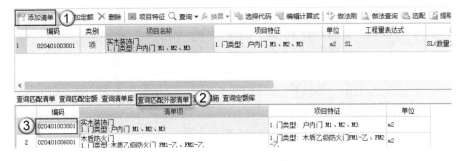

图 8.93　地坪层 M1 的清单套用

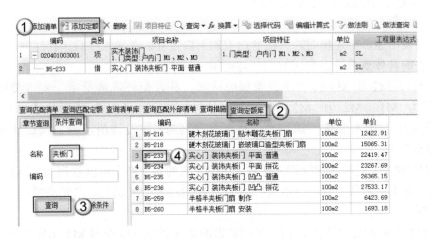

图 8.94　地坪层 M1 的定额套用

（6）其他层 M1 及所有层 M2 清单、定额计算规则的套用。在完成 M1 清单、定额计

算规则的套用后，按住鼠标左键将 M1 做法全部选中，单击"做法刷"按钮。在广联达软件界面弹出"做法刷"窗口后，勾选所有楼层 M1 及 M2 构件，单击"确定"按钮，在弹出的"确认"对话框后单击"是"按钮，完成其他层 M1 及所有层 M2 的做法套用，如图 8.95 所示。

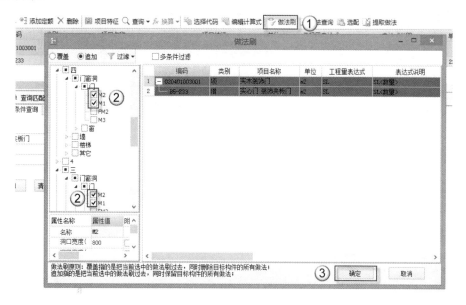

图 8.95　做法刷套用 M1、M2

（7）地坪层 M3 的选取。在显示栏中将当前层切换为"地坪"后，在"模块导航栏"中进入"绘图输入"模块，选择"门窗洞"｜"门"选项，进入门的定义界面，在"构件名称"中单击需要定义的门 M3，如图 8.96 所示。

（8）地坪层 M3 清单、定额计算规则的套用。选择"添加清单"选项，在广联达软件界面出现空白清单项后，选择"查询匹配外部清单"选项，双击"实木装饰门"清单项，如图 8.97 所示。选择"添加定

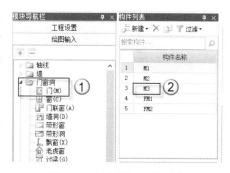

图 8.96　地坪层 M3 的选取

额"｜"查询定额库"选项，在条件查询中输入"中空玻璃"，单击"查询"按钮，双击所需定额编码，如图 8.98 所示。

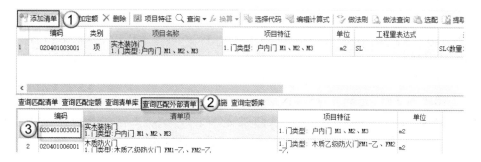

图 8.97　地坪层 M3 的清单套用

图 8.98　地坪层 M3 的定额套用

（9）其他层 M3 清单、定额计算规则的套用。在完成 M3 清单、定额计算规则的套用后，按住鼠标左键将 M3 做法全部选中，单击"做法刷"按钮。在广联达软件界面弹出"做法刷"窗口后，勾选所有楼层的 M3 构件，单击"确定"按钮，弹出"确认"对话框后单击"是"按钮，完成其他层 M3 的做法套用，如图 8.99 所示。

图 8.99　其他层 M3 计算规则的套用

（10）FM1 和 FM2 清单计算规则的选择。在匹配外部清单中，木质防火门清单项门类型为 FM1 和 FM2。所以在套用清单时，可以选择外部清单中编码为 020401006001 的"木质防火门"清单项，其计算规则为：按设计图示数量或设计图示洞口尺寸以面积计算。

（11）FM1 和 FM2 定额计算规则的选择。在门窗表的备注栏中可以看到，FM1 为单元防盗门（乙级防火门）；FM2 为入户防火防盗安全门（乙级防火门），所以在套用定额项的时候可以选择编码为 B5-182 的"防盗装饰门窗安装、防盗栅（网）制作安装　钢防盗门"定额项。

（12）地坪层 FM1 的选取。在显示栏中将当前层切换为"地坪"后，在"模块导航栏"面板中进入"绘图输入"模块，选择"门窗洞"｜"门"选项，进入门的定义界面，在"构件名称"中单击需要定义的门 FM1，如图 8.100 所示。

图 8.100　地坪层 FM1 的选取

（13）地坪层 FM1 清单、定额计算规则的套用。选择"添加清单"选项，在广联达软件界面出现空白清单项后，再选择"查询匹配外部清单"选项，然后双击"木质防火门"清单项，如图 8.101 所示。选择"添加定额"｜"查询定额库"选项，在条件查询中输入"防盗门"，单击"查询"按钮，然后双击所需定额编码，如图 8.102 所示。

图 8.101　地坪层 FM1 的清单套用

图 8.102　地坪层 FM1 的定额套用

（14）其他层 FM1 及所有层 FM2 清单、定额计算规则的套用。在完成 FM1 清单、定额计算规则的套用后，按住鼠标左键将 FM1 做法全部选中，单击"做法刷"按钮。在广联达软件界面弹出"做法刷"窗口后，勾选所有楼层 FM1 及 FM2 构件，单击"确定"按钮，弹出"确认"对话框后单击"是"按钮，完成其他层 FM1 及所有层 FM2 的做法套用，如图 8.103 所示。

图 8.103　FM1 和 FM2 计算规则的套用

（15）C1 的选取。在显示栏中将当前层切换为"地坪"后，在"模块导航栏"面板中进入"绘图输入"模块，选择"门窗洞"｜"窗"选项，进入窗的定义界面，在"构件名称"中单击需要定义的 C1 窗，如图 8.104 所示。

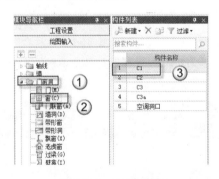

图 8.104　C1 的选取

（16）C1 清单计算规则的选择。在完成 C1 的选取后，根据设计要求，应该选择编码为 020406001 的"金属推拉窗"清单项，其计算规则为：按设计图示数量或设计图示洞口尺寸以面积计算。

C1 定额计算规则的选择。 在门窗表的备注栏中可以看到，C1 为断桥铝中空玻璃推拉窗（白玻带纱），所以在套用定额项的时候可以选择编码为 B5-152 的"隔热断桥铝塑复合

门窗安装 隔热断桥铝塑复合门窗 推拉窗"定额项。

（17）C1 的清单套用。选择"添加清单"｜"查询匹配清单"选项，然后双击编码为 C1 的"金属推拉窗"清单项，完成 C1 清单计算规则的套用，如图 8.105 所示。

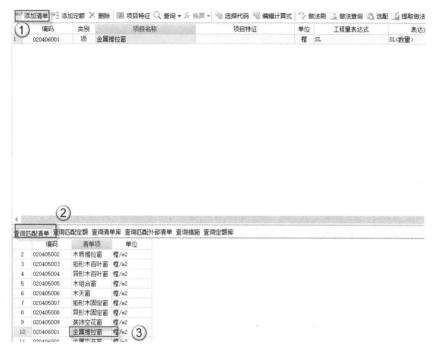

图 8.105　C1 的清单套用

C1 的定额计算规则的套用。选择"添加定额"｜"查询定额定额库"选项，寻找设计所要求的定额，然后双击所选定额的相应编码进行定额的套用，如图 8.106 所示。

图 8.106　C1 的定额套用

（18）C2 的选取。在显示栏中将当前层切换为"地坪"后，在"模块导航栏"面板中进入"绘图输入"模块，选择"门窗洞"｜"窗"选项，进入窗的定义界面，在"构件名称"中单击需要定义的窗 C2，如图 8.107 所示。

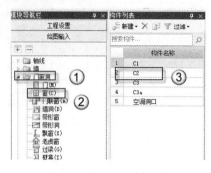

图 8.107　C2 的选取

（19）C2 清单计算规则的选择。在完成 C1 的选取后，根据设计要求，应该选择编码为 020406002 的"金属平开窗"清单项，其计算规则为：按设计图示数量或设计图示洞口尺寸以面积计算。

C2 定额计算规则的选择。在门窗表的备注栏中可以看到，C2 为断桥铝玻璃平开窗（毛玻带纱），向外开启，所以在套用定额项的时候可以选择编码为 B5-154 的"隔热断桥铝塑复合门窗安装 隔热断桥铝塑复合门窗 平开窗"定额项。

（20）C2 的清单套用。选择"添加清单"｜"查询匹配清单"选项，然后双击编码为 C1 的"金属推拉窗"清单项，完成 C2 清单计算规则的套用，如图 8.108 所示。

| | 编码 | 类别 | 项目名称 | 项目特征 | 单位 | 工程量表达式 | |
|---|---|---|---|---|---|---|---|
| ① | 020406002 | 项 | 金属平开窗 | | 樘 | SL | SI |

| | 编码 | 清单项 | 单位 |
|---|---|---|---|
| 1 | 020405001 | 木质平开窗 | 樘/m2 |
| 2 | 020405002 | 木质推拉窗 | 樘/m2 |
| 3 | 020405003 | 矩形木百叶窗 | 樘/m2 |
| 4 | 020405004 | 异形木百叶窗 | 樘/m2 |
| 5 | 020405005 | 木组合窗 | 樘/m2 |
| 6 | 020405006 | 木天窗 | 樘/m2 |
| 7 | 020405007 | 矩形木固定窗 | 樘/m2 |
| 8 | 020405008 | 异形木固定窗 | 樘/m2 |
| 9 | 020405009 | 装饰空花窗 | 樘/m2 |
| 10 | 020406001 | 金属推拉窗 | 樘/m2 |
| 11 | 020406002 | 金属平开窗 | 樘/m2 |
| 12 | 020406003 | 金属固定窗 | 樘/m2 |
| 13 | 020406004 | 金属百叶窗 | 樘/m2 |

图 8.108　C2 的清单套用

C2 的定额计算规则的套用。选择"添加定额"｜"查询定额定额库"选项，寻找设计所要求的定额，然后双击所选定额的相应编码进行定额的套用，如图 8.109 所示。

图 8.109　C2 的定额套用

（21）C3 的选取。在显示栏中将当前层切换为"地坪"后，在"模块导航栏"面板中进入"绘图输入"模块，选择"门窗洞"｜"窗"选项，进入窗的定义界面，在"构件名称"中单击需要定义的窗 C3，如图 8.110 所示。

图 8.110　C3 的选取

（22）C3 清单计算规则的选择。在完成 C3 的选取后，根据设计要求，断桥铝中空玻璃平开飘窗（白玻带纱）向外开启，所以应该选择编码 010807007 的"金属（塑钢、断桥）飘（凸）窗"清单项，其计算规则为：以樘计量，按设计图示数量计算；以平方米计量，按设计图示尺寸以框外围展开面积计算。

C3 定额计算规则的选择。在门窗表的备注栏中可以看到，C3 为断桥铝中空玻璃平开飘窗（白玻带纱），向外开启，所以在套用定额项的时候可以选择编码为 B5-154 的"隔热断桥铝塑复合门窗安装　隔热断桥铝塑复合门窗　平开窗"定额项。

（23）C3 的清单套用。选择"添加清单"｜"查询清单库"选项，在"章节查询"的"门窗工程"中查询符合设计要求的清单项，然后双击编码为 010807007 的"金属（塑钢、断桥）飘（凸）窗"清单项，完成 C3 清单计算规则的套用，如图 8.111 所示。

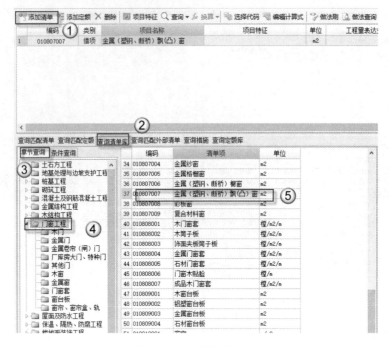

图 8.111　C3 的清单套用

C3 定额计算规则的套用。选择"添加定额"｜"查询定额定额库"选项，寻找设计要求的定额，然后双击所选定额的相应编码进行定额的套用，如图 8.112 所示。

图 8.112　C3 的定额套用

（24）C3a 的做法套用。因构件"C3"与"C3a"是镜像关系，所以这两个构建的做法套用一模一样。在完成 C3 清单、定额计算规则的套用后，按住鼠标左键将 C3 做法全部选中，单击"做法刷"按钮。在广联达软件界面弹出"做法刷"窗口后，勾选 C3a 构件，单击"确定"按钮，在弹出的"确认"对话框后单击"是"按钮，完成 C3a 的做法套用，如

图 8.113 所示。

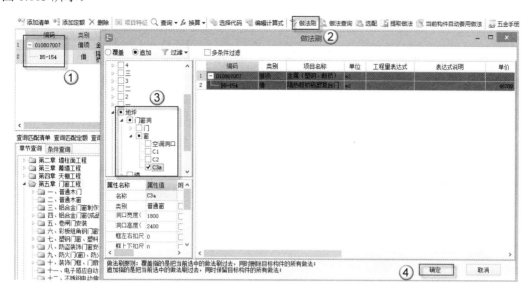

图 8.113　C3a 的做法套用

（25）空调洞口做法套用在完成 C1 清单、定额计算规则的套用后，按住鼠标左键将 C1 做法全部选中，单击"做法刷"按钮。在广联达软件界面弹出"做法刷"窗口后，勾选"空调洞口"构件，单击"确定"按钮，在弹出的"确认"对话框中单击"是"按钮，完成"空调洞口"的做法套用，如图 8.114 所示。

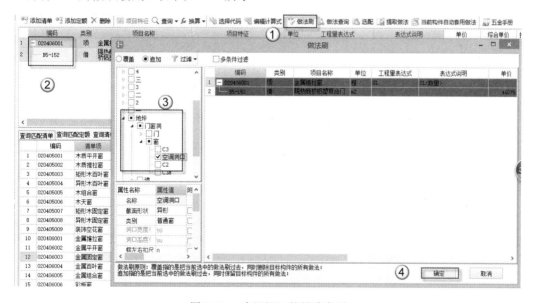

图 8.114　空调洞口的做法套用

（26）首层门窗、洞口工程量计算。完成首层所有门窗洞口清单计算规则和定额计算规则的套用及调整后，单击"汇总计算"按钮，弹出"确定执行计算汇总"对话框，单击"当前层"按钮，再单击"确定"按钮，在完成计算汇总。然后单击"保存并计算指标"按钮，完成首层梁的工程量计算。

## 8.1.5 平整场地、建筑面积工程量计算

平整场地是指室外设计地坪与自然地坪平均厚度在±0.3m 以内的就地挖、填、找平。平均厚度在±0.3m 以外执行土方相应定额项目。其中，工程量按首层建筑面积计算；清单计价按建筑物首层建筑面积计算；定额计价中，平整场地按建筑物首层面积（地下室单层建筑面积大于首层建筑面积时，按地下室最大单层建筑面积）乘以系数 1.4 以平方米计算。

（1）平整场地的新建。在显示栏中将当前层切换为"地坪"层，在"模块导航栏"面板中进入"绘图输入"模块，选择"其他"｜"平整场地"选项，进入平整场地的定义界面。在"构件列表"面板中单击"新建"按钮，在"属性编辑框"中，将"场平方式"改为"机械"，如图 8.115 所示，然后进入绘图界面，用点画法的方式绘制平整场地。

（2）PZCD-1 的选取。在完成 PZCD-1 的绘制后，在"模块导航栏"中进入"绘图输入"模块，选择"其他"｜"平整场地"选项，进入平整场地的定义界面，在"构件名称"中单击需要定义的 PZCD-1。

（3）PZCD-1 的清单、定额计算规则的选择。清单可以选择外部清单中编码为 010101001001 的"平整场地"清单项，其计算规则为按设计图示尺寸以建筑物首层面积计算，定额可以选择编码为 G4-6 的"填方 回填土、夯实及场地平整 平整场地"定额项。

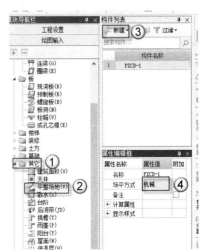

图 8.115 平整场地的新建

（4）PZCD-1 清单计算规则的套用。选择"添加清单"选项，在广联达软件界面出现空白清单项后，选择"查询匹配外部清单"选项，双击平整场地清单项，如图 8.116 所示。

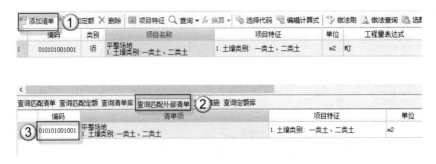

图 8.116 PZCD-1 清单计算规则的套用

（5）PZCD-1 定额计算规则的套用。选择"添加定额"｜"查询匹配定额"选项，然后双击所需的定额编码，如图 8.117 所示。

图 8.117　PZCD-1 定额计算规则的套用

（6）平整场地构件工程量计算。完成平整场地构件清单计算规则和定额计算规则的套用及调整后，单击"汇总计算"按钮，弹出"确定执行计算汇总"对话框后，单击"当前层"按钮，再单击"确定"按钮，如图 8.118 所示。在完成计算汇总后，单击"保存并计算指标"按钮，完成平整场地构件的工程量计算。

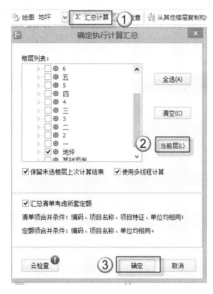

图 8.118　平整场地构件工程量的计算

# 8.2　其他层的工程量计算

经过选取构件、分析规则、做法套用和修改换算这一系列的纯做法模式，首层构件的清单和定额的计算规则已经全部套用完毕。现在进行二层的工程量计算。在菜单栏中进行楼层的选择与转换，转换为二层，进入二层的构件定义界面。

## 8.2.1　二层板的工程量计算

本节介绍二层板的工程量计算，二层板工程量计算与首层的不同点在于层高而导致的差异，二层板的工程量要判断是否添加超高模板的工程量。二层板需要计算的工程量有板体积、板模板、板高度超过 3.6m 增价。

### 1．1号板的工程量计算

（1）1 号板的选取。在"模块导航栏"面板中进入"绘图输入"模块，选择"板"｜"现浇板"选项，进入柱的定义界面，在"构件名称"中单击需要定义的板"1 号板"，如图 8.119 所示。打开之后，进入广联达软件界面如图 8.120 所示。

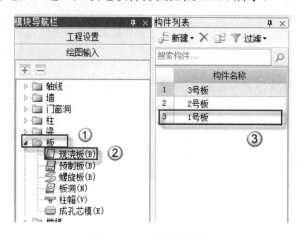

图 8.119　1 号板的选取

图 8.120　广联达软件界面

（2）1 号板清单计算规则的选择。在完成 1 号板的选取后，可在"属性编辑框"面板中看到 1 号板的有关数据，如图 8.121 所示。1 号板的类别为有梁板，所以在选择清单时，应该选择编码为 010405001 的有梁板清单项，其计算规则为：按设计图示尺寸以体积计算，不扣除构建内钢筋、预埋铁件及单个面积≤0.3m² 的柱、垛和孔洞所占体积。压形钢板混凝土楼板扣除构件内压形钢板所占体积。有梁板（包括主、次梁与板）按梁、板体积之和计算，各类板伸入墙内的板头并入板体积内。

图 8.121　1 号板属性

（3）1 号板定额计算规则的选择。在"属性编辑框"面板中可以看到 1 号板的材质为现浇混凝土，砼标号为 C20，模板类型为九夹板模板，如图 8.121 所示。所以应该选择编号为 A3-234 的"现浇混凝土构件　商品混凝土　有梁板 C20"定额，其计算规则为按图示面积乘以板厚以体积计算，应扣除单个面积 0.3m$^2$ 以外孔洞所占的体积。有梁板系指梁（包括主、次梁）与板构成一体，其工程量应按梁、板体积总和计算。与柱头重合部分体积应扣除。

（4）1 号板的清单套用。选择"添加清单"｜"查询匹配清单"选项，然后双击编码为 010405001 的有梁板清单项，完成 1 号板清单计算规则的套用，如图 8.122 所示。

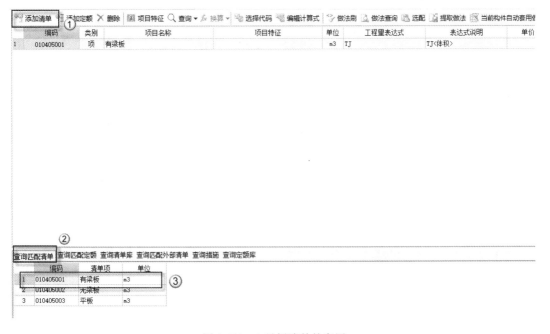

图 8.122　1 号板清单的套用

1 号板的定额计算规则的套用。选择"添加定额"｜"查询匹配定额"选项，然后双击所选定额的相应编码，进行定额的套用，如图 8.123 所示。

图 8.123　1 号板的定额套用

注意：此时与"首层"的"1 号板"的清单和定额的计算规则套用一样，但现在已转换到
第二层，板支撑的高度已经超过了 3.6m。为保持板的支撑稳固，需要增加支撑长
度，因此要增加一项定额的套用，双击所选定的"编码"为 A9-116 的"板支撑高
度超过 3.6m 每增加 1m 钢支撑"项，如图 8.124 所示。

| | 编码 | 类别 | 项目名称 | 项目特征 | 单位 | 工程量表达式 | 表达式说明 |
|---|---|---|---|---|---|---|---|
| 1 | ─ 010405001 | 项 | 有梁板 | | m3 | TJ | TJ<体积> |
| 2 | A3-234 | 定 | 现浇混凝土构件 商品混凝土 有梁板 C20 | | m3 | TJ | TJ<体积> |
| 3 | A9-100 | 定 | 有梁板 九夹板模板 钢支撑 | | m2 | MBMJ | MBMJ<底面模板面积> |
| 4 | A9-116 | 定 | 板支撑高度超过3.6m每增加1m 钢支撑 | | m2 | CGMBMJ | CGMBMJ<超高模板面积> |

查询匹配清单　查询匹配定额　查询清单库　查询匹配外部清单　查询措施　查询定额库

| | 编码 | 名称 | 单位 | 单价 |
|---|---|---|---|---|
| 8 | A9-100 | 有梁板 九夹板模板 钢支撑 | 100m2 | 3214.09 |
| 9 | A9-101 | 有梁板 九夹板模板 木支撑 | 100m2 | 3876.23 |
| 10 | A9-102 | 有梁板 木模板 木支撑 | 100m2 | 4412.88 |
| 11 | A9-103 | 无梁板 组合钢模板 钢支撑 | 100m2 | 3585.76 |
| 12 | A9-104 | 无梁板 九夹板模板 钢支撑 | 100m2 | 2849.47 |
| 13 | A9-105 | 无梁板 九夹板模板 木支撑 | 100m2 | 3350.25 |
| 14 | A9-107 | 平板 组合钢模板 钢支撑 | 100m2 | 3232.06 |
| 15 | A9-108 | 平板 九夹板模板 钢支撑 | 100m2 | 2664.98 |
| 16 | A9-109 | 平板 九夹板模板 木支撑 | 100m2 | 3593.69 |
| 17 | A9-110 | 平板 木模板 木支撑 | 100m2 | 4241.95 |
| 18 | A9-116 | 板支撑高度超过3.6m每增加1m 钢支撑 | 100m2 | 397.79 |
| 19 | A9-11 | 板支撑高度超过3.6m每增加1m 木支撑 | 100m2 | 753.7 |

图 8.124　1 号板的定额套用

### 2. 80板的做法套用

（1）80板的选取。在"模块导航栏"中进入"绘图输入"模块，选择"板"｜"现浇板"选项，进入板的定义界面，在"构件名称"中单击需要定义的80板，如图8.125所示。

（2）80板清单定额计算规则的选择。在完成80板的选取后，可在"属性编辑框"面板中看到80板的有关数据，如图8.126所示。由图8.126可知，80板的类别为有梁板，材质为现浇混凝土，砼标号为C20，模板类型为九夹板模板。分析图纸可知80板的属性与1号板相同，所以在选择清单定额时，应该选择编码为010405001的有梁板清单项。应该选择编号为A3-234的"现浇混凝土构件 商品混凝土 有梁板 C20"定额。

图8.125　80板的选取

图8.126　构件属性

（3）80板的清单套用。选择"添加清单"｜"查询匹配清单"选项，然后双击编码为010405001的有梁板清单项，完成80板清单计算规则的套用，如图8.127所示。

图8.127　80板的清单套用

80板的定额计算规则的套用。选择"添加定额"｜"查询匹配定额"选项，然后双击所选定额的相应编码，进行定额的套用，如图 8.128 所示。

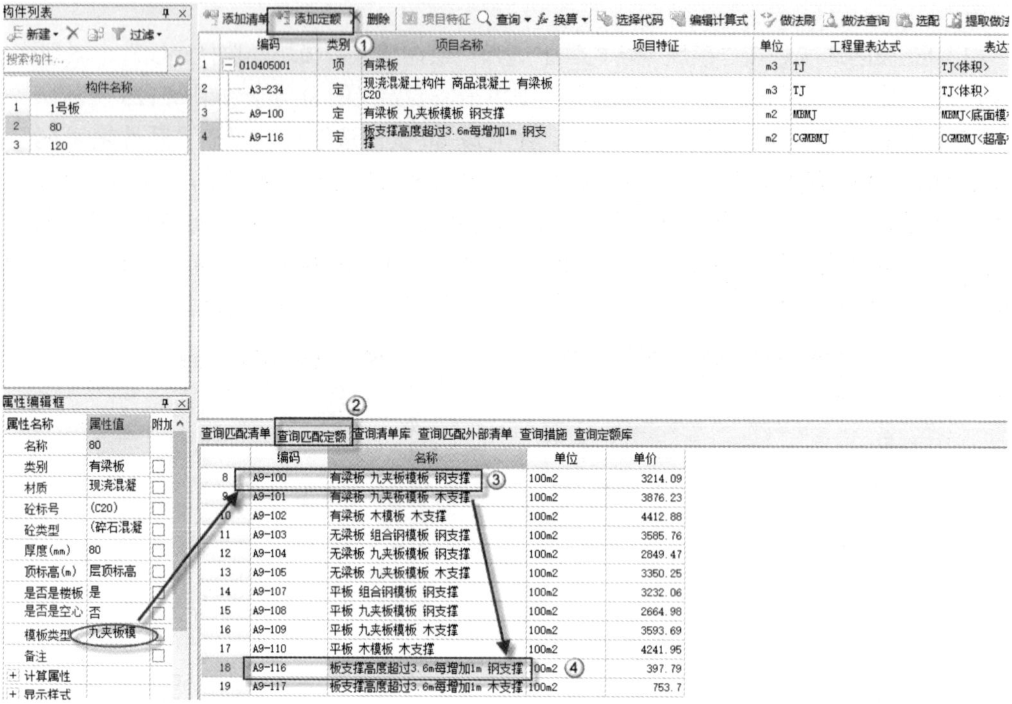

图 8.128　80 板的定额套用

### 3．120号板的做法套用

（1）120 板的选取。在"模块导航栏"面板中进入"绘图输入"模块，选择"板"｜"现浇板"选项，进入板的定义界面，在"构件名称"中单击需要定义的 120 板，如图 8.129 所示。

（2）120 板清单定额计算规则的选择。在完成 2 号板的选取后，可在"属性编辑框"面板中看到 120 板的有关数据，如图 8.130 所示。120 板的类别为有梁板，砼标号为 C20，模板类型为九夹板模板，分析图纸可知 120 板的属性与 1 号板相同，所以在选择清单定额时，应该选择编码为 010405001 的有梁板清单项，选择编号为 A3-234 的"现浇混凝土构件 商品混凝土 有梁板 C20"定额。

图 8.129　120 板的选取

图 8.130　构件属性

（3）120 板的清单套用。选择"添加清单"｜"查询匹配清单"选项，然后双击编码为 010405001 的有梁板清单项，完成 120 板清单计算规则的套用，如图 8.131 所示。

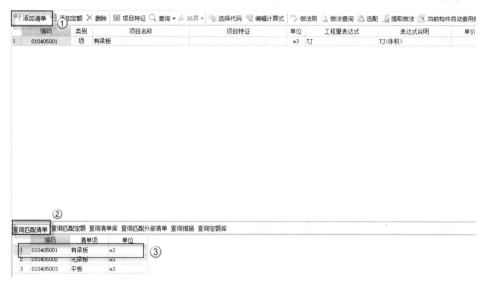

图 8.131　120 板清单套用

120 板的定额计算规则的套用。选择"添加定额"｜"查询匹配定额"选项，然后双击所选定额的相应编码，进行定额的套用，如图 8.132 所示。

图 8.132　120 板的定额套用

## 8.2.2 二层柱的工程量计算

分析结构施工图中二层框架柱和首层框架柱相比，柱的类别、砼标号和模板类型有无差别，设计说明有无标注二层与首层的用料区别，所以可以用"做法刷"命令进行做法套用。

### 1. 二层柱的做法套用

（1）做法刷。在完成首层柱清单、定额计算规则后，在菜单栏中将楼层转换到首层，在构件列表中找到 KZ1，按住鼠标左键将柱 KZ1 做法全部选中，单击"做法刷"按钮。在广联达软件界面弹出"做法刷"窗口后，打开"2 层"选择栏，勾选"柱"选项，然后单击"确定"按钮，弹出"确认"对话框后单击"是"按钮，完成二层"柱"的做法套用，如图 8.133 所示。

图 8.133　做法刷的套用

（2）完成"做法刷"套用后，将楼层转换成 2 层，因为是第二层，但柱支撑的高度已经超过了 3.6m。为保持柱的支撑稳固，需要增加支撑长度，因此每根柱都要增加一项定额的套用，增加的定额编码为 A9-59 的"柱支撑高度超过 3.6m 每增加 1m 钢支撑"。

### 2. 柱 KZ1 的做法套用

（1）柱 KZ1 的选取。在"模块导航栏"中进入"绘图输入"模块，选择"柱"｜"柱"选项，进入柱的定义界面，在"构件名称"中单击需要定义的柱 KZ1，如图 8.134所示。

模块导航栏
工程设置
绘图输入
轴线
墙
门窗洞
柱
柱(Z)
构造柱(Z)
梁
板
楼梯
装修
土方
基础
其它
自定义
构件列表
新建
过滤
搜索构件...
构件名称
1 KZ1
2 KZ7
3 KZ8a
4 KZ10
5 KZ13a
6 KZ13
①
②
③

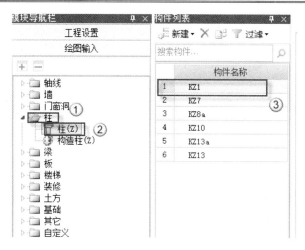

图 8.134　KZ1 的选取

（2）柱 KZ1 的定额计算规则套用的补充与完善。选择“添加定额”|“查询匹配定额”选项，然后双击所选定额的相应编码，进行定额的套用，如图 8.135 所示。

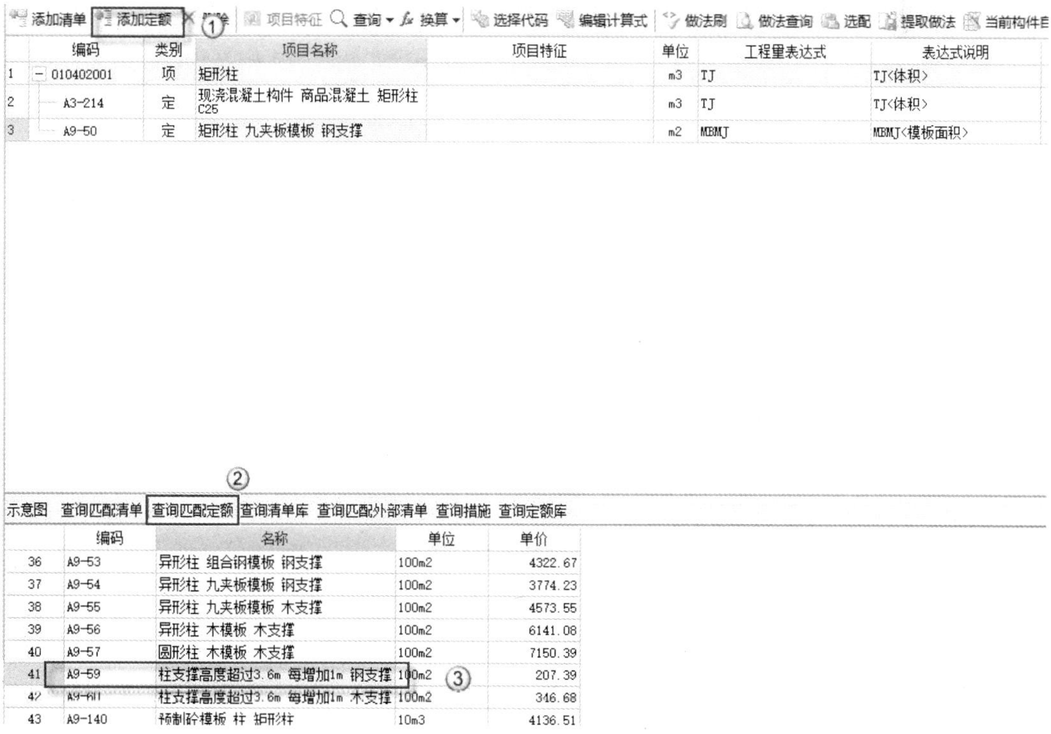

添加清单 添加定额 删除 项目特征 查询 换算 选择代码 编辑计算式 做法刷 做法查询 选配 提取做法 当前构件自
编码 类别 项目名称 项目特征 单位 工程量表达式 表达式说明
1 010402001 项 矩形柱 m3 TJ TJ<体积>
2 A3-214 定 现浇混凝土构件 商品混凝土 矩形柱 C25 m3 TJ TJ<体积>
3 A9-50 定 矩形柱 九夹板模板 钢支撑 m2 MBMJ MBMJ<模板面积>
示意图 查询匹配清单 查询匹配定额 查询清单库 查询匹配外部清单 查询措施 查询定额库
编码 名称 单位 单价
36 A9-53 异形柱 组合钢模板 钢支撑 100m2 4322.67
37 A9-54 异形柱 九夹板模板 钢支撑 100m2 3774.23
38 A9-55 异形柱 九夹板模板 木支撑 100m2 4573.55
39 A9-56 异形柱 木模板 木支撑 100m2 6141.08
40 A9-57 圆形柱 木模板 木支撑 100m2 7150.39
41 A9-59 柱支撑高度超过3.6m 每增加1m 钢支撑 100m2 207.39
42 A9-60 柱支撑高度超过3.6m 每增加1m 木支撑 100m2 346.68
43 A9-140 预制砼模板 柱 矩形柱 10m3 4136.51
①
②
③

图 8.135　柱 KZ1 的定额套用

### 3. 柱KZ7的做法套用

（1）柱 KZ7 的选取。在“模块导航栏”中进入“绘图输入”模块，选择“柱”|“柱”选项，进入柱的定义界面，在“构件名称”中单击需要定义的柱 KZ7，如图 8.136 所示。

图 8.136　柱 KZ7 的选取

（2）柱 KZ7 的定额计算规则套用的补充与完善。选择"添加定额"｜"查询匹配定额"选项，然后双击所选定额的相应编码，进行定额的套用，如图 8.137 所示。

| | 编码 | 类别 | 项目名称 | 项目特征 | 单位 | 工程量表达式 | 表达式说明 |
|---|---|---|---|---|---|---|---|
| 1 | — 010402001 | 项 | 矩形柱 | | m3 | TJ | TJ<体积> |
| 2 | A3-214 | 定 | 现浇混凝土构件 商品混凝土 矩形柱 C25 | | m3 | TJ | TJ<体积> |
| 3 | A9-50 | 定 | 矩形柱 九夹板模板 钢支撑 | | m2 | MBMJ | MBMJ<模板面积> |

示意图　查询匹配清单　查询匹配定额　查询清单库　查询匹配外部清单　查询措施　查询定额库

| | 编码 | 名称 | 单位 | 单价 |
|---|---|---|---|---|
| 36 | A9-53 | 异形柱 组合钢模板 钢支撑 | 100m2 | 4322.67 |
| 37 | A9-54 | 异形柱 九夹板模板 钢支撑 | 100m2 | 3774.23 |
| 38 | A9-55 | 异形柱 九夹板模板 木支撑 | 100m2 | 4573.55 |
| 39 | A9-56 | 异形柱 木模板 木支撑 | 100m2 | 6141.08 |
| 40 | A9-57 | 圆形柱 木模板 木支撑 | 100m2 | 7150.39 |
| 41 | A9-59 | 柱支撑高度超过3.6m 每增加1m 钢支撑 | 100m2 | 207.39 |
| 42 | A9-60 | 柱支撑高度超过3.6m 每增加1m 木支撑 | 100m2 | 346.68 |
| 43 | A9-140 | 预制阶梯板 柱 矩形柱 | 10m3 | 4136.51 |

图 8.137　柱 KZ7 的定额套用

### 4．柱KZ8a的做法套用

（1）柱 KZ8a 的选取。在"模块导航栏"中进入"绘图输入"模块，选择"柱"｜"柱"选项，进入柱的定义界面，在"构件名称"中单击需要定义的柱 KZ8a，如图 8.138 所示。

图 8.138　柱 KZ8a 的选取

（2）柱 KZ8a 的定额计算规则套用的补充与完善。选择"添加定额"｜"查询匹配定额"选项，然后双击所选定额的相应编码，进行定额的套用，如图 8.139 所示。

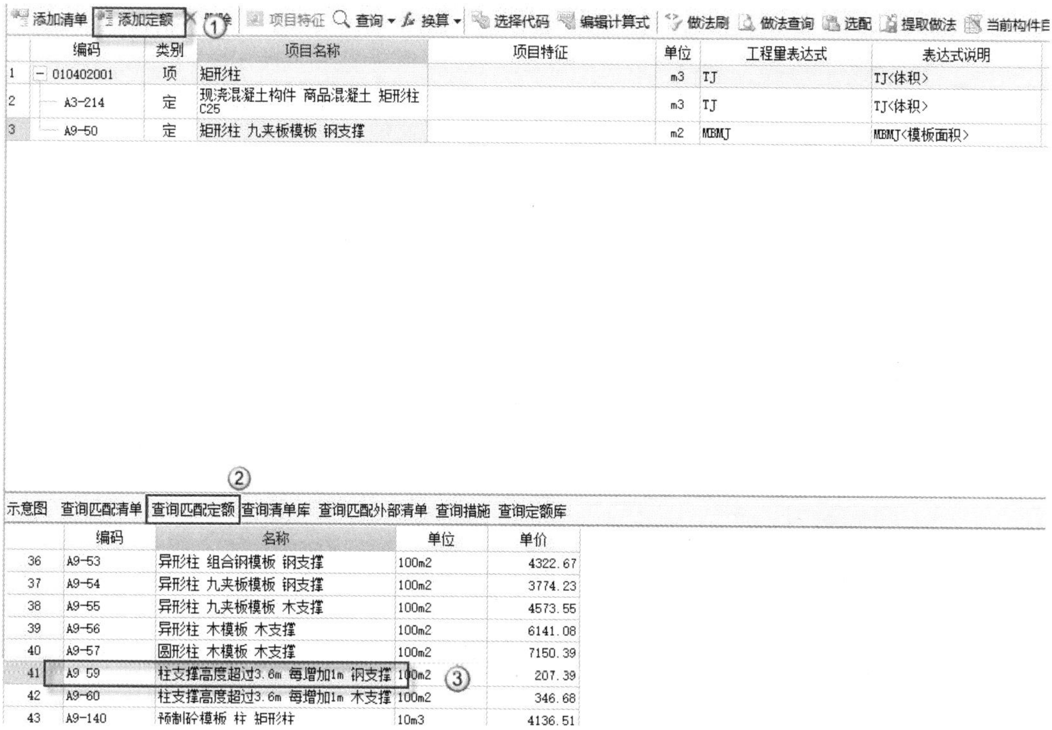

| | 编码 | 类别 | 项目名称 | 项目特征 | 单位 | 工程量表达式 | 表达式说明 |
|---|---|---|---|---|---|---|---|
| 1 | ─ 010402001 | 项 | 矩形柱 | | m3 | TJ | TJ<体积> |
| 2 | A3-214 | 定 | 现浇混凝土构件 商品混凝土 矩形柱 C25 | | m3 | TJ | TJ<体积> |
| 3 | A9-50 | 定 | 矩形柱 九夹板模板 钢支撑 | | m2 | MBMJ | MBMJ<模板面积> |

示意图　查询匹配清单　查询匹配定额　查询清单库　查询匹配外部清单　查询措施　查询定额库

| | 编码 | 名称 | 单位 | 单价 |
|---|---|---|---|---|
| 36 | A9-53 | 异形柱 组合钢模板 钢支撑 | 100m2 | 4322.67 |
| 37 | A9-54 | 异形柱 九夹板模板 钢支撑 | 100m2 | 3774.23 |
| 38 | A9-55 | 异形柱 九夹板模板 木支撑 | 100m2 | 4573.55 |
| 39 | A9-56 | 异形柱 木模板 木支撑 | 100m2 | 6141.08 |
| 40 | A9-57 | 圆形柱 木模板 木支撑 | 100m2 | 7150.39 |
| 41 | A9-59 | 柱支撑高度超过3.6m 每增加1m 钢支撑 | 100m2 | 207.39 |
| 42 | A9-60 | 柱支撑高度超过3.6m 每增加1m 木支撑 | 100m2 | 346.68 |
| 43 | A9-140 | 预制砼模板 柱 矩形柱 | 10m3 | 4136.51 |

图 8.139　柱 KZ8a 的定额套用

### 5．柱KZ10的做法套用

（1）柱 KZ10 的选取。在"模块导航栏"中进入"绘图输入"模块，选择"柱"｜"柱"选项，进入柱的定义界面，在"构件名称"中单击需要定义的柱 KZ10，如图 8.140 所示。

模块导航栏
工程设置
绘图输入
轴线
墙
墙(Q)
保温墙(Q)
墙垛(E)
幕墙(Q)
门窗洞
柱
柱(Z)
构造柱(Z)
梁
板
①
构件列表
新建
过滤
搜索构件...
构件名称
1 KZ1
2 KZ7
3 KZ8a
4 KZ10
5 KZ13a
6 KZ13
②

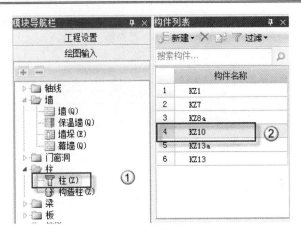

图 8.140　柱 KZ10 的选取

（2）柱 KZ10 的定额计算规则套用的补充与完善。选择“添加定额”｜“查询匹配定额”选项，然后双击所选定额的相应编码，进行定额的套用，如图 8.141 所示。

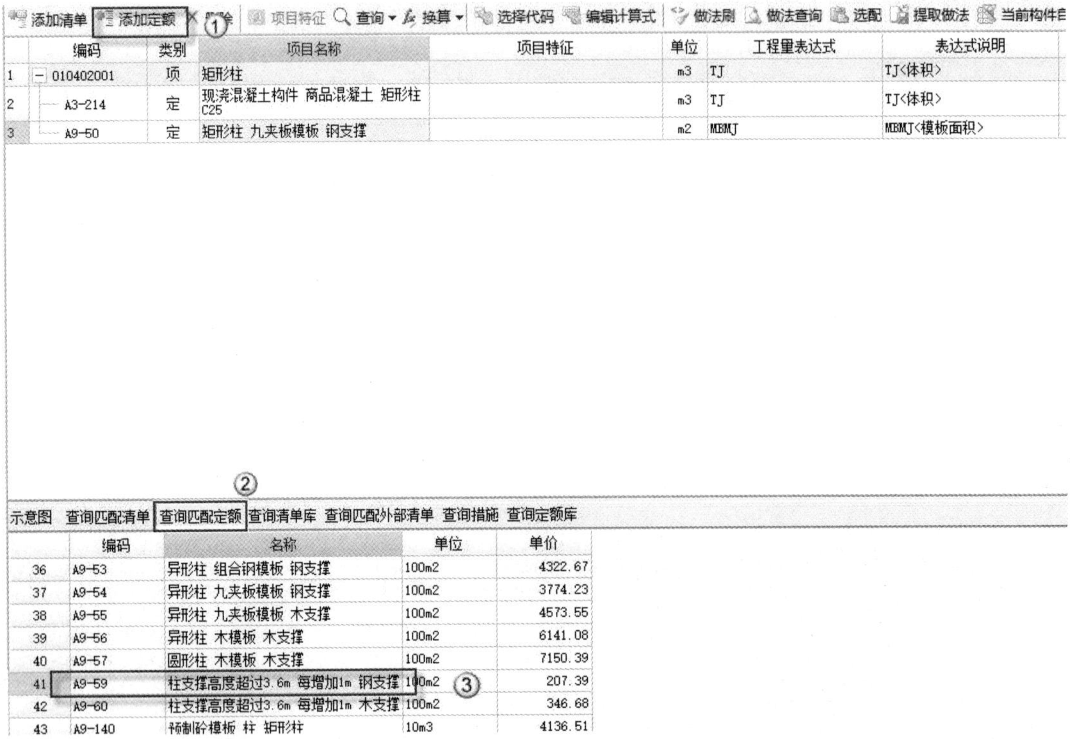

添加清单
添加定额
①
项目特征
查询
换算
选择代码
编辑计算式
做法刷
做法查询
选配
提取做法
编码
类别
项目名称
项目特征
单位
工程量表达式
表达式说明
1 010402001 项 矩形柱 m3 TJ TJ<体积>
2 A3-214 定 现浇混凝土构件 商品混凝土 矩形柱 C25 m3 TJ TJ<体积>
3 A9-50 定 矩形柱 九夹板模板 钢支撑 m2 MBMJ MBMJ<模板面积>
②
示意图
查询匹配清单
查询匹配定额
查询清单库
查询匹配外部清单
查询措施
查询定额库
编码
名称
单位
单价
36 A9-53 异形柱 组合钢模板 钢支撑 100m2 4322.67
37 A9-54 异形柱 九夹板模板 钢支撑 100m2 3774.23
38 A9-55 异形柱 九夹板模板 木支撑 100m2 4573.55
39 A9-56 异形柱 木模板 木支撑 100m2 6141.08
40 A9-57 圆形柱 木模板 木支撑 100m2 7150.39
41 A9-59 柱支撑高度超过3.6m 每增加1m 钢支撑 100m2 207.39
42 A9-60 柱支撑高度超过3.6m 每增加1m 木支撑 100m2 346.68
43 A9-140 预制砼模板 柱 矩形柱 10m3 4136.51
③

图 8.141　柱 KZ10 的定额套用

## 6．柱KZ13a的做法套用

（1）柱 KZ13a 的选取。在“模块导航栏”中进入“绘图输入”模块，选择“柱”｜“柱”选项，进入柱的定义界面，在“构件名称”中单击需要定义的柱 KZ13a，如图 8.142 所示。

模块导航栏
工程设置
绘图输入
轴线
墙
墙(Q)
保温墙(Q)
墙垛(E)
幕墙(Q)
门窗洞
柱
柱(Z)
构造柱(Z)
梁
板
楼梯
①
构件列表
新建
过滤
搜索构件...
构件名称
1 KZ1
2 KZ7
3 KZ8a
4 KZ10
5 KZ13a
6 KZ13
②
属性编辑框

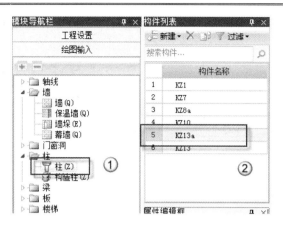

图 8.142　柱 KZ13a 的选取

（2）柱 KZ13a 的定额计算规则套用的补充与完善。选择“添加定额”|“查询匹配定额”选项，然后双击所选定额的相应编码，进行定额的套用，如图 8.143 所示。

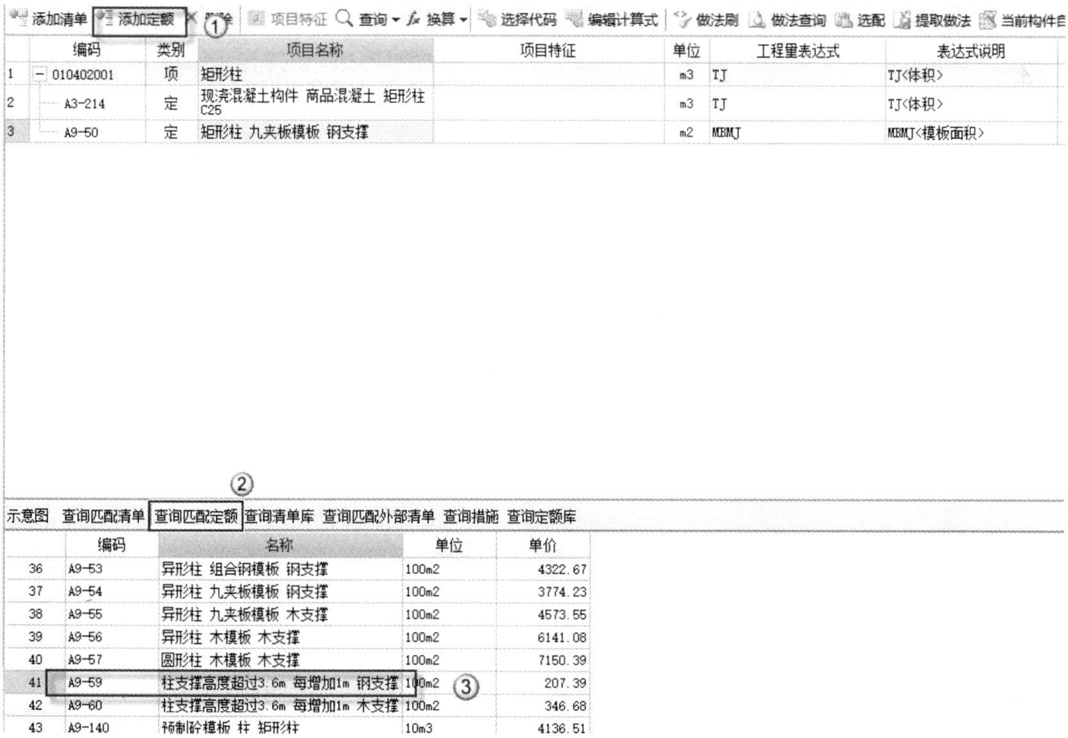

添加清单 添加定额 删除 项目特征 查询 换算 选择代码 编辑计算式 做法刷 做法查询 选配 提取做法 当前构件自
①
编码 类别 项目名称 项目特征 单位 工程量表达式 表达式说明
1 010402001 项 矩形柱 m3 TJ TJ<体积>
2 A3-214 定 现浇混凝土构件 商品混凝土 矩形柱 C25 m3 TJ TJ<体积>
3 A9-50 定 矩形柱 九夹板模板 钢支撑 m2 MBMJ MBMJ<模板面积>
②
示意图 查询匹配清单 查询匹配定额 查询清单库 查询匹配外部清单 查询措施 查询定额库
编码 名称 单位 单价
36 A9-53 异形柱 组合钢模板 钢支撑 100m2 4322.67
37 A9-54 异形柱 九夹板模板 钢支撑 100m2 3774.23
38 A9-55 异形柱 九夹板模板 木支撑 100m2 4573.55
39 A9-56 异形柱 木模板 木支撑 100m2 6141.08
40 A9-57 圆形柱 木模板 木支撑 100m2 7150.39
41 A9-59 柱支撑高度超过3.6m 每增加1m 钢支撑 100m2 207.39
③
42 A9-60 柱支撑高度超过3.6m 每增加1m 木支撑 100m2 346.68
43 A9-140 预制阶模板 柱 矩形柱 10m3 4136.51

图 8.143　柱 KZ13a 的定额套用

### 7. 柱KZ13的做法套用

（1）柱 KZ13 的选取。在“模块导航栏”面板中进入“绘图输入”模块，选择“柱”|“柱”选项，进入柱的定义界面，在“构件名称”中单击需要定义的柱 KZ13，如图 8.144 所示。

图 8.144　柱 KZ13 的选取

（2）柱 KZ13 的定额计算规则套用的补充与完善。选择"添加定额"｜"查询匹配定额"选项，然后双击所选定额的相应编码，进行定额的套用，如图 8.145 所示。

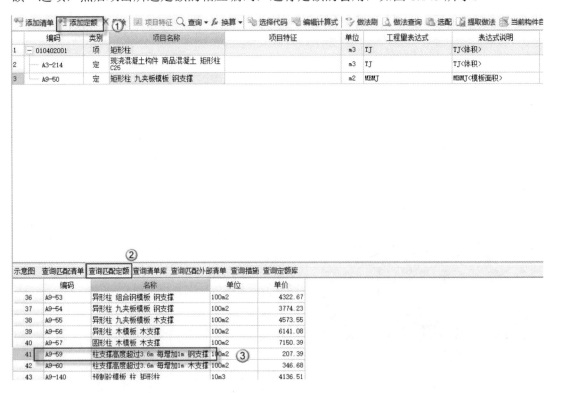

图 8.145　柱 KZ13 的定额套用

## 8.2.3　二层梁的工程量计算

分析二层框架梁和首层框架梁相比，梁的类别、砼标号和模板类型有无差别，设计说明有无标注二层与首层的用料区别。

（1）梁 KL1 的选取。在"模块导航栏"面板中进入"绘图输入"模块，选择"梁" |
"梁"选项，进入墙的定义界面，在"构件名称"中单击需要定义的梁 KL1，如图 8.146 所
示。打开之后，进入广联达软件界面，如图 8.147 所示。

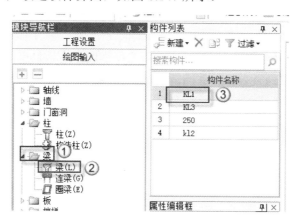

图 8.146　KL1 的选取

图 8.147　广联达软件界面

（2）梁 KL1 清单计算规则的选择。在完成梁 KL1 的选取后，可在"属性编辑框"面
板中看到 KL1 的有关数据，如图 8.148 所示。梁 KL1 的类别 1、类别 2 分别为框架梁和有
梁板，所以在选择清单时，应该选择编码为 010405001 的有梁板清单项。其计算规则为：
按设计图示尺寸以体积计算，不扣除单个面积≤0.3m² 的柱、垛及孔洞所占体积。压形钢
板混凝土楼板扣除构件内压形钢板所占体积。有梁板（包括主、次梁与板）按梁、板体积
之和计算，无梁板按板和柱帽体积之和计算，各类板伸入墙内的板头并入板体积内，薄壳
板的肋、基梁并入薄壳体积内计算。

（3）梁 KL1 定额计算规则的选择。在"属性编辑框"面板中可以看到梁 KL1 的材质为现浇混凝土，砼标号为 C25，如图 8.149 所示。所以应该选择编号为 A3-220 的"现浇混凝土构件　商品混凝土　单梁（连续梁悬臂梁）　C20"。其计算规则为：按照图示断面尺寸乘以梁长以体积计算，梁长按以下规定确定，梁与柱连接时，梁长算至柱的侧面，主梁与次梁连接时，次梁长算至主梁的侧面。

按规定，混凝土、钢筋混凝土模板及支撑工程是放在措施费里的，但放在砼的清单项下这样看起来直观，且两种办法计算的造价是一样的，所以在套用定额的时候可以直接将其套用在砼的清单项中。

图 8.148　KL1 属性 1　　　　　　　　图 8.149　KL1 属性 2

（4）梁 KL1 清单的套用。选择"添加清单"｜"查询匹配清单"选项，然后双击有梁板清单项，完成梁 KL1 清单计算规则的套用，如图 8.150 所示。

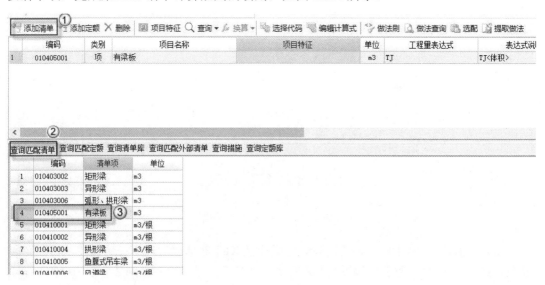

图 8.150　梁 KL1 清单的套用

（5）梁 KL1 定额清单规则的套用。选择"添加定额"｜"查询匹配定额"选项，然后双击定额的相应编码，进行定额的套用，如图 8.151 所示。

图 8.151 梁 KL1 的定额套用 1

此时与"首层"KL1 的清单和定额的计算规则套用一样，但此时已转换为第二层，梁支撑的高度已经超过了 3.6m。为保持梁的支撑稳固，需要增加支撑长度，因此要增加一项定额的套用，双击所选定的"编码"为 A9-81 的"梁支撑高度超过 3.6m 每超过 1m 钢支撑"定额，如图 8.152 所示。

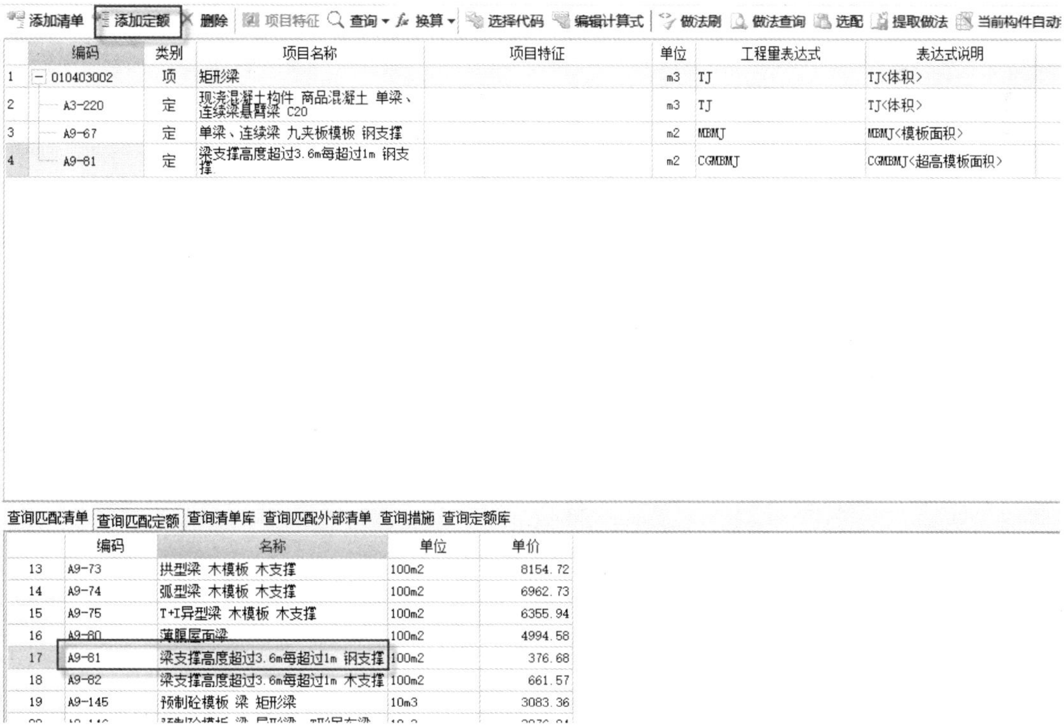

图 8.152 梁 KL1 的定额套用 2

由于在本工程中梁的砼标号为 C25，而定额计算规则中只有砼标号为 C20 的做法，所以在此需要进行定额的换算。选中定额的项目名称，单击■按钮，弹出"编辑名称规格"窗口后，将砼标号 C20 改为 C25 后，单击"确定"按钮，完成梁 KL1 定额清单规则的套用，如图 8.153 所示。

图 8.153　梁 KL1 的定额套用 3

二层梁分别为 KL1、KL2 和 KL3，从"属性编辑框"面板中对比可得这 3 根梁的梁类别、砼标号和模板类型一样，如图 8.154 所示。因此可以套用同种清单计算规则和定额计算规则，所以可以用"做法刷"命令来进行同种梁的做法套用。

图 8.154　构件属性

（6）做法刷的做法套用。在完成梁 KL1 清单、定额计算规则后，按住鼠标左键将梁 KL1 做法全部选中，单击"做法刷"按钮，在广联达软件界面弹出"做法刷"窗口后，在 2 层中勾选"梁"选项，单击"确定"按钮，弹出"确认"对话框，单击"是"按钮，完成二层"梁"的做法套用，如图 8.155 所示。

图 8.155　梁的做法套用

通过做法刷纯做法套用完成 KL1 的做法套用，然后再进行做法刷的简便套用，至此完成了第二层梁的做法套用。

## 8.2.4　二层墙的工程量计算

本节介绍二层墙的工程量计算，二层墙工程量计算与首层的不同点在于层高而导致的差异，二层墙的工程量要判断是否添加超高模板的工程量。二层板需要计算的工程量有墙体体积、砼墙体的模板、砼墙高度超过 3.6m 增价。

### 1. 住宅楼-外墙-2-6F 的工程量计算

（1）住宅楼-外墙-2-6F 的选取。在"模块导航栏"面板中进入"绘图输入"模块，选择"墙" | "墙"选项，进入墙的定义界面，在"构件名称"中单击需要定义的墙"住宅楼-外墙-2-6F"，如图 8.156 所示。

（2）住宅楼-外墙-2-6F 清单计算规则的选择。在完成住宅楼-外墙-2-6F 的选取后，可在"属性编辑框"面板中看到住宅楼-外墙-2-6F 的有关数据，如图 8.157 所示。住宅楼-外墙-2-6 类别为混凝土墙，所以在选择清单时，应该选择编码为 010404001 的直形墙清单项，其计算规则为按设计图示尺寸以体积计算。不扣除构建内钢筋、预埋铁件所占体积，扣除门窗洞口及单个面积＞0.3m² 的孔洞所占体积，墙垛及突出墙面部分并入墙体体积内计算。

图 8.156　住宅楼-外墙-2-6F 的选取　　　　　图 8.157　住宅楼-外墙-2-6F 属性

（3）住宅楼-外墙-2-6F 定额计算规则的选择。在"属性编辑框"面板中可以看到住宅楼-外墙-2-6F 的材质为现浇混凝土，砼标号为 C20，模板类型为九夹板模板，如图 8.157 所示。所以应该选择编号为 A3-226 的"现浇混凝土构件 商品混凝土 直型墙 C20"，其计算规则为：按图示中心线长度乘以墙高及厚度以体积计算，应扣除门窗洞口及单个面积 0.3m² 以外孔洞所占体积。

（4）住宅楼-外墙-2-6F 的清单套用。选择"添加清单"｜"查询匹配清单"选项，双击编码为 010404001 的直形墙清单项，完成住宅楼-外墙-2-6F 清单计算规则的套用，如图 8.158 所示。

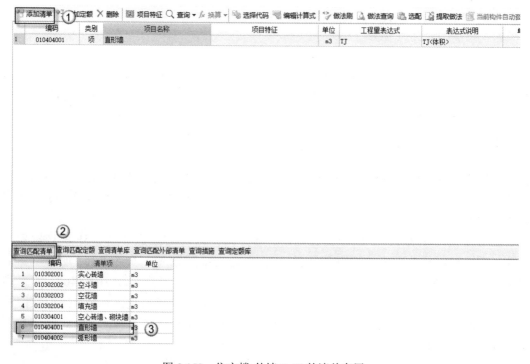

图 8.158　住宅楼-外墙-2-6F 的清单套用

住宅楼-外墙-2-6F 的定额计算规则的套用。选择"添加定额"|"查询匹配定额"选项，然后双击所选定额的相应编码，进行定额的套用，如图 8.159 所示。

图 8.159　住宅楼-外墙-2-6F 的定额套用

此时与"首层"的"住宅楼-内墙-200 厚"的清单和定额的计算规则套用一样，但已转换为第二层，墙支撑的高度已经超过了 3.6m。为保持墙的支撑稳固，需要增加支撑长度，因此要增加一项定额的套用，双击所选定的"编码"为 A9-81 的"梁支撑高度超过 3.6m 每超过 1m 钢支撑"，如图 8.160 所示。

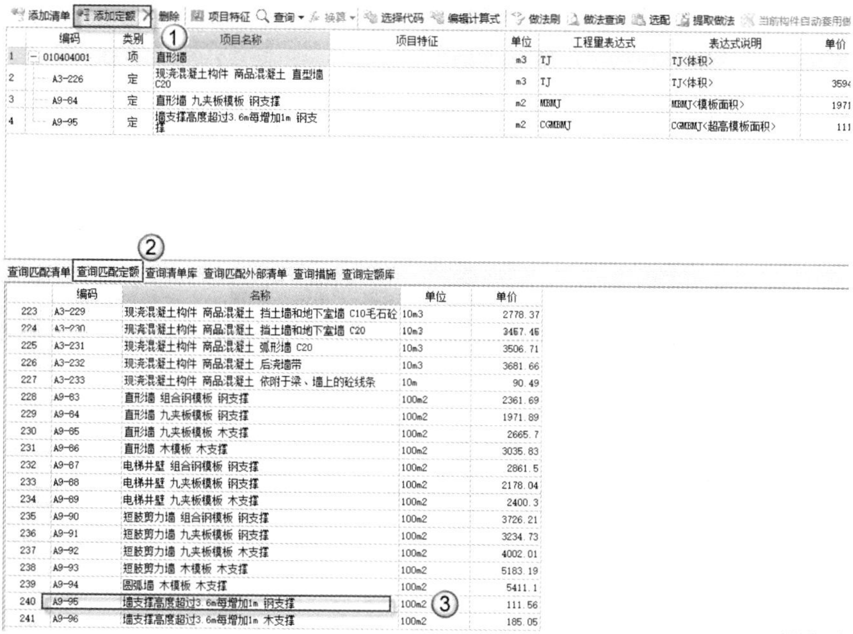

图 8.160　住宅楼-外墙-2-6F 的定额套用

### 2. 住宅楼-阳台墙-2-6F 的工程量计算

（1）住宅楼-阳台墙-2-6F 的选取。在"模块导航栏"面板中进入"绘图输入"模块，选择"墙"｜"墙"选项，进入墙的定义界面，在"构件名称"中单击需要定义的墙"住宅楼-阳台墙-2-6F"，如图 8.161 所示。

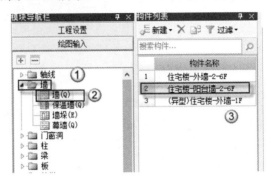

图 8.161　住宅楼-阳台墙-2-6F 的选取

（2）住宅楼-阳台墙-2-6F 清单定额计算规则的选择。在完成住宅楼-阳台墙-2-6F 的选取后，可在"属性编辑框"面板中看到住宅楼-阳台墙-2-6F 的有关数据，如图 8.162 所示。住宅楼-阳台墙-2-6F 的类别为直形墙，材质为现浇混凝土，砼标号为 C20，模板类型为九夹板模板。分析图纸可知住宅楼-阳台墙-2-6F 的属性与住宅楼-外墙-2-6F 相同，所以在选择清单时，应该选择编码为 010404001 的直形墙清单项。选择编号为 A3-226 的"现浇混凝土构件 商品混凝土 直型墙 C20"定额。

| 属性名称 | 属性值 | 附加 |
|---|---|---|
| 名称 | 住宅楼-内 | |
| 类别 | 混凝土墙 | □ |
| 材质 | 现浇混凝 | □ |
| 砼标号 | (C20) | □ |
| 砼类型 | (碎石混凝 | □ |
| 厚度(mm) | 200 | □ |
| 轴线距左墙 | (100) | □ |
| 内/外墙标 | 内墙 | □ |
| 图元形状 | 直形 | □ |
| 模板类型 | 九夹板模 | □ |
| 起点顶标高 | 层顶标高 | □ |

| 属性名称 | 属性值 | 附加 |
|---|---|---|
| 名称 | 住宅楼-阳 | |
| 类别 | 混凝土墙 | □ |
| 材质 | 现浇混凝 | □ |
| 砼标号 | (C20) | □ |
| 砼类型 | (碎石混凝 | □ |
| 厚度(mm) | 100 | □ |
| 轴线距左墙 | (50) | □ |
| 内/外墙标 | 外墙 | □ |
| 图元形状 | 直形 | □ |
| 模板类型 | 九夹板模 | □ |

图 8.162　构件属性

（3）住宅楼-阳台墙-2-6F 的清单套用。选择"添加清单"｜"查询匹配清单"选项，然后双击编码为 010404001 的直形墙清单项，完成住宅楼-外墙-1F 清单计算规则的套用，如图 8.163 所示。

图 8.163　住宅楼-阳台墙-2-6F 清单套用

住宅楼-阳台墙-2-6F 的定额计算规则的套用。选择"添加定额"｜"查询匹配定额"选项，然后双击所选定额的相应编码，进行定额的套用，如图 8.164 所示。

图 8.164　住宅楼-阳台墙-2-6F 的定额套用

此时与"首层"的"住宅楼-内墙-200 厚"的清单和定额的计算规则套用一样，但已转换为第二层，墙支撑的高度已经超过了 3.6m。为保持墙的支撑稳固，需要增加支撑长度，因此要增加一项定额的套用，双击所选定的"编码"为 A9-95 的"梁支撑高度超过 3.6m 每超过 1m 钢支撑"，如图 8.165 所示。

| | 编码 | 类别 | 项目名称 | 项目特征 | 单位 | 工程量表达式 | 表达式说明 | 单价 |
|---|---|---|---|---|---|---|---|---|
| 1 | 010404001 | 项 | 直形墙 | | m3 | TJ | TJ<体积> | |
| 2 | A3-226 | 定 | 现浇混凝土构件 商品混凝土 直形墙 C20 | | m3 | TJ | TJ<体积> | 3594 |
| 3 | A9-64 | 定 | 直形墙 九夹板模板 钢支撑 | | m2 | MBMJ | MBMJ<模板面积> | 1971 |
| 4 | A9-95 | 定 | 墙支撑高度超过3.6m每增加1m 钢支撑 | | m2 | CGMBMJ | CGMBMJ<超高模板面积> | 111 |

查询匹配清单　查询匹配定额　查询清单库　查询匹配外部清单　查询措施　查询定额库

| | 编码 | 名称 | 单位 | 单价 |
|---|---|---|---|---|
| 223 | A3-229 | 现浇混凝土构件 商品混凝土 挡土墙和地下室墙 C10毛石砼 | 10m3 | 2778.37 |
| 224 | A3-230 | 现浇混凝土构件 商品混凝土 挡土墙和地下室墙 C20 | 10m3 | 3457.45 |
| 225 | A3-231 | 现浇混凝土构件 商品混凝土 弧形墙 C20 | 10m3 | 3506.71 |
| 226 | A3-232 | 现浇混凝土构件 商品混凝土 后浇带 | 10m3 | 3681.66 |
| 227 | A3-233 | 现浇混凝土构件 商品混凝土 依附于梁、墙上的砼线条 | 10m | 90.49 |
| 228 | A9-63 | 直形墙 组合钢模板 钢支撑 | 100m2 | 2361.69 |
| 229 | A9-64 | 直形墙 九夹板模板 钢支撑 | 100m2 | 1971.89 |
| 230 | A9-65 | 直形墙 九夹板模板 木支撑 | 100m2 | 2665.7 |
| 231 | A9-66 | 直形墙 木模板 木支撑 | 100m2 | 3035.83 |
| 232 | A9-67 | 电梯井壁 组合钢模板 钢支撑 | 100m2 | 2861.5 |
| 233 | A9-68 | 电梯井壁 九夹板模板 钢支撑 | 100m2 | 2178.04 |
| 234 | A9-69 | 电梯井壁 九夹板模板 木支撑 | 100m2 | 2400.3 |
| 235 | A9-90 | 短肢剪力墙 组合钢模板 钢支撑 | 100m2 | 3726.21 |
| 236 | A9-91 | 短肢剪力墙 九夹板模板 钢支撑 | 100m2 | 3234.73 |
| 237 | A9-92 | 短肢剪力墙 九夹板模板 木支撑 | 100m2 | 4002.01 |
| 238 | A9-93 | 短肢剪力墙 木模板 木支撑 | 100m2 | 5183.19 |
| 239 | A9-94 | 圆弧墙 木模板 木支撑 | 100m2 | 5411.1 |
| 240 | A9-95 | 墙支撑高度超过3.6m每增加1m 钢支撑 ② | 100m2 | 111.56 |
| 241 | A9-96 | 墙支撑高度超过3.6m每增加1m 木支撑 | 100m2 | 185.05 |

图 8.165　住宅楼-阳台墙-2-6F 的定额套用

### 3. 住宅楼-外墙-1F 的工程量计算

（1）住宅楼-外墙-1F 的选取。在"模块导航栏"中进入"绘图输入"模块，选择"墙" | "墙"选项，进入墙的定义界面，在"构件名称"中单击需要定义的墙"（异型）住宅楼-外墙-1F"，如图 8.166 所示。

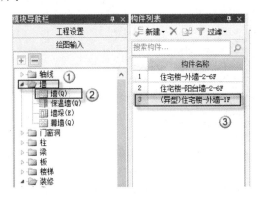

图 8.166　住宅楼-外墙-1F 的选取

（2）住宅楼-外墙-1F 清单计算规则的选择。在完成住宅楼-外墙-1F 的选取后，可在"属性编辑框"面板中看到住宅楼-外墙-1F 的有关数据，如图 8.167 所示。住宅楼-外墙-1F 的类别为直形墙，分析图纸可知，住住宅楼-外墙-1F 的属性与住宅楼-外墙-2-6F 相同，所以在选择清单时，应该选择编码为 010404001 的直形墙清单项。

（3）住宅楼-外墙-1F 定额计算规则的选择。在"属性编辑框"面板中可以看到住宅楼-外墙-1F 的材质为现浇混凝土，砼标号为 C20，模板类型为九夹板模板。分析图纸可知住宅楼-外墙-1F 的属性与住宅楼-外墙-2-6F 相同，如图 8.167 所示。所以应该选择编号为 A3-226 的"现浇混凝土构件 商品混凝土 直型墙 C20"。

图 8.167　构件属性

（4）住宅楼-外墙-1F 的清单套用。选择"添加清单" | "查询匹配清单"选项，双击编码为 010404001 的直形墙清单项，完成住宅楼-外墙-1F 清单计算规则的套用，如图 8.168 所示。

图 8.168　住宅楼-外墙-1F 的清单套用

住宅楼-外墙-1F 的定额计算规则的套用。选择"添加定额"｜"查询匹配定额"选项，然后双击所选定额的相应编码，进行定额的套用，如图 8.169 所示。

图 8.169　住宅楼-外墙-1F 的定额套用

此时与"首层"的"住宅楼-内墙-200 厚"的清单和定额的计算规则套用一样，但已转换为第二层，墙支撑的高度已经超过了 3.6m。为保持墙的支撑稳固，需要增加支撑长度，因此要增加一项定额的套用，双击所选定的"编码"为 A9-95 的"梁支撑高度超过 3.6m 每超过 1m 钢支撑"，如图 8.170 所示。

| | 编码 | 类别 | ① | 项目名称 | 项目特征 | 单位 | 工程量表达式 | 表达式说明 | 单价 |
|---|---|---|---|---|---|---|---|---|---|
| 1 | 010404001 | 项 | | 直形墙 | | m3 | TJ | TJ<体积> | |
| 2 | A3-226 | 定 | | 现浇混凝土构件 商品混凝土 直形墙 C20 | | m3 | TJ | TJ<体积> | 3594 |
| 3 | A9-64 | 定 | | 直形墙 九夹板模板 钢支撑 | | m2 | MBMJ | MBMJ<模板面积> | 1971 |
| 4 | A9-95 | 定 | | 墙支撑高度超过3.6m每增加1m 钢支撑 | | m2 | CGMBMJ | CGMBMJ<超高模板面积> | 111 |

查询匹配清单　查询匹配定额　查询清单库　查询匹配外部清单　查询措施　查询定额库

| | 编码 | 名称 | 单位 | 单价 |
|---|---|---|---|---|
| 223 | A3-229 | 现浇混凝土构件 商品混凝土 挡土墙和地下室墙 C10毛石砼 | 10m3 | 2778.37 |
| 224 | A3-230 | 现浇混凝土构件 商品混凝土 挡土墙和地下室墙 C20 | 10m3 | 3457.45 |
| 225 | A3-231 | 现浇混凝土构件 商品混凝土 弧形墙 C20 | 10m3 | 3506.71 |
| 226 | A3-232 | 现浇混凝土构件 商品混凝土 后浇墙带 | 10m3 | 3681.66 |
| 227 | A3-233 | 现浇混凝土构件 商品混凝土 依附于梁、墙上的砼线条 | 10m | 90.49 |
| 228 | A9-63 | 直形墙 组合钢模板 钢支撑 | 100m2 | 2361.69 |
| 229 | A9-64 | 直形墙 九夹板模板 钢支撑 | 100m2 | 1971.89 |
| 230 | A9-65 | 直形墙 九夹板模板 木支撑 | 100m2 | 2665.7 |
| 231 | A9-66 | 直形墙 木模板 木支撑 | 100m2 | 3035.61 |
| 232 | A9-67 | 电梯井壁 组合钢模板 钢支撑 | 100m2 | 2861.5 |
| 233 | A9-68 | 电梯井壁 九夹板模板 钢支撑 | 100m2 | 2178.04 |
| 234 | A9-69 | 电梯井壁 九夹板模板 木支撑 | 100m2 | 2400.3 |
| 235 | A9-90 | 短肢剪力墙 组合钢模板 钢支撑 | 100m2 | 3726.21 |
| 236 | A9-91 | 短肢剪力墙 九夹板模板 钢支撑 | 100m2 | 3234.73 |
| 237 | A9-92 | 短肢剪力墙 九夹板模板 木支撑 | 100m2 | 4002.01 |
| 238 | A9-93 | 短肢剪力墙 木模板 木支撑 | 100m2 | 5183.19 |
| 239 | A9-94 | 圆弧墙 木模板 木支撑 | 100m2 | 5411.1 |
| 240 | A9-95 | 墙支撑高度超过3.6m每增加1m 钢支撑 | 100m2 | 111.56 |
| 241 | A9-96 | 墙支撑高度超过3.6m每增加1m 木支撑 | 100m2 | 185.05 |

图 8.170　住宅楼-外墙-1F 的定额套用

（5）其他层墙的清单规则及定额规则的套用。在完成二层墙清单、定额计算规则后，按住鼠标左键将墙的做法全部选中，单击"做法刷"按钮。在广联达软件界面弹出"做法刷"窗口后，勾选"墙"选项，单击"确定"按钮，弹出"确认"对话框后单击"是"按钮，完成"墙"的做法套用，如图 8.171 所示。

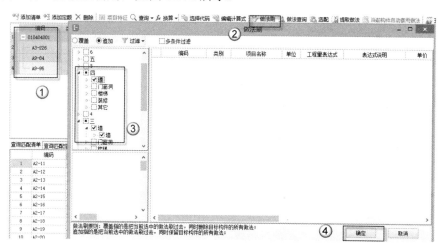

图 8.171　做法刷套用

其他层的汇总计算。完成所有楼层的所有构件清单计算规则和定额计算规则的套用及调整后，单击"汇总计算"按钮，弹出"确定执行计算汇总"对话框，单击"全选"按钮，再单击"确定"按钮，如图 8.172 所示。在完成计算汇总后，单击"保存并计算指标"按钮，完成其他层的工程量计算。

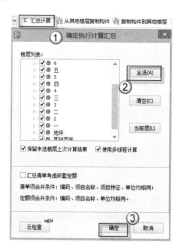

图 8.172　汇总计算

## 8.2.5　屋面层的工程量计算

经过首层、二层的相关工程量计算，下面将楼层切换至屋顶，进行屋面层的工程量计算。具体操作如下。

（1）梁 WKL-2 的选取。首先在显示栏中将当前层切换为"屋顶"层，如图 8.173 所示。然后在"模块导航栏"面板中进入"绘图输入"模块，选择"梁"｜"梁"选项，进入梁的定义界面，在"构件名称"中单击需要定义的梁 WKL - 2，如图 8.174 所示。

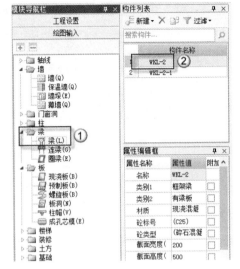

图 8.173　切换至"屋顶"层　　　　　　　　图 8.174　选取梁 WKL-2

（2）梁 WKL-2 清单计算规则的选择。在完成梁 WKL-2 的选取后，可在"属性编辑框"面板中看到梁 WKL-2 的有关数据，如图 8.175 所示。可知梁 WKL-2 类别 1、类别 2 分别为框架梁和有梁板，所以在选择清单时，应该选择编码为 010405001 的有梁板清单项，其计算规则为按设计图示尺寸以体积计算，不扣除单个面积≤0.3m$^2$ 的柱、垛及孔洞所占体积。压形钢板混凝土楼板扣除构件内压形钢板所占体积。有梁板（包括主、次梁与板）按梁、板体积之和计算，无梁板按板和柱帽体积之和计算，各类板伸人墙内的板头并入板体积内，薄壳板的肋、基梁并入薄壳体积内计算。

图 8.175　梁 WKL-2 属性

（3）梁 WKL-2 定额计算规则的选择。

- 在"属性编辑框"面板中可以看到梁 WKL-2 的材质为现浇混凝土，砼标号为 C25，所以应该选择编号为 A3-28 的现浇混凝土构件、单梁（连续梁悬臂梁）、C20。其计算规则为按照图示断面尺寸乘以梁长以体积计算，梁长按以下规定确定：当梁与柱连接时，梁长算至柱的侧面，当主梁与次梁连接时，次梁长算至主梁的侧面。

- 在"属性编辑框"面板中可以看到的梁 WKL-2 模板类型为九夹板模板，所以的梁 WKL-2 模板定额计算规则，可以选择编码为 A9-67 的"单梁、连续梁、九夹板模板、钢支撑"，或编号为 A9-68 的"单梁、连续梁、九夹板模板、木支撑"。其计算规则为：现浇混凝土及钢筋混凝土模板工程量，除另有规定者外，均应区别模板的不同材质，按混凝土与模板接触面的面积，以平方米计算。

注意：在本例中未超高的情况下，梁 WKL 模板定额选择为 A9-68 的"单梁、连续梁、九夹板模板、木支撑"。

- 屋面层属于层高大于 3.6m 的范围，所以在套定额清单规则时，应该考虑超高模板的面积。在定额规范中，可供选择的定额有编码为 A9-81 的"梁支撑高度超 3.6m 每超过 1m 钢支撑"或编码为 A9-82 的"梁支撑高度超 3.6m 每超过 1m 木支撑"。

注意：在本例层超高的情况下，梁 WKL 模板定额选择为 A9-81 的"梁支撑高度超 3.6m 每超过 1m 木支撑"。"超高"就是指当层高大于 3.6m 的范围，所以在套定额清单规则时，应该考虑超高模板的面积。

（4）梁 WKL-2 清单的套用。单击"添加清单"按钮，在广联达软件界面出现空白清单项后，单击"查询匹配清单"按钮，再双击有梁板清单项，完成梁 WKL-2 清单计算规则的套用，如图 8.176 所示。

图 8.176　梁 WKL-2 清单的套用

（5）梁 WKL-2 定额清单规则的套用。选择"添加定额"｜"查询匹配定额"选项，然后双击定额的相应编码进行定额的套用，如图 8.177 所示。由于在本工程中梁的砼标号为 C25，而定额计算规则中只有砼标号为 C20 的做法，所以在此需要进行定额的换算。选中定额的项目名称，单击■按钮，弹出"编辑名称规格"窗口，将砼标号

C20 改为 C25 后，单击"确定"按钮，完成梁 WKL-2 定额清单规则的套用，如图 8.178 所示。

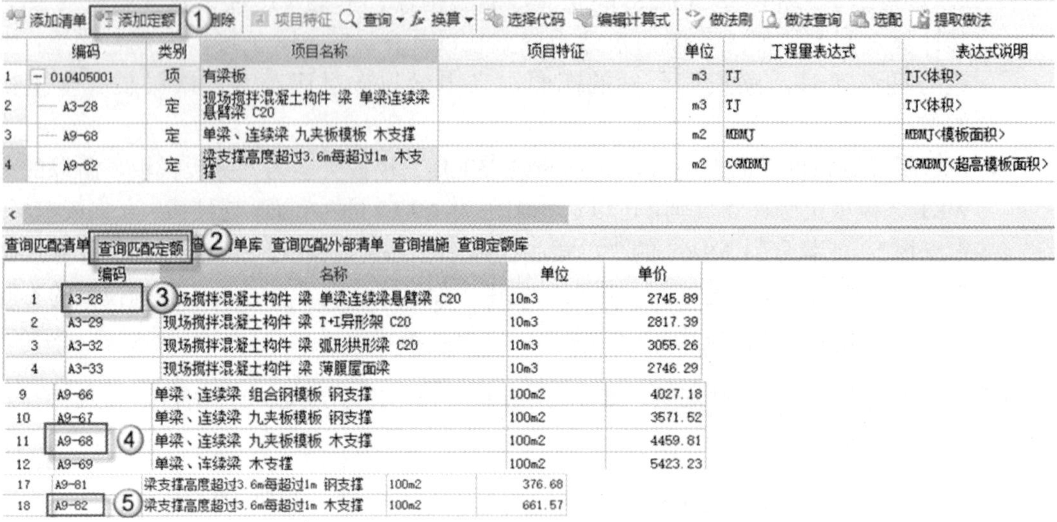

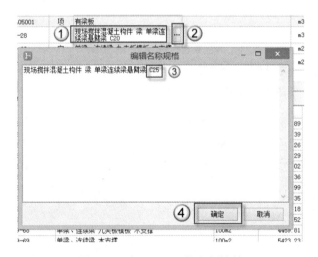

图 8.177　梁 WKL-2 的定额套用

图 8.178　梁 WKL-2 的定额换算

（6）梁 WKL-2-1 的选取。在"模块导航栏"中进入"绘图输入"模块，选择"梁"｜"梁"选项，进入梁的定义界面，在"构件名称"中单击需要定义的梁"WKL-2-1"，如图 8.179 所示。

（7）梁 WKL-2-1 清单、定额计算规则的选择。在完成梁 WKL-2-1 的选取后，可在"属性编辑框"面板中看到梁 WKL-2-1 的有关数据，如图 8.180 所示。分析图纸可知，梁梁 WKL-2-1 的属性与梁 WKL-2 相同，所以在清单计算规则和定额计算规则的选择上与梁 WKL-2 相同。

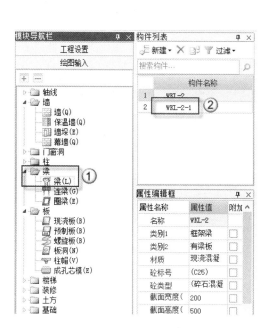

图 8.179　梁 WKL-2-1 的选取　　　　图 8.180　构件属性

（8）梁 WKL-2-1 清单的套用。选择"添加清单"选项，在广联达软件界面出现空白清单项后，单击"查询匹配清单"选项，双击有梁板清单项，完成梁 WKL-2-1 清单计算规则的套用，如图 8.181 所示。

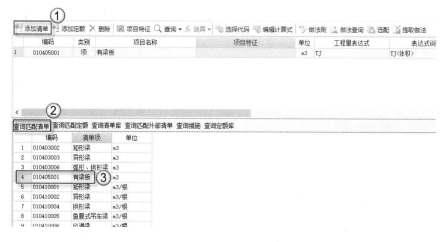

图 8.181　梁 WKL-2-1 的清单套用

（9）梁 WKL-2-1 定额清单规则的套用。选择"添加定额"｜"查询匹配定额"选项，然后双击定额的相应编码，进行定额的套用，如图 8.182 所示。由于在本工程中梁的砼标号为 C25，而定额计算规则中只有砼标号为 C20 的做法，所以在此需要进行定额的换算。选中定额的项目名称，单击　按钮，弹出"编辑名称规格"窗口，将砼标号 C20 改为 C25 后，单击"确定"按钮，完成梁 WKL-2-1 定额清单规则的套用，如图 8.183 所示。

（10）屋面梁的工程量计算。完成首层所有梁清单计算规则和定额计算规则的套用及调整后，单击"汇总计算"按钮，弹出"确定执行计算汇总"对话框后，单击"当前层"按钮，再单击"确定"按钮，如图 8.184 所示。在完成计算汇总后，单击"保存并计算指标"按钮，完成屋面梁的工程量计算。

图 8.182　梁 WKL-2-1 的定额套用 1

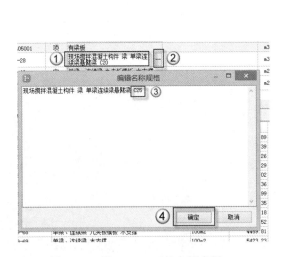

图 8.183　梁 WKL-2-1 的定额套用 2

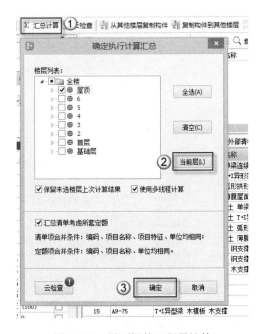

图 8.184　屋面梁的工程量计算

## 8.2.6　楼梯工程量计算

本节介绍楼梯的工程量计算，楼梯工程量计算中需要计算的工程量有现浇楼梯面积、楼梯实体体积、楼梯栏板栏杆和楼梯模板。

### 1．一层楼梯"（异型）楼梯"选取

首先在显示栏中将当前层切换为一层，如图 8.185 所示。然后在"模块导航栏"面板中进入"绘图输入"模块，选择"楼梯"｜"楼梯"选项，进入楼梯的定义界面，在"构件名称"中单击需要定义的楼梯"（异型）楼梯"，如图 8.186 所示。

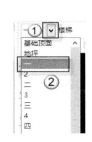 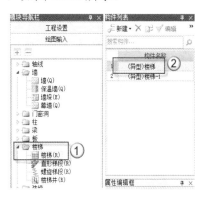

图 8.185　楼层的选择　　　　　　　图 8.186　楼梯的选取

### 2．（异型）楼梯清单计算规则的选择

（1）混凝土工程。在完成（异型）楼梯的选取后，可在"属性编辑框"面板中看到（异型）楼梯的有关数据，如图 8.187 所示。（异型）楼梯材质为现浇混凝土，所以在选择清单时，可以选择编码 010406001 的直形楼梯清单项，其计算规则为按设计图示尺寸以水平投影面积计算。不扣除宽度小于 500mm 的楼梯井，伸入墙内部分不计算。

图 8.187　楼梯的属性

（2）对于楼梯的楼地面工程，在选择清单时一般选用编码为 020102002 的块料楼地面，其计算规则为按设计图示尺寸以面积计算，扣除凸出地面构筑物、设备基础、室内铁道、地沟等所占面积，不扣除间壁墙和 0.3m² 以内的柱、垛、附墙烟囱及孔洞所占面积。门洞、空圈、暖气包槽、壁龛的开口部分不增加面积。踢脚线可选编码为 020105003 的块料踢脚线，其计算规则为按设计图示长度乘以高度以面积计算。由图可知，楼梯处有栏杆扶手，

所以在选择清单时应选择编码为 020107001 的"金属扶手带栏杆、栏板",其计算规则为按设计图示尺寸,以扶手中心线长度(包括弯头长度)计算。

(3)对于楼梯的天棚工程,可以选择编码为 020301001 的天棚抹灰,其计算规则为按设计图示尺寸以水平投影面积计算,不扣除间壁墙、垛、柱、附墙烟囱、检查口和管道所占的面积,带梁天棚、梁两侧抹灰面积并入天棚面积内,板式楼梯底面抹灰按斜面积计算,锯齿形楼梯底板抹灰按展开面积计算。

🖱 **注意**:对于工程的装饰装修工程清单定额的选择,需根据工程的具体装修总表来确定,一般一个小区的所有住宅楼只使用一个装修表,这里在此只做举例说明。

### 3. 定额计算规则的选择

(1)在"属性编辑框"面板中可以看到(异型)楼梯材质为现浇混凝土,所以楼梯混凝土定额可以套编码为 A3-55 的"现场搅拌混凝土构件 楼梯、整体楼梯 C20"的定额项,楼梯模板额可以套编码为 A9-123 的"楼梯 直形 木模板木支撑"的定额项。对于楼梯定额规则需要知道的是:楼梯包括楼梯间两端的休息平台,梯井斜梁、楼梯板及支承梁及斜梁的梯口梁或平台梁,以图示露明面尺寸的水平投影面积计算。不扣除宽度小于 300mm 的楼梯井,楼梯的踏步、踏步板、平台梁等侧面模板不另计算;当梯井宽度大于 300mm 时,应扣除梯井面积,以图示露明面尺寸的水平投影面积乘以 1.08 系数计算。

(2)楼梯的楼地面工程中,地面可以套编码为 B1-137 的"陶瓷地砖 楼地面 周长 800mm 以内"的定额项;踢脚线可以套编码为 B1-147 的"陶瓷地砖 踢脚线 水泥砂浆"的定额项;扶手可以套编码为 B1-311 的"不锈钢扶手 直形 Φ60"的定额项。

(3)关于楼梯的天棚工程,可以套用编码为 B4-2 的"抹灰面层 混凝土面天棚 水泥砂浆"的定额项,其中,楼梯底面抹灰,按楼梯水平投影面积(梯井宽超过 200mm 以上者,应扣除超过部分的投影面积)乘以系数 1.30,套用相应的天棚抹灰定额计算。

### 4.(异型)楼梯混凝土工程清单定额的套用

(1)单击"添加清单"按钮,在广联达软件界面出现空白清单项后,选择"查询匹配清单"选项,然后双击清单项,完成清单计算规则的套用,如图 8.188 所示。

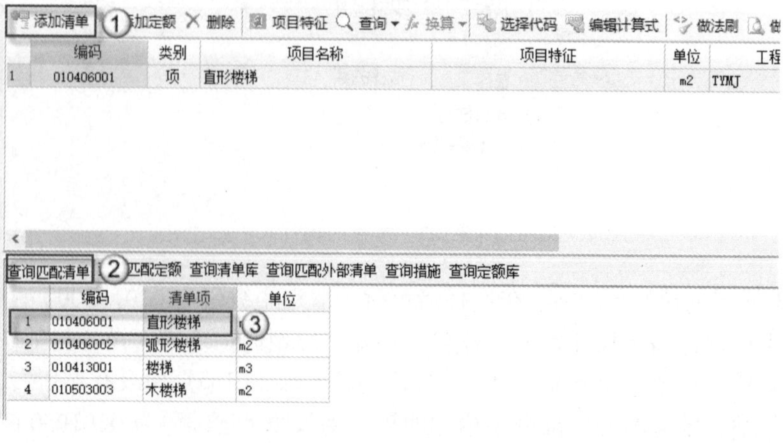

图 8.188 清单的套用

（2）套用清单后，选择"添加定额"｜"查询匹配定额"选项，然后双击定额的相应编码，进行楼梯混凝土工程定额的套用，如图 8.189 所示。选择"查询定额库"选项，在"章节查询"中打开"第九章　混凝土、钢筋混凝土模板及支撑工程"中的"一、现浇混凝土模板及支撑"后，双击"其他"选项，再双击定额编码完成（异型）楼梯混凝土工程清单的定额套用，如图 8.190 所示。

图 8.189　楼梯混凝土工程的定额套用

图 8.190　（异型）楼梯混凝土工程清单的定额套用

### 5.（异型）楼梯楼地面工程清单定额的套用

（1）地面清单的定额套用。单击"添加清单"按钮，在广联达软件界面出现空白清单项后，单击"查询清单库"按钮，找到"切换专业"栏单击按钮，将专业切换为"装饰装修工程"后，双击"块料楼地面"清单项，如图 8.191 所示。

（2）进行清单套用后，单击"添加定额"按钮，然后选择"查询定额库"选项，找到"切换定额库"栏将定额库切换到"湖北省装饰装修工程消耗量定额及统一基价表（2008）"，在"章节查询"中双击"第一章　楼地面工程"，在"四、块料面层"中找到所需定额项后双击其编码，如图 8.192 所示。

图 8.191　清单库的清单套用

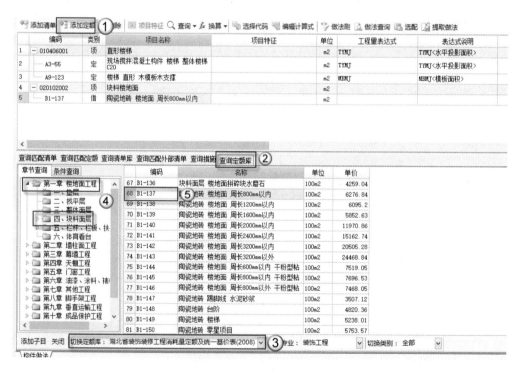

图 8.192　定额库的定额套用

注意：广联达软件是按照一个省一个版本来制定的。在我国建筑业内，不仅设计是带地域
特色的，连工程算量也是一样的，体现了我国地大物博的特点。

（3）踢脚线清单定额套用。选择"添加清单"｜"查询清单库"选项，在"章节查询"中双击"楼地面工程"｜"踢脚线"后，双击所需清单项编号，如图 8.193 所示。进行清单套用后，选择"添加定额"｜"查询定额库"选项，对于已经找到具体内容的定额项或较为难找的定额项，可以在"条件查询"中输入定额名称或编码后，单击"查询"按钮，再双击定额编码进行定额套用，如图 8.194 所示。

图 8.193 踢脚线的清单套用

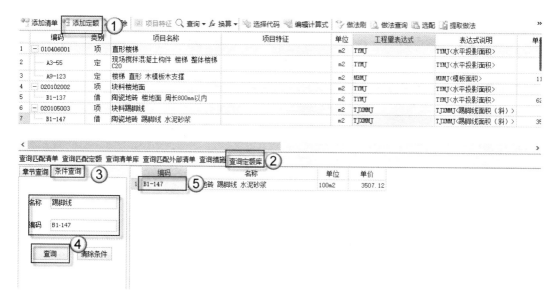

图 8.194 踢脚线的定额套用

（4）扶手清单定额套用。选择"添加清单"｜"查询清单库"选项，在"章节查询"中双击"楼地面工程"｜"扶手、栏杆、栏板装饰"后，双击所需的清单项编号，如图 8.195 所示。进行清单套用后，选择"添加定额"｜"查询定额库"选项，对于已经找到具体内容的定额项或较为难找的定额项，可以在"条件查询"中输入定额名称或编码后，单击"查询"按钮，然后双击定额编码进行定额套用，如图 8.196 所示。

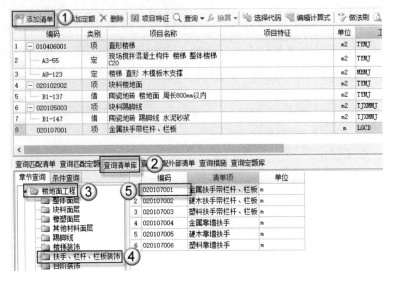

图 8.195  扶手的清单套用

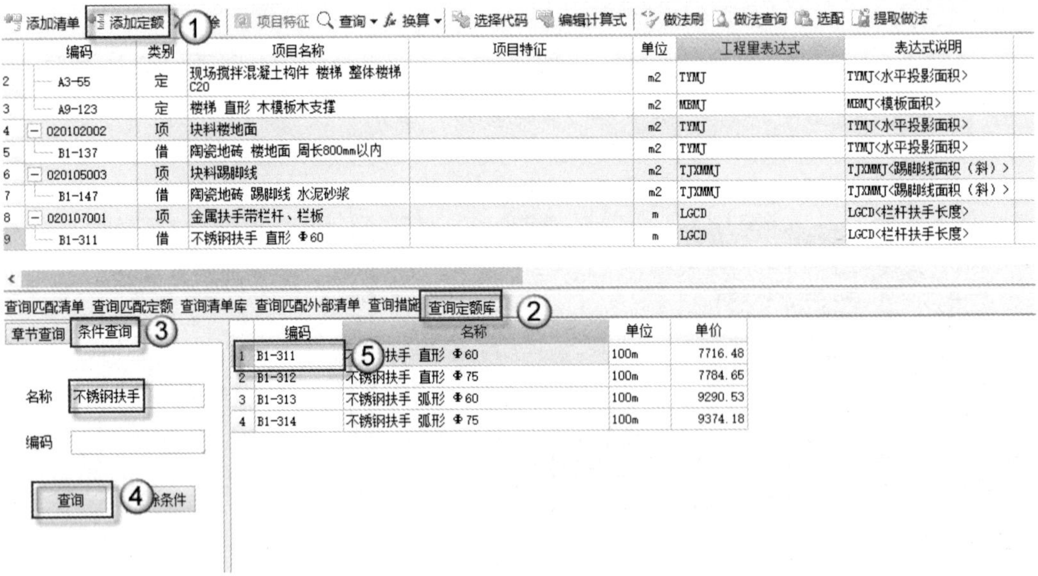

图 8.196  扶手的定额套用

### 6.（异型）楼梯天棚工程清单定额的套用

选择"添加清单"｜"查询清单库"选项，在"章节查询"中双击"天棚工程"｜"天棚抹灰"后，再双击所需的清单项编号，如图 8.197 所示。进行清单套用后，再选择"添加定额"｜"查询定额库"选项，在"章节查询"中单击"第四章 天棚工程"，然后再双击定额编码进行定额的套用，如图 8.198 所示。

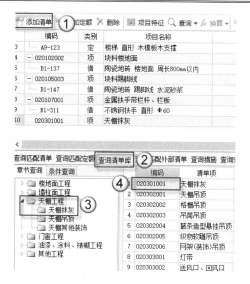

图 8.197　工程的清单套用

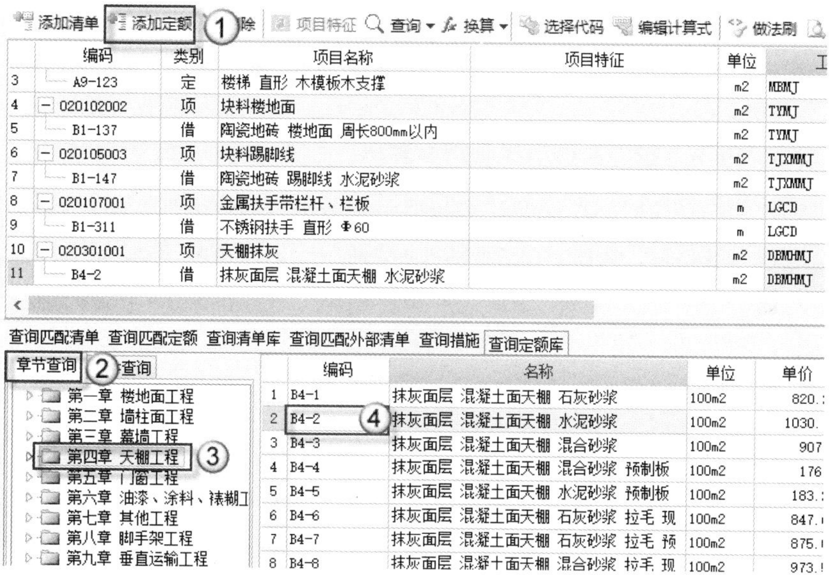

图 8.198　定额的套用

注意：在进行工程的装饰装修工程清单及定额套用时，一定要注意切换定额库和专业，在套用时应确保专业为装饰装修专业。

### 7．一层（异型）楼梯－1清单规则及定额规则的套用

在完成一层（异型）楼梯清单、定额计算规则后，按住鼠标左键将（异型）楼梯做法全部选中，单击"做法刷"按钮。在广联达软件界面弹出"做法刷"窗口后，勾选"楼梯"选项，单击"确定"按钮，弹出"确认"对话框后单击"是"按钮，完成"（异型）楼梯－1"的做法套用，如图 8.199 所示。

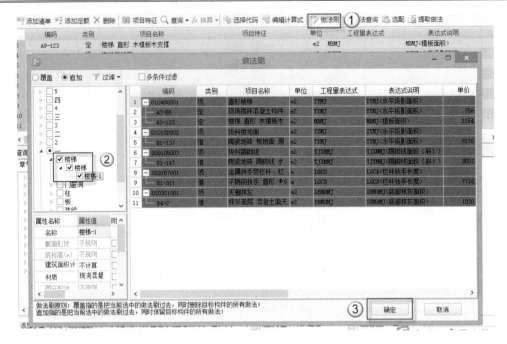

图 8.199　做法刷的套用

### 8. 其他层（异型）楼梯定额清单规则的套用

按住鼠标左键将（异型）楼梯做法全部选中，单击"做法刷"按钮，在广联达软件界面弹出"做法刷"窗口后，勾选"二"下的"楼梯"选项，重复上述操作，将其他楼层楼梯构件全部勾选后，单击"确定"按钮，弹出"确认"对话框后单击"是"按钮，完成其他层"（异型）楼梯"的做法套用，如图 8.200 所示。

图 8.200　其他层（异型）楼梯定额清单规则的套用

### 9．楼梯的工程量计算

完成所有楼层的楼梯构件清单计算规则和定额计算规则的套用及调整后，单击"汇总计算"按钮，弹出"确定执行计算汇总"对话框，单击"全选"按钮，再单击"确定"按钮，如图 8.201 所示。在完成计算汇总后，单击"保存并计算指标"按钮，完成楼梯构件的工程量计算。

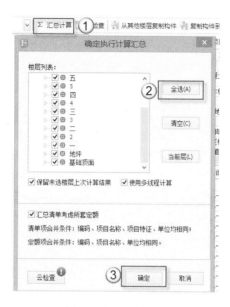

图 8.201　汇总计算

# 8.3　装修工程量计算

完成主体结构工程量计算后，整个工程的基本雏形已然出现。本章是对工程量计算的另一个方面——装修工程的算量。装修工程主要是对建筑专业中各类建筑材料、施工工艺做法的套用，有一定的固定模式，按照流程计算一次后，就不会感觉很难了。

## 8.3.1　楼地面工程量计算

楼地面工程指使用各种面层材料对楼地面进行装饰的工程。面层包括整体面层、块料面层等。具体操作如下。

### 1．外部清单的导入

（1）在"模块导航栏"中进入"工程设置"模块，选择"外部清单"模块，进入外部清单添加界面，如图 8.202 所示。

图 8.202　外部清单界面

（2）单击"导入 Excel 清单表"按钮，弹出"导入 Excel 清单表"窗口，单击"选择（S）"按钮，之后找寻计算机中已保存的 Excel 外部清单表格选中，单击"打开"按钮，如图 8.203 所示。

图 8.203　外部清单的导入

（3）打开 Excel 外部清单表，在弹出导出的清单窗口后，单击"选择全部清单行"按钮，将所有的外部清单行全部选中后，单击"导入"按钮，如图 8.204 所示。此时即完成了外部清单项的导入，广联达软件界面如图 8.205 所示。

**2．地面的做法套用**

（1）地面的选取。在"模块导航栏"中进入"绘图输入"模块，选择"装修"｜"楼地面"选项，进入楼地面的定义界面，在"构件名称"中单击需要定义的楼地面"地面"，如图 8.206 所示。打开之后，进入广联达软件界面，如图 8.207 所示。

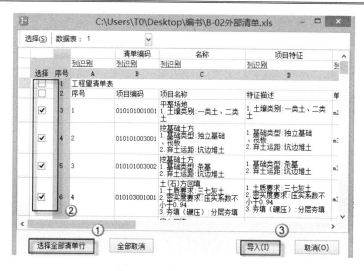

图 8.204　外部清单的导入

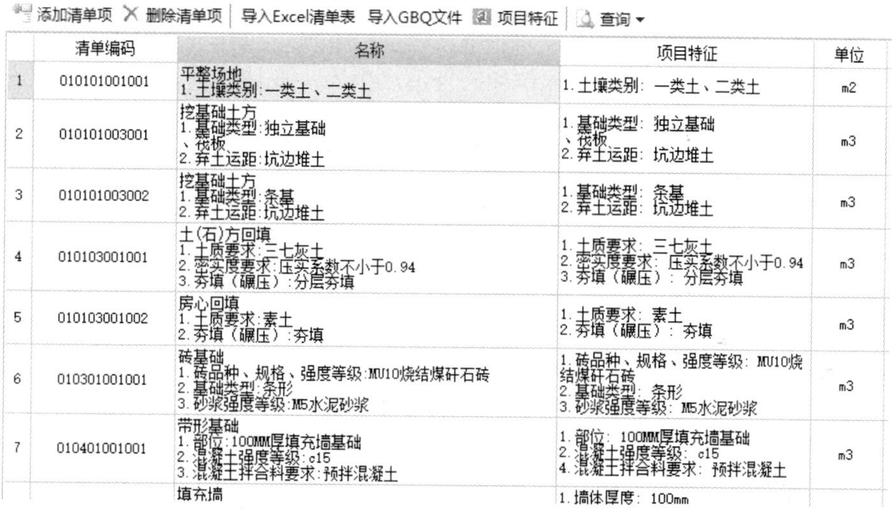

| | 清单编码 | 名称 | 项目特征 | 单位 |
|---|---|---|---|---|
| 1 | 010101001001 | 平整场地<br>1.土壤类别:一类土、二类土 | 1.土壤类别: 一类土、二类土 | m2 |
| 2 | 010101003001 | 挖基础土方<br>1.基础类型:独立基础、筏板<br>2.弃土运距:坑边堆土 | 1.基础类型: 独立基础、筏板<br>2.弃土运距: 坑边堆土 | m3 |
| 3 | 010101003002 | 挖基础土方<br>1.基础类型:条基<br>2.弃土运距:坑边堆土 | 1.基础类型: 条基<br>2.弃土运距: 坑边堆土 | m3 |
| 4 | 010103001001 | 土(石)方回填<br>1.土质要求:三七灰土<br>2.密实度要求:压实系数不小于0.94<br>3.夯填(碾压):分层夯填 | 1.土质要求: 三七灰土<br>2.密实度要求: 压实系数不小于0.94<br>3.夯填(碾压): 分层夯填 | m3 |
| 5 | 010103001002 | 房心回填<br>1.土质要求:素土<br>2.夯填(碾压):夯填 | 1.土质要求: 素土<br>2.夯填(碾压): 夯填 | m3 |
| 6 | 010301001001 | 砖基础<br>1.砖品种、规格、强度等级:MU10烧结煤矸石砖<br>2.基础类型:条形<br>3.砂浆强度等级:M5水泥砂浆 | 1.砖品种、规格、强度等级: MU10烧结煤矸石砖<br>2.基础类型: 条形<br>3.砂浆强度等级: M5水泥砂浆 | m3 |
| 7 | 010401001001 | 带形基础<br>1.部位:100MM厚填充墙基础<br>2.混凝土强度等级:c15<br>3.混凝土拌合料要求:预拌混凝土 | 1.部位: 100MM厚填充墙基础<br>3.混凝土强度等级: c15<br>4.混凝土拌合料要求: 预拌混凝土 | m3 |
| | | 填充墙 | 1.墙体厚度: 100mm | |

图 8.205　广联达软件界面

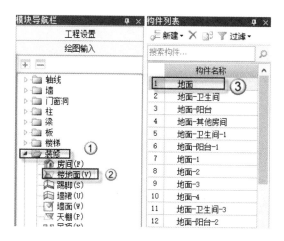

图 8.206　地面的选取

图 8.207　广联达软件界面

（2）地面清单计算规则的选择。在完成地面的选取后，可在"属性编辑框"面板中看到地面的有关数据，根据设计要求和添加的外部清单表，在选择清单时，应该在外部清单表中选择编码为 020102002002 的"块料楼地面"清单项，其计算规则为按设计图示尺寸以面积计算。门洞、空圈、暖气包槽、壁龛的开口部分并入相应的工程量内。

（3）地面定额计算规则的选择。根据设计要求，垫层材料种类为"厚度：60 厚 C15 混凝土"，找平层厚度、砂浆配合比为"15 厚 1∶2 水泥砂浆找平"，结合层厚度、砂浆配合比为"20 厚 1∶4 干硬性水泥砂浆"。所以应该选择编号为 B1-17 的"垫层 混凝土垫层"，编号为 B1-19 的"找平层 水泥砂浆 砼或硬基层上 厚度 20mm"，其计算规则为楼地面块料面层按实铺面积计算，不扣除单个 0.1m$^2$ 以内的柱、垛、附墙烟囱及孔洞所占面积。

（4）地面的清单套用。选择"添加清单"|"查询匹配外部清单"选项，双击编码为 020102002002 的块料楼地面清单项，完成地面清单计算规则的套用，如图 8.208 所示。

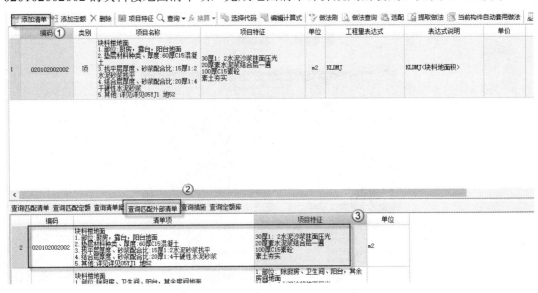

图 8.208　地面的清单套用

地面定额计算规则的套用。选择"添加定额"｜"查询定额库"选项，在"章节查询"中打开"第一章　楼地面工程"中的"一、垫层"后，双击编码为 B1-17 的"垫层　混凝土垫层"定额项，完成地面的垫层的定额套用。在"章节查询"中打开"第一章　楼地面工程"中的"二、找平层"后，双击编码为 B1-19 的"找平层　水泥砂浆　砼或硬基层上　厚度20mm"定额项，完成地面找平层定额套用。此时即完成了地面定额计算规则的套用，如图 8.209 与图 8.210 所示。

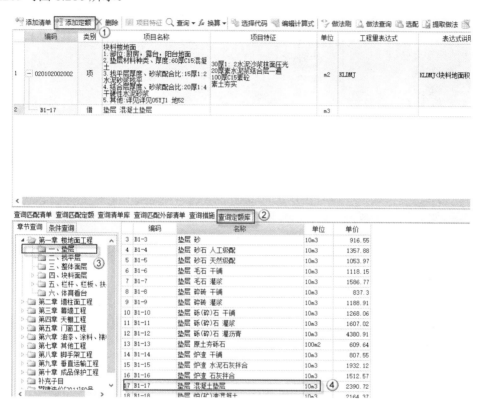

图 8.209　地面定额套用 1

图 8.210　地面定额套用 2

### 3．地面-卫生间的做法套用

（1）地面-卫生间的选取。在"模块导航栏"中进入"绘图输入"模块，选择"装修"｜

"楼地面"选项,进入楼地面的定义界面,在"构件名称"中单击需要定义的楼地面"地面-卫生间",如图 8.211 所示。

图 8.211 地面-卫生间的选取

(2)地面-卫生间清单计算规则的选择。在完成地面-卫生间的选取后,可在"属性编辑框"中看到地面-卫生间有关数据,根据设计要求和添加的外部清单表,在选择清单时,应该在外部清单表中选择编码为 020102002004 的"块料楼地面"清单项,其计算规则为按设计图示尺寸以面积计算,门洞、空圈、暖气包槽、壁龛的开口部分并入相应的工程量内。

(3)地面-卫生间定额计算规则的选择。根据设计要求,应该选择编号为 B1-19 的"找平层 水泥砂浆 砼或硬基层上 厚度 20mm",其计算规则为楼地面块料面层按实铺面积计算,不扣除单个 $0.1m^2$ 以内的柱、垛、附墙烟囱及孔洞所占面积。

(4)地面-卫生间的清单套用。选择"添加清单"|"查询匹配外部清单"选项,然后双击编码为 020102002004 的"块料楼地面"清单项,完成地面-卫生间清单计算规则的套用,如图 8.212 所示。

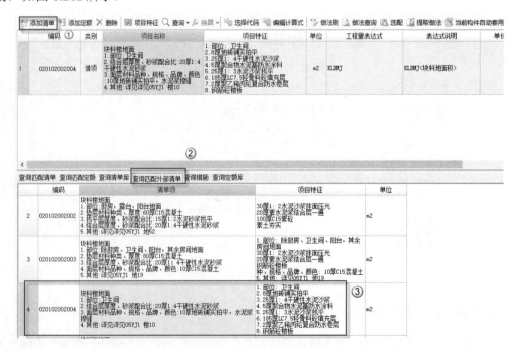

图 8.212 地面-卫生间的清单套用

地面-卫生间定额计算规则的套用。选择"添加定额"｜"查询定额库"选项，在"章节查询"中打开"第一章　楼地面工程"中的"二、找平层"项后，双击编码为 B1-19 的"找平层 水泥砂浆 砼或硬基层上 厚度 20mm"的定额项，完成地面找平层定额套用。此时即完成了地面定额计算规则的套用，如图 8.213 所示。

图 8.213　地面-卫生间的定额套用

### 4．地面-阳台的做法套用

（1）地面-阳台的选取。在"模块导航栏"中进入"绘图输入"模块，选择"装修"｜"楼地面"选项，进入楼地面的定义界面，在"构件名称"中单击需要定义的楼地面"地面-阳台"，如图 8.214 所示。打开之后，进入广联达软件界面，如图 8.215 所示。

图 8.214　地面-阳台的选取

（2）地面-阳台清单计算规则的选择。在完成地面-阳台的选取后，可在"属性编辑框"面板中看到地面-阳台的有关数据。根据设计要求和添加的外部清单表，在选择清单时，应该在外部清单表中选择编码为 020102002001 的"块料楼地面"清单项，其计算规则为按设计图示尺寸以面积计算，门洞、空圈、暖气包槽、壁龛的开口部分并入相应的工程量内。

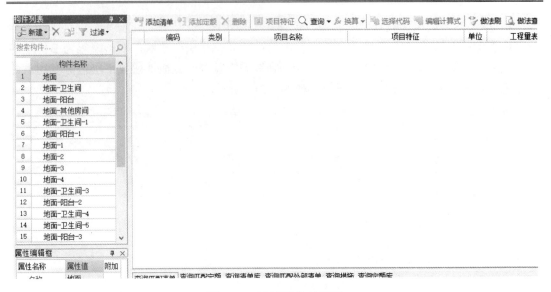

图 8.215　广联达软件界面

（3）地面-阳台定额计算规则的选择。根据设计要求，应该选择编号为 B1-19 的"找平层 水泥砂浆 砼或硬基层上 厚度 20mm"，其计算规则为楼地面块料面层按实铺面积计算，不扣除单个 $0.1m^2$ 以内的柱、垛、附墙烟囱及孔洞所占面积。

（4）做法套用。套用做法是指构件按照计算规则计算汇总出做法的工程量，方便进行同类项汇总，同时与计价软件数据接口。构件套用做法，可以通过手动添加清单定额、查询清单定额库添加、查询匹配清单定额添加、查询匹配外部请单添加来进行。

地面-阳台的清单套用。选择"添加清单"｜"查询匹配外部清单"选项，双击编码为 020102002001 的"块料楼地面"清单项，完成地面-阳台的清单计算规则的套用，如图 8.216 所示。

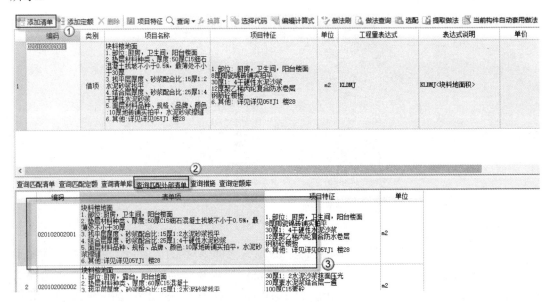

图 8.216　地面-阳台的清单套用

地面-阳台的定额计算规则的套用。选择"添加定额"｜"查询定额库"选项，在"章节查询"中打开"第一章　楼地面工程"中的"二、找平层"后，双击编码为 B1-19 的"找平层 水泥砂浆 砼或硬基层上 厚度 20mm"的定额项，完成地面-阳台找平层的定额套用。此时即完成了地面-阳台定额计算规则的套用，如图 8.217 所示。

图 8.217　地面-阳台找平层的定额套用

## 8.3.2　房间的创建

整体的主体结构与大致的装饰装修已经接近尾声，但工程建筑毕竟服务于人，所以本节也是至关重要的内容，本节主要介绍装饰装修工程中房间的创建。

### 1. 阳台的创建

（1）在"模块导航栏"中进入"绘图输入"模块，选择"装修"｜"房间"选项，进入房间的定义界面，在"构件名称"中选择"新建"｜"新建房间"命令，新建名为 FJ-1 的房间，如图 8.218 所示。

图 8.218　房间阳台的创建

（2）在完成房间的创建后，可在"属性编辑框"面板中看到 FJ-1 的有关数据，如图 8.219 所示，因为设计要求名称为阳台，在"属性编辑框"面板中双击名称所对应的属性值 FJ-1，选中文字后，将 FJ-1 改为"阳台"，如图 8.219 所示。

图 8.219　房间名称的转换

（3）在完成了名称的转换后，在"构件列表"中选择"楼地面"选项，选择"添加依附构件"命令，在出现"构件名称"列表后，将构件名称改为"地面-阳台"，如图 8.220所示。此时即完成了地面-阳台的创建。

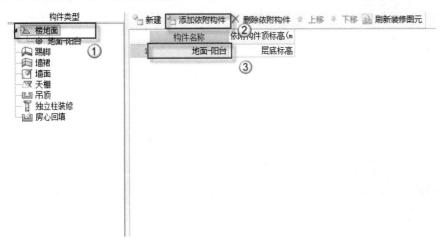

图 8.220　添加依附构件

### 2. 卫生间的创建

（1）在"模块导航栏"中进入"绘图输入"模块，选择"装修"｜"房间"选项，进入房间的定义界面，在"构件名称"中选择"新建"｜"新建房间"选项，新建名为 FJ-1的房间，如图 8.221 所示。

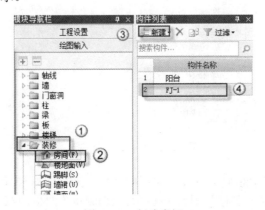

图 8.221　创建房间

（2）在完成房间的创建后，可在"属性编辑框"面板中看到 FJ-1 的有关数据，因为设计要求名称为卫生间，在"属性编辑框"面板中双击名称所对应的属性值 FJ-1，选中文字后，将 FJ-1 改为"卫生间"，如图 8.222 所示。

图 8.222　房间名称的转换

（3）在完成了名称的转换后，在"构件列表"中选择"楼地面"选项，选择"添加依附构件"命令，在出现"构件名称"列表后，将构件名称改为"地面-卫生间"，如图 8.223所示。此时即完成了地面-卫生间的创建。

图 8.223　添加依附构件

### 3．首层装修的工程量计算

完成首层所有装修工程的清单计算规则和定额计算规则的套用及调整后，单击"汇总计算"按钮，弹出"确定执行计算汇总"对话框，单击"当前层"按钮，再单击"确定"按钮，如图 8.224 所示。在完成计算汇总后，单击"保存并计算指标"按钮，完成首层装修工程的工程量计算。

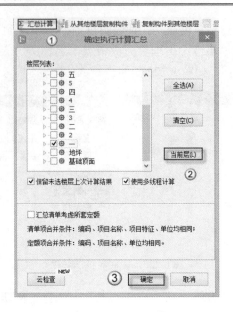

图 8.224　汇总计算

### 8.3.3　其他层装修工程量计算

进行了首层的装饰装修工程后，相信读者已经对大致的装修工程量有了大致的了解并基本掌握了，本节是对其他层装修工程量计算进行的补充讲述。

（1）其他层地面的做法套用在完成一层地面清单、定额计算规则后，按住鼠标左键将地面做法全部选中，单击"做法刷"按钮。在广联达软件界面弹出"做法刷"窗口后，勾选其他层装修工程楼地面中的"地面"选项，单击"确定"按钮，弹出"确认"对话框后单击"是"按钮，完成其他层地面的做法套用，如图 8.225 所示。

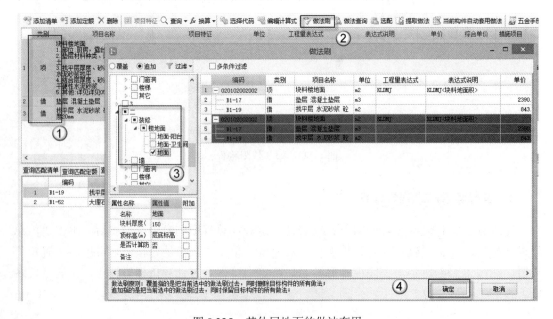

图 8.225　其他层地面的做法套用

（2）其他层地面-卫生间的做法套用。在完成一层地面-卫生间清单、定额计算规则后，按住鼠标左键将地面-卫生间做法全部选中，单击"做法刷"按钮。在广联达软件界面弹出"做法刷"窗口后，勾选其他层装修工程楼地面中的"地面-卫生间"选项，单击"确定"按钮，弹出"确认"对话框后单击"是"按钮，完成其他层地面-卫生间的做法套用，如图 8.226 所示。

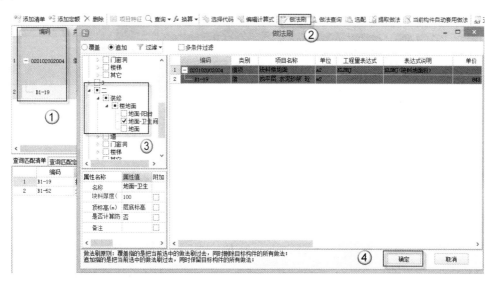

图 8.226　其他层地面-卫生间的做法套用

（3）其他层地面-阳台的做法套用。在完成一层地面-阳台清单、定额计算规则后，按住鼠标左键将地面-阳台做法全部选中，单击"做法刷"按钮。在广联达软件界面弹出"做法刷"窗口后，勾选其他层装修工程楼地面中的"地面-阳台"选项，单击"确定"按钮，弹出"确认"对话框后单击"是"按钮，完成其他层地面-阳台的做法套用，如图 8.227 所示。

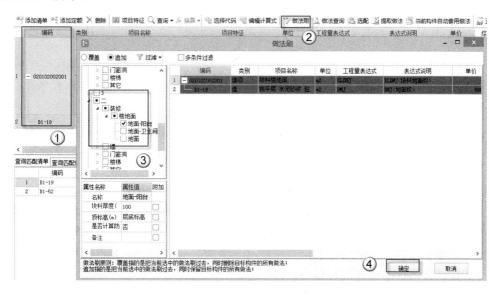

图 8.227　其他层地面-卫生间阳台的做法套用

（4）其他层房间的创建。在完成一层房间的创建后，按住鼠标左键将构建列表中的构件全部选中后，单击"复制构件到其他楼层"选项。在广联达软件界面弹出"复制构件到其他楼层"对话框后，在"复制构件"列表框中选择想要复制的构件，选中"装修"｜"房间"中的卫生间和阳台，在"目标楼层"列表框中选中其他楼层，单击"确定"按钮，在弹出提示对话框后，单击"确定"按钮，完成其他楼层构件的复制，如图 8.228 所示。

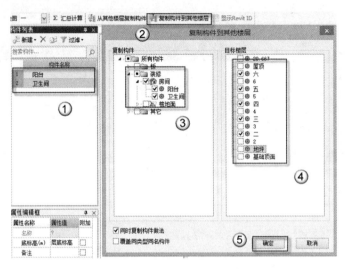

图 8.228　其他层房间的创建

（5）其他层装修的工程量汇总计算。完成其他层所有墙装修工程的清单计算规则和定额计算规则的套用及调整后，单击"汇总计算"按钮，在弹出"确定执行计算汇总"对话框后，单击选中其他楼层，之后单击"确定"按钮。在完成计算汇总后，单击"保存并计算指标"按钮，完成首层装修工程的工程量计算。

## 8.3.4　外墙保温工程量计算

外墙保温是国家强制执行的标准，可以减少建筑的能耗。本节讲述外墙保温工程量计算。外墙保温是对外墙性能的增强，注意保温材质、保温层、节能设施的施工方法。具体操作如下。

（1）外墙保温的选取。在"模块导航栏"中进入"绘图输入"模块，选择"其他"｜"保温层"选项，进入保温层的定义界面。在"构件名称"中单击需要定义的保温层"外墙保温"，如图 8.229 所示。

（2）外墙保温清单计算规则的选择。在完成外墙保温的选取后，可在"属性编辑框"面板中看到外墙保温的有关数据，根据设计要求和添加的外部清单表，在选择清单时，应该在外部清单表中选择编码 010803003001 的"保温隔热墙"清单项，其计算规则为按设计图示尺寸以面积计算，扣除门窗洞口及面积>0.3m$^2$ 梁、孔洞所占面积；门窗洞口侧壁及与墙相连的柱，并入保温墙体工程量内。

（3）外墙保温定额计算规则的选择。根据设计要求，应该选择编号为 A7-259 的"墙

体保温 聚苯乙烯泡沫板 附墙铺贴"，其计算规则为：墙体隔热层，内墙按隔热层净长乘以图示尺寸的高度及厚度以平方米计算，应扣除冷藏门洞口和管道穿墙洞口所占的体积；外墙外保温按实际展开面积计算。

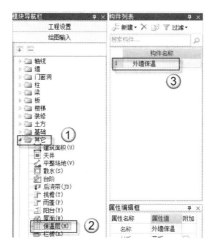

图 8.229　外墙保温的选取

（4）外墙保温的清单套用。选择"添加清单"｜"查询匹配外部清单"选项，然后双击编码为 010803003001 的保温隔热墙清单项，完成外墙保温清单计算规则的套用，如图 8.230 所示。

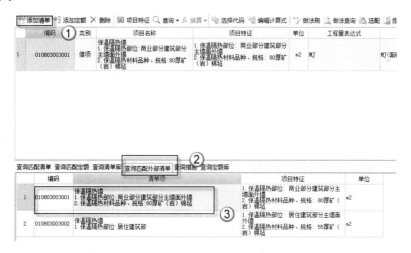

图 8.230　外墙保温的清单套用

外墙保温的定额计算规则的套用。选择"添加定额"｜"查询匹配定额"选项，然后双击所选定额的相应编码，进行定额的套用，如图 8.231 所示。

（5）外墙保温工程量汇总计算。完成外墙保温工程清单计算规则和定额计算规则的套用及调整后，单击"汇总计算"按钮，在弹出"确定执行计算汇总"对话框后，单击"全选"按钮，之后再单击"确定"按钮。在完成计算汇总后，单击"保存并计算指标"按钮，完成首层装修工程的工程量计算。

图 8.231　外墙保温的定额套用

# 8.4　基础层工程量计算

基础层指的是基础垫层上表面至正负零之间的基础。在本节中,基础层的工程量主要包括独立基础工程量、基础垫层工程量、基础梁工程量及土方工程量。其中:

- 垫层体积=垫层面积×垫层厚度;
- 垫层模板=垫层周长×垫层高度;
- 独立基础体积=各层体积相加(用长方体和棱台公式);
- 独立基础模板=各层周长×各层模板高;
- 基坑土方的体积应按基坑底面积乘以挖土深度计算。

## 8.4.1　基础、垫层工程量计算

独立基础是建筑物上部结构采用框架结构或单层排架结构承重时,基础常采用圆柱形和多边形等形式的独立式基础,这类基础称为独立式基础,也称单独基础。独立基础分 4 种:矩形基础、阶梯形基础、坡形基础和杯形基础。常见的是矩形基础与阶梯形基础,其工程量计算公式如下。

- 矩形基础:$V=长×宽×高$;
- 阶梯形基础:$V=\Sigma 各阶(长×宽×高)$ 。

(1)独立基础 JC1 基础的选取。首先在显示栏中将当前层切换为"基础层",如图 8.232 所示。然后在"模块导航栏"中进入"绘图输入"模块,选择"基础"|"独立基础"选项,进入独立基础的定义界面,在"构件名称"中单击需要定义的独立基础"(异形)JC1",如图 8.233 所示。

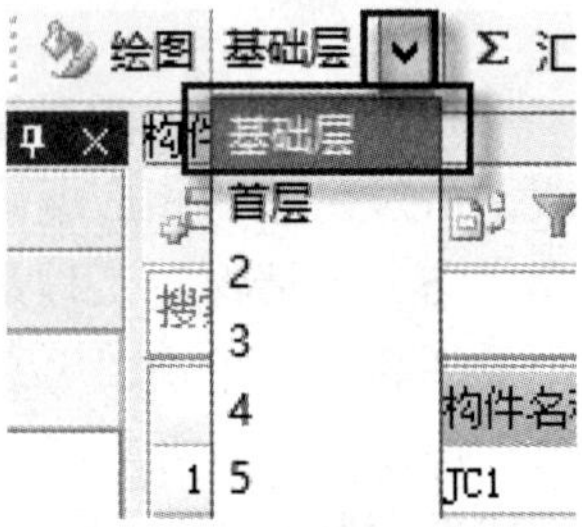

图 8.232　楼层切换

（2）独立基础 JC1 清单计算规则的选择。在完成独立基础 JC1 的选取后，可在"属性编辑框"面板中看到独立基础 JC1 的有关数据，如图 8.234 所示。由图纸可知，独立基础 JC1 应该选择编码 010401002 的"独立基础"清单项，其计算规则为按设计图示尺寸以体积计算，不扣除伸入承台基础的桩头所占体积。

图 8.233　独立基础 JC1 基础的选取

图 8.234　独立基础 JC1 属性

（3）独立基础 JC1 定额计算规则的选择。在"属性编辑框"面板中可以看到独立基础 JC1 的材质为现浇混凝土，砼标号为 C30。所以应该选择编号为 A3-5 的"现场搅拌混凝土 构件 基础 独立基础 C20"定额项，其计算规则为：基础与墙、柱的划分，均以基础扩大顶面为界；基础侧边弧形增加费按弧形接触面长度计算，每个面计算一道。在"属性编辑框"面板中可以看到独立基础 JC1 的模板类型为九夹板模板/木支撑，所以独立基础 JC1 的模板定额计算规则，应该选择编码为 A9-17 的"独立基础 钢筋混凝土 九夹板模板 木支撑"，其计算规则为：现浇混凝土及钢筋混凝土模板工程量除另有规定者外，均应区别模板的不同材质，按混凝土与模板接触面的面积，以平方米计算。

注意：在基础清单计算规则和定额计算规则的选择时，应注意钢筋混凝土和毛石混凝土的区分。在做挡土墙时，毛石混凝土用得多一些。

（4）独立基础 JC1 清单计算规则的套用。选择"添加清单"选项，在广联达软件界面出现空白清单项后，再选择"查询匹配清单"选项，然后双击"独立基础"清单项，完成独立基础 JC1 清单计算规则的套用，如图 8.235 所示。

图 8.235　独立基础 JC1 的清单套用

（5）独立基础 JC1 定额计算规则的套用。选择单击"添加定额"|"查询匹配定额"选项，然后双击定额的相应编码，进行定额的套用，如图 8.236 所示。由于在本工程中的独立基础 JC1 砼标号为 C30，而定额计算规则中只有砼标号为 C20 的做法，所以在此需要进行定额的换算。选中定额的项目名称，单击■按钮，在弹出"编辑名称规格"窗口后，将砼标号 C20 改为 C30 后，单击"确定"按钮，完成梁 KL1 定额清单规则的套用，如图 8.237 所示。

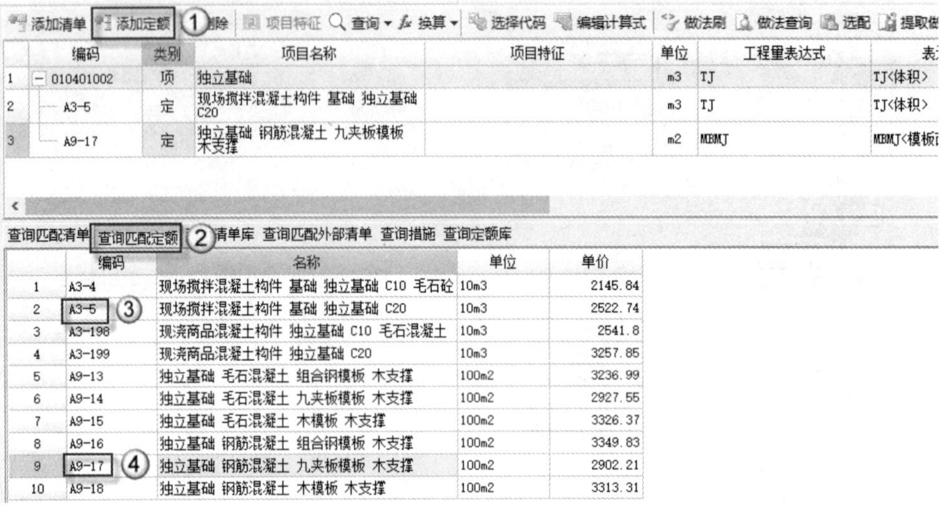

图 8.236　独立基础 JC1 的定额套用

图 8.237　独立基础 JC1 的定额换算

（6）独立基础 JC2 的选取。在"模块导航栏"中进入"绘图输入"模块，选择"基础"|"独立基础"选项，进入独立基础的定义界面，在"构件名称"中单击需要定义的独立基础"（异型）JC2"，如图 8.238 所示。

（7）独立基础 JC2 清单、定额计算规则的选择。在完成独立基础 JC2 的选取后，可在"属性编辑框"面板中看到独立基础 JC2 的有关数据，如图 8.239 所示。分析图纸可知独立基础 JC2 的属性与独立基础 JC1 完全相同，所以在清单计算规则和定额计算规则的选择上与独立基础 JC2 相同。

图 8.238　独立基础 JC2 的选取　　　　　图 8.239　独立基础 JC2 属性

（8）独立基础 JC2 清单计算规则的套用。选择"添加清单"选项，在广联达软件界面出现空白清单项后，再选择"查询匹配清单"选项，然后双击"独立基础"清单项，完成独立基础 JC2 清单计算规则的套用，如图 8.240 所示。

图 8.240　独立基础 JC2 的清单套用

（9）独立基础 JC2 定额计算规则的套用。选择"添加定额"｜"查询匹配定额"选项，然后双击定额的相应编码，进行定额的套用，如图 8.241 所示。由于在本工程中的独立基础 JC2 砼标号为 C30，而定额计算规则中只有砼标号为 C20 的做法，所以在此需要进行定额的换算。选中定额的项目名称，单击▦按钮，在弹出"编辑名称规格"窗口后，将砼标号 C20 改为 C30 后，单击"确定"按钮，完成梁 KL1 定额清单规则的套用，如图 8.242 所示。

图 8.241　独立基础 JC2 的定额套用

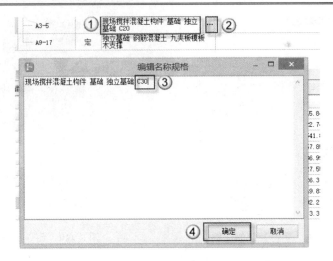

图 8.242　独立基础 JC2 的定额换算

（10）独立基础 JC22 的选取。在"模块导航栏"中进入"绘图输入"模块，选择"基础"｜"独立基础"选项，进入独立基础的定义界面，在"构件名称"中单击需要定义的独立基础"（异型）JC22"，如图 8.243 所示。

（11）独立基础 JC22 清单、定额计算规则的选择。在完成独立基础 JC22 的选取后，可在"属性编辑框"面板中看到独立基础 JC22 的有关数据，如图 8.244 所示。分析图纸可知，独立基础 JC22 的属性与独立基础 JC1 完全相同，所以在清单计算规则和定额计算规则的选择上与独立基础 JC1 相同。

图 8.243　独立基础 JC22 的选取

图 8.244　独立基础 JC22 属性

（12）独立基础 JC22 清单计算规则的套用。选择"添加清单"选项，在广联达软件界面出现空白清单项后，再选择"查询匹配清单"选项，然后双击"独立基础"清单项，完成独立基础 JC22 清单计算规则的套用，如图 8.245 所示。

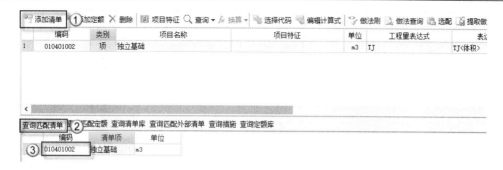

图 8.245　独立基础 JC22 清单的套用

（13）独立基础 JC22 定额计算规则的套用。选择"添加定额"｜"查询匹配定额"选项，然后双击定额的相应编码，进行定额的套用，如图 8.246 所示。由于在本工程中的独立基础 JC22 砼标号为 C30，而定额计算规则中只有砼标号为 C20 的做法，所以在此需要进行定额的换算。选中定额的项目名称，单击国按钮，在弹出"编辑名称规格"窗口后，将砼标号 C20 改为 C30 后，单击"确定"按钮，完成梁 KL1 定额清单规则的套用，如图 8.247 所示。

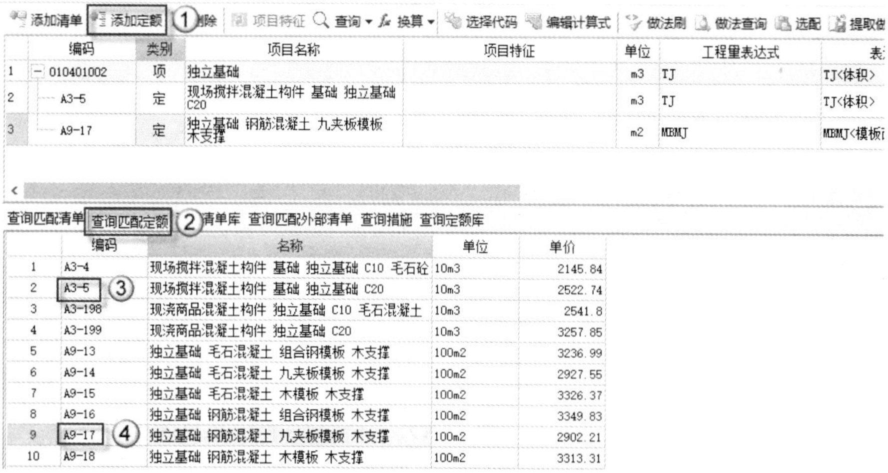

图 8.246　独立基础 JC22 的定额套用

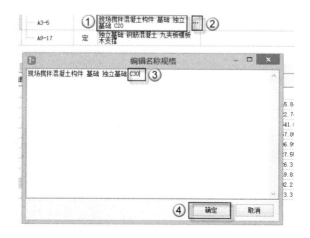

图 8.247　独立基础 JC22 的定额换算

（14）基础的工程量计算。完成基础层所有基础清单计算规则和定额计算规则的套用及调整后，单击"汇总计算"按钮，弹出"确定执行计算汇总"对话框，单击"当前层"按钮，再单击"确定"按钮，如图 8.248 所示。在完成计算汇总后，单击"保存并计算指标"按钮，完成基础的工程量计算。

（15）垫层的选取。在基础层的"模块导航栏"中进入"绘图输入"模块，选择"基础"｜"垫层"选项，进入垫层的定义界面，在"构件名称"中单击需要定义的垫层 DC-1，如图 8.249 所示。

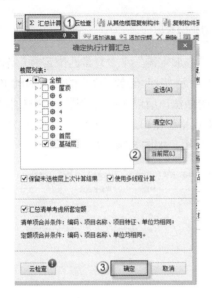

图 8.248　基础的工程量计算　　　　图 8.249　垫层的选取

（16）垫层 DC-1 清单计算规则的选择。在完成垫层 DC-1 的选取后，垫层 DC-1 清单计算规则应该选择编码为 010401006 的"垫层"清单项，其计算规则为按设计图示尺寸以体积计算，不扣除构件内钢筋、预埋铁件和伸入承台基础的桩头所占体积。

（17）垫层 DC-1 定额计算规则的选择。在垫层 DC-1 的"属性编辑框"面板中可以看到，垫层 DC-1 的材质为现浇混凝土；砼标号为 C10；砼类型为碎石混凝土；模板类型为木模板、木支撑，所有垫层 DC-1 混凝土工程定额计算规则应该选择编码为 A3-11 的"现场搅拌混凝土构件　基础　基础垫层　C10"定额项，模板及支撑工程定额计算规则应该选择编码为 A9-30 的"混凝土基础垫层　木模板　木支撑"定额项。

（18）垫层 DC-1 清单计算规则的套用。单击"添加清单"按钮，在广联达软件界面出现空白清单项后，单击"查询匹配清单"按钮，再双击"垫层"清单项，完成垫层 DC-1 清单计算规则的套用，如图 8.250 所示。

图 8.250　垫层 DC-1 清单计算规则的套用

（19）垫层 DC-1 定额计算规则的套用。依次单击"添加定额"和"查询匹配定额"按钮，然后双击定额的相应编码，进行定额的套用，如图 8.251 所示。

图 8.251　垫层 DC-1 定额计算规则的套用

（20）垫层的工程量计算。完成基础层垫层清单计算规则和定额计算规则的套用及调整后，单击"汇总计算"按钮，弹出"确定执行计算汇总"对话框，单击"当前层"按钮，再单击"确定"按钮，如图 8.252 所示。在完成计算汇总后，单击"保存并计算指标"按钮，完成垫层的工程量计算。

图 8.252　垫层的工程量计算

## 8.4.2　基础梁工程量计算

基础梁是指连接基础的框架梁，其计算方法与地上部分的框架梁计算类似，也是清单规则的选取与套用。具体操作如下。

（1）基础梁 JL1 的选取。在"模块导航栏"中进入"绘图输入"模块，选择"基础"｜"基础梁"选项，进入基础梁的定义界面，在"构件名称"中单击需要定义的基础梁"JL1"，如图 8.253 所示。

（2）基础梁 JL1 清单计算规则的选择。在完成基础梁 JL1 的选取后，可在"属性编辑框"面板中看到基础梁 JL1 的有关数据，如图 8.254 所示。由图纸可知，基础梁 JL1 应该选择编码 010403001 的"基础梁"清单项，其计算规则为：按设计图示尺寸以体积计算，不扣除构件内钢筋、预埋铁件所占体积，伸入墙头的梁头、梁垫并入梁体积内；型钢混凝土梁扣除构件内型钢所占体积，其中梁长的计算规则为梁与柱连接时，梁长算至柱侧面，主梁与次梁连接时，次梁长算至主梁侧面。

图 8.253　JL1 的选取

图 8.254　JL1 的属性

（3）基础梁 JL1 定额计算规则的选择。在"属性编辑框"面板中可以看到基础梁 JL1 的材质为现浇混凝土，砼标号为 C25，如图 8.254 所示。所以应该选择编号为 A3-27 的"现搅拌混凝土构件　梁　基础梁　C20"定额项，其计算规则为按照图示，断面尺寸乘以梁长以体积计算。梁长按规定确定，当梁与柱连接时，梁长算至柱的侧面；当主梁与次梁连接时，次梁长算至主梁的侧面。在"属性编辑框"面板中可以看到基础梁 JL1 的模板类型为九夹板模板，所以基础梁 JL1 的模板定额计算规则，可以选择编号为 A9-62 的"基础梁　九夹板模板　钢支撑"定额项，或编号为 A9-63 的"基础梁　九夹板模板　木支撑"定额项。其计算规则为：现浇混凝土及钢筋混凝土模板工程量，除另有规定者外，均应区别模板的不同材质，按混凝土与模板接触面的面积，以平方米计算。

🔔注意：在本例中，基础梁模板定额选择为 A9-63 的"基础梁　九夹板模板　木支撑"定额项。这样的模型也常用模板，施工时用得很广泛。

（4）基础梁 JL1 清单计算规则的套用。单击"添加清单"按钮，在广联达软件界面出现空白清单项后，单击"查询匹配清单"按钮，再双击"基础梁"清单项，完成基础梁 JL1 清单计算规则的套用，如图 8.255 所示。

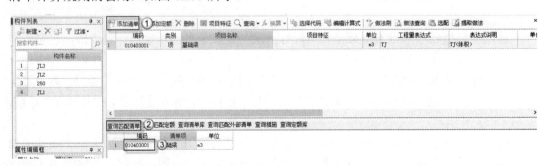

图 8.255　JL1 的清单套用

（5）基础梁 JL1 定额计算规则的套用。依次单击"添加定额"和"查询匹配定额"按钮，然后双击定额的相应编码，进行定额的套用，如图 8.256 所示。由于在本工程中梁的砼标号为 C25，而定额计算规则中只有砼标号为 C20 的做法，所以在此需要进行定额的换算。选中定额的项目名称，单击█按钮，弹出"编辑名称规格"窗口，将砼标号 C20 改为 C25 后，单击"确定"按钮，完成基础梁 JL1 定额清单规则的套用，如图 8.257 所示。

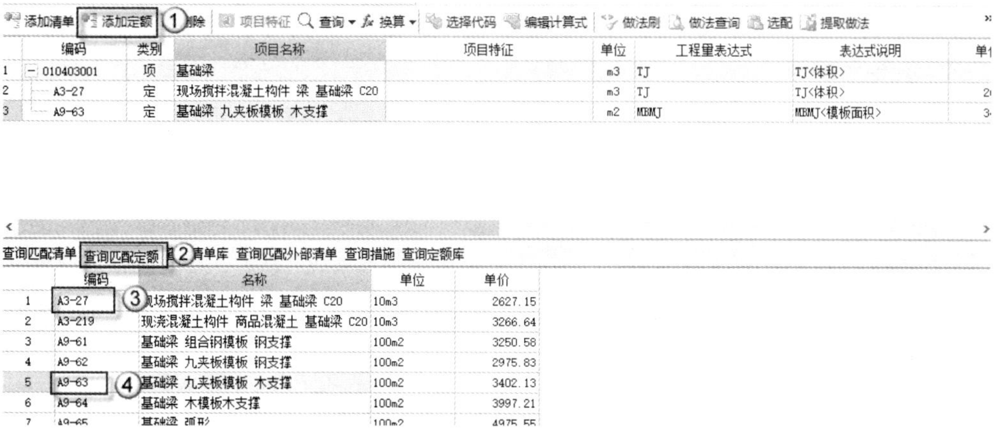

图 8.256　基础梁 JL1 的定额套用

图 8.257　基础梁 JL1 的定额换算

（6）基础梁 JL2 的选取。在"模块导航栏"中进入"绘图输入"模块，选择"基础"｜"基础梁"选项，进入基础梁的定义界面，在"构件名称"中单击需要定义的基础梁 JL2，如图 8.258 所示。

（7）基础梁 JL2 清单、定额计算规则的选择。在完成基础梁 JL2 的选取后，可在"属性编辑框"面板中看到基础梁 JL2 的有关数据，如图 8.259 所示。分析图纸可知，基础梁 JL2 的属性与基础梁 JL1 相同，所以在清单计算规则和定额计算规则的选择上与基础梁 JL1 相同。

图 8.258　JL2 的选取　　　　　　　　　　图 8.259　JL2 的属性

（8）基础梁 JL2 清单计算规则的套用。选择"添加清单"选项，在广联达软件界面出现空白清单项后，再选择"查询匹配清单"命令，再双击"基础梁"清单项，完成基础梁 JL2 清单计算规则的套用，如图 8.260 所示。

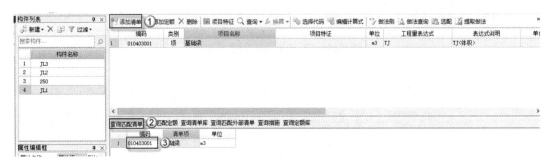

图 8.260　基础梁 JL2 的清单套用

（9）基础梁 JL2 定额计算规则的套用。选择"添加定额"｜"查询匹配定额"选项，然后双击定额的相应编码，进行定额的套用，如图 8.261 所示。由于在本工程中的基础梁 JL2 砼标号为 C25，而定额计算规则中只有砼标号为 C20 的做法，所以在此需要进行定额的换算。选中定额的项目名称，单击█按钮，在弹出"编辑名称规格"窗口后，将砼标号 C20 改为 C25 后，单击"确定"按钮，完成基础梁 JL2 定额清单规则的套用，如图 8.262 所示。

图 8.261　基础梁 JL2 的定额套用

图 8.262　基础梁 JL2 的定额换算　　　　　图 8.263　JL3 的选取

（10）基础梁 JL3 的选取。在"模块导航栏"中进入"绘图输入"模块，选择"基础"｜"基础梁"选项，进入基础梁的定义界面，在"构件名称"中单击需要定义的基础梁 JL3，如图 8.263 所示。

（11）基础梁 JL3 清单、定额计算规则的选择。在完成基础梁 JL3 的选取后，可在"属性编辑框"面板中看到基础梁 JL3 的有关数据。分析图纸可知，基础梁 JL3 的属性与基础梁 JL1 相同，所以在清单计算规则和定额计算规则的选择上与基础梁 JL1 相同。

（12）基础梁 JL3 清单计算规则的套用。选择"添加清单"选项，在广联达软件界面出现空白清单项后，再选择"查询匹配清单"选项，然后双击"基础梁"清单项，完成基础梁 JL3 清单计算规则的套用，如图 8.264 所示。

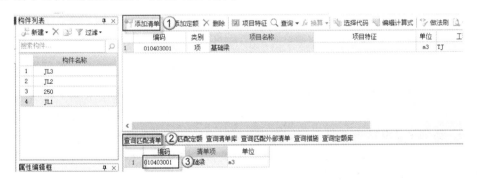

图 8.264　基础梁 JL3 清单计算规则的套用

（13）基础梁 JL3 定额计算规则的套用。选择"添加定额"｜"查询匹配定额"选项，然后双击定额的相应编码，进行定额的套用，如图 8.265 所示。由于在本工程中的基础梁 JL3 砼标号为 C25，而定额计算规则中只有砼标号为 C20 的做法，所以在此需要进行定额的换算。选中定额的项目名称，单击 按钮，在弹出"编辑名称规格"窗口后，将砼标号 C20 改为 C25 后，单击"确定"按钮，完成基础梁 JL3 定额清单规则的套用，如图 8.266 所示。

（14）基础梁 250 的选取。在"模块导航栏"中进入"绘图输入"模块，选择"基础"｜"基础梁"选项，进入基础梁的定义界面，在"构件名称"中单击需要定义的基础梁 250，如图 8.267 所示。

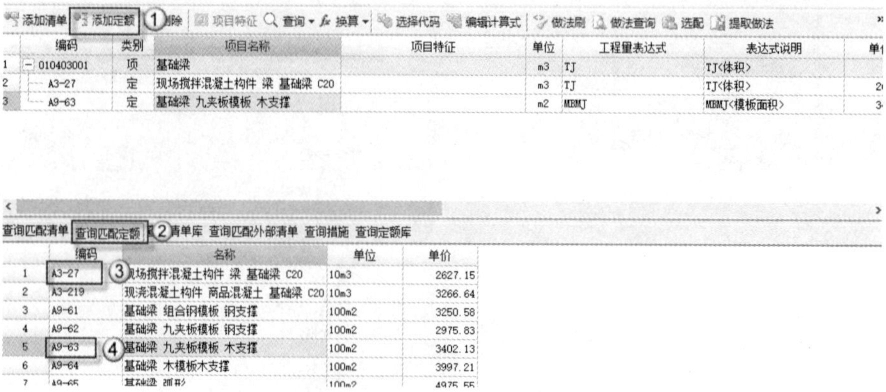

图 8.265　基础梁 JL3 的定额套用

图 8.266　基础梁 JL3 的定额换算　　　　　图 8.267　基础梁 250 的选取

（15）基础梁 250 清单、定额计算规则的选择。在完成基础梁 250 的选取后，可在"属性编辑框"面板中看到基础梁 250 的有关数据。分析图纸可知，基础梁 250 的属性与基础梁 JL1 相同，所以在清单计算规则和定额计算规则的选择上与基础梁 JL1 相同。

（16）基础梁 250 清单计算规则的套用。选择"添加清单"选项，在广联达软件界面出现空白清单项后，再选择"查询匹配清单"选项，然后双击"基础梁"清单项，完成基础梁 250 清单计算规则的套用，如图 8.268 所示。

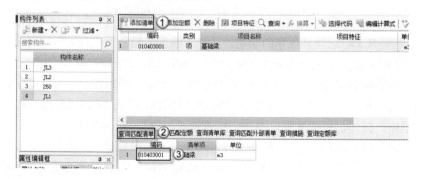

图 8.268　基础梁 250 清单的套用

（17）基础梁 250 定额计算规则的套用。选择"添加定额"｜"查询匹配定额"选项，然后双击定额的相应编码，进行定额的套用，如图 8.269 所示。由于在本工程中的基础梁 250 砼标号为 C25，而定额计算规则中只有砼标号为 C20 的做法，所以在此需要进行定额的换算。选中定额的项目名称，单击▓按钮，在弹出"编辑名称规格"窗口后，将砼标号 C20 改为 C25 后，单击"确定"按钮，完成基础梁 250 定额清单规则的套用，如图 8.270 所示。

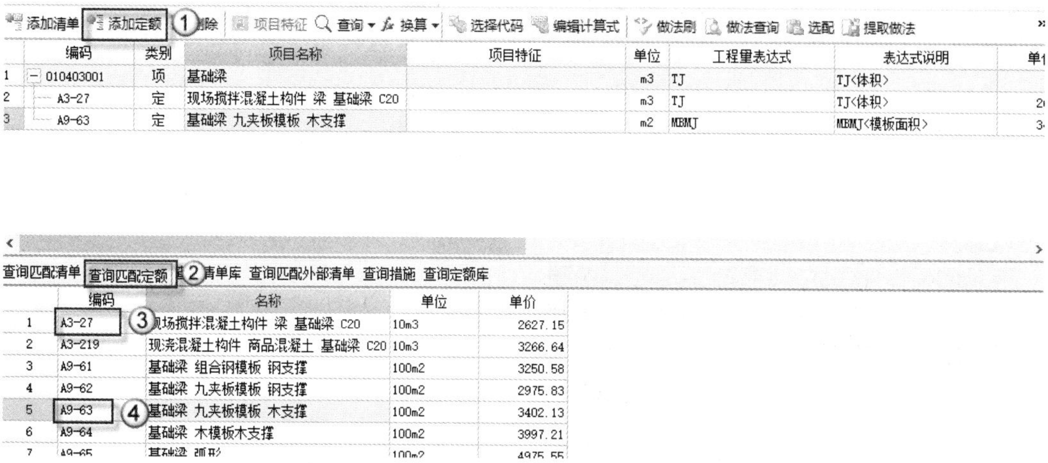

图 8.269　基础梁 250 定额的套用

图 8.270　基础梁 250 的定额换算

（18）基础梁的工程量计算。完成基础梁清单计算规则和定额计算规则的套用及调整后，单击"汇总计算"按钮，在弹出"确定执行计算汇总"对话框后，单击"当前层"按钮，再单击"确定"按钮。在完成计算汇总后，单击"保存并计算指标"按钮，完成首层梁的工程量计算。

### 8.4.3 土方工程量计算

本例选用 6 层的住宅楼，没有地下层，不是深基坑，挖方比较浅，只是将基础与基础梁埋入。在广联达软件中，土方工程量是自动生成的，具体操作如下。

（1）生成土方。完成"基础梁"构件工程量汇总计算后，选择"绘图"命令，进入绘图界面后，将构件类型切换到"垫层"，单击"自动生产土方"按钮，弹出 "请选择生成的土方类型"对话框，其中，"土方类型"选择"基坑土方"、"起始放坡位置"选择"垫层底"，单击"确定"按钮，弹出 "生成方式及相关属性"对话框，在其中更改生成方式、生成范围等相关属性后，单击"确定"按钮，完成土方的生成，如图 8.271 与图 8.272 所示。

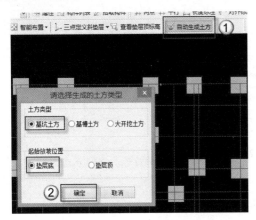

图 8.271　生成土方

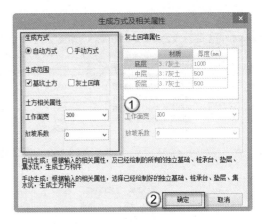

图 8.272　生成土方相关属性的选择

（2）基坑土方 JK-1 的选取。在"模块导航栏"中进入"绘图输入"模块，选择"土方"|"基坑土方"选项，进入基坑土方的定义界面，在"构件名称"中单击需要定义的基坑土方 JK-1，如图 8.273 所示。

（3）基坑土方 JK-1 清单计算规则的选择。在完成基坑土方 JK-1 的选取后，根据工程要求可知基坑土方 JK-1 的清单计算规则可以选用编码为 010101003 的"挖基础土方"清单项，其计算规则为按设计图示尺寸以基础垫层底面积乘以挖土深度计算。

（4）基坑土方 JK-1 定额计算规则的选择。在"属性编辑框"面板中可以看到基坑土方 JK-1 的有关数据。其中基坑土方 JK-1 的土壤类别为三类土、挖土方式为人工开挖，素土回填方式为夯填。由此可知，基坑土方 JK-1 可以套用编码为 G1-269 的"人工挖基坑土方 人工挖基坑 三类土 深度 6m 以内"定额项，以及编码为 G4-3 的"填方 回填土 夯实及场地平整 填土夯实 槽 坑"定额项。

（5）基坑土方 JK-1 清单计算规则的套用。选择"添加清单"选项，在广联达软件界面出现空白清单项后，再选择"查询匹配清单"选项，双击"挖基础土方"清单项，完成基坑土方 JK-1 清单计算规则的套用，如图 8.274 所示。

图 8.273　基坑土方 JK-1 的选取

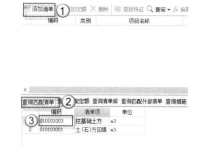

图 8.274　基坑土方 JK-1 清单的套用

（6）基坑土方 JK-1 定额计算规则的套用。选择"添加定额"|"查询匹配定额"选项，然后双击定额的相应编码，进行定额的套用，如图 8.275 所示。

图 8.275　基坑土方 JK-1 的定额套用

（7）其他基坑土方清单、定额计算规则的套用。完成基坑土方 JK-1 清单及定额计算规则的套用后，按住鼠标左键，将其套用的清单、定额计算规则全部选中之后，单击"做法刷"按钮，在弹出"做法刷"窗口后，将基坑土方全部勾选，再单击"确定"按钮，弹出"确认"对话框，单击"是"按钮，完成其他基坑土方的做法套用，如图 8.276 所示。

图 8.276　其他基坑土方计算规则的套用

（8）基坑土方的工程量计算。完成所有基坑土方构件清单计算规则和定额计算规则的套用及调整后，单击"汇总计算"按钮，弹出"确定执行计算汇总"对话框，单击"当前层"按钮，再单击"确定"按钮，如图 8.277 所示。在完成计算汇总后，单击"保存并计算指标"按钮，完成基坑土方构件的工程量计算。

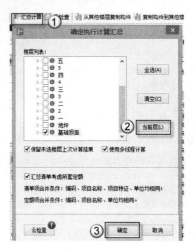

图 8.277　基坑土方的工程量计算

# 第9章 广联达的计价

广联达计价软件是广联达推出的集计价、招标管理、投标管理于一体的全新计价软件，旨在帮助工程造价人员解决电子招投标环境下的工程计价及招投标业务问题，使计价更高效，招标更便捷，投标更安全。

广联达计价软件包含3大模块，分别是招标管理模块、投标管理模块和清单计价模块。招标管理模块和投标管理模块是从整个项目的角度进行招投标工程造价管理。清单计价模块用于编辑单位工程的工程量清单或投标报价。

## 9.1 编制工程控制价

招标人根据国家或省级、行业建设主管部门颁发的有关计价依据和办法，以及拟定的招标文件和招标工程量清单，结合工程具体情况编制的招标工程的最高投标限价，也叫工程控制价。

### 9.1.1 调整清单

调整清单一共有4大步骤，即新建项目、导入土建算量文件、整理清单和单价构件费率调整。其中，新建项目由4个部分所组成，即新建标段文件、新建单项工程、新建单位工程和标段结构保护。具体操作如下。

（1）新建项目之新建标段工程。运行广联达计价软件后，单击"新建项目"按钮，如图9.1所示，在弹出"新建标段工程"对话框中，输入相应的内容，完成工程信息的编制，然后单击"确定"按钮，完成标段工程的新建，如图9.2所示。

图 9.1　新建项目

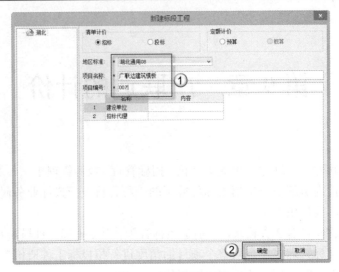

图 9.2　新建标段工程

（2）新建项目之新建单项工程。选择 "广联达建筑模板" | "新建单项工程" 命令，在弹出的对话框中输入工程名称后，单击"确定"按钮，完成单项工程的新建，如图 9.3 所示。

图 9.3　新建单项工程

（3）新建项目之新建单位工程。右击单项工程的名称，在弹出的快捷菜单中选择"新建单位工程"命令，弹出"新建单位工程"对话框，根据需要设置单位工程的相关参数，单击"确定"按钮，完成单位工程的新建，如图 9.4 所示。

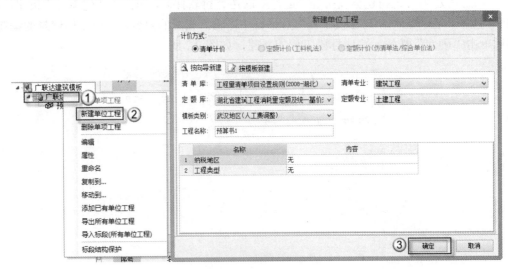

图 9.4　新建单位工程

新建项目完成后，广联达软件界面如图 9.5 所示。

| 序号 | | 名称 | 金额 | 占造价比例(%) | 单方造价 |
|---|---|---|---|---|---|
| 1 | 一 | 分部分项合计 | 0.00 | 0 | |
| 2 | 二 | 措施项目合计 | 0.00 | 0 | |
| 3 | 三 | 其他项目合计 | 0.00 | 0 | |
| 4 | 四 | 规费 | 0.00 | 0 | |
| 5 | 五 | 税金 | 0.00 | 0 | |
| 6 | | 工程造价 | 0.00 | | |
| 7 | | | | | |
| 8 | | 其中： | | | |
| 9 | | 人工费 | 0.00 | | |
| 10 | | 材料费 | 0.00 | | |
| 11 | | 机械费 | 0.00 | | |
| 12 | | 设备费 | 0.00 | | |
| 13 | | 主材费 | 0.00 | | |
| 14 | | 管理费 | 0.00 | | |

三材汇总表

| 序号 | | 名称 | 单位 | 数量 |
|---|---|---|---|---|
| 1 | 1 | 钢材 | 吨 | 0 |
| 2 | 2 | 其中:钢筋 | 吨 | 0 |
| 3 | 3 | 木材 | 立方米 | 0 |
| 4 | 4 | 水泥 | 吨 | 0 |
| 5 | 5 | 商品砼 | 立方米 | 0 |

项目管理　　发布招标书　　发布标底

新建·　导入导出·
广联达建筑模板
广联达建筑
预算书1

我收藏的常用功能：
➡ 编辑
➡ 统一调整人材机
➡ 统一浮动费率
➡ 统一调整费率
➡ 预览整个项目报表
➡ 检查项目编码
➡ 检查清单综合单价

项目管理　✕　导出到Excel

图 9.5　新建项目

（4）新建项目之标段结构保护。在完成项目新建后，为防止误操作修改项目结构内容，可右击项目名称，在弹出的快捷菜单中选择"标段结构保护"命令，对该段工程进行保护，如图 9.6 所示。

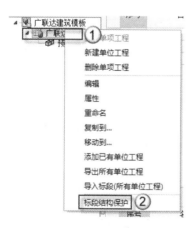

图 9.6　保护标段

（5）导入土建算量文件。双击单位工程，进入单位工程界面，在导航栏中选择"导入导出"｜"预算书 1"选项，在弹出的窗口中选择"导入广联达土建算量工程文件"命令，如图 9.7 所示。在弹出的"导入广联达土建算量工程文件"窗口中单击"浏览"按钮，选择算量文件所在位置，确定无误后单击"导入"按钮，如图 9.8 所示。弹出导入成功提示后，单击"确定"按钮完成文件的导入。

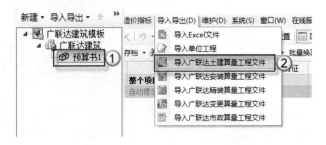

图 9.7　导入土建算量文件 1

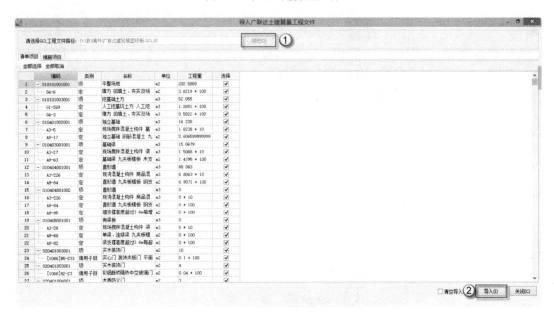

图 9.8　导入土建算量文件 2

（6）整理清单。在导航栏中选择"整理清单"｜"分部整理"命令，弹出"分部整理"对话框后勾选需要的专业、章、节分部标题，单击"确定"按钮，如图 9.9 所示。

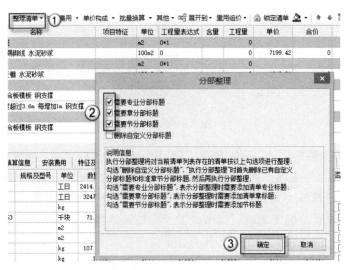

图 9.9　整理清单

（7）单价构成的费率调整。在对清单项进行整理后，需要对清单的单价构成进行费率调整。在菜单栏中选择"单价构成"｜"建筑工程"命令，弹出"管理取费文件"窗口，单击■按钮，在弹出的"定额库"中，根据取费专业选择对应取费文件下的对应费率，如图 9.10 所示。

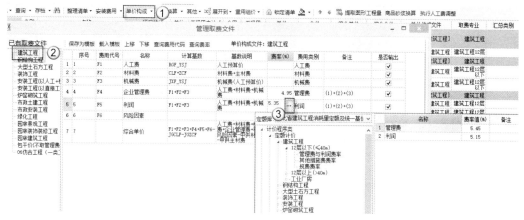

图 9.10 单价构成的费率调整

## 9.1.2 计价换算

定额项目的换算就是把定额中规定的内容与设计要求的内容调整到一致的换算过程。一般定额项目的换算可分为 4 种换算类型，即工程量的换算、人工、机械系数的调整、定额基价的换算和材料规格的换算。本例中采用最常用的定额基价的换算方式。

（1）定额子目的替换。根据清单项项目特征的描述，检查所套定额的一致性，如果该清单项套用的定额子目不合适，可单击需要替换的子目后，再单击导航栏的"查询"按钮，在弹出"查询"窗口后，选中想要替换的定额子目编码，单击"替换"按钮，完成定额子目的替换，如图 9.11 所示。

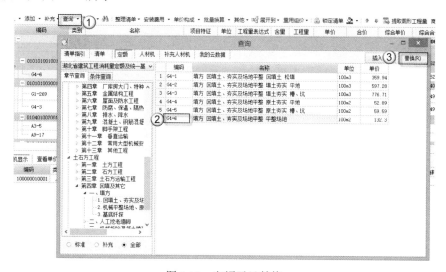

图 9.11 定额子目替换

（2）定额子目的补充。根据清单项项目特征的描述，检查所套定额的一致性，如果发现某清单项下，漏套了定额子目，可以单击该清单项，再单击导航栏的"查询"按钮，在弹出"查询"窗口后，单击"定额"按钮，选中所需补充的定额子目，单击"插入"按钮，如图 9.12 所示。

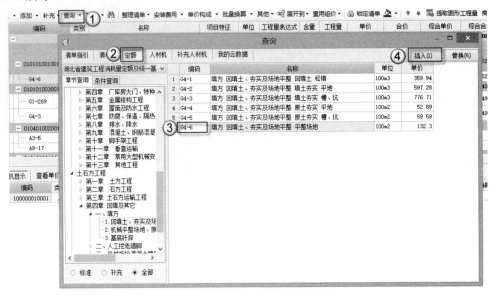

图 9.12　定额子目补充

（3）定额子目的换算。在完成定额子目的替换和补充后，需要按照清单描述对部分定额子目进行换算。在子目换算时，主要包括调整人材机系数，换算混凝土、砂浆等级编号和修改材料名称 3 个方面，而本书中的工程只涉及混凝土、砂浆等级编号的换算，在此介绍两种方法来进行换算。

第 1 种方法：标准换算法。选择需要换算混凝土标号的定额子目，单击"标准换算"按钮，再单击█按钮，在弹出的下拉列表框中根据需要选择要换算的定额内容项，如图 9.13 所示。

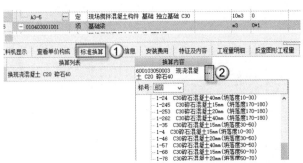

图 9.13　标准换算法

第 2 种方法：批量系数换算法。若清单中的材料进行换算的系数相同时，可以选中所有换算内容相同的清单项，单击常用功能中的"批量换算"按钮，对材料进行换算后，单击"确定"按钮完成系数换算，如图 9.14 所示。

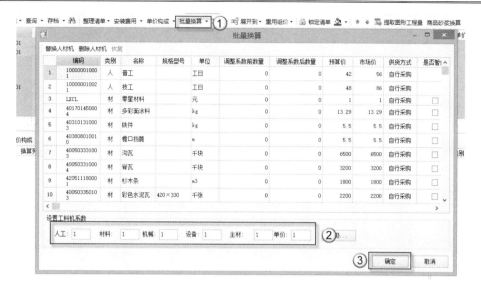

图 9.14 批量系数换算法

（4）锁定清单。在完成所有清单的内容补充后，可以将清单项选中后，选择"锁定清单"命令对被选中的清单项进行锁定，这个操作可以避免因操作失误而更改清单内容。锁定之后的清单项不能再进行添加或删除等操作，若要修改，需要先对清单项进行解锁。

## 9.1.3　人材机及措施项目清单计价调整

措施项目是为完成工程项目施工，发生于该工程施工前和施工过程中技术、生活、安全等方面的非工程实体项目的清单。招标人提出的措施项目清单是根据一般情况确定的，没有考虑不同投标人的特殊情况，因此投标人在报价时，可以根据本企业的实际情况增减措施项目内容。

措施项目清单的通用项目包括：安全文明施工(含环境保护、文明施工、安全施工、临时设施)，夜间施工，二次搬运，冬雨季施工，大型机械设备进出场及安拆，施工排水、降水，已完工程及设备保护等。措施项目中可以计算工程量的项目清单，宜采用分部、分项工程量清单的方式编制；不能计算工程量的项目清单，以"项"为计量单位编制。按照2013新清单，模板、大型机械设备进出场费、垂直运输、脚手架等，都包含在措施费中。

（1）调整市场价。单击导航栏的"人材机汇总"按钮，进入"人材机汇总"界面，根据工程要求或信息价，对材料的市场价进行调整，如图 9.15 所示。

| | 编码 | 类别 | 名称 | 规格型号 | 单位 | 数量 | 预算价 | 市场价 | 市场价合计 | 价格来源 | 价差 | 价差合计 | 结算价 | 结 |
|---|---|---|---|---|---|---|---|---|---|---|---|---|---|---|
| 1 | 100000010001 | 人 | 普工 | | 工日 | 177.0072 | 42 | 56 | 9912.4 | | 14 | 2478.1 | 56 | |
| 2 | 100000010021 | 人 | 技工 | | 工日 | 70.4322 | 48 | 86 | 6057.17 | | 38 | 2676.42 | 86 | |
| 3 | 400111200015 | 材 | 水泥 | 32.5 | kg | 7296.0998 | 0.32 | 0.32 | 2334.75 | | 0 | 0 | 0.32 | |
| 4 | 400505010005 | 材 | 中(粗)砂 | | m3 | 12.7087 | 60 | 60 | 762.52 | | 0 | 0 | 60 | |

市场价合计：26383.84　　　价差合计：5251.98

图 9.15 调整市场价

（2）调整供货方式。根据工程要求，在"人材机汇总"界面下，单击"供货方"下拉按钮，在弹出的下拉列表框中对供货方式进行选择与修改，如图 9.16 所示。

| | 编码 | 类别 | 名称 | 规格型号 | 单位 | 结算价 | 结算价价差 | 结算价价差合 | 供货方 | 甲供数量 | 市场价锁定 | 输出标 |
|---|---|---|---|---|---|---|---|---|---|---|---|---|
| 1 | 100000010001 | 人 | 普工 | | 工日 | 60 | 0 | | 自行采购 | 0 | | ☑ |
| 2 | 100000010021 | 人 | 技工 | | 工日 | 86 | 0 | | 购 ▼ | 0 | | ☑ |
| 3 | 400111200015 | 材 | 水泥 | 32.5 | kg | 0.32 | 0 | | 自行采购<br>完全甲供<br>部分甲供<br>甲定乙供 | 0 | | ☑ |
| 4 | 400505010005 | 材 | 中(粗)砂 | | m3 | 60 | 0 | | 自行采购 | 0 | | ☑ |
| 5 | 400507010007 | 材 | 碎石 | 40 | m3 | 55 | 0 | | 自行采购 | 0 | | ☑ |
| 6 | 402103010001 | 材 | 铁钉 | | kg | 6.92 | 0 | | 自行采购 | 0 | | ☑ |

图 9.16　调整供货方式

（3）锁定市场价。在完成某材料市场价及供货方式调整后，为防止在调整其他材料价格时出现失误，可使用"市场价锁定"功能对修改后的材料价格进行锁定，如图 9.17 所示。

| | 编码 | 类别 | 名称 | 规格型号 | 单位 | 结算价 | 结算价价差 | 结算价价差合 | 供货方 ▼ | 甲供数量 | 市场价锁定 | 输出标记 | 三材 |
|---|---|---|---|---|---|---|---|---|---|---|---|---|---|
| 1 | 100000010001 | 人 | 普工 | | 工日 | 60 | 0 | 0 | 自行采购 | 0 | | ☑ | |
| 2 | 100000010021 | 人 | 技工 | | 工日 | 86 | 0 | 0 | 自行采购 | 0 | ☑ | ☑ | |
| 3 | 400111200015 | 材 | 水泥 | 32.5 | kg | 0.32 | 0 | 0 | 自行采购 | 0 | | ☑ | 水 |
| 4 | 400505010005 | 材 | 中(粗)砂 | | m3 | 60 | 0 | | 自行采购 | | | ☑ | |

图 9.17　锁定市场价

（4）根据工程要求和定额计算规则，正确选择对应的措施费，在"措施项目"界面下进行编制，如图 9.18 所示。

| | 序号 | 类别 | 名称 | 单位 | 项目特征 | 组价方式 | 计算基数 | 费率(%) | 工程量 | 综合单价 | 综合合价 | 取费专业 | 单价构成文件 | 汇总类 |
|---|---|---|---|---|---|---|---|---|---|---|---|---|---|---|
| | - | | 措施项目 | | | | | | | | 885.7 | | | |
| | - | | 技术措施项目 | | | | | | | | 0 | | | |
| 1 | + 1.1 | | 排水降水 | 项 | | 定额组价 | | | 1 | 0 | 0 | 建筑工程 | | |
| 2 | + 1.2 | | 混凝土、钢筋混凝土模板及支架 | 项 | | 定额组价 | | | 1 | 0 | 0 | 建筑工程 | | |
| 3 | + 1.3 | | 脚手架 | 项 | | 定额组价 | | | 1 | 0 | 0 | 建筑工程 | | |
| 4 | + 1.4 | | 垂直运输费 | 项 | | 定额组价 | | | 1 | 0 | 0 | 建筑工程 | | |
| 5 | + 1.5 | | 大型机械设备进出场及安拆费 | 项 | | 定额组价 | | | 1 | 0 | 0 | 建筑工程 | | |
| 6 | + 1.6 | | 已完工程及设备保护费 | 项 | | 定额组价 | | | 1 | 0 | 0 | 建筑工程 | | |
| 7 | + 1.7 | | 地上、地下设施、建筑物临时保护设施费 | 项 | | 定额组价 | | | 1 | 0 | 0 | 建筑工程 | | |
| 8 | + 1.8 | | 其他 | 项 | | 定额组价 | | | 1 | 0 | 0 | 建筑工程 | | |
| | - | | 组织措施项目 | | | | | | | | 885.7 | | | |
| | - 2.1 | | 安全文明施工费 | | | | | | | | 769.17 | | | |
| 9 | - 2.1.1 | | 安全防护费 | 项 | | 子措施组价 | | | 1 | 419.55 | 419.55 | | | |
| 10 | 1 | | 建筑工程(12层以下 ≤40m) | 项 | | 计算公式组价 | JZGC_FBFXGCF<br>+JZGC_JSCSXM<br>F+JZGC_JGCLF<br>+JZGC_JGGCF | 1.8 | 1 | 419.55 | 419.55 | | 组织措施模板(以直接费计取) | |
| 11 | 1 | | 钢结构工程 | 项 | | 计算公式组价 | GJGGC_RGF_YS<br>J+GJGGC_JXF_<br>YSJ | 5.5 | 1 | | | | 组织措施模板(以人工费、机械费之和计取) | |

图 9.18　措施项目编制

如果是从图形软件导入计价软件中，可省略部分措施项目的操作。

# 9.2　电子招标

电子招、投标是以数据电文形式完成的招标、投标活动。通俗地说，就是部分或者全部抛弃纸质文件，借助计算机和网络完成招标、投标活动。

我国对招标、投标有专门的定义，招标、投标活动受《中华人民共和国招标投标法》及其《中华人民共和国招标投标法实施条例》的约束。针对电子招、投标，中华人民共和国国家发展和改革委员会、中华人民共和国工业和信息化部、中华人民共和国监察部、中华人民共和国住房和城乡建设部、中华人民共和国交通运输部、中华人民共和国铁道部、中华人民共和国水利部、中华人民共和国商务部联合制定了《电子招标投标办法》及其附件《电子招标投标系统技术规范》。

## 9.2.1 生成电子招标文件

传统招标是一种交易模式，主要包括公开招、投标和邀请招、投标两种方式。传统的招、投标需经过招标、投标、开标、评标与定标等程序，涉及招标方、投标方、监管方和代理方等多个角色，其中的规章制度烦琐，操作流程复杂，采购周期较长，整个运作成本较高。传统招标的工作大部分采用人工、书面文件的方式操作，电子化程度较低。

电子招标则是以网络技术为基础，将传统招标、投标、评标和合同等业务过程，全部实现数字化、网络化、高度集成化的新型招投标方式，同时具备数据库管理和信息查询分析等功能，是一种真正意义上的全流程、全方位、无纸化的创新型采购交易方式。

（1）招标书自检。在"项目管理"界面，单击"发布招标书"按钮，进入"发布招标书"界面，选择"招标书自检"命令，如图 9.19 所示。

（2）设置自检检查项。在弹出"设置检查项"窗口后选择需要检查的项，单击"确定"按钮，如图 9.20 所示。

图 9.19 招标书自检　　　　　　　　　图 9.20 设置检查项

（3）自检修改。根据生成的"标书检查报告"对单位工程中的内容进行修改，检查报告如图 9.21 所示。

### 标书检查报告

**广联达建筑预算书 1**

| 行号 | 检查的内容 |
|---|---|
| 分部分项工程清单表 | |

图 9.21 标书检查报告

（4）生成招标书。完成招标书自检后，选择"生成招标书"命令，弹出"生成招标书"对话框，单击"确定"按钮，如图 9.22 所示。

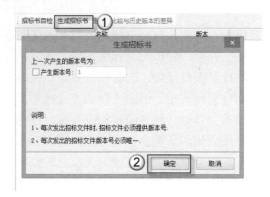

图 9.22　生成招标书

## 9.2.2　发布电子招标文件

与传统招标不一样，现代的电子招标发布非常简洁，可以利用网络直接发布到招标网站上，如果文件过大，可以直接刻录成光盘。具体操作如下。

（1）导出招标书。在"发布招标书"界面选择"导出／刻录招标书"命令，然后再选择"导出招标书"命令，如图 9.23 所示。

（2）保存路径的选取。在弹出"浏览文件夹"对话框后，选择想要保存的位置，单击"确定"按钮，完成招标书的导出，如图 9.24 所示。

图 9.23　导出招标书　　　　　　　图 9.24　选取保存路径

（3）载入其他标书文件。当需要将其他标书文件与本工程的标书合并时，可在"发布招标书"界面选择"导出／刻录招标书"命令，再选择"载入其他标书文件"命令，弹出"打开"窗口后，在其中选择想要打开的标书文件，单击"打开"按钮，完成招标书的导出，如图 9.25 所示。

（4）刻录招标书。在"发布招标书"界面选择"导出／刻录招标书"｜"刻录招标书"命令，弹出"刻录"对话框，按照需求填写刻录份数，再选择刻录光驱盘后，单击"开始刻录"按钮，完成招标书的刻录，如图 9.26 所示。

图 9.25　载入其他标书文件

图 9.26　刻录招标书

在将招标书刻录到光盘中后，可以将制作好的光盘分发给相应的投标单位，进行下一步的招、投标工作。

# 附录 A   Revit 常用快捷键

在使用 Revit 时，建筑、结构、设备三大专业设计绘图时都需要使用快捷键进行操作，从而提高设计、建模、作图和修改的效率。与 AutoCAD 的不定位数字母的快捷键不同，与 3ds max 的 Ctrl、Shift、Alt+字母的组合式快捷键也不同，Revit 的快捷键都是两个字母。例如，轴网命令 G+R 的操作，就是依次快速按键盘上的 G 和 R 键，而不是同时按下 G 和 R 键不放。

请读者注意从本书中学习笔者用快捷键操作 Revit 的习惯。表 A.1 中给出了 Revit 常见的快捷键使用方式，以方便读者经常查阅。

表A.1　Revit常用快捷键

| 类　　别 | 快　捷　键 | 命令名称 | 备　　注 |
|---|---|---|---|
| 建筑 | W+A | 墙 | |
| | D+R | 门 | |
| | W+N | 窗 | |
| | L+L | 标高 | |
| | G+R | 轴网 | |
| 结构 | B+M | 梁 | |
| | S+B | 楼板 | |
| | C+L | 柱 | |
| 共用 | R+P | 参照平面 | |
| | T+L | 细线 | |
| | D+L | 对齐尺寸标注 | |
| | T+G | 按类别标记 | |
| | S+Y | 符号 | 需要自定义 |
| | T+X | 文字 | |
| 编辑 | A+L | 对齐 | |
| | M+V | 移动 | |
| | C+O | 复制 | |
| | R+O | 旋转 | |
| | M+M | 有轴镜像 | |
| | D+M | 无轴镜像 | |
| | T+R | 修剪/延伸为角 | |
| | S+L | 拆分图元 | |
| | P+N | 解锁 | |
| | U+P | 锁定 | |
| | G+P | 创建组 | |

（续）

| 类　　别 | 快　捷　键 | 命令名称 | 备　　注 |
|---|---|---|---|
| 编辑 | O+F | 偏移 | |
| | R+E | 缩放 | |
| | A+R | 阵列 | |
| | D+E | 删除 | |
| | M+A | 类型属性匹配 | |
| 视图 | F4 | 默认三维视图 | 需要自定义 |
| | F8 | 视图控制盘 | |
| | V+V | 可见性/图形 | |
| 视觉样式 | W+F | 线框 | |
| | H+L | 隐藏线 | |
| | S+D | 着色 | |
| | G+D | 图形显示选项 | |
| 临时隐藏/隔离 | H+H | 临时隐藏图元 | |
| | H+C | 临时隐藏类别 | |
| | H+I | 临时隔离图元 | |
| | I+C | 临时隔离类别 | |
| | H+R | 重设临时隐藏/隔离 | |
| 视图隐藏 | E+H | 在视图中隐藏图元 | |
| | V+H | 在视图中隐藏类别 | |
| | R+H | 显示隐藏的图元 | |

　　自定义快捷键的方法是，选择"程序"｜"选项"命令，在弹出的"选项"对话框中，选择"用户界面"选项卡，单击"快捷键"后的"自定义"按钮，在弹出的"快捷键"对话框中找到所需要自定义快捷键的命令，如图 A.1 所示。

图 A.1　自定义快捷键 1

　　或者直接使用快捷键 K+S 键，在弹出的"快捷键"对话框中找到需要定义快捷键的命令，在"按新键"文本框中输入相应的快捷键，单击"确定"按钮完成操作，如图 A.2 所示。

图 A.2　自定义快捷键 2

# 附录 B  建筑专业图纸

建筑专业图纸目录

| 图纸编号 | 图纸名称 | 图纸比例 | 备　　注 |
|---|---|---|---|
| 建施01 | 一层平面图 | 1:100 | |
| 建施02 | 二～五层平面图 | 1:100 | |
| 建施03 | 六层平面图 | 1:100 | |
| 建施04 | 屋顶平面图 | 1:100 | |
| 建施05 | 1～15轴立面图 | 1:100 | |
| 建施06 | 15～1轴立面图 | 1:100 | |
| 建施07 | A～H轴立面图 | 1:100 | H～A轴立面图成镜像关系 |
| 建施08 | 1-1剖面图 | 1:50 | |
| 建施09 | 飘窗大样图 | 1:50 | |
| 建施10 | 阳台大样图 | 1:50 | |
| 建施11 | 楼梯大样图 | 1:50 | |
| 建施12 | 檐口大样图 | 1:20 | |
| 建施13 | 门窗大样图 | 1:50 | |
| 建施14 | 门窗表 | / | |
| 建筑15 | 墙身详图、建筑板详图 | 1:25 | |

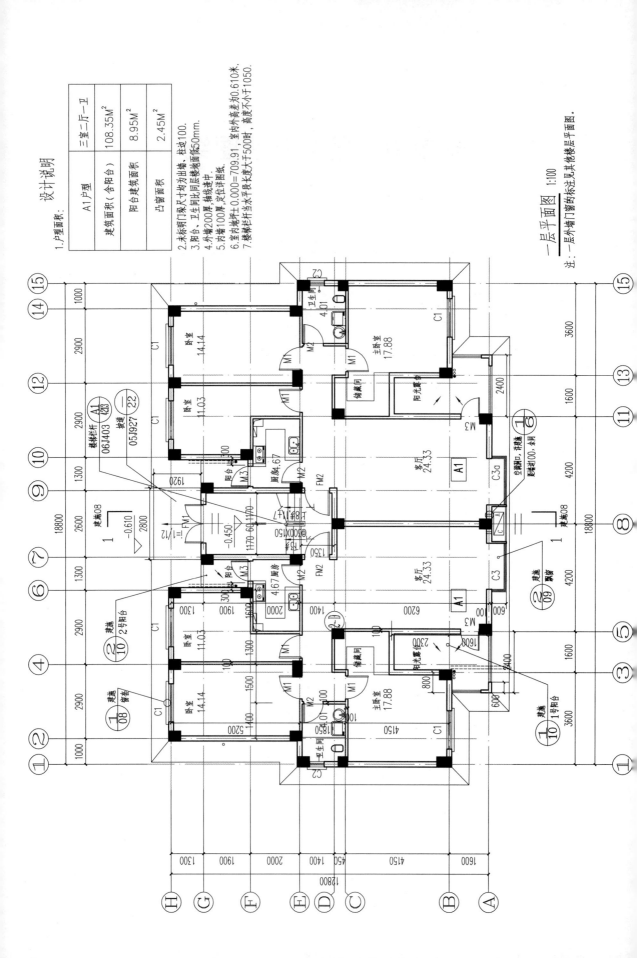

设计说明

1. 户型面积:

| A1户型 | 三室一厅一卫 |
|---|---|
| 建筑面积(含阳台) | 108.35M² |
| 阳台建筑面积 | 8.95M² |
| 凸窗面积 | 2.45M² |

2. 未标明门窗尺寸均为齐出墙,柱边100。
3. 阳台、卫生间比同层楼地面低50mm。
4. 外墙200厚,轴线居中。
5. 内墙100厚,尺位详图纸。
6. 室内地坪±0.000=709.91,室内外高差为0.610米。
7. 楼梯栏杆当水平段长度大于500时,高度不小于1050。

一层平面图 1:100

注:一层外墙门窗的定位见其他标准层平面图。

楼梯栏杆 06J403 A1/20
坡道二 05J927 22

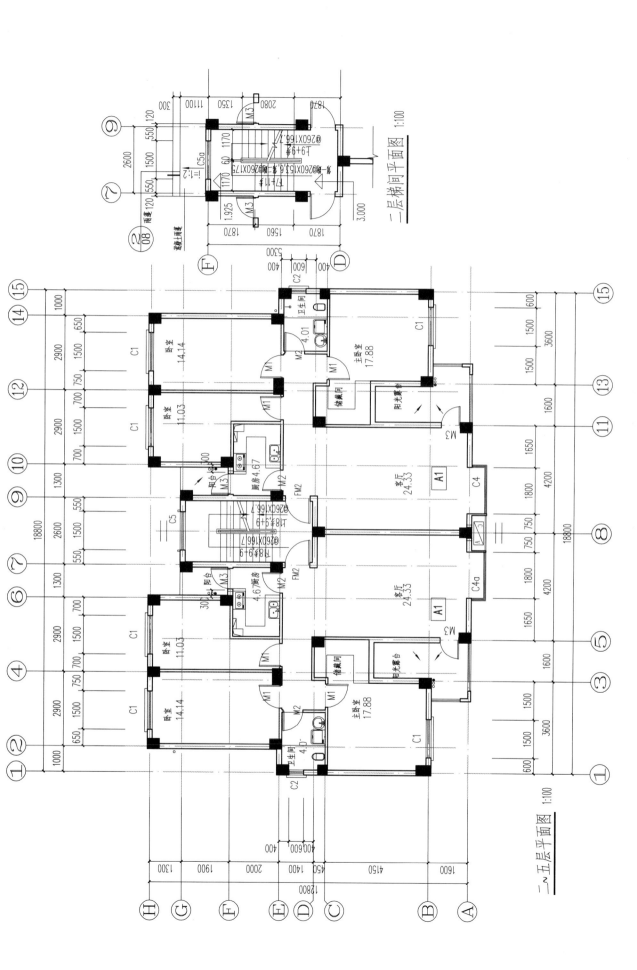

二层梯间平面图 1:100

二~五层平面图 1:100

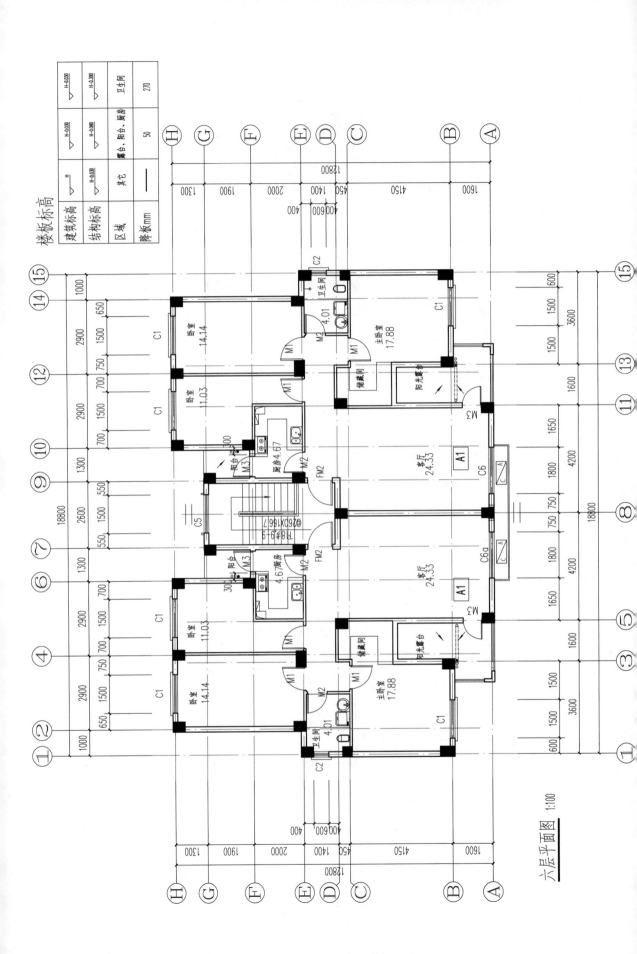

六层平面图 1:100

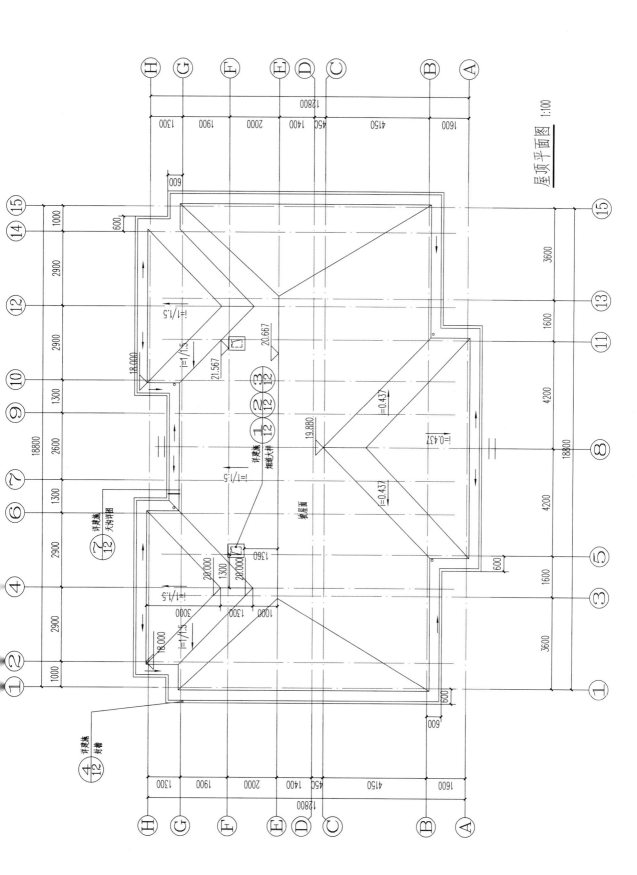

屋顶平面图 1:100

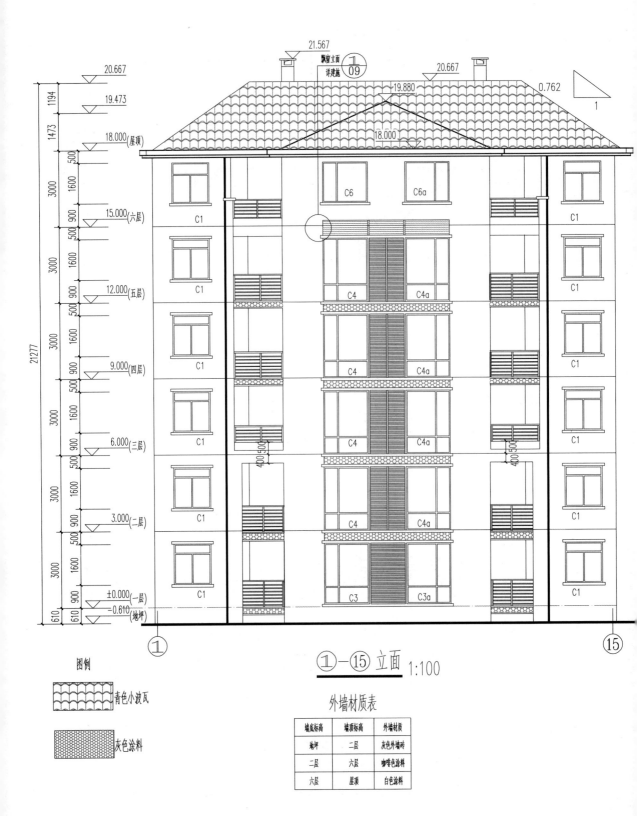

①—⑮ 立面 1:100

图例

青色小波瓦

灰色涂料

外墙材质表

| 墙底标高 | 墙顶标高 | 外墙材质 |
|---|---|---|
| 地坪 | 二层 | 灰色外墙砖 |
| 二层 | 六层 | 咖啡色涂料 |
| 六层 | 屋顶 | 白色涂料 |

⑮—① 立面   1:100

① 空调洞口详图   1:25
注意: 洞口贯穿墙身, 内高外低, 防雨水倒贯

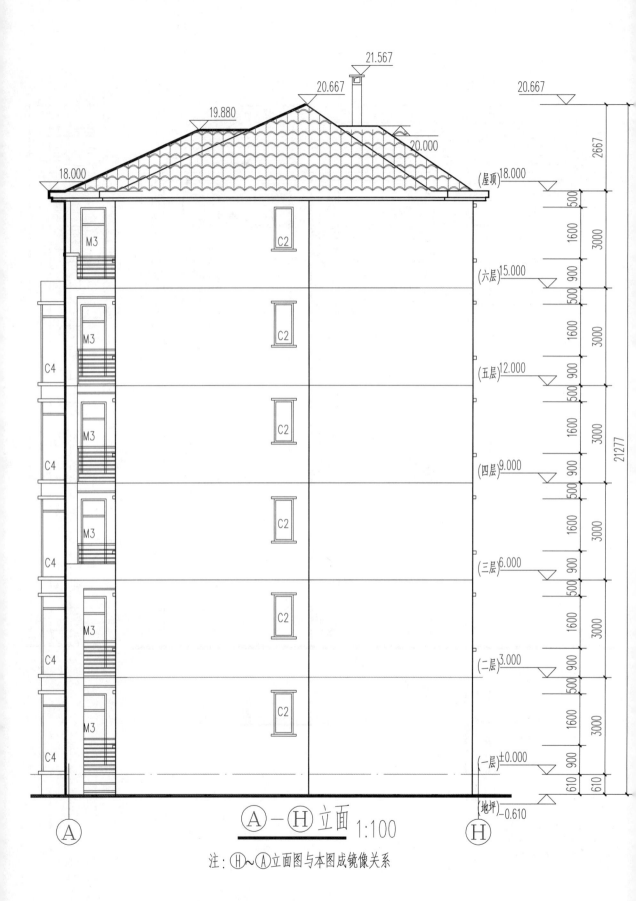

21.567

20.667

20.667

19.880

20.000

18.000

18.000

M3

C2

(屋顶)18.000

2667

500

1600

3000

M3

C2

(六层)15.000

900

500

C4

M3

C2

(五层)12.000

1600

3000

900

500

C4

M3

C2

(四层)9.000

1600

3000

900

500

C4

M3

C2

(三层)6.000

1600

3000

900

500

C4

M3

C2

(二层)3.000

1600

3000

900

500

C4

M3

C2

(一层)±0.000

1600

3000

900

21277

610

610

(地坪)−0.610

A

H

Ⓐ－Ⓗ立面 1:100

注：Ⓗ～Ⓐ立面图与本图成镜像关系

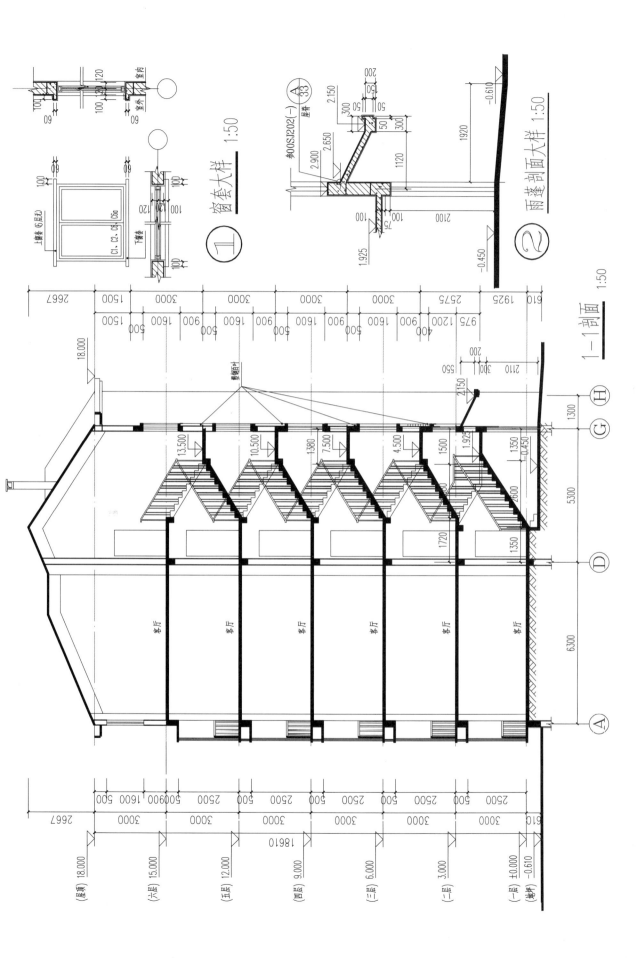

窗套大样 1:50

雨篷剖面大样 1:50

参00SJ202(一)

1—1剖面 1:50

客厅

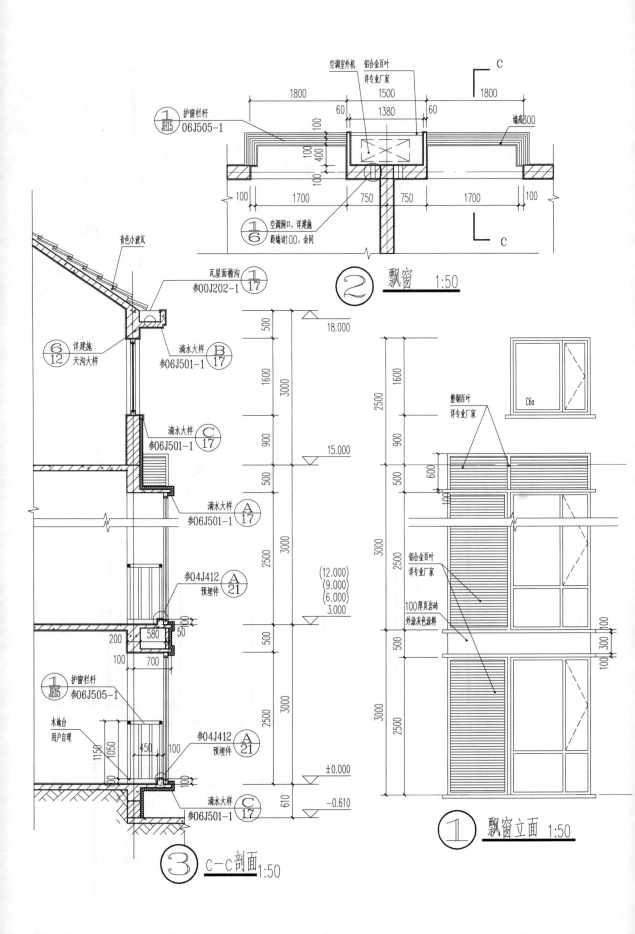

空调室外机
铝合金百叶
详专业厂家

护窗栏杆
① 06J505-1
JH5

墙高500

1800    1500    1800
60  1380  60

100
100
400
100
100

① 空调洞口,详建施
6 距墙边100,余同

100  1700  750  750  1700  100

② 飘窗  1:50

青色小波瓦

瓦屋面檐沟
① 参00J202-1
17

⑥ 详建施
12 天沟大样

滴水大样
B 参06J501-1
17

18.000

500
1600
3000

滴水大样
C 参06J501-1
17

900

15.000

500

滴水大样
A 参06J501-1
17

3000
2500

参04J412
A 预埋件
21

(12.000)
(9.000)
(6.000)
3.000

200
580  50
100
100  700

500

护窗栏杆
① 参06J505-1
JH5

3000
2500

木地台
用户自理

1150
1050
450  100

参04J412
A 预埋件
21

±0.000

100
100

-0.610
610

滴水大样
C 参06J501-1
17

③ C-C剖面  1:50

塑钢百叶
详专业厂家

2500
1600

C6a

900

600
100

500

铝合金百叶
详专业厂家

3000
2500

100厚页岩砖
外涂灰色涂料

500

100  300  100

3000
2500

① 飘窗立面  1:50

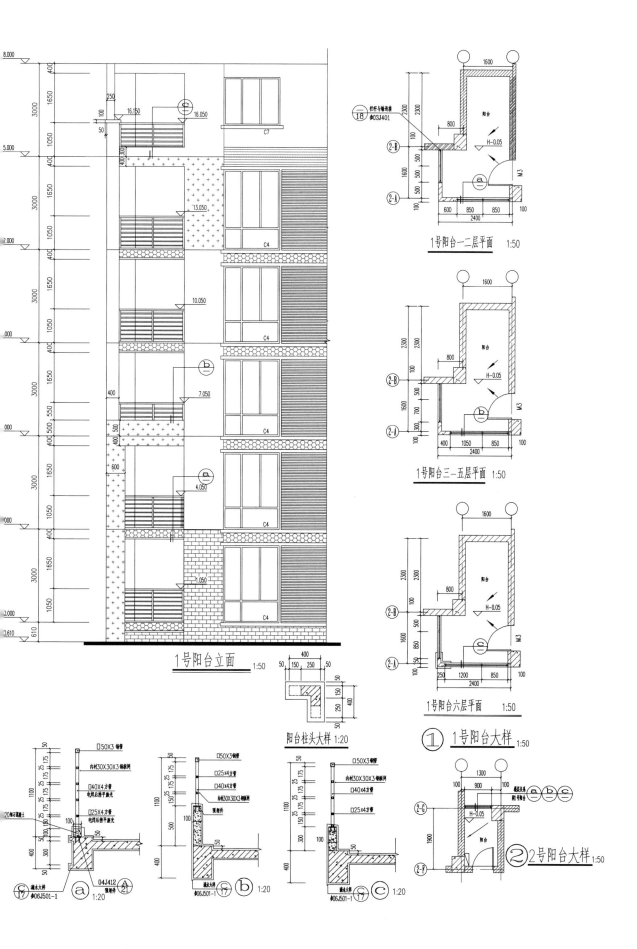

1号阳台立面 1:50

阳台柱头大样 1:20

1号阳台一二层平面 1:50

1号阳台三-五层平面 1:50

1号阳台六层平面 1:50

① 1号阳台大样 1:50

② 2号阳台大样 1:50

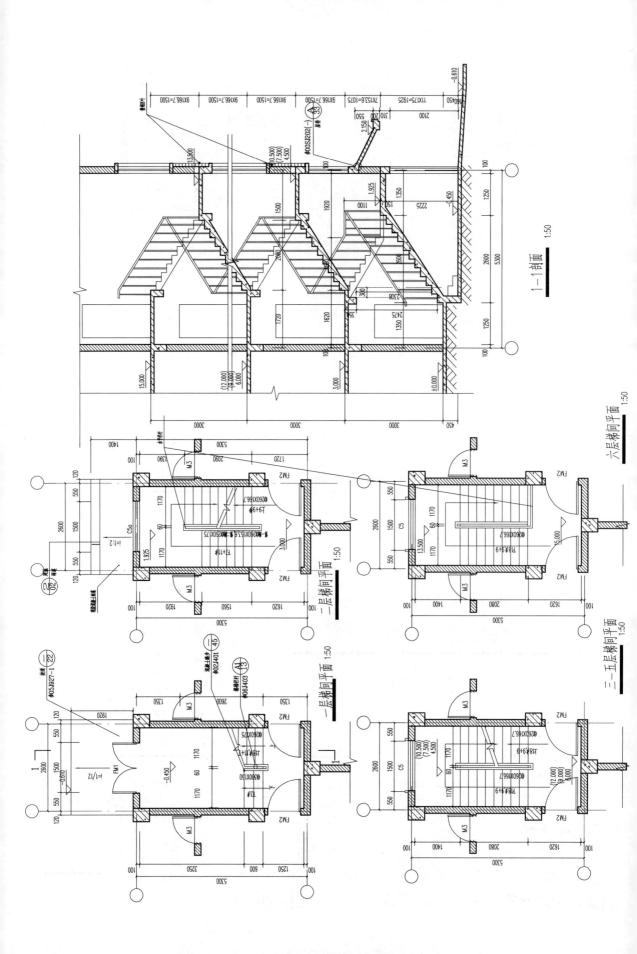

1—1 剖面 1:50

六层梯间平面 1:50

一层梯间平面 1:50

三—五层梯间平面 1:50

一层梯间平面 1:50

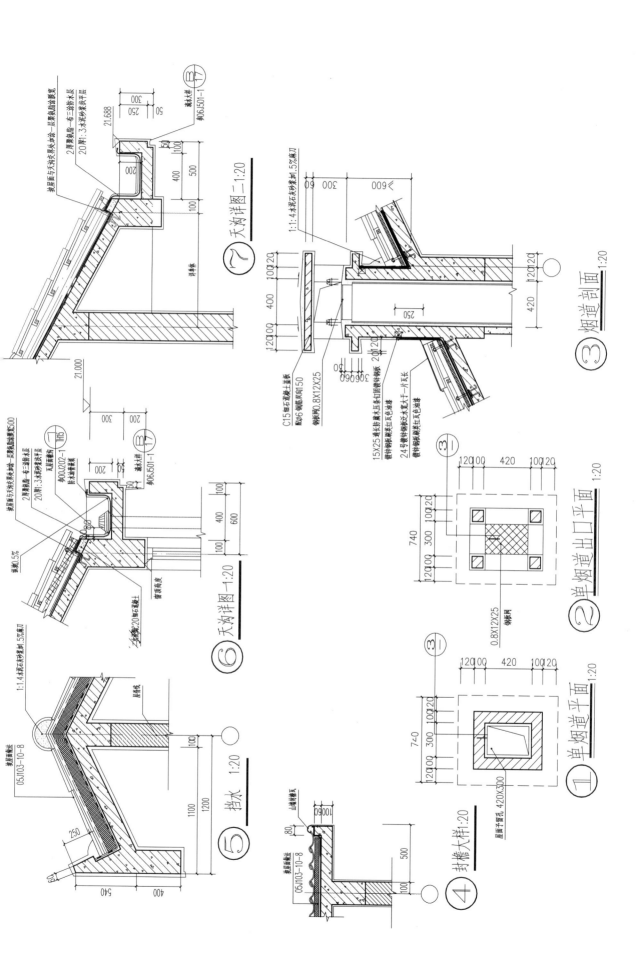

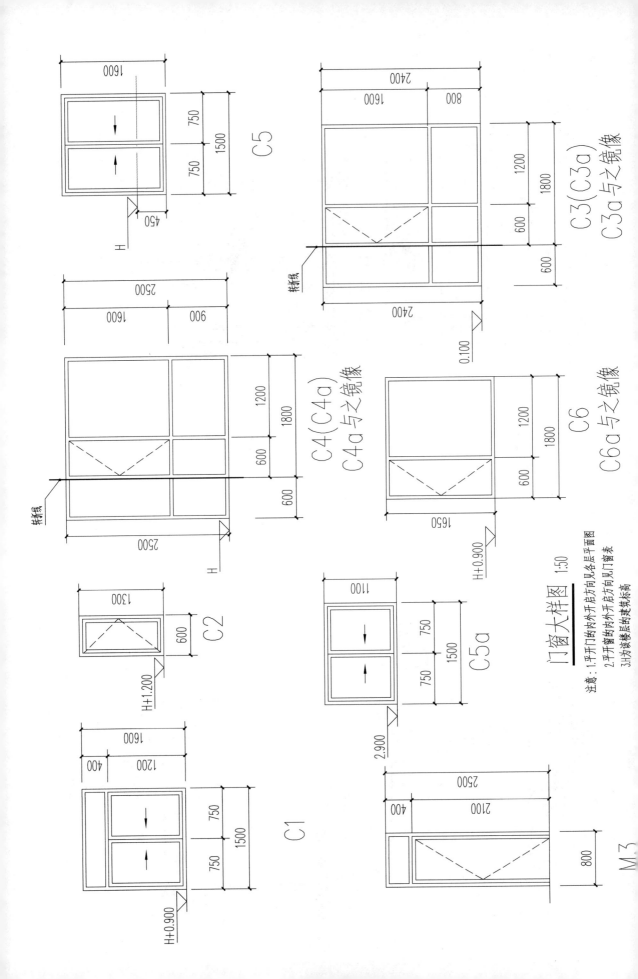

门窗大样图 1:50

注意：1.平开门的内外开启方向见各层平面图
2.平开窗的内外开启方向见门窗表
3.H为该楼层的建筑标高

# 门窗表

| 类别 | 设计编号 | 洞口尺寸(mm) | | 采用标准图集、编号或图纸编号 | 备注 |
|---|---|---|---|---|---|
| | | 宽 | 高 | | |
| 窗 | C1 | 1500 | 1600 | 建施13 | 断桥铝中空玻璃推拉窗(白玻带纱) |
| | C2 | 600 | 1300 | 建施13 | 断桥铝玻璃平开窗(毛玻带纱)，向外开启 |
| | C3 | (600+1800) | 2400 | 建施13 | 断桥铝中空玻璃平开飘窗(白玻带纱)，向外开启 |
| | C3a | (1800+600) | 2400 | 建施13 | 断桥铝中空玻璃平开飘窗(白玻带纱)，与C3成镜像关系 |
| | C4 | (600+1800) | 2500 | 建施13 | 断桥铝中空玻璃平开飘窗(白玻带纱)，向外开启 |
| | C4a | (1800+600) | 2500 | 建施13 | 断桥铝中空玻璃平开飘窗(白玻带纱)，与C4成镜像关系 |
| | C5 | 1500 | 1600 | 建施13 | 断桥铝中空玻璃平开窗(白玻带纱) |
| | C5a | 1500 | 1200 | 建施13 | 断桥铝中空玻璃平开窗(白玻带纱) |
| | C6 | 1800 | 1600 | 建施13 | 断桥铝中空玻璃平开窗(白玻带纱)，向外开启 |
| | C6a | 1800 | 1600 | 建施13 | 断桥铝中空玻璃平开窗(白玻带纱)，与C6成镜像关系 |
| 门 | FM1 | 1500 | 2100 | 详专业厂家 | 单元防盗门 （乙级防火门） |
| | FM2 | 1000 | 2100 | 详专业厂家 | 入户防火防盗安全门(乙级防火门) |
| | M1 | 900 | 2100 | 03J601-2-44 | 夹板门 |
| | M2 | 800 | 2100 | 03J601-2-44 | 夹板门 |
| | M3 | 800 | 2500 | 建施13 | 断桥铝中空玻璃平开门(白玻带纱) |

# 墙身详图（砌块墙）　　建筑板详图

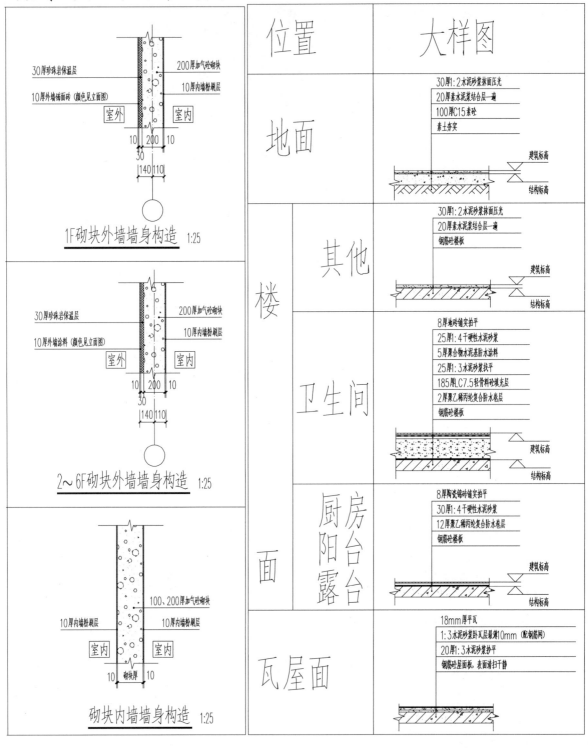

左侧：墙身详图（砌块墙）

**1F砌块外墙墙身构造** 1:25
- 30厚珍珠岩保温层
- 10厚外墙饰面砖（颜色见立面图）
- 200厚加气砼砌块
- 10厚内墙粉刷层
- 室外 / 室内
- 10 200 10
- 30
- 140 110

**2~6F砌块外墙墙身构造** 1:25
- 30厚珍珠岩保温层
- 10厚外墙涂料（颜色见立面图）
- 200厚加气砼砌块
- 10厚内墙粉刷层
- 室外 / 室内
- 10 200 10
- 30
- 140 110

**砌块内墙墙身构造** 1:25
- 10厚内墙粉刷层
- 100、200厚加气砼砌块
- 10厚内墙粉刷层
- 室内 / 室内
- 10 砌块厚 10

右侧：建筑板详图

| 位置 | | 大样图 |
|---|---|---|
| 地面 | | 30厚1:2水泥砂浆抹面压光 / 20厚素水泥浆结合层一遍 / 100厚C15素砼 / 素土夯实（建筑标高／结构标高） |
| 楼面 | 其他 | 30厚1:2水泥砂浆抹面压光 / 20厚素水泥浆结合层一遍 / 钢筋砼楼板（建筑标高／结构标高） |
| | 卫生间 | 8厚地砖铺实拍平 / 25厚1:4干硬性水泥砂浆 / 5厚聚合物水泥基防水涂料 / 25厚1:3水泥砂浆找平 / 185厚LC7.5轻骨料砼填充层 / 2厚聚乙烯丙纶复合防水卷层 / 钢筋砼楼板（建筑标高／结构标高） |
| | 厨房阳台露台 | 8厚陶瓷锦砖铺实拍平 / 30厚1:4干硬性水泥砂浆 / 12厚聚乙烯丙纶复合防水卷层 / 钢筋砼楼板（建筑标高／结构标高） |
| 瓦屋面 | | 18mm厚平瓦 / 1:3水泥砂浆卧瓦层最潮10mm（配钢筋网）/ 20厚1:3水泥砂浆找平 / 钢筋砼屋面板，表面清扫干静 |

# 附录 C   结构专业图纸

结构专业图纸目录

| 图纸编号 | 图纸名称 | 图纸比例 | 备　　注 |
|---|---|---|---|
| 结施01 | 柱定位平面图 | 1:100 | |
| 结施02 | 基础及基础梁平面图 | 1:100 | |
| 结施03 | 二～六层结构平面图（板） | 1:100 | |
| 结施04 | 二～六层梁平面图 | 1:100 | |
| 结施05 | 屋面结构平面图（板） | 1:100 | |
| 结施06 | 屋面梁平面图 | 1:100 | |
| 结施07 | 楼梯大样图1 | 1:50 | |
| 结施08 | 楼梯大样图2 | 1:50 | |

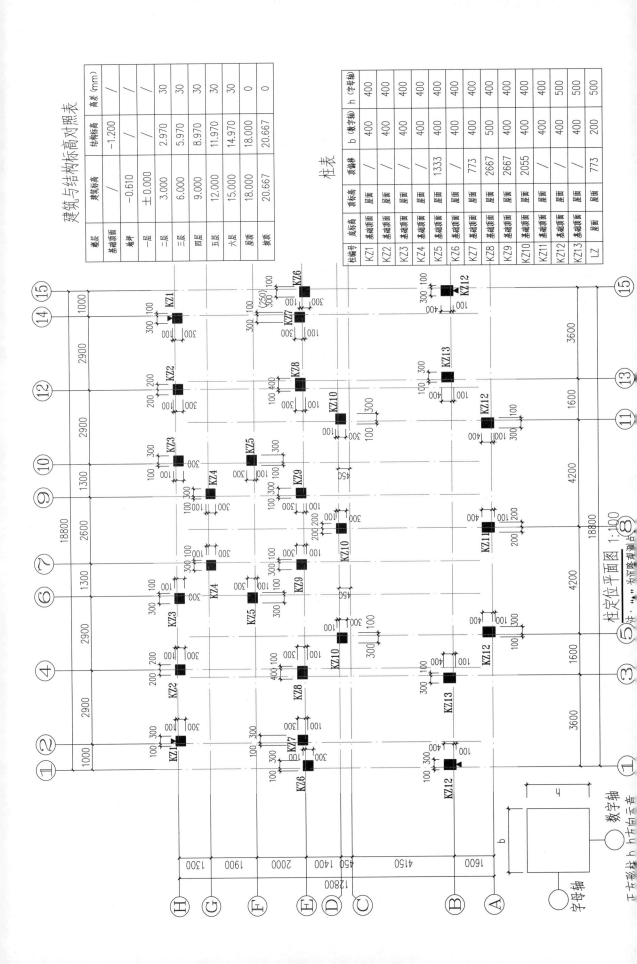

建筑与结构标高对照表

| 楼层 | 建筑标高 | 结构标高 | 高差 (mm) |
|---|---|---|---|
| 基础顶面 | / | -1.200 | / |
| 楼坪 | -0.610 | / | / |
| 一层 | ±0.000 | / | / |
| 二层 | 3.000 | 2.970 | 30 |
| 三层 | 6.000 | 5.970 | 30 |
| 四层 | 9.000 | 8.970 | 30 |
| 五层 | 12.000 | 11.970 | 30 |
| 六层 | 15.000 | 14.970 | 30 |
| 屋顶 | 18.000 | 18.000 | 0 |
| 坡顶 | 20.667 | 20.667 | 0 |

柱表

| 柱编号 | 底标高 | 顶标高 | 顶偏移 | b (数字轴) | h (字母轴) |
|---|---|---|---|---|---|
| KZ1 | 基础顶面 | 屋面 | / | 400 | 400 |
| KZ2 | 基础顶面 | 屋面 | / | 400 | 400 |
| KZ3 | 基础顶面 | 屋面 | / | 400 | 400 |
| KZ4 | 基础顶面 | 屋面 | 1333 | 400 | 400 |
| KZ5 | 基础顶面 | 屋面 | / | 400 | 400 |
| KZ6 | 基础顶面 | 屋面 | 773 | 400 | 400 |
| KZ7 | 基础顶面 | 屋面 | 2667 | 400 | 400 |
| KZ8 | 基础顶面 | 屋面 | 2667 | 500 | 400 |
| KZ9 | 基础顶面 | 屋面 | 2667 | 400 | 400 |
| KZ10 | 基础顶面 | 屋面 | 2055 | 400 | 400 |
| KZ11 | 基础顶面 | 屋面 | / | 400 | 400 |
| KZ12 | 基础顶面 | 屋面 | / | 400 | 500 |
| KZ13 | 基础顶面 | 屋面 | / | 400 | 500 |
| LZ | 屋面 | 屋面 | 773 | 200 | 500 |

柱定位平面图 1:100

注:"▲"为水池底柱顶标高

数字轴

字母轴

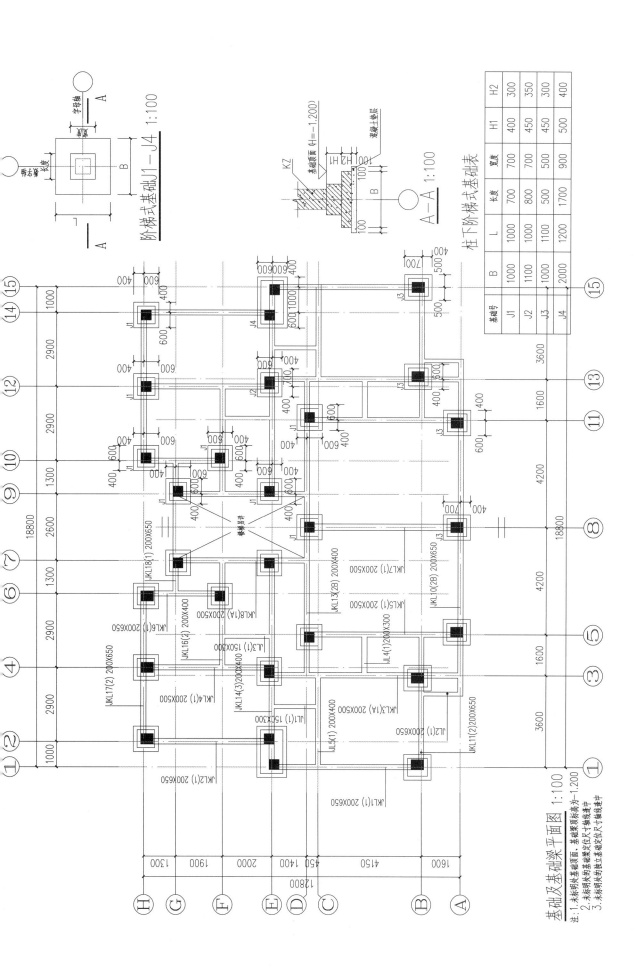

阶梯式基础J1—J4 1:100

A—A 1:100

柱下阶梯式基础表

| 基础号 | B | L | 长度 | 宽度 | H1 | H2 |
|---|---|---|---|---|---|---|
| J1 | 1000 | 1000 | 700 | 700 | 400 | 300 |
| J2 | 1100 | 1000 | 800 | 700 | 450 | 350 |
| J3 | 1000 | 1100 | 500 | 500 | 450 | 300 |
| J4 | 2000 | 1200 | 1700 | 900 | 500 | 400 |

基础及基础梁平面图 1:100

注:1.未标明处基础顶面、基础梁顶标高为-1.200。
2.未标明块的基础梁定位尺寸按线建中
3.未标明块的垫立基础定位尺寸按线建中

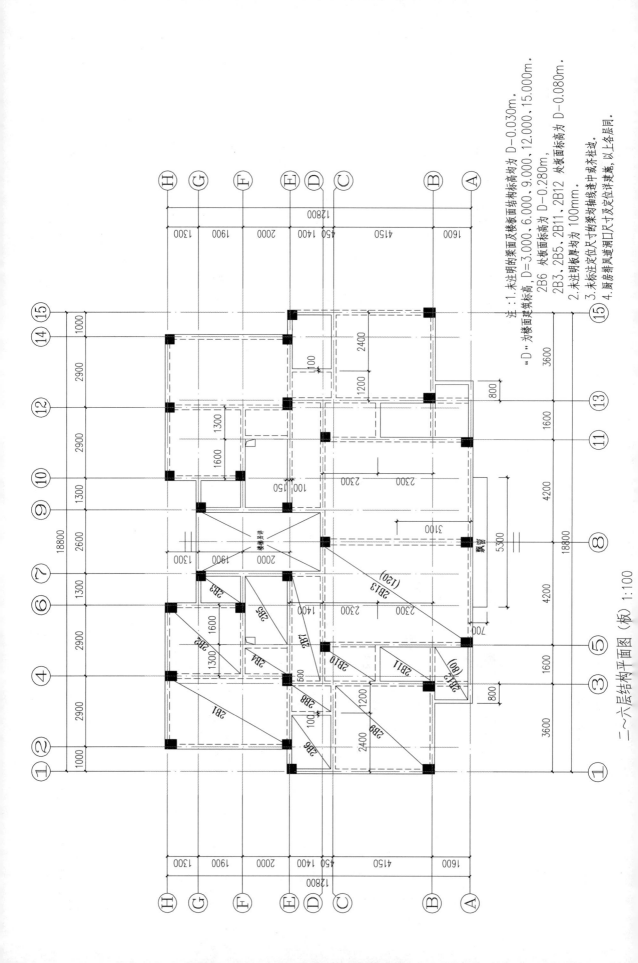

二~六层结构平面图（板）1:100

注：1. 未注明时梁面及楼板面结构标高均为 D−0.030m.
"D" 为楼面建筑标高，D=3.000、6.000、9.000、12.000、15.000m.
2B6 处板面标高为 D−0.280m,
2B3、2B5、2B11、2B12 处板面标高为 D−0.080m.
2. 未注明板厚均为 100mm.
3. 未标注定位尺寸的梁均轴线居中或ж木柱边.
4. 厨房排风道洞口尺寸及定位详捷地，以上各层同.

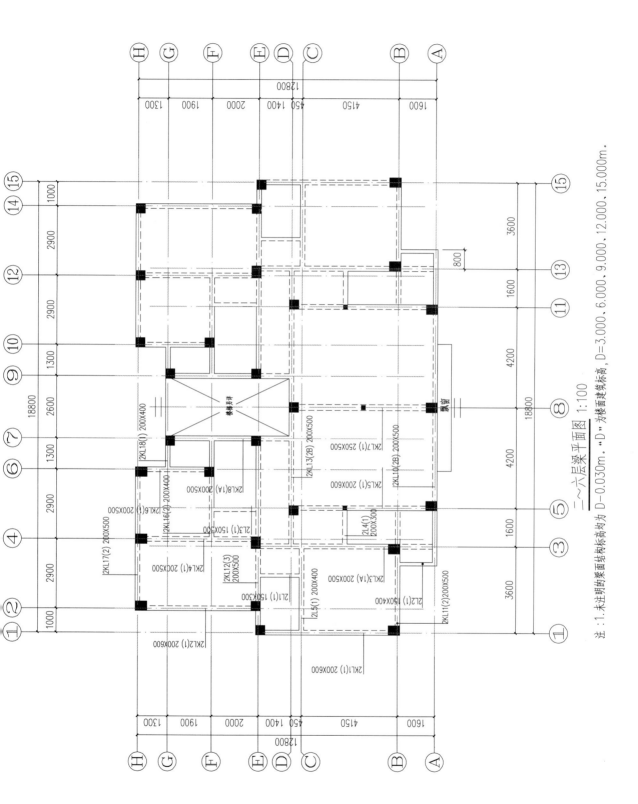

一~六层梁平面图 1:100

注：1.未注明的梁面结构标高均为 D−0.030m。"D" 为楼面建筑标高，D=3.000、6.000、9.000、12.000、15.000m。

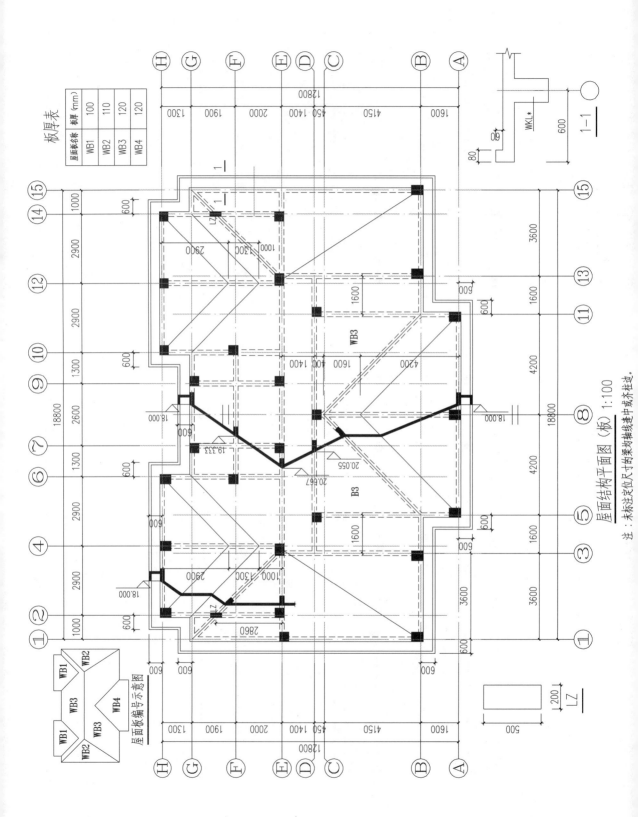

屋面结构平面图（板）1:100

注：未标定位尺寸的梁均按轴线居中或齐柱边。

板厚表

| 屋面板名称 | 板厚（mm） |
|---|---|
| WB1 | 100 |
| WB2 | 110 |
| WB3 | 120 |
| WB4 | 120 |

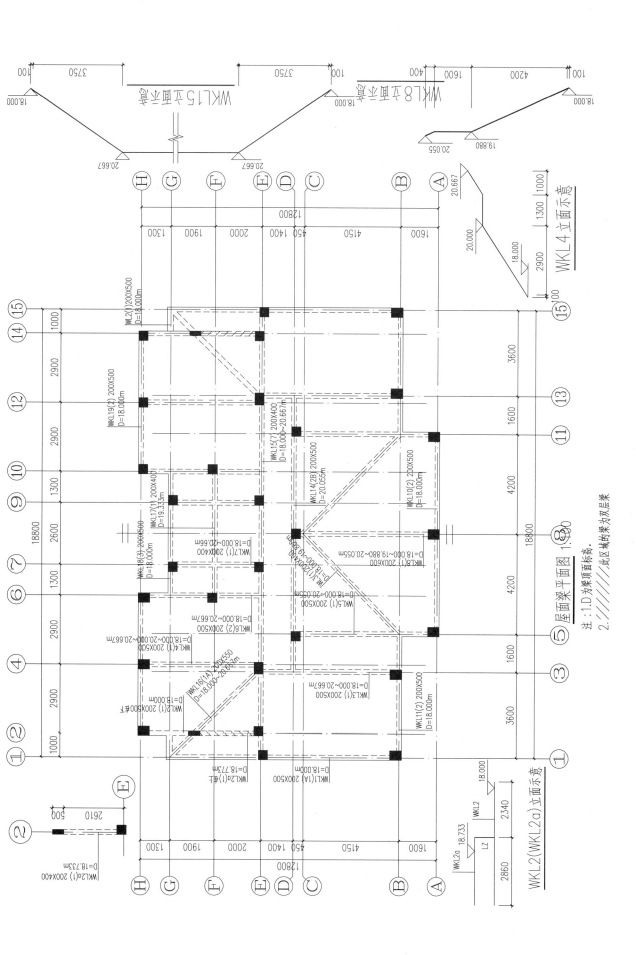

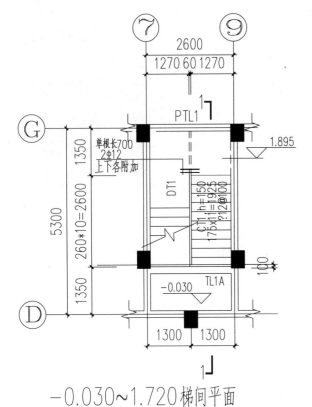

−0.030~1.720梯间平面

注: 梯板分布筋为Φ6@200,以上各层同.

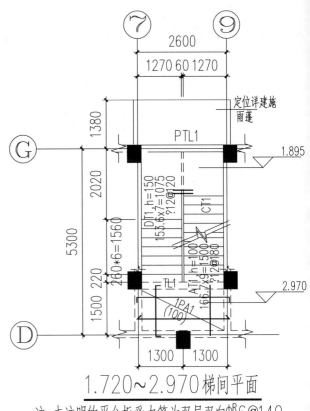

1.720~2.970梯间平面

注: 未注明的平台板受力筋为双层双向Φ<sup>R</sup>6@140.

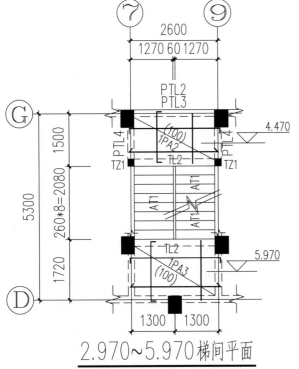

2.970~5.970梯间平面

注: 未注明的平台板受力筋为双层双向Φ<sup>R</sup>6@140.

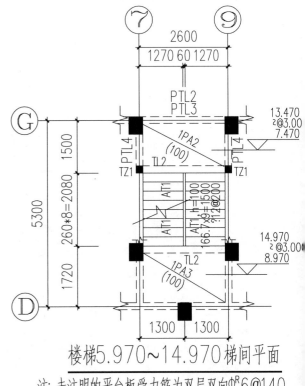

楼梯5.970~14.970梯间平面

注: 未注明的平台板受力筋为双层双向Φ<sup>R</sup>6@140.

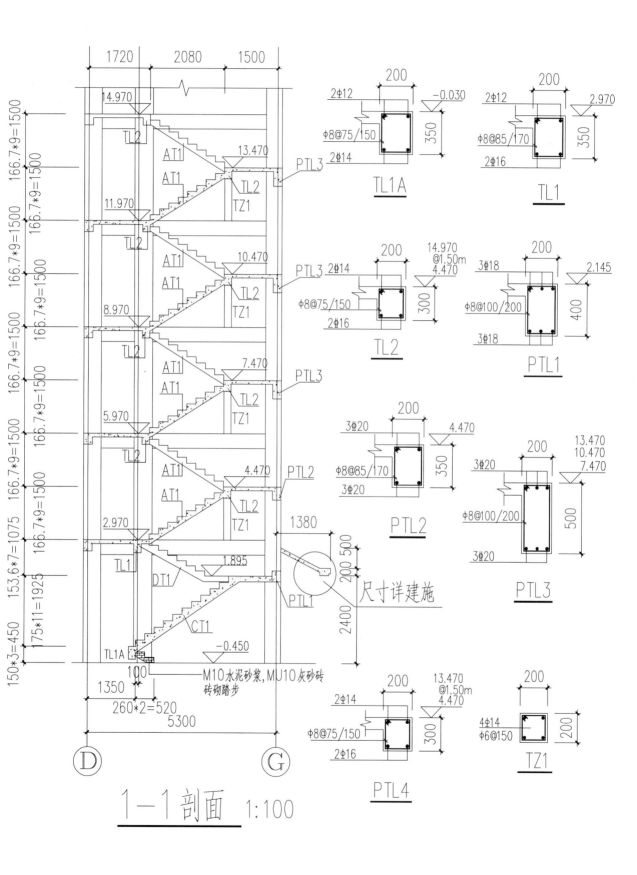

1-1剖面 1:100

TL1A

TL1

TL2

PTL1

PTL2

PTL3

PTL4

TZ1

# 附录 D 广联达与 Revit 构件命名对照表

专业（A/S）-名称/尺寸-砼标号/砌体强度-GCL 构件类型字样

举例：A-厚 200-MU7.5-墙；

说明：A—代表建筑专业，S—代表结构专业；

　　名称/尺寸——填写构件名称或者构件尺寸（如厚 200）；

　　砼标号/砌体强度——填写混凝土或者砖砌体的强度标号　（如 MU7.5）；

　　GCL 构件类型字样——详见表 D.1。

表 D.1　广联达 GCL 与 Revit 构件对应样例表

| GCL构件类型 | | Revit处理方式 | | | | 族类型建议包含字样 | 族类型样例 |
|---|---|---|---|---|---|---|---|
| | | 族类别 | 族 | | 建议绘制入口 | | |
| 1 | 筏板基础 | 结构基础 | 系统族 | 基础底板 | 基础结构楼板 | 筏板基础、FB | S-厚800-C35P10-筏板基础 |
| | | 楼板 | 系统族 | 楼板 | 结构楼板/建筑楼板 | | |
| | | 楼板边缘 | 系统族 | 楼板边缘 | 楼板边 | | |
| 2 | 条形基础 | 结构基础 | 系统族 | 条形基础 | 条形基础 | 条形基础、条基、TJ | S-TJ1-C35 |
| | | | 可载入族 | | 独立基础 | | |
| | | 结构框架（包括梁系统） | 可载入族 | | 结构框架/梁系统 | | |
| | | 墙 | 系统族 | 基本墙 | 建筑墙/结构墙/面墙 | | |
| 3 | 独立基础 | 基础结构 | 可载入族 | | 独立基础 | 独立基础、独基、DJ | S-DJ1-C30 |
| 4 | 基础梁 | 结构框架（包括梁系统） | 可载入族 | | 结构框架/梁系统 | 基础梁、JL、JCL、DL | S-DL1-C35-基础梁 |
| 5 | 垫层 | 结构基础 | 系统族 | 基础底板 | 基础结构楼板 | 垫层、DC | S-厚150-C15-垫层 |
| | | | 可载入族 | | 独立基础 | | |
| | | 楼板 | 系统族 | 楼板 | 结构楼板/建筑楼板 | | |
| | | 常规模型 | 可载入族 | | 常规模型 | | |
| 6 | 集水坑 | 结构基础 | 可载入族 | | 独立基础 | 集水坑、集水井、JSK | S-J1-C35-集水坑 |
| | | 常规模型 | 可载入族 | | 常规模型 | | |
| 7 | 桩承台 | 结构基础 | 系统族 | 基础底板 | 基础结构楼板 | 桩承台、CT | S-CT1-C35-桩承台 |
| | | | 可载入族 | 独立基础 | 独立基础 | | |
| | | 常规模型 | 可载入族 | | 常规模型 | | |
| 8 | 桩 | 结构基础 | 可载入族 | | 独立基础 | 桩、桩基 | S-Z1-C35-桩 |
| | | 结构柱 | 可载入族 | | 结构柱 | | |

（续）

| GCL构件类型 | | Revit处理方式 | | | 族类型建议包含字样 | 族类型样例 |
|---|---|---|---|---|---|---|
| | | 族类别 | 族 | 建议绘制入口 | | |
| 9 | 柱 | 柱 | 可载入族 | 建筑柱 | 框柱、KZ、框支柱、KZZ、暗柱、边缘柱、AZ、YZ、JZ、BZ、端柱、DZ | S-KZ1-C35 |
| | | 结构柱 | 可载入族 | 结构柱 | | |
| 10 | 构造柱 | 结构柱 | 可载入族 | 结构柱 | 构造柱、GZZ | S-GZZ1-C20-构造柱 |
| | | 柱 | 可载入族 | 建筑柱 | | |
| 11 | 墙 | 墙 | 系统族 | 基本墙 | 建筑墙/结构墙/面墙 | 墙 | S-厚400-C35-直形墙 |
| | | | 系统族 | 叠层墙 | 建筑墙/结构墙/面墙 | | A-厚200-M10 |
| 12 | 幕墙 | 墙 | 系统族 | 幕墙 | 建筑墙/结构墙/面墙 | 幕墙、MQ | A-MQ1 |
| | | 屋顶 | 系统族 | 玻璃斜窗 | 迹线屋顶 | | |
| | | | 系统族 | 玻璃斜窗 | 拉伸屋顶 | | |
| | | 楼板 | 系统族 | 楼板 | 结构楼板/建筑楼板 | | |
| | | 墙 | 系统族 | 基本墙 | 建筑墙/结构墙/面墙 | | |
| | | 墙饰条 | 系统族 | 墙饰条 | 墙饰条 | | |
| | | 常规模型 | 可载入族 | | 常规模型 | | |
| 13 | 梁 | 结构框架（包括梁系统） | 可载入族 | | 结构框架/梁系统 | 框梁、KL、XL、框支梁、KZL、非框架梁、L、井字梁、JZL | S-KL1-C35 |
| 14 | 连梁 | 结构框架（包括梁系统） | 可载入族 | | 结构框架/梁系统 | 连梁、LL | S-LL1-C35-连梁 |
| 15 | 圈梁 | 结构框架（包括梁系统） | 可载入族 | | 结构框架/梁系统 | 圈梁、QL | S-QL1-C20-圈梁 |
| | | 楼板边缘 | 系统族 | 楼板边缘 | 楼板边 | | |
| | | 墙饰条 | 系统族 | 墙饰条 | 墙饰条 | | |
| 16 | 现浇板 | 楼板 | 系统族 | 楼板 | 结构楼板/建筑楼板 | 板、PTB、TB | S-厚-150-C335 |
| | | 楼板边缘 | 系统族 | 楼板边缘 | 楼板边 | | |
| | | 屋顶 | 系统族 | 基本屋顶 | 迹线屋顶 | | S-PTB150-C35 |
| | | | 系统族 | 基本屋顶 | 拉伸屋顶 | | |
| | | 屋檐底板 | 系统族 | 屋檐底板 | 屋檐底板 | | S-TB150-C35 |
| | | 封檐带 | 系统族 | 封檐带 | 封檐带 | | |
| | | 墙 | 系统族 | 基本墙 | 建筑墙/结构墙/面墙 | | |

（续）

| GCL构件类型 | | Revit处理方式 | | | 族类型建议包含字样 | 族类型样例 |
|---|---|---|---|---|---|---|
| | | 族类别 | 族 | 建议绘制入口 | | |
| 17 | 柱帽 | 结构连接 | 可载入族 | 结构连接 | 柱帽、ZM | S-ZM1-C35-柱帽 |
| | | 楼板 | 系统族 | 楼板 | 建筑楼板/结构楼板 | |
| | | 结构柱 | 可载入族 | 结构柱 | | |
| | | 结构基础 | 可载入族 | 独立基础 | | |
| | | 常规模型 | 可载入族 | 常规模型 | | |
| 18 | 板洞 | 楼板洞口剪切 | 系统族 | 楼板洞口剪切 | 洞口-垂直/按面 | 板洞、BD | S-BD1 |
| | | 吊顶洞口剪切 | 系统族 | 吊顶洞口剪切 | 洞口-垂直/按面 | |
| | | 屋面洞口剪切 | 系统族 | 屋面洞口剪切 | 洞口-垂直/按面/老虎面 | |
| | | 常规模型 | 可载入族 | 常规模型 | | |
| 19 | 门 | 门 | 可载入族 | | 门 | 门、M | M1522 |
| 20 | 窗 | 窗、凸窗 | 可载入族 | | 窗 | 窗、C | C1520 |
| 21 | 墙洞 | 矩形直墙洞口 | 系统族 | 矩形直墙洞口 | 洞口墙 | 墙洞、QD、D | S-QD1 |
| | | 矩形弧墙洞口 | 系统族 | 矩形弧墙洞口 | 洞口墙 | |
| | | 门 | 可载入族 | | 门 | |
| | | 窗 | 可载入族 | | 窗 | |
| | | 常规模型 | 可载入族 | 常规模型 | | |
| 22 | 过梁 | 结构框架（包括梁系统） | 可载入族 | | 结构框架/梁系统 | 过梁、GL | S-GL1-C20-过梁 |
| 23 | 楼梯 | 楼梯 | 系统族 | 楼梯 | 按构件楼梯/按草图 | 楼梯、LT | LT1-直行楼梯 |
| 24 | 墙面 | 墙 | 系统族 | 基本墙 | 建筑墙/结构墙/面墙 | 墙面、QM、面砖、涂料 | 灰白色花岗石墙面 |
| | | 墙中结构编辑 | | | 墙结构编辑 | |
| 25 | 墙裙 | 墙 | 系统族 | 基本墙 | 建筑墙/结构墙/面墙 | 墙裙 | 水磨石墙裙 |
| | | 墙饰条 | 系统族 | 墙饰条 | 墙饰条 | |
| 26 | 踢脚 | 墙 | 系统族 | 基本墙 | 建筑墙/结构墙/面墙 | 踢脚 | 水泥踢脚 |
| | | 墙饰条 | 系统族 | 墙饰条 | 墙饰条 | |
| 27 | 楼地面 | 楼板 | 系统族 | 楼板 | 结构楼板/建筑楼板 | 楼地面、楼面、地面、面层 | 花岗石楼地面 |
| | | 楼板中结构编辑 | | | 楼板结构编辑 | |
| 28 | 天棚 | 楼板 | 系统族 | 楼板 | 结构楼板/建筑楼板 | 天棚 | 纸面石膏板天棚 |
| | | 屋顶 | 系统族 | 基本屋顶 | 迹线屋顶 | |
| | | | 系统族 | 基本屋顶 | 拉伸屋顶 | |
| | | 楼板中结构编辑 | | | 楼板中结构编辑 | |

（续）

| GCL构件类型 | Revit处理方式 | | | | 族类型建议包含字样 | 族类型样例 |
|---|---|---|---|---|---|---|
| | 族类别 | 族 | | 建议绘制入口 | | |
| 29 吊顶 | 天花板 | 系统族 | 基本天花板 | 天花板 | 吊顶 | 石膏板吊顶 |
| | | 系统族 | 复合天花板 | | | |
| 30 坡道 | 坡道 | 系统族 | 坡道 | 坡道 | 坡道 | S-C35-坡道 |
| | 楼板 | 系统族 | 楼板 | 结构楼板/建筑楼板 | | |
| 31 雨篷 | 楼板 | 系统族 | 楼板 | 结构楼板/建筑楼板 | 雨篷、YP | A-YP1-C30-雨篷 |
| | 常规模型 | 可载入族 | | 常规模型 | | |
| 32 散水 | 楼板 | 系统族 | 楼板 | 结构楼板/建筑楼板 | 散水、SS | A-SS1-C20-散水 |
| | 常规模型 | 可载入族 | | 常规模型 | | |
| | 墙饰条 | 系统族 | 墙饰条 | 墙饰条 | | |
| 33 台阶 | 楼板 | 系统族 | 楼板 | | 台阶、TAIJ | A-TAIJ1-C20-台阶 |
| | 常规模型 | 可载入族 | | 常规模型 | | |
| | 楼板边缘 | 系统族 | 楼板边缘 | 楼板边 | | |
| 34 挑檐 | 楼板 | 系统族 | 楼板 | 结构楼板/建筑楼板 | 挑檐、TY | A-TY1-C20-挑檐 |
| | 楼板边缘 | 系统族 | 楼板边缘 | 楼板边 | | |
| | 檐沟 | 系统族 | 檐沟 | 屋顶檐槽 | | |
| | 常规模型 | 可载入族 | | 常规模型 | | |
| | 结构框架（包括梁系统） | 可载入族 | | 结构框架（梁系统） | | |
| 35 栏板 | 墙 | 系统族 | 基本墙 | 建筑墙/结构墙/面墙 | 栏板、LB | A-LB1-C20-栏板 |
| | 常规模型 | 可载入族 | | 常规模型 | | |
| 36 压顶 | 墙 | 系统族 | 基本墙 | 建筑墙/结构墙/面墙 | 压顶、YD | A-YD-C20-压顶 |
| | 结构框架（包括梁系统） | 可载入族 | | 结构框架/梁系统 | | |
| | 常规模型 | 可载入族 | | 常规模型 | | |
| 37 屋面 | 楼板 | 系统族 | 楼板 | 结构楼板/建筑楼板 | 屋面、WM | A-WM1 |
| | 屋顶 | 系统族 | 基本屋顶 | 迹线屋顶 | | |
| | | 系统族 | 基本屋顶 | 拉伸屋顶 | | |
| 38 保温层 | 墙 | 系统族 | 基本墙 | 建筑墙/结构墙/面墙 | 保温层、BWC | A-BWC1-80厚 |
| | 墙结构编辑保温层 | | | 墙结构编辑保温层 | | |
| 39 栏杆扶手 | 栏杆扶手 | 系统族 | 栏杆扶手 | 栏杆扶手绘制/放置 | 栏杆、扶手、LGFS | A-LGFS1-1100mm |

# 推荐阅读

**卫老师环艺教学实验室重磅力作，实战案例教学 + 同步视频教学**
**Autodesk认证Revit讲师11年设计院工作经验的总结，免费赠送超值、大容量配套学习资源**

## 基于BIM的Revit建筑与结构设计案例教程

作者：卫涛 阳桥 柳志龙 等　　书号：978-7-111-57644-0　　定价：79.00元

赠送20小时共79段高品质同步配套教学视频等配套学习资源（共5GB）
89个操作技巧与绘图心得 + 15张建筑设计图纸 + 6张结构设计图纸 + QQ群答疑解惑

　　本书以一个真实的小型公共建筑项目案例贯穿全书，以小衬大，全面介绍了房屋建筑中建筑设计与结构设计两个专业的多项内容。

　　建筑设计：墙、建筑柱、地面、楼面、屋面、女儿墙、檐口、天沟、地坪、花池、无障碍坡道、雨蓬、栏杆、门洞、普通门、双开门、子母门、百叶门、门联窗、普通窗、高窗、窗框、装饰条、有框幕墙、无框幕墙、坐式与蹲式大便器、小便器、卫生间隔板隔断、无障碍抓杆、楼梯。

　　结构设计：垫层、杯口式基础、基础梁、框架柱、框架梁、楼板和屋顶。

## 基于BIM的Revit地铁站建筑与结构设计实战

作者：卫涛　　本书正在写作中，预计2018年6月出版

　　本书以一个真实且已经交付使用的地铁站项目案例贯穿全书，介绍了基于BIM的地铁站设计中建筑与结构两个专业的协同与分工，并重点介绍了与房屋建筑不同的地铁站专用族的建立。具体针对的结构构件有地下连续墙、框架柱、框架梁和深基坑的设计施工与保护等；针对的建筑构件有隔墙、风井与风亭、出入口、隧道、楼梯、卫生间和专用设备等。绘制施工图时，介绍了如何方便地在任何有需要的地方都可以随意生成符合地铁站设计要求的剖面图和断面图的方法。另外，还介绍了快速分类统计地铁站中的常用工程量的方法。为了帮助读者高效、直观地学习，作者专门为本书录制了大量的同步配套教学视频。